HANDBUCH DER ANALYTISCHEN CHEMIE

HERAUSGEGEBEN
VON

W. FRESENIUS UND G. JANDER
WIESBADEN · BERLIN

ZWEITER TEIL
QUALITATIVE NACHWEISVERFAHREN

BAND IV a β
ELEMENTE DER VIERTEN HAUPTGRUPPE
II

BERLIN · GÖTTINGEN · HEIDELBERG
SPRINGER-VERLAG
1956

ELEMENTE DER VIERTEN HAUPTGRUPPE

II

GERMANIUM · ZINN

BEARBEITET

VON

H. HARALDSEN

MIT 14 ABBILDUNGEN

BERLIN · GÖTTINGEN · HEIDELBERG
SPRINGER-VERLAG
1956

ISBN-13: 978-3-642-45832-3   e-ISBN-13: 978-3-642-45831-6

DOI: 10.1007/ 978-3-642-45831-6

Inhaltsverzeichnis

Verzeichnis der Zeitschriften und ihrer Abkürzungen.

Abkürzung	Zeitschrift
A.	Liebigs Annalen der Chemie; bis **172** (1874): Annalen der Chemie und Pharmacie.
Acc. Sci. med. Ferrara	Accadimie delle scienze mediche di Ferrara.
A. Ch.	Annales de Chimie; vor 1914: Annales de Chimie et de Physique.
Acta Comment. Univ. Tartu	Acta et Commentationes Universitatis Tartensis (Dorpatensis).
Acta med. Scand.	Acta Medica Scandinavica.
Agricultura	Agricultura.
J. Am. chem. Soc.	American Chemical Journal; seit 1917 vereinigt mit J. Am. chem. Soc.
Am. Fertilizer	The American Fertilizer.
Am. J. Physiol.	American Journal of Physiology.
Am. J. Sci.	American Journal of Science.
Am. Soc. Test. Mater. (Am. Soc. Testing Materials)	American Society of Testing Materials.
Anal. Chem.	Analytical Chemistry, früher Ind. Eng. Chem. Anal. Edit.
Anal. chim. Acta	Analytica chimica acta.
Analyst	The Analyst.
An. Argentina	Anales de la asociación química Argentina.
An. Españ.	Anales de la sociedad espanola de física y química; seit 1941: Anales de fisica y quimica (Madrid).
An. Farm. Bioquim.	Anales de farmacia y bioquímica (Buenos Aires).
Angew. Ch.	Angewandte Chemie, vor 1932: Zeitschrift für angewandte Chemie.
Ann. Acad. Sci. Fenn.	Annales academiae scientiarum fennicae.
Ann. agronom.	Annales agronomiques.
Ann. Chim. anal.	Annales de Chimie analytique et de Chimie appliquée.
Ann. Chim. appl(ic).	Annali di chimica applicata.
Ann. Falsific.	Annales des Falsifications et des Fraudes.
Ann. Office nat. Combustibles liquides	Annales de l'Office National des Combustibles Liquides.
Ann. Phys.	Annalen der Physik (Grüneisen und Planck).
Ann. Sci. agronom. Franç.	Annales de la Science agronomique française et étrangère; nach 1930: Annales agronomiques.
Ann. Soc. Sci. Bruxelles	Annales de la société scientifique de Bruxelles, Série A: Sciences mathématiques; Série B: physiques et naturelles.
Anz. Akad. Wiss. Wien, math.-naturwiss. Kl.	Anzeiger der Akademie der Wissenschaften in Wien, Mathematisch-Naturwissenschaftliche Klasse.
Anz. Krakau. Akad.	Anzeiger der Akademie der Wissenschaften, Krakau.
Apoth.-Z.	Apotheker-Zeitung.
Ar.	Archiv der Pharmazie.
Arch. Eisenhüttenw.	Archiv für das Eisenhüttenwesen.
Arch. exp. Pathol.	Archiv für experimentelle Pathologie und Pharmakologie (Naunyn-Schmiedeberg).
Arch. Math. Naturvidensk. (Arch. F. Mathem. og Naturvid.)	Archiv for Mathematik og Naturvidenskab.
Arch. Néerland. Physiol.	Archives Néerlandaises de Physiologie de l'Homme et des Animaux.
Arch. Phys. biol.	Archives de Physique biologique et de Chimie-Physique des Corps organisés.
Arch. Physiol.	Archiv für die gesamte Physiologie des Menschen und der Tiere (Pflüger).

Abkürzung	Zeitschrift
Arch. Sci. biol.	Archivio di science biologiche (Italy).
Arch. Sci. phys. nat. Genève	Archives des Sciences physiques et naturelles, Genève.
Atti Accad. Lincei	Atti della Reale Accademia nazionale dei Lincei.
Atti Accad. Sci. Torino	Atti della Reale Accademia delle Scienze di Torino.
Atti Congr. naz. Chim. pura applic.	Atti del congresso nazionale di chimica pura ed applicata.
Atti X Congr. int. Chim., Roma (Atti Congr. int. Chim. Roma)	Atti del X Congresso Internazionale di Chimica (Roma).
Austr. J. exp. Biol. med. Sci.	Australian Journal of Experimental Biology and Medical Science.
B.	Berichte der Deutschen Chemischen Gesellschaft.
Ber. dtsch. keram. Ges.	Berichte der Deutschen Keramischen Gesellschaft.
Ber. dtsch. pharm. Ges.	Berichte der Deutschen Pharmazeutischen Gesellschaft.
Ber. oberhess. Ges. Naturk.	Bericht der oberhessischen Gesellschaft für Natur- und Heilkunde.
Ber. Wien. Akad.	Sitzungsberichte der Akademie der Wissenschaften, Wien.
Betriebslab.	Betriebslaboratorium; russ.: Sawodskaja Laboratorija.
Biochem. J.	Biochemical Journal.
Biol. Bl.	Biological Bulletin of the Marine Biological Laboratory; seit 1930: Biological Bulletin.
Bio. Z.	Biochemische Zeitschrift.
Bl.	Bulletin de la Société chimique de France; vor 1907: Bulletin de la Société chimique de Paris.
Bl. Acad. Roum.	Bulletin de la section scientifique de l'Académie Roumaine.
Bl. Acad. Russie	Bulletin de l'Académie des Sciences de Russie; seit 1925: Bl. Acad. URSS.
Bl. Acad. Sci. Pétersb.	Bulletin de l'Académie impériale des Sciences, Pétersbourg; seit 1917: Bl. Acad. Russie.
Bl. Acad. URSS.	Bulletin de l'Académie des Sciences de l'U[nion des] R[républi-ques] S[oviétiques] S[ocialistes].
Bl. Acad. URSS., Sér. chim.	Bulletin de l'Académie des Sciences de l'U[nion des] R[républiques] S[oviétiques] S[ocialistes], Sér. chimique.
Bl. agric. chem. Soc. Japan	Bulletin of the Agricultural Chemical Society of Japan.
Bl. Am. phys. Soc.	Bulletin of the American Physical Society.
Bl. Assoc. techn. Fonderie (Bull. [Ass.] techn. Fonderie)	Bulletin de l'Association Technique de Fonderie.
Bl. Biol. pharm.	Bulletin des Biologistes pharmaciens.
Bl. Bur. Mines Washington	Bulletin, Bureau of Mines, Washington.
Bl. chem. Soc. Japan	Bulletin of the Chemical Society of Japan.
Bl. Chim. pura apl. Bukarest (B. Chim. pura aplicata Bukarest)	Buletinul de Chimie Pură si Aplicată (al Societatii Romane de Chimie) Bukarest.
Bl. Inst. physic. chem. Res. (Abstr.) Tôkiô	Bulletin of the Institute of Physical and Chemical Research, Abstracts, Tôkyô.
Bl. Sci. pharmacol.	Bulletin des Sciences pharmacologiques.
Bl. Soc. chim. Belg.	Bulletin de la Société chimique Belgique.
Bl. Soc. Chim. biol.	Bulletin de la Société de Chimie biologique.
Bl. Soc. chim. Paris	Vgl. Bl.
Bl. Soc. Min.	Bulletin de la Société française de Minéralogie.
Bl. Soc. Mulhouse	Bulletin de la Société industrielle de Mulhouse.
Bl. Soc. Pharm. Bordeaux	Bulletin des Travaux de la Société de Pharmacie de Bordeaux.
Bl. Soc. Românîa	Buletinul societatii de chimie din Românîa.
Bodenkunde Pflanzen- ernähr.	Bodenkunde und Pflanzenernährung: 1. Folge (Band 1 bis **45**) heißt: Zeitschrift für Pflanzenernährung, Düngung und Bodenkunde.
Boll. chim. farm.	Bolletino chimico-farmaceutico.
Branntwein-Ind. (russ.)	Branntwein-Industrie (russisch).
Brit. chem. Abstr.	British Chemical Abstracts.
Bur. Stand. J. Res.	Bureau of Standards Journal of Research.
C.	Chemisches Zentralblatt.
Canad. Chem. Metallurgy (Can. Chem. Met.)	Canadian Chemistry and Metallurgy; ab Bd. **22** (1938): Canadian Chemistry and Process Industries.

Abkürzung	Zeitschrift
Canadian J. Res.	Canadian Journal of Research.
Časopis českoslov. Lékárn.	Časopis československého Lékárnictva.
Cereal Chem.	Cereal Chemistry.
C. A.	Chemical Abstracts.
Chem. Age	Chemical Age.
Chem. Apparatur	Chemische Apparatur.
Chem. eng. min. Rev.	Chemical Engineering and Mining Review.
Chem. Ind.	Chemistry and Industry.
Chemisat. soc. Agric. *(Chemisat. socialist. Agr.) (russ.)*	Chemisation of Socialistic Agriculture (russisch).
Chemist-Analyst	The Chemist-Analyst.
Chem. J. Ser. A	Chemisches Journal Serie A, Journal für allgemeine Chemie; russ.: Chimitscheski Shurnal Sser. A, Shurnal obschtschei Chimii.
Chem. J. Ser. B	Chemisches Journal Serie B, Journal für angewandte Chemie; russ.: Chimitscheski Shurnal Sser. B, Shurnal prikladnoi Chimii.
Chem. Listy	Chemické Listy pro vědu a průmysl.
Chem. Metallurg. Eng. *(Chem. Met. Engin.)*	Chemical and Metallurgical Engineering.
Chem. N.	Chemical News.
Chem. Obzor	Chemický Obzor.
Chem. Reviews	Chemical Reviews.
Chem. social. Agric.	Chemisation of socialistic Agriculture; russ.: Chimisazia sozialistitscheskogo Semledelija.
Chem. Trade J. chem. Engr. *(Chem. Trade J.)*	Chemical Trade Journal and Chemical Engineer.
Chem. Weekbl.	Chemisch Weekblad.
Ch. Fabr.	Die chemische Fabrik.
Chim. e Ind. (Milano)	Chimica e Industria (Milano).
Chim. Ind.	Chimie & Industrie.
Chim. Ind. 17. Congr. Paris	Chimie & Industrie, 17. Congrès, Paris.
Ch. Ind.	Die chemische Industrie.
Ch. Z.	Chemiker-Zeitung.
Ch. Z. Chem. techn. Übersicht	Chemiker-Zeitung, Chemisch-technische Übersicht.
Ch. Z. Repert.	Chemiker-Zeitung, Repertorium.
Coll. Trav. chim. Tchécosl.	Collection des Travaux chimiques de Tchécoslovaquie.
C. r.	Comptes rendus de l'Académie des Sciences.
C. r. Acad. URSS.	Comptes rendus (Doklady) de l'académie des sciences de l'U[nion des] R[épubliques] S[oviétiques] S[ocialistes].
C. r. Carlsberg	Comptes rendus des Travaux du Laboratoire de Carlsberg.
C. r. Soc. Biol.	Comptes rendus de la Société de Biologie.
Current Sci.	Current Science.
Dansk Tidsskr. Farm.	Dansk Tidsskrift for Farmaci.
Dingl. J.	Dinglers Polytechnisches Journal.
Dtsch. med. Wschr.	Deutsche medizinische Wochenschrift.
Dtsch. tierärztl. Wschr.	Deutsche tierärztliche Wochenschrift.
Eng. Min. Journ.	Engineering and Mining Journal.
E. P.	Englisches Patent.
Erzmetall	Zeitschrift für Erzbergbau und Metallhüttenwesen; neue Folge von „Metall und Erz".
Fenno-Chem.	Fenno-Chemica.
Finska Kemistsamfundets Medd.	Finska Kemistsamfundets Meddelanden; fortgesetzt unter der Bezeichnung: Fenno-Chemica.
Fortschr. Chem. Physik physik. Chem.	Fortschritte der Chemie, Physik und physikalischen Chemie.
Fr.	Zeitschrift für analytische Chemie (Fresenius).
G.	Gazzetta chimica italiana.
Gas- und Wasserfach	Das Gas- und Wasserfach; vor 1922: Journal für Gasbeleuchtung sowie für Wasserversorgung.
Gen. electr. Rev. (General Electric Rev.)	General Electric Review.

Abkürzung	Zeitschrift
Giorn. Biol. appl. Ind. chim. aliment. (*G. Biol. appl. Ind. chim.*)	Giornale di Biologia Applicata alla Industria Chimica ed Alimentare; ab Bd. 5 (1935): Giornale di Biologia Industriale Agraria ed Alimentare.
Giorn. Chim. ind. ed applic. (*Giorn. Chim. ind. appl.*)	Giornale di Chimica Industriale ed Applicata.
Glastechn. Ber.	Glastechnische Berichte.
Glückauf	Glückauf, berg- und hüttenmännische Zeitschrift.
H.	Zeitschrift für physiologische Chemie (HOPPE-SEYLER).
Helv.	Helvetica chimica acta.
Ind. Chemist (chem. Manufacturer) (Ind. Chemist a. Chemical Manufacturer)	Industrial Chemist and Chemical Manufacturer.
Ind. chimica	L'Industria chimica, mineraria e metallurgica.
Ind. eng. Chem.	Industrial and Engineering Chemistry.
Ind. eng. Chem. Anal. Edit.	Industrial and Engineering Chemistry, Analytical Edition.
Ing. Chimiste (Bruxelles)	Ingénieur Chimiste (Bruxelles).
Internat. Sugar J.	International Sugar Journal.
J. agric. Sci.	Journal of Agricultural Science.
J. Am. ceram. Soc.	Journal of the American Ceramic Society.
J. Am. chem. Soc.	Journal of the American Chemical Society.
J. Am. Leather Chem.	Journal of the American Leather Chemists' Association.
J. Am. med. Assoc.	Journal of the American Medical Association.
J. Am. pharm. Assoc.	Journal of the American Pharmaceutical Association.
J. Am. Soc. Agron.	Journal of the American Society of Agronomy.
J. Am. Water Works Assoc.	Journal of the American Water Works Association.
J. anal. appl. Chem.	Journal of Analytical and Applied Chemistry.
J. Assoc. offic. agric. Chem.	Journal of the Association of Official Agricultural Chemists.
J. Biochem.	Journal of Biochemistry (Japan).
J. biol. Chem.	Journal of Biological Chemistry.
J. B.	Jahresberichte über die Fortschritte der Chemie (LIEBIG und KOPP), 1847—1910.
Jb. Radioakt.	Jahrbuch der Radioaktivität und Elektronik.
J. chem. Educat.	Journal of Chemical Education.
J. chem. Ind.	Journal der chemischen Industrie; russ.: Shurnal Chimitscheskoi Promyschlennosti.
J. chem. Physics (*J. chem. Phys.*)	Journal of Chemical Physics.
J. chem. Soc.	Journal of the Chemical Society of London.
J. chem. Soc. Japan	Journal of the Chemical Society of Japan.
J. Chim. appl. (*J. chem. applic.*) (*russ.*)	Journal de Chimie Appliquée (russisch).
J. Chim. phys.	Journal de Chimie physique; seit 1931: ... et Revue générale des Colloides.
J. chos. med. Assoc.	Journal of the Chosen Medical Association (Japan).
Jernkont. Ann.	Jernkontorets Annaler.
J. ind. eng. Chem.	Journal of Industrial and Engineering Chemistry; seit 1923: Ind. eng. Chem.
J. Indian chem. Soc.	Journal of the Indian Chemical Society.
J. Indian Inst. Sci.	Journal of the Indian Institute of Science.
J. Inst. Brew.	Journal of the Institute of Brewing.
J. Inst. Petrol. Tech.	Journal of the Institution of Petroleum Technologists.
J. Iron Steel Inst.	Journal of the Iron and Steel Institute.
J. Labor clin. Med.	Journal of Laboratory and Clinical Medicine.
J. Landwirtsch.	Journal für Landwirtschaft.
J. of Hyg. (Brit.)	Journal of Hygiene (britisch).
J. opt. Soc. Am.	Journal of the Optical Society of America.
J. Pharm. Belg.	Journal de Pharmacie de Belgique.
J. Pharm. Chim.	Journal de Pharmacie et de Chimie.
J. pharm. Soc. Japan	Journal of the Pharmaceutical Society of Japan.
J. physic. Chem.	Journal of Physical Chemistry.
J. Physiol.	Journal of Physiology.
J. pr.	Journal für praktische Chemie.
J. Pr. Austr. chem. Inst.	Journal and Proceedings of the Australian Chemical Institute.

Abkürzung	Zeitschrift
J. Res. Nat. Bureau of Standards	Journal of Research of the National Bureau of Standards, früher: Bur. Stand. J. Res.
J. Russ. phys.-chem. Ges.	Journal der russischen physikalisch-chemischen Gesellschaft.
J. S. African chem. Inst.	Journal of the South African Chemical Institute.
J. Sci. Soil Manure	Journal of the Sciences of Soil and Manure (Japan).
J. Soc. chem. Ind.	Journal of the Society of Chemical Industrie (Chemistry and Industry).
J. Soc. chem. Ind. Japan (Suppl.)	Journal of the Society of Chemical Industry, Japan. Supplement.
J. Soc. Dyers Colourists	Journal of the Society of Dyers and Colourists.
J. Washington Acad. Sci.	Journal of the Washington Academy of Sciences.
J. Zucker-Ind.	Journal der Zuckerindustrie; russ.: Shurnal Sakharnoi Promyschlennosti.
Keem. Teated	Keemia Teated (Tartu).
Kem. Maanedsbl. nord. Handelsbl. kem. Ind.	Kemisk Maanedsblad og Nordisk Handelsblad for Kemisk Industri.
Klin. Wschr.	Klinische Wochenschrift.
Koks u. Chem. (russ.)	Koks und Chemie (russisch).
Kolloidchem. Beih.	Kolloidchemische Beihefte.
Kolloid-Z.	Kolloid-Zeitschrift.
Lantbruks-Akad. Handl. Tidskr.	Kungl. Lantbruks-Akademiens Handlingar och Tidskrift.
Lantbruks-Högskol. Ann.	Lantbruks-Högskolans Annaler.
L. V. St.	Landwirtschaftliche Versuchsstation.
M.	Monatshefte für Chemie.
Magyar Chem. Folyóirat	Magyar Chemiai Folyóirat (Ungarische chemische Zeitschrift).
Malayan agric. J.	Malayan Agricultural Journal.
Medd. Centralanst. Försöksväs. jordbruks., landwirtsch.-chem. Abt.	Meddelande från Centralanstalten för Försöksväsendet på Jordbruksområdet, landbrukskemi.
Medd. Nobelinst.	Meddelanden från K. Vetenskapsakademiens Nobelinstitut.
Med. Doswiadczalna i Spoleczna	Medycyna Doswiadczalna i Spoleczna.
Mem. Sci. Kyoto Univ.	Memoirs of the College of Science, Kyoto Imperal University
Metal Ind. (London)	Metal Industry (London).
Metallurgia ital. (Metallurg. Ital.)	Metallurgia Italiana.
Metallwirtschaft (Metallwirtsch., Metallwiss., Metalltechn.)	Metallwirtschaft, Metallwissenschaft, Metalltechnik.
Met. Erz	Metall und Erz.
Mikrochemie (Mikrochem.)	Mikrochemie, vereinigt mit Mikrochimica acta.
Mikrochim. A.	Mikrochimica acta.
Milchw. Forsch.	Milchwirtschaftliche Forschungen.
Mitt. berg- u. hüttenmänn. Abt. kgl. ung. Palatin-Joseph-Universität Sopron	Mitteilungen der berg- und hüttenmännischen Abteilung der königlich ungarischen Palatin-Joseph-Universität, Sopron.
Mitt. Forsch.-Anst. G. H. Hütte (Gutehoffnungshütte-Konzerns)	Mitteilungen aus den Forschungsanstalten des Gutehoffnungshütte-Konzerns.
Mitt. Geb. Lebensmitteluntersuch. Hyg.	Mitteilungen auf dem Gebiet der Lebensmitteluntersuchung und Hygiene.
Mitt. Kali-Forsch.-Anst.	Mitteilungen der Kali-Forschungsanstalt.
Mitt. K.W. I. Eisenforschg. (Düsseldorf)	Mitteilungen aus dem Kaiser-Wilhelm-Institut für Eisenforschung zu Düsseldorf.
Nachr. Götting. Ges.	Nachrichten der Kgl. Gesellschaft der Wissenschaften, Göttingen; seit 1923 fällt „Kgl." fort.
Nature	Nature (London).
Naturwiss.	Naturwissenschaften.
Natuurwetensch. Tijdschr.	Natuurwetenschappelijk Tijdschrift.
Nederl. Tijdschr. Geneesk.	Nederlandsch Tijdschrift voor Geneeskunde.
Neues Jahrb. Mineral. Geol.	Neues Jahrbuch für Mineralogie, Geologie und Paläontologie.

Abkürzung	Zeitschrift
New Zealand J. Sci. Tech.	New Zealand Journal of Science and Technology.
Öst. Ch. Z.	Österreichische Chemiker-Zeitung.
Onderstepoort J. Vet. Sci.	Onderstepoort Journal of Veterinary Science and Animal Industry.
P. C. H.	Pharmazeutische Zentralhalle.
Ph. Ch.	Zeitschrift für physikalische Chemie.
Pharm. Weekbl.	Pharmaceutisch Weekblad.
Pharm. Z.	Pharmazeutische Zeitung.
Phil. Mag.	Philosophical Magazine and Journal of Science.
Phil. Trans.	Philosophical Transactions of the Royal Society of London.
Phys. Rev.	Physical Review.
Phys. Z.	Physikalische Zeitschrift.
Plant Physiol.	Plant Physiology.
Pogg. Ann.	Annalen der Physik und Chemie, herausgegeben von POGGEN-DORF (1824—1877); dann Wied. Ann. (1877—1899); seit 1900: Ann. Phys.
Pr. Am. Acad.	Proceedings of the American Academy of Arts and Sciences, Boston.
Pr. Am. Soc. Test. Mater. (*Pr. Am. Soc. for testing Materials*)	Proceedings of the American Society for Testing Materials.
Pr. (chem. Soc.)	Proceedings of the Chemical Society (London).
Pr. Indian Acad. Sci.	Proceedings of the Indian Academy of Sciences.
Pr. internat. Soc. Soil Sci.	Proceedings of the International Society of Soil Science.
Pr. Leningrad Dept. Inst. Fert.	Proceedings of the Leningrad Departmental Institute of Fertilizers.
Pr. Roy. Soc. Edinburgh	Proceedings of the Royal Society of Edinburgh.
Pr. Roy. Soc. London Ser. A	Proceedings of the Royal Society (London). Serie A: Mathematical and Physical Sciences.
Pr. Roy. Soc. New South Wales	Proceedings of the Royal Society of New South Wales.
Pr. Soc. Cambridge	Proceedings of the Cambridge Philosophical Society.
Problems Nutrit.	Problems of Nutrition; russ.: Woprossy Pitanija.
Pr. Oklahoma Acad. Sci.	Proceedings of the Oklahoma Academy of Science.
Pr. Soc. exp. Biol. Med.	Proceedings of the Society for Experimental Biology and Medicine.
Pr. Utah Acad. Sci.	Proceedings of the Utah Academy of Sciences.
Przemysl Chem.	Przemysl Chemiczny.
Publ. Health Rep.	Public Health Reports.
R.	Recueil des Travaux chimiques des Pays-Bas.
Radium	Le Radium, seit 1920: Journal de Physique et Le Radium.
Rep. Connecticut agric. Exp. Stat.	Report of the Connecticut Agricultural Experiment Station.
Repert. anal. Chem.	Repertorium der analytischen Chemie (1881—1887).
Répert. Chim. appl.	Répertoire de Chimie pure et appliquée (von 1864 ab: Bulletin de la Société chimique de France).
Rep. Invest. (*Rep. Investig.*)	United States Department Interior, Bureau of Mines, Report of Investigation.
Rev. brasil. chim. (*Revista brasileira de chimica*)	Revista Brasileira de Chimica (São Paulo).
Rev. Centro Estud. Farm. Bioquim.	Revista del centro estudiantes de farmacia y bioquímica.
Rev. Mét.	Revue de Métallurgie.
Rev. univ. des Min.	Revue universelle des Mines.
Roczniki Chem.	Roczniki Chemji.
Schweiz. Apoth. Z.	Schweizerische Apotheker-Zeitung.
Schweiz. med. Wschr.	Schweizerische medizinische Wochenschrift.
Schw. J.	SCHWEIGGERS Journal für Chemie und Physik (Nürnberg, Berlin 1811—1833, 68 Bde.).
Science	Science (New York).
Sci. Pap. Inst. Tôkyô	Scientific Papers of the Institute of Physical and Chemical Research Tôkyô.
Sci. quart. nat. Univ. Peking	Science Quarterly of the National University of Peking.

Abkürzung	Zeitschrift
Sci. Rep. Tôhoku (Imp. Univ.)	Science Reports of the Tôhoku Imperial University.
Skand. Arch. Physiol.	Skandinavisches Archiv für Physiologie.
Soc.	Journal of the Chemical Society of London.
Soc. chem. Ind. Victoria (Proc.)	Society of Chemical Industry of Victoria, Proceedings.
Soil Sci.	Soil Science.
Spectrochim. Acta.	Spectrochimica Acta.
Sprechsaal	Sprechsaal für Keramik-Glas-Email.
Stahl Eisen	Stahl und Eisen.
Svensk Tekn. Tidskr.	Svensk Teknisk Tidskrift.
Sv. V.A.H. (SvVAH, Sv. Vet. Akad. Handl.)	Svenska Vetenskaps-Akademiens-Handlingar.
Techn. Mitt. Krupp	Technische Mitteilungen KRUPP.
Tôhoku J. exp. Med.	Tôhoku Journal of Experimental Medicine.
Trans. Am. electrochem. Soc.	Transactions of the American Electrochemical Society.
Trans. Am. Inst. min. metalling. Eng. (Trans. Am. Inst. Min. Eng.)	Transactions of the American Institute of Mining and Metallurgical Engineers.
Trans. Butlerov Inst. chem. Technol. Kazan	Transactions of the BUTLEROV Institute; (seit 1935: KIROV Institute) for Chemical Technology of Kazan.
Trans. ceram. Soc. England	Transactions of the Ceramic Society, England; ab Bd. 38 (1939): Transactions of the British Ceramic Society.
Trans. Dublin Soc.	Scientific Transactions of the Royal Dublin Society.
Trans. Faraday Soc.	Transactions of the FARADAY Society.
Trans. Roy. Soc. Edinburgh	Transactions of the Royal Society of Edinburgh.
Trans. sci. Inst. Fert.	Transactions of the Scientific Institute of Fertilizers and Insecto-fungicides (USSR.).
Trans. Sci. Soc. China	Transactions of the Science Society of China.
Trav. Inst. Etat Radium (russ.)	Travaux de l'Institut d'Etat de Radium (russisch).
Trav. Lab. biogéochim. Acad. Sci. URSS.	Travaux du laboratoire biogéochimique de l'académie des sciences de l'U[nion des] R[épubliques] S[oviétiques] S[ocialistes].
Uchen. Zapiski Kazan. Gosud. Univ.	Uchenye Zapiski Kazanskogo Gosudarstvennogo Universiteta (USSR.).
Ukrain. chem. J.	Ukrainian Chemical Journal (Journal chimique de l'Ukraine).
Union pharm.	Union pharmaceutique.
Union S. Africa Dept. Agric.	Union of South Africa. Department of Agriculture.
Univ. Illinois Bl.	University of Illinois, Bulletin.
U. S. Dep. Commerce Bur. Mines Bl. (U. S. Bur. Min. B.)	U. S. Department of Commerce, Bureau of Mines, Bulletin.
U. S. Dep. Interior Bur. (U. S. Mines Bull.)	United States Department of the Interior, Bureau of Mines, Bulletin.
U. S. Dept. Agric. Bl.	United States Department of Agriculture, Bulletins.
U. S. Geol. Surv. Bl.	United States Geological Survey Bulletin.
Verh. phys. Ges.	Verhandlungen der Deutschen physikalischen Gesellschaft.
Vorratspflege u. Lebensmittelforsch.	Vorratspflege und Lebensmittelforschung.
Washington Acad. Science	Journal of the Washington Academy of Sciences.
Wschr. Brauerei	Wochenschrift für Brauerei.
Wied. Ann.	Annalen der Physik und Chemie, herausgegeben von WIEDEMANN; s. Pogg. Ann.
Wien. klin. Wschr.	Wiener klinische Wochenschrift.
Wien. med. Wschr.	Wiener medizinische Wochenschrift.
Wiss. Nachr. Zucker-Ind.	Wissenschaftliche Nachrichten der Zuckerindustrie (ukrain.).
Wiss. Veröffentl. Siemens-Konzern	Wissenschaftliche Veröffentlichung aus dem SIEMENS-Konzern (seit 1935: aus den SIEMENS-Werken).
Z. anorg. Ch.	Zeitschrift für anorganische und allgemeine Chemie.
Zbl. Min. Geol. Paläont. Abt. A	Zentralblatt für Mineralogie, Geologie und Paläontologie, Abt. A.: Mineralogie und Petrographie.

Abkürzung	Zeitschrift
Z. Chem. Ind. Kolloide	Zeitschrift für Chemie und Industrie der Kolloide; seit 1913: Kolloid-Zeitschrift.
Z. Deutsch. Öl- u. Fettind.	Zeitschrift für Deutsche Öl- und Fettindustrie.
Z. El. Ch.	Zeitschrift für Elektrochemie.
Zentr. wiss. Forsch.-Inst. Leder-Ind.	Zentrales wissenschaftliches Forschungsinstitut für die Lederindustrie; russ.: Zentralny nautschno-issledowatelski Institut koshewennoi Promyschlennosti, Sbornik Rabot.
Z. ges. Brauw.	Zeitschrift für das gesamte Brauwesen.
Z. ges. Kältetechnik (-Industrie)	Zeitschrift für die gesamte Kältetechnik (-Industrie).
Z. Hygiene	Zeitschrift für Hygiene und Infektionskrankheiten.
Z. klin. Med.	Zeitschrift für klinische Medizin.
Z. Krist.	Zeitschrift für Kristallographie und Mineralogie.
Z. landw. Vers.-Wes. Österr.	Zeitschrift für das landwirtschaftliche Versuchswesen in Deutsch-Österreich; 1925—1933 genannt: Fortschritte der Landwirtschaft.
Z. Lebensm.	Zeitschrift für Untersuchung der Lebensmittel; bis 1925: Zeitschrift für Untersuchung der Nahrungs- und Genußmittel sowie der Gebrauchsgegenstände.
Z. Metallkunde	Zeitschrift für Metallkunde.
Z. Naturforschg.	Zeitschrift für Naturforschung.
Z. Oberschl. Berg- u. Hüttenmänn. Verb.	Zeitschrift des Oberschlesischen Berg- und Hüttenmännischen Verbandes.
Z. öffentl. Ch.	Zeitschrift für öffentliche Chemie.
Z. Pflanzenernähr. Düng. Bodenkunde	Vgl. Bodenkunde Pflanzenernähr.
Z. Phys.	Zeitschrift für Physik.
Z. pr. Geol.	Zeitschrift für praktische Geologie.
Zprávy česk. keram. společnosti	Zprávy československé keramické společnosti.
Z. techn. Phys. (russ.)	Zeitschrift für technische Physik (russ.).
Z. VDI (Z. Ver. dtsch. Ing.)	Zeitschrift des Vereins Deutscher Ingenieure.

Abkürzungen oft benutzter Sammelwerke.

Abkürzung	Sammelwerk
Berl-Lunge	BERL-LUNGE: Chemisch-technische Untersuchungsmethoden, 8. Aufl. Berlin 1931—1934. Bis zur 7. Aufl. „LUNGE-BERL" genannt.
G_M.	GMELINS Handbuch der anorganischen Chemie, 8. Aufl. Berlin.
Handb. Pflanzenanal.	Handbuch der Pflanzenanalyse (KLEIN).
Lunge-Berl	Vgl. BERL-LUNGE.
Schiedsverfahren	Analyse der Metalle. Erster Band: Schiedsverfahren. 2. Aufl. Berlin-Göttingen-Heidelberg 1949.

ELEMENTE DER
VIERTEN HAUPTGRUPPE

Germanium

Ge; Atomgewicht 72,60; Ordnungszahl 32

Von HAAKON HARALDSEN, Oslo

Mit 4 Abbildungen

Inhaltsübersicht

Vorkommen.

In der Natur kommt Germanium nur als Mineral in Form sehr seltener komplexer Sulfide vor, und zwar meistens als Thiosalz von Silber und Kupfer. Historisch bedeutungsvoll ist das Silberthiogermanat *Argyrodit* $4\,Ag_2S \cdot GeS_2$, in dem Germanium zum ersten Male entdeckt wurde. Für die Darstellung von Germanium und Germaniumverbindungen ist vor allem *Germanit* wichtig. Germanit ist im wesentlichen ein Kupfer-Eisen-Germanium-Sulfid, dessen chemische Formel noch nicht endgültig feststeht. Sie wird von TODD bei THOMSON zu $10\,Cu_2S \cdot 4\,GeS_2 \cdot As_2S_3$, von DE JONG auf

Grund röntgenographischer Untersuchungen zu $Cu_3(Fe, Ge)S_4$ bzw. Cu_6FeGeS_8 und von ABRAHAMS und MÜLLER zu $7\,CuS \cdot FeS \cdot GeS_2$ angegeben. Mitunter enthält es auch geringe Mengen Zink, Gallium, Arsen und Blei. Zwei weitere, ebenfalls sehr seltene Mineralien sind CANFIELDIT $4\,Ag_2S \cdot (Ge, Sn)S_2$, ein Argyrodit, in dem ein Teil des Germaniums durch Zinn isomorph ersetzt ist, und *Ultrabasit* $11\,Ag_2S \cdot 28\,PbS \cdot 3\,GeS_2 \cdot 2\,Sb_2S_3$. Ein neues wichtiges Germaniumsulfidmineral, *Renierit*, mit 6,4 bis 7,8% Germanium ist in der Prinz-Leopold-Kupfergrube in Belgisch-Kongo entdeckt worden (VAES).

Trotz der Seltenheit der eigentlichen Germaniummineralien ist jedoch das Germanium ein ziemlich weitverbreitetes Element. Entsprechend seinem chalkophilen Charakter findet es sich in kleinen Mengen (bis zu etwa 1%) als Bestandteil verschiedener sulfidischer Mineralien, vor allem in *Zinkblenden* und in komplexen Sulfiden wie *Arsennickelglanz, Enargit, Pyrargyrit, Franckeit* usw. Bei der Verhüttung gewisser amerikanischer Zinkerze reichert sich das Germanium in den *Retortenrückständen* an. Das dabei erhaltene Rohzinkoxyd bildet heutzutage ebenfalls ein sehr wertvolles Material für die Gewinnung von Germanium und Germaniumverbindungen. Auf das weit verbreitete Vorkommen von geringen Mengen Germanium in *Silicaten* haben besonders PAPISH (a) sowie GOLDSCHMIDT und PETERS mit Nachdruck hingewiesen. In *Oxyden* tritt Germanium als Begleiter von Titan und Zinn auf, z. B. in Titaneisenerz und Zinnstein, in *Carbonaten* als Begleiter von Zink. Auch in Mineralien wie *Samarskit, Euxenit* und *Gadolinit* ist Germanium nachgewiesen, ebenfalls in Niob- und Tantalmineralien.

Wichtig für die Gewinnung von Germanium ist auch sein Vorkommen in Steinkohlen und Steinkohleprodukten (Asche, Flugstaub usw.), in denen Germanium vielfach wesentlich angereichert vorliegt, in Aschen mitunter auf mehr als 1% [GOLDSCHMIDT (a), GOLDSCHMIDT und PETERS]. Über das Vorkommen von Germanium in deutschen Kohlen s. OTTE; in englischen Kohlen s. MORGAN und DAVIES; REYNOLDS; AUBREY; in russischen Kohlen s. KOSTRIKIN; VAKRUSHEV; RATYNSKIĬ; KATCHENKOV (a); in tschechischen Kohlen s. ŠIMEK; ŠIMEK, COUFALIK und STADLER; in spanischen Kohlen s. LOPEZ DE AZCONA und PUIG; in indischen Kohlen s. MUKHERJEE und DUTTA (a, b, c); in japanischen Kohlen s. ASAI und INAGAKI; INAGAKI; in nordamerikanischen Kohlen s. STADNICHENKO, MURATA, ZUBOVIC und HUFSCHMIDT; FORTESCUE; HAWLEY und RIMSAITE; in argentinischen Kohlen s. LEXOW und MANESCHI. Über das Vorkommen von 2 bis 9% Germanium in Lignitaschen berichten STADNICHENKO, MURATA und AXELROD. Im Erdöl ist Germanium ebenfalls nachgewiesen worden [KATCHENKOV (b)].

Beziehungen zu den Nachbarelementen.

Wie nach seiner Stellung im periodischen System zu erwarten ist, zeigt Germanium deutliche Beziehungen sowohl zum Silicium wie zum Zinn. Nach den Atomradien, Ionenradien und primären Ionisierungsspannungen zu urteilen, steht das Germanium dem Silicium näher als dem Zinn [SCHWARZ (a)]. Die Ähnlichkeit mit Silicium (und auch mit Kohlenstoff) kommt deutlich zum Ausdruck in dem hohen *Schmelzpunkt* (958°), in der *Gitterstruktur* (Diamantstruktur), in der *Widerstandsfähigkeit* gegen Mineralsäuren und Alkalilösungen (Germanium wird erst durch Behandeln mit Königswasser oder durch Schmelzen mit Kalium- oder Natriumhydroxyd gelöst) und in der Fähigkeit zur Bildung von gasförmigen *Hydriden* (GeH_4, Ge_2H_6, Ge_3H_8), die allerdings nicht so beständig sind wie die entsprechenden Siliciumverbindungen.

Die *Tetrahalogenide* des Germaniums werden wie die entsprechenden Verbindungen des Siliciums durch Wasser vollständig hydrolysiert. Aus Germaniumtetrafluorid bildet sich dabei, in völlig analoger Weise wie beim Siliciumfluorid, *Germaniumfluorwasserstoffsäure* (H_2GeF_6).

Das *Germanium(IV)-oxyd* (GeO_2) ist genau wie SiO_2 und SnO_2 ein typisches Säureanhydrid; es unterscheidet sich jedoch von den beiden letztgenannten Oxyden dadurch, daß es sich beim Erhitzen mit konzentrierter Salzsäure schnell und vollständig in Tetrachlorid verwandelt. Die *Germaniumsäure* besitzt wie die Kieselsäure eine ausgesprochene Fähigkeit, mit Molybdän- und Wolframsäure achtbasische Heteropolysäuren von der Form $H_8[Ge(Mo_2O_7)_6]$ bzw. $H_8[Ge(W_2O_7)_6]$ zu bilden. Die *Germanate* entsprechen in ihrer Zusammensetzung weitgehend den Silicaten (Me_4GeO_4, Me_2GeO_3, $Me_2Ge_2O_5$).

Sowohl Germaniumdioxyd wie die Alkaligermanate lassen sich ähnlich wie Quarz und die Silicate zu homogenen *Gläsern* verschmelzen, was zu der Herstellung von *Germaniumgläsern* geführt hat.

Das *Germanium(IV)-sulfid* (GeS_2) löst sich, ähnlich wie Zinn(IV)-sulfid und die Arsen- und Antimonsulfide, in Alkalisulfiden zu Thiosalzen.

Eine weitere, analytisch sehr wichtige Ähnlichkeit mit Arsen zeigt Germanium dadurch, daß es sich beim Erhitzen einer salzsauren Lösung vollständig als Germaniumtetrachlorid verflüchtigt (s. S. 7).

Wertigkeit. Ähnlich wie Zinn tritt Germanium zwei- und vierwertig auf. Die *zweiwertigen* Verbindungen des Germaniums sind allerdings recht unbeständig und besitzen wie die entsprechenden Zinnverbindungen eine ausgesprochene Neigung, in die vierwertige Oxydationsstufe überzugehen. Sie sind deshalb starke Reduktionsmittel und reduzieren CrO_4^{2-} zu Cr^{3+}, MnO_4^- zu Mn^{2+}, Au^{3+} zu Au und $HgCl_2$ zu Hg_2Cl_2 bzw. Hg. Auch treten die basischen Eigenschaften bei zweiwertigem Germanium viel weniger hervor als bei zweiwertigem Zinn. So ist Germanium(II)-hydroxyd $Ge(OH)_2$ noch als eine ausgesprochene Säure zu betrachten, während Zinn(II)-hydroxyd schon amphotere Eigenschaften besitzt.

Sowohl das zwei- wie das vierwertige Germanium hat überhaupt wenig Neigung als Kation (Ge^{2+} bzw. Ge^{4+}) aufzutreten. Eigentliche binäre Germaniumsalze sind deshalb nicht bekannt.

Tabelle 1. *Schmelz- und Siedepunkte des Germaniums sowie des Oxydes und Chlorides.*

	Smp.	Sdp.
Ge	959°	—
GeO_2 (hexag.)	1115°	—
$GeCl_4$	−51,8°	83,2°

Die Verbindungen des zweiwertigen Germaniums sind meistens gefärbt (gelb, rot oder schwarz), die des vierwertigen Germaniums sind meistens weiß oder farblos.

Nach ROSSINI *et al.* beträgt die Bildungswärme des Germanium(II)-oxydes 22,8 Kcal/Mol (25° C), nach JOLLY und LATIMER die des Germanium(IV)-oxydes 128,5 Kcal/Mol.

Analytisch wichtige Verbindungen.

Germanium bildet nur wenige schwerlösliche Verbindungen, die für den analytischen Nachweis geeignet sind. In Betracht kommen hauptsächlich die beständigeren, vierwertigen Verbindungen und unter ihnen vor allem das weiße *Germanium(IV)-sulfid* (GeS_2), das aus stark mineralsauren Lösungen durch Schwefelwasserstoff gefällt wird (s. Punkt 1, S. 17). — In Wasser wenig löslich und deshalb ebenfalls für den analytischen Nachweis geeignet sind die Alkalisalze der Germaniumfluorwasserstoffsäure (s. Punkt 5, S. 23). — Wichtig sind auch die Reaktionen der komplexen Germaniummolybdänsäure (s. Punkt 2, S. 17).

Verhalten in der analytischen Gruppe und Trennung von anderen Elementen.

Wird aus einer genügend stark sauren Lösung gefällt, findet sich Germanium in der Schwefelwasserstoffgruppe zusammen mit Arsen, Antimon und Zinn. Sonst erfolgt die Fällung des Germaniums erst in der Ammoniakgruppe.

Um Germanium von Arsen, Antimon und Zinn zu trennen, kann man die Sulfide in Ammoniak lösen und die Lösung genau mit verdünnter Schwefelsäure neutralisieren, wodurch die Sulfide des Arsens, Antimons und Zinns wieder ausfallen und abfiltriert werden können, während Germanium in Lösung bleibt und erst nach Zufügen von Schwefelsäure bis zu stark saurer Reaktion ausfällt.

Über die Trennung durch fraktionierte Fällung der Sulfide bei verschiedenen Säurekonzentrationen s. auch ABRAHAMS und MÜLLER.

BROWNING und SCOTT schlagen vor, Germanium von Zinn und Antimon durch Erhitzen der Sulfide mit Ammoniumcarbonatlösung zu trennen. Das Germaniumsulfid geht dabei in Lösung, während das Antimon- und Zinnsulfid ungelöst zurückbleiben. — Von Arsen kann Germanium in der Weise getrennt werden, daß man die Lösung der Thiosalze mit Kohlendioxyd sättigt oder noch besser mit Ammoniumacetat und etwas Essigsäure versetzt und Schwefelwasserstoff einleitet. Arsen fällt dann aus, während Germanium in Lösung bleibt.

Eine quantitative Trennung des Arsens von Germanium erreicht MÜLLER (a) durch Einleiten von Schwefelwasserstoff in eine mit überschüssiger Flußsäure versetzte Lösung. Arsen wird dabei als Sulfid gefällt, Germanium dagegen bleibt in Lösung als die sehr stabile Germaniumfluorwasserstoffsäure (H_2GeF_6). 0,01% Arsen in Germaniumverbindungen kann in der Weise quantitativ abgetrennt werden. Hierauf beruht die Trennung von Arsen und Germanium nach der Analysenmethode von NOYES und BRAY. Bei dieser Methode bilden Selen, Arsen und Germanium eine gemeinsame Gruppe, die durch Destillation mit Bromwasserstoff von den übrigen Elementen abgetrennt wird. In dem Destillat scheidet man zunächst das Selen durch Reduktion mit Hydroxylaminchlorhydrat ($NH_2OH \cdot HCl$) oder mit Schwefeldioxyd nach WADA und KATO ab und fällt dann in dem stark angesäuerten Filtrat das Arsen- und Germaniumsulfid mit Schwefelwasserstoff aus. Die Sulfide werden in Ammoniak gelöst, die Lösung wird mit Flußsäure angesäuert und das Arsen durch Einleiten von Schwefelwasserstoff wieder ausgefällt, während Germanium in Lösung bleibt (s. Punkt 5, S. 23). Es lassen sich nach GILLIS (a, S. 105) 10 γ Germanium und 1000 γ Selen sowie 1000 γ Germanium und 10 γ Selen in 0,1 ml Lösung mittels Hydroxylaminchlorhydrat trennen und nachweisen.

In der qualitativen Mikroanalyse nach BENEDETTI-PICHLER und RACHELE wird Selen, wie eben beschrieben, abgetrennt, während Arsen und Germanium in der Weise voneinander getrennt werden, daß Arsen in weinsaurer Lösung mit Magnesiamixtur gefällt wird, wobei die Weinsäure die Fällung von Magnesiumgermanat (vgl. Punkt 4β, S. 23) verhindert. Nach diesem Verfahren soll es möglich sein, 5 γ der drei Elemente Selen, Arsen und Germanium neben der 100fachen Menge jedes der beiden anderen Elemente in 1 mg Substanz nachzuweisen. — Anstatt mit Flußsäure läßt sich die Trennung auch mit Oxalsäure ausführen [TCHAKIRIAN (d)]. Die Oxalsäure bildet mit Germanium eine lösliche Komplexsäure (s. Punkt 8, S. 26), die verursacht, daß Germanium bei der Fällung mit Schwefelwasserstoff in Lösung bleibt, während Arsen, Antimon und andere Metalle gefällt werden.

Ein anderes Verfahren, um Germanium von Arsen zu trennen, besteht darin, die salzsaure Lösung mit Natriumhypophosphit zu reduzieren. Germanium bleibt dabei in Lösung, während Arsen in elementarem Zustand abgeschieden wird (IWANOFF-EMIN).

In dem vollständigen Trennungsgang mit Kaliumäthylxanthogenat nach WENGER, DUCKERT und ANKADJI findet man Germanium in dem Filtrat nach der Fällung der in Säure unlöslichen Xanthogenate. Die Lösung wird alkalisch gemacht und gekocht. Dabei fällt Germanium zusammen mit Cd, Fe, Cr, U, den Seltenen Erden, Ce, Y, Ti, Th, Tl(III), Sc, In, Mn und Mg aus. Der Niederschlag wird in Salzsäure gelöst, die Lösung schwach gekocht und mit Ammoniak in Anwesenheit von Ammoniumchlorid gefällt. Nach Herauslösen des Urans mit Ammoniumcarbonat wird der germaniumhaltige Niederschlag mit Flußsäure behandelt, wobei Ge, Fe, Cr, Ti und In in Lösung gehen. Die Lösung wird alkalisch gemacht, mit Na_2O_2 versetzt und Germanium darin direkt mit Mannit + Phenolphthalein (s. Punkt 4, S. 36) oder Chinalizarin (s. Punkt 5, S. 36) nachgewiesen. — Über die Verwendung von Kaliumäthylxanthogenat als Gruppenreagens s. ferner CHAVES-LAVIN.

Über ein weiteres Verfahren zur Trennung des Germaniums von begleitenden Elementen s. WADA und KATO.

Trennung durch Destillation. Sehr bequem läßt sich Germanium von allen anderen Elementen durch Destillation aus salzsaurer Lösung als leichtflüchtiges Germaniumtetrachlorid ($GeCl_4$, Siedepunkt 83°) abtrennen (vgl. S. 9 und Punkt 1, S. 40). Um zu verhindern, daß Arsen, Antimon und Selen sich ebenfalls bei der Destillation als Chloride verflüchtigen, führt man meistens die Destillation nach einem ursprünglich von BUCHANAN gemachten Vorschlag in einem Chlorstrom aus (s. auch DENNIS und PAPISH). Zusatz von festen Oxydationsmitteln, wie Kaliumpermanganat, Mangandioxyd, Kaliumchlorat und Kaliumbichromat, ist auch gelegentlich verwendet worden (BROWNING und SCOTT), hat sich aber nicht als vorteilhaft erwiesen (DEDE und RUSS), s. jedoch Punkt 1c, S. 33.

AITKENHEAD und MIDDLETON vermeiden den Gebrauch jedes Oxydationsmittels dadurch, daß sie schon vor der Destillation sowohl Arsen wie Antimon aus stark salzsaurer Lösung mit Hilfe von fein verteiltem Kupfer ausfällen (vgl. Punkt 1, S. 40).

Trennung durch Extraktion. Noch besser als das Destillationsverfahren dürfte die Abtrennung des Germaniums durch Extraktion aus stark salzsaurer, wäßriger Lösung durch Tetrachlorkohlenstoff und ähnliche Lösungsmittel sein. Fast alle anderen Elemente gehen dabei nur in Spuren in die Tetrachlorkohlenstoffphase über, so daß dieses Verfahren auch bei extremen Mengenverhältnissen noch sehr wirkungsvoll ist.

Da sich Germanium bei kleinen Salzsäurekonzentrationen weitgehend zugunsten der wäßrigen Phase verteilt, kann man es aus seiner Lösung in Tetrachlorkohlenstoff mit verdünnter Salzsäure, Wasser oder auch wäßrigen Alkalilösungen wieder entfernen. Bei dieser Rückextraktion genügen kleine Mengen der wäßrigen Phase, so daß zugleich eine Anreicherung des Germaniums erzielt wird, was bei dem Nachweis von Spuren wertvoll ist.

Das Verfahren ist auch dafür geeignet, Germanium von Arsen zu trennen. Dazu ist es jedoch erforderlich, das dreiwertige Arsen mit Kaliumchlorat zum fünfwertigen zu oxydieren [FISCHER und HARRE (a)].

Über die Verwendung dieses Verfahrens für den qualitativen Nachweis von Germanium s. Punkt 2, S. 42. Siehe hierzu auch VANOSSI (a).

Trennung durch Ionenaustauscher. Germanium als Germanat wird von dem Ionenaustauscher Dowex-50 in der H-Form nicht gebunden und läßt sich so von Kupfer und anderen Kationen trennen (KLEMENT und SANDMANN).

Nachweismethoden.

§ 1. Nachweis auf spektralanalytischem Wege.

Allgemeines.

Germanium ist am sichersten spektrographisch nachzuweisen. Für den Nachweis im sichtbaren Gebiet ist nur die Linie $\lambda = 4685,9$ Å geeignet [PAPISH (b)]; im ultravioletten Gebiet sind die Hauptnachweislinien $\lambda = 3269,5$ Å; $\lambda = 3039,1$ Å;

$\lambda = 2754{,}6$ Å; $\lambda = 2709{,}6$ Å; $\lambda = 2691{,}4$ Å; $\lambda = 2651{,}6$ Å; $\lambda = 2651{,}2$ Å und $\lambda = 2592{,}6$ Å, die sämtlich Atomlinien sind.

Analysenlinien sowie Koinzidenzen nach Gerlach-Riedl.

GERLACH und RIEDL geben für Germanium folgende, im Bogenlicht auftretende Analysenlinien an: $\lambda = 3039{,}1$ Å; $\lambda = 2754{,}6$ Å; $\lambda = 2709{,}6$ Å; $\lambda = 2651{,}2$ Å; $\lambda = 2592{,}6$ Å. Die stärkste Linie ist $\lambda = 2651{,}2$ Å; ihr folgen die Linien $\lambda = 3039{,}1$ Å und die drei ungefähr gleich starken Linien $\lambda = 2754{,}6$ Å; $\lambda = 2709{,}6$ Å und $\lambda = 2592{,}6$ Å. Die schwächsten der Nachweislinien sind die beiden, zu den eigentlichen Analysenlinien nicht gehörigen Linien $\lambda = 2691{,}4$ Å und $\lambda = 3269{,}5$ Å.

Koinzidenzen sind zu erwarten: Bei $\lambda = 3039{,}1$ Å mit Linien von Indium und Iridium, mit schwachen Linien von Quecksilber und Molybdän sowie mit einer sehr schwachen Platinlinie. Eine schwache Eisen- und Wolframlinie rufen bei kleiner Dispersion eine Verbreiterung der Analysenlinie hervor. Besonders ist auf Störung durch die starke Indiumlinie $\lambda = 3039{,}4$ Å zu achten. Weitere Störungslinien, die auftreten können, sind: Chrom $\lambda = 3040{,}9$ Å; Eisen $\lambda = 3037{,}4$ Å; Iridium $\lambda = 3039{,}3$ Å; Nickel $\lambda = 3037{,}9$ Å; Osmium $\lambda = 3040{,}9$ Å; Platin $\lambda = 3042{,}6$ Å.

Bei $\lambda = 2754{,}6$ Å mit einer Indiumlinie, mit einer schwachen Osmiumlinie und mit einer sehr schwachen Kobaltlinie. Die Analysenlinie wird ferner durch die Eisenlinie $\lambda = 2754{,}4$ Å verbreitert, und außerdem besitzt das Platinspektrum an dieser Stelle regelmäßig einen starken Untergrund. Die Störungslinien sind: außer den beiden Eisenlinien $\lambda = 2754{,}4$ Å und $\lambda = 2753{,}3$ Å, die Indiumlinie $\lambda = 2753{,}9$ Å; die Vanadinlinie $\lambda = 2753{,}4$ Å und im Funkenspektrum auch noch die Eisenlinie $\lambda = 2755{,}7$ Å und die Chromlinie $\lambda = 2751{,}9$ Å.

Bei $\lambda = 2709{,}6$ Å mit Linien von Indium, Thallium, Osmium, Rhodium, mit einer im Bogen schwachen, im Funken jedoch stärkeren Wolframlinie, sowie mit sehr schwachen Linien von Mangan und Molybdän. Die Störungslinien sind: Indium $\lambda = 2710{,}3$ Å; Mangan $\lambda = 2708{,}4$ Å; Ruthenium $\lambda = 2712{,}4$ Å und im Funkenspektrum auch noch die Linien von Radium $\lambda = 2708{,}9$ Å und von Vanadin $\lambda = 2711{,}7$ Å.

Bei $\lambda = 2651{,}2$ Å mit Linien von Beryllium, Quecksilber, Blei, Mangan, Platin und Ruthenium, sowie mit einer schwachen Magnesiumlinie und mit sehr schwachen Titan- und Palladiumlinien. Im Funkenspektrum ist die Störung durch Palladium noch stärker als im Bogenspektrum; ferner stören im Funkenspektrum eine schwache Molybdänlinie und eine sehr schwache Osmiumlinie. Sowohl Aluminium wie Antimon ruft bei der Wellenlänge der Analysenlinie einen starken Untergrund hervor. Unter den Störungslinien ist besonders auf die starke Tantallinie $\lambda = 2653{,}3$ Å zu achten. Weitere Störungslinien sind: Aluminium $\lambda = 2652{,}5$ Å; Beryllium zwischen $\lambda = 2650{,}8$ Å und $\lambda = 2650{,}5$ Å und Platin $\lambda = 2650{,}9$ Å. Im Funkenspektrum ist auch noch mit den Linien: Chrom $\lambda = 2653{,}6$ Å und Molybdän $\lambda = 2653{,}3$ Å zu rechnen.

Bei $\lambda = 2592{,}6$ Å mit Linien von Cadmium, Eisen, Zinn und Molybdän (die Störungslinien der beiden letztgenannten Elemente treten besonders im Funkenspektrum auf) sowie mit einer schwachen Linie von Kobalt und mit sehr schwachen Linien von Osmium, Titan und, besonders im Funkenspektrum, von Wolfram. Außerdem hat das Spektrum des Mangans an dieser Stelle einen starken Untergrund. Die Störungslinien sind: Eisen $\lambda = 2592{,}8$ Å und $\lambda = 2591{,}6$ Å (Funkenlinie); Iridium $\lambda = 2592{,}1$ Å; Osmium $\lambda = 2590{,}8$ Å und im Funkenspektrum die besonders starke Manganlinie $\lambda = 2593{,}7$ Å.

Spezielles[1].

a) Nachweis in Lösungen.

Papish, Brewer und Holt tränken Elektroden aus reinem Graphit mit Germaniumlösungen bekannter Konzentration und nehmen das Bogenspektrum mit Hilfe eines Hilger-Quarzspektrographen auf doppelschichtige Eastman-Platten auf. Es gelingt ihnen so, 1 γ Germanium an Hand der Linien $\lambda = 4226,7$ Å; $\lambda = 3269,5$ Å; $\lambda = 2754,6$ Å; $\lambda = 2709,6$ Å; $\lambda = 2592,5$ Å und $\lambda = 2417,4$ Å, sowie 0,1 γ Germanium an Hand der Linien $\lambda = 3039,1$ Å; $\lambda = 2651,6$ Å und $\lambda = 2651,2$ Å nachzuweisen [vgl. auch Papish (c)]. Anwesenheit von Zinn übt nur bei sehr kleinen Germaniumkonzentrationen einen Einfluß auf die Spektrallinien des Germaniums aus.

Im Funkenspektrum beträgt nach Geilmann und Brünger (a) die kleinste, in salzsauren Lösungen mit Hilfe der Linien $\lambda = 3039,1$ Å; $\lambda = 2754,6$ Å und $\lambda = 2651,6$ Å noch erkennbare Germaniummenge 0,25 γ. Diese Menge entspricht bei den von Geilmann und Brünger (a) verwendeten Versuchsbedingungen einer Konzentration von 0,001% Germanium. Die Aufnahme des in einem kondensierten Funken von 12000 V Wechselstrom zwischen Kohleelektroden erregten Spektrums erfolgte dabei mit einem Fuess-Quarzspektrographen mittlerer Dispersion und mit Spezialfliegerplatten, orthochromatisch, höchst empfindlich, der Firma Perutz, München. Die für die Aufnahme benutzte Lösung mit einem Volumen von 25 μl wurde in eine entsprechend große Vertiefung der einen Elektrode eingefüllt und im Funken zum Verdampfen gebracht. Bei den Untersuchungen von Geilmann und Brünger (a) zeigte sich ferner, daß Kohleelektroden anderen Anordnungen wie etwa solchen mit Gold- oder Platinelektroden weit überlegen sind. Mit Elektroden der letztgenannten Art verschwanden die letzten Germaniumlinien schon bei einer Konzentration von < 0,075% Germanium.

Um Germanium bei noch geringeren Konzentrationen als 0,001% spektralanalytisch nachzuweisen, empfehlen Geilmann und Brünger (a), vorerst eine chemische Anreicherung vorzunehmen, die entweder a) dadurch erfolgen kann, daß man das Germanium mit Schwefelwasserstoff in 3 bis 4n salzsaurer Lösung fällt und das erhaltene Germaniumsulfid in einem Tropfen 1 bis 1,5n Kaliumhydroxydlösung löst (s. Punkt 1, S. 17) oder b) dadurch, daß man das Germanium durch Destillation aus 3 bis 4n Salzsäure im Kohlendioxydstrom als Germaniumtetrachlorid verflüchtigt. Beide Verfahren gestatten, noch 2 γ Germanium in 10 ml Lösung, entsprechend einer Konzentration von $2 \cdot 10^{-5}$% Germanium, sicher nachzuweisen. Die Linien $\lambda = 2651,6$ Å und $\lambda = 3039,1$ Å treten dabei immer noch sehr deutlich hervor, während die beiden Linien $\lambda = 2691,3$ Å und $\lambda = 2754,6$ Å gerade noch erkennbar sind.

Das Destillationsverfahren eignet sich besonders gut, wenn es sich darum handelt, Germanium neben anderen Elementen nachzuweisen (vgl. S. 7). Bei Anwesenheit von Arsen, Selen und Antimon ist es allerdings notwendig, die Destillation im Chlorstrome vorzunehmen, da der Nachweis des Germaniums durch diese Elemente, die ebenfalls als Chloride bei der Destillation übergehen können, erheblich beeinflußt wird. So zeigte sich, daß schon 1 mg Arsen in 2 ml Lösung die Empfindlichkeit des spektralanalytischen Nachweises im Vergleich mit reinen Germaniumlösungen auf etwa $^1/_5$ herabsetzte, größere Mengen sogar auf etwa $^1/_{50}$. Bei Selen ist die Störung noch stärker. Bereits ganz kleine Selenmengen vermögen die Empfindlichkeit um das 100fache zu verringern. Bei genügend niedrig gehaltener Destillationstemperatur ist die Störung durch Antimon kaum zu befürchten.

---

[1] Da die Grenze zwischen qualitativen und quantitativen spektrographischen Bestimmungen schwer anzugeben ist, beziehen sich die Literaturhinweise dieses Abschnittes auch noch auf quantitative Bestimmungen.

Ausführung der Destillation nach GEILMANN und BRÜNGER. Die zu prüfende Lösung wird in einem Destillationskolben von 50, 100 oder 200 ml Inhalt mit so viel konzentrierter Salzsäure versetzt, daß sie in bezug auf freie Säure 3 bis 4 n ist. Nunmehr leitet man Chlor bis zur Sättigung ein und destilliert anschließend im schwachen Chlorstrom mit einer kleinen Flamme, so daß im Laufe von 15 Min. 10 bis 20 ml Destillat übergehen (vgl. Abb. 4, S. 41).

Das Destillat wird in einem eisgekühlten Zentrifugenglas, das mit 1 ml 3n Salzsäure beschickt ist, aufgefangen. Sicherheitshalber wiederholt man die Destillation mit einer neuen Vorlage, nachdem der Destillationsrückstand durch einen Tropftrichter mit 15 ml 3 bis 4 n Salzsäure versetzt worden ist. Die beiden Destillate werden vereinigt, durch Zusatz einiger Tropfen konzentrierter Salzsäure 3 bis 4 n gemacht und dann in der Kälte mit Schwefelwasserstoff gesättigt, über Nacht stehen gelassen und am nächsten Morgen nochmals mit Schwefelwasserstoff behandelt. Gleichzeitig fügt man einige Tropfen einer 10%igen wäßrigen Natriumsulfitlösung hinzu, wobei sich Schwefel abscheidet, der das kolloidal verteilte Germaniumsulfid mitreißt. Der Niederschlag wird nun durch Zentrifugieren in die Spitze des Zentrifugenglases abgeschleudert und die Flüssigkeit mit einer Kapillarpipette möglichst vollständig entfernt. Der Niederschlag wird in 50 μl 1 n Kaliumhydroxydlösung durch Erwärmen auf dem Wasserbade gelöst, die Lösung auf 25 μl eingeengt und das Funkenspektrum, wie schon beschrieben, aufgenommen. – Bei Abwesenheit von Arsen und Selen wird das Chlor durch Kohlendioxyd ersetzt.

Bei der von FELDMAN angegebenen „Porous-Cup-Electrode-Technique" wird die zu analysierende Lösung in die Höhlung einer Graphitelektrode eingefüllt. Die Elektrode, die als obere Elektrode geschaltet wird, hat einen Durchmesser von 0,6 cm, eine Länge von 3,75 cm und ist mit einem 0,3-cm-Bohrer bis zu einem Abstand von 1,1 $\pm$ 0,2 mm vom unteren Ende ausgebohrt. Die Lösung sickert durch den Boden und wird in einem Hochspannungs-BAIRD-Funken mit einem synchronischen Unterbrecher oder in einem Niederspannungsabreißbogen angeregt, wobei die untere Elektrode ein Graphitstab vom Durchmesser 0,3 cm mit einem flachen oder zugespitzten Ende ist und der Elektrodenabstand 2 mm beträgt. Die Aufnahmezeit bei einer Füllung der Höhlung beträgt 120 bis 240 sec, gewöhnlich 180 sec. Nach einer 5 bis 10 sec langen Vorfunkperiode folgt eine Pause von ungefähr 15 sec, wonach das Funken wieder aufgenommen wird und die Aufnahme erfolgt. Es können sowohl saure wie neutrale und auch schwach basische Lösungen verwendet werden. Bei einem p_H-Wert $\geqq 9$ wird der Graphit durch einige Lösungen nicht genügend benetzt, so daß die notwendige Kapillarwirkung nicht erhalten wird. Am besten geeignet sind saure Lösungen, wenn möglich mit 10% H_2SO_4. Für eine solche Lösung wird eine *Grenzkonzentration* von 0,001% Germanium angegeben.

Über den Nachweis von Germanium durch elektrolytische Fällung und spektrographische Untersuchung im Abreißbogen s. SCHLEICHER. Über den Nachweis von Germanium in konzentrierten Zinksulfatlösungen mit Kohlebogen s. SLAVIN und in Galliumchloridlösungen s. SALTMAN und NACHTRIEB, die imstande waren, 0,1 γ Germanium nachzuweisen.

b) Nachweis in Mineralien.

Das Destillationsverfahren von GEILMANN und BRÜNGER (a) läßt sich für alle diejenigen Mineralien verwenden, die durch irgendein Aufschlußverfahren in Lösung zu bringen sind, ohne daß Germaniumverluste dabei entstehen.

In Salzsäure lösliche Stoffe, Oxyde, Silicate usw. (aber keine Sulfide) werden direkt in dem fertig zusammengesetzten Destillationsapparat in der berechneten Menge konzentrierter Salzsäure gelöst und nach Zusatz eines Überschusses, der die Acidität der Lösung auf 3 bis 4n bringt, destilliert. In 10 g Zinkoxyd waren so 3 γ Germanium, entsprechend einer Konzentration von $3 \cdot 10^{-5}$%, an Hand der Linien $\lambda = 2651,6$ Å; $\lambda = 2754,6$ Å und $\lambda = 3039,1$ Å einwandfrei zu erkennen.

In Säuren nicht lösliche Silicate schließt man in der üblichen Weise durch Sodaschmelze auf, weicht die Schmelze in wenig Wasser auf und spült sie in den Destillationskolben über, wo vorsichtig mit Salzsäure neutralisiert wird. Anschließend bringt man die Acidität der Lösung auf 3 bis 4n und destilliert.

Nach diesem Verfahren ließ sich in 0,2 bzw. 0,3 g eines Glases mit 0,001% Germanium die 2 bzw. 3 γ betragende Germaniummenge an Hand der Linien $\lambda = 2651,6$ Å; $\lambda = 2754,6$ Å und $\lambda = 3039,1$ Å sicher erkennen; bei der Einwaage von 0,3 g traten auch noch die Linien $\lambda = 2691,3$ Å und $\lambda = 2709,6$ Å auf. In 2 g Topas gelang es, mit Hilfe der Linien $\lambda = 3039,1$ Å; $\lambda = 2754,6$ Å und $\lambda = 2651,6$ Å, die zwar schwach, jedoch sehr deutlich zu beobachten waren, einen Gehalt von 1 bis $2 \cdot 10^{-4}\%$ Germanium nachzuweisen.

Zinnstein wird mit der fünffachen Menge Kaliumhydroxyds im Nickeltiegel aufgeschlossen und dann weiter wie beim Silicat behandelt. Bei einer Einwaage von 2 g zeigten die Linien $\lambda = 3039,1$ Å; $\lambda = 2754,6$ Å und $\lambda = 2651,6$ Å einen Germaniumgehalt von etwa $1 \cdot 10^{-4}\%$ an.

Sulfidische Erze schließt man, wenn möglich, durch Abrauchen mit Salpetersäure auf, sonst durch Soda-Peroxyd-Schmelze in der zur Schwefelbestimmung üblichen Weise. Die erhaltenen wäßrigen Lösungen samt den ungelösten Teilen werden, wie schon beschrieben, destilliert. In 10 g Molybdänglanz gelang es bei beiden Aufschlußmethoden, 5 bis 6 γ Germanium, entsprechend einem Gehalt von 5 bis $6 \cdot 10^{-5}\%$ Germanium an Hand der Linien $\lambda = 3039,1$ Å; $\lambda = 2754,6$ Å; $\lambda = 2651,6$ Å und $\lambda = 2592,5$ Å nachzuweisen.

AHLFELD und MORITZ lösen die zu untersuchenden Mineralien (Sulfide und Thiosalze des Zinns, Bleis, Eisens und Germaniums) in Säure, so daß die Konzentration der Lösung 10 g Probe auf 100 ml Lösungsmittel entspricht, und nehmen anschließend das Funkenspektrum auf. Die Nachweisgrenze wird zu 0,005% Germanium angegeben. Für den Nachweis sind die Linien $\lambda = 2651,6$ Å und $\lambda = 2651,2$ Å bis zu den geringsten Konzentrationen geeignet, bei mehr als 0,01% Germanium sind auch noch die Linien $\lambda = 3269,5$ Å und $\lambda = 2709,6$ Å verwendbar. Wegen Koinzidenz mit der Eisenlinie $\lambda = 2592,9$ Å wird beim Vorhandensein von viel Eisen die Germaniumlinie $\lambda = 2592,6$ Å nicht berücksichtigt.

GOLDSCHMIDT und PETERS bestimmen mit Hilfe des Bogenspektrums den Germaniumgehalt zahlreicher Gesteine und Mineralien ohne vorhergehende chemische Behandlung der Substanz. Das Spektrum wird nach dem Glimmschichtverfahren zwischen sorgfältig gereinigten Kohleelektroden unter Verwendung eines großen HILGER-Spektrographen EI mit Quarzoptik (2400 bis 3300 Å) und 220 V Gleichstrom, 10 bis 12 A aufgenommen. Die Analysensubstanz füllt man in einen in der als Kathode dienenden Elektrode ausgebohrten Krater von 0,7 mm Durchmesser und 7 mm Tiefe. In künstlich hergestellten Gemischen von Germanium(IV)-oxyd und Quarz bzw. Chromeisenerz und Eisenpulver läßt sich so 0,001% GeO_2 nachweisen. Mit einem Krater von 10 mm Tiefe und einer lichten Weite von 2 mm ist es bei einer Beschickung mit 30 mg sogar möglich, die Empfindlichkeit des Germaniumnachweises auf $1 \cdot 10^{-4}\%$ zu steigern und so eine Menge von nur 0,03 γ Germanium nachzuweisen. Das Germanium verdampft zum größten Teil in den ersten 20 sec der Belichtungszeit.

Um bei der Untersuchung von Gesteinen eine Anreicherung des Germaniums zu erzielen, schließen GOLDSCHMIDT, HAUPTMANN und PETERS die Silicate nach BERZELIUS mit Flußsäure und Schwefelsäure auf und fällen das Germanium mit den Sesquioxyden aus. PREUSS, der ebenfalls nach dem Glimmschichtverfahren arbeitet, erreicht eine Anreicherung des Germaniums dadurch, daß er die zu untersuchende Substanz einer fraktionierten Destillation durch Erhitzen in einem elektrisch geheizten Kohlerohrofen unterwirft und anschließend das verdampfte Metall mit Hilfe eines Gasstromes (Kohlendioxyd, Stickstoff, Argon) in den Kohlelichtbogen einbläst. An Hand der Linie $\lambda = 2651,2$ Å ist es so möglich, $3 \cdot 10^{-6}\%$ Germanium in 1 g Gestein, entsprechend 0,03 γ Germanium, nachzuweisen.

Über ein weiteres Anreicherungsverfahren von Germanium in Silicaten s. RANKAMA.

Über den Nachweis in Erzen nach der Methode der totalen Energie s. MARKS und HALL.

Über den spektrographischen Nachweis von Germanium in Mineralien und Erzen s. ferner
DE GRAMONT (Funkenspektrum von Argyrodit, Germanium ist durch die orange Linie $\lambda = 6020$ Å
und die gelborange Linie $\lambda = 5891$ Å charakterisiert); PAPISH, BREWER und HOLT (in Zinnmineralien und Enargit, Bogenspektrum); PAPISH und HANFORD (in Meteoriten); WILD und KLEMM (in
Saphir, Kohlebogen); KIMURA, NAKAMURA und KUSIBE (in sulfidischen Erzen nach chemischer
Anreicherung, Bogenspektrum); GLASS (in verschiedenen Mineralien); BETIM (in Meteoriten);
GRATON und HARCOURT (in Zinkblende, Bogenspektrum); PICCARDI (in Zinkblende); DE RUBIES
und LOPEZ DE AZCONA (in Blenden, elektrothermische Anreicherung im Bogen); BÖSE (in Mor-
ganit, Funkenspektrum zwischen Kohleelektroden von Lösungen des Sublimats, das durch Erhitzen des Minerals auf 1200° entsteht); CAMBI und MALATESTA (in Zinkblende, Anreicherung
durch Flotation); KIMURA und KOYAMA; RUSSANOW und KOSSTRIKIN; LARIONOV und TOLMAČEV
(in Kassiterit); BOROVIK und KALININ (in Abfallprodukten von Blei- und Zinkanlagen, in Zinkblende); BOROVIK und PROKOPENKO (a) (in sulfidischen Erzen); ABRAMOW und RUSSANOW (in
Zinkblende); KUSMINA; BOROVIK, PROKOPENKO und POKROVSKAJA (in Eruptivgesteinen); OFTE-
DAL (in Zinkblenden, Glimmschichtverfahren, $\lambda = 2651,2$ Å; $\lambda = 3039,1$ Å; $1 \cdot 10^{-4}\%$ Germanium
sind wahrscheinlich noch beobachtbar); STOIBER (in Zinkblenden, Bogenspektrum); OTTEMANN
(in Tiefengesteinen, Glimmschichtverfahren, Anreicherung durch Sublimation im Hochvakuum);
RUSSANOW; RUSSANOW und ALEXEJEWA; SZELENYI und VOGL (in Zinkblenden); VESELOWSKIĬ
(in Zinkblenden und Feldspat, Anreicherung durch Sublimation im Hochvakuum); BOROVIK (b)
(in Topasen und Beryllen); LOPEZ DE AZCONA (in Bleierzen); WICKMAN (in Silicaten im Abreißbogen mit Kupferelektroden); STROCK (in Zinkblenden, Kohlebogen, 0,001 bis 5% Germanium
wurden bestimmt); BOROVIK und PROKOPENKO (b) (in Blei- und Zinkerzen); EFENDIEV (in Erzen
und Böden); BRITSKE und VARSHAVSKAJA (in Kupfersulfid); CROCCO (in Granit); CREMASCOLI (in
Zinkblende und Kieselzinkerz); SCHROLL (a) (in Zinkblende); LEUTWEIN (in Wolframiten); CUR-
VELLO (in Meteoriten); SAITO (Abreißbogen, mit NaCl gemischt, 0,001% Ge noch nachweisbar.
As erschwert den Nachweis von Ge; eine diffuse Bleilinie $\lambda = 2650,4$ Å zeigt Koinzidenz mit der
Germaniumlinie $\lambda = 2651$ Å; Si gibt ein störendes Bandenspektrum von SiO bei 2500 bis 2800 Å);
AHRENS (Gleichstrombogen, in Gesteinen, Mineralien, Bodenproben, Meteoriten und ähnlichem
Material; $\lambda = 2651,18$ Å und $\lambda = 3039,06$ Å; Grenzkonzentration $5 \cdot 10^{-4}\%$); VIGHI (in Felsen);
BONATTI und GALLITELLI (in Ton); YAVNEL (in Meteoriten); KIMURA, NAGASHIMA, SAITO, SHIMA
und NAKAI (in Zinkblende, Pyrit, Kupferkies und Opal); KIMURA, KANO, SAITO und TATARA (Ver-
halten des Germaniums beim Schmelzen von Kupfer-, Zink- und Bleierzen); MORINAGA (in
japanischen Zinkblenden); BRYSON (in Erzen, Rückständen und Aschen); JOENSUU (in Zinkblenden, Graphitelektroden, Bogenspektrum, Gemisch von Probe und Graphit, verwendet wurde
$\lambda = 2651,2$ Å, Bezugslinie Zn $\lambda = 2712,5$ Å); WARING und ANNELL (in Mineralien, Gesteinen
und Erzen, Multisource-Gleichstrombogen, Graphitelektroden, $\lambda = 3091,1$ Å; $\lambda = 2691,1$ Å;
$\lambda = 2651,2$ Å; Vergleich mit Standardmischungen); SCHROLL (b) (in Zinkblende und Hemimor-
phit); HARRIS (in Silicaten, Aufschluß mit Flußsäure und Schwefelsäure, Abdestillieren des
Germaniums aus dem Rückstand als Chlorid, nach Zusatz von Zinn als Spurenfänger und Bezugselement Fällung als Sulfid, Lösen in Ammoniak und Wasserstoffperoxyd, Aufnahme des Spektrums im Gleichstrombogen (7 A, 220 V) zwischen Kohleelektroden mit einem HILGER-Quarzspektrographen E, Analysenlinien Ge $\lambda = 3039,06$ Å/Sn $\lambda = 3032,77$ Å, weniger als $0,05\,\gamma$ Ge
können nachgewiesen werden); CANNERI und COZZI (in Zinkblende).

c) Nachweis in Metallen.

GEILMANN und BRÜNGER (a) lösen das Metall in völlig chlorfreier Salpetersäure,
dampfen die Lösung auf dem Wasserbade ein, spülen mit wenig Wasser den trockenen
Rückstand in den Destillationskolben über und führen die Destillation, wie S. 10
angegeben, aus. 2 bis 3 γ Germanium in 5 g gediegenem Kupfer, entsprechend einer
Konzentration von 4 bis $6 \cdot 10^{-5}\%$, ließen sich so an Hand der Linien $\lambda = 3039,1$ Å;
$\lambda = 2754,6$ Å und $\lambda = 2651,6$ Å nachweisen.

Über den spektralanalytischen Nachweis bzw. die Bestimmung von Germanium
in Kupfer, Eisen und Zink vgl. weiterhin BRECKPOT (a); BRECKPOT und KÖRBER
sowie BRECKPOT und MEWIS. Das Germanium wird entweder auf nassem Wege nach
Lösen der Metalle in Salpetersäure oder auf trockenem Wege durch Destillation im
Chlorstrom angereichert. Im Destillat wird das Germanium unter Zusatz von Kupfer
als Sulfid gefällt, die Sulfide werden in Salpetersäure gelöst und zu Oxyden verglüht, die dann im Lichtbogen zwischen Graphitelektroden untersucht werden.
Die *Grenzkonzentration* wird zu $10^{-7}\%$ Germanium angegeben, die *Nachweisgrenze*

zu 0,3 bis 0,5 γ. — LEWIS weist 1 Teil Germanium in 100 Millionen Teilen Zink, entsprechend einer Grenzkonzentration von $10^{-6}\%$, beim Lösen von 5 g des Zinks in Säure und Fällen mit Schwefelwasserstoff in Anwesenheit eines passenden Schwermetalls im Bogenspektrum nach. Vgl. ferner HAUSER.

Für den Nachweis in Eisen und Stahl geben HAMMERSCHMID, LINSTRÖM und SCHEIBE folgende Linien an: $\lambda = 3269,5$ Å; $\lambda = 3039,1$ Å; $\lambda = 2754,6$ Å (verschwindet evtl. im dunklen Untergrund); $\lambda = 2709,6$ Å; $\lambda = 2691,35$ Å; $\lambda = 2651,6$ Å (Störung durch die Eisenlinie $\lambda = 2651,7$ Å); $\lambda = 2651,15$ Å (leichtest sichtbare Linie) und $\lambda = 2592,55$ Å (die Eisenlinie $\lambda = 2592,8$ Å und die Manganlinie $\lambda = 2592,3$ Å stören unter Umständen). — In legierten und unlegierten Stählen läßt sich Germanium nach Lösen der Stahlprobe in Salzsäure, Destillation im Chlorstrom und Fällung als Sulfid nach Zusatz von Kupfer mit Hilfe des Funkenspektrums in der Größenordnung von 10^{-4} bis $10^{-3}\%$ bestimmen (SCHLIESSMANN).

Unter Verwendung der ,,CARRIER''-Destillationsmethode mit Galliumoxyd als Trägersubstanz und der Germaniumlinien $\lambda = 2651,2$ Å; $\lambda = 2651,6$ Å und $\lambda = 2754,6$ Å erreichen SCRIBNER und MULLIN im Gleichstrombogen eine Grenzkonzentration von $2 \cdot 10^{-5}\%$ Ge ($\lambda = 2651,2$ Å) in Uranmetall und Uranverbindungen. Das Metall wird durch Glühen bei 800 bis 900° in Oxyd übergeführt. Bei pulverförmigem Uran muß man des pyrophoren Charakters wegen hierbei vorsichtig vorgehen. Salze, wie die Acetate und Nitrate, werden zunächst bei 350° und dann bei 800° geglüht. Die Halogensalze werden hydrolysiert und anschließend geglüht. Das Galliumoxyd wird im Verhältnis 2 Teile Ga_2O_3 auf 98 Teile U_3O_8 verwendet.

JONES weist 1 γ Ge in 1 g Uran nach vorhergehender Destillation aus 5n Salzsäurelösung und Fällung mit Schwefelwasserstoff nach. Kieselgur wird als Träger benutzt.

d) Nachweis in organischen Stoffen.

Um Germanium in organischen Stoffen nachzuweisen, zerstören GEILMANN und BRÜNGER (b) die organische Substanzn ach dem Abschnitt c, S. 44, beschriebenen Verfahren. In der Aufschlußmasse wird das Germanium zunächst durch Destillation angereichert (s. S. 10) und dann im Destillat spektralanalytisch mittels des Funkenspektrums (s. S. 9) nachgewiesen.

MITCHELL und SCOTT weisen Germanium gemeinsam mit anderen Metallen in Pflanzenaschen und Bodenauszügen nach Anreicherung mit einem Gemisch von organischen Fällungsreagenzien (8-Oxychinolin, Tanninsäure und Thionalid) nach. Die Fällung wird in Anwesenheit von Aluminium als Grundsubstanz und Eisen als Leitelement durchgeführt. Die bei spektrochemischen Arbeiten so störenden Alkalién, Erdalkalien und Phosphate bleiben zurück. Das Präzipitat, das nach dem Glühen etwa 30 mg Al_2O_3 und 2 bis 5 mg Fe_2O_3 enthalten soll, wird in der Kathodenglimmschicht untersucht. Siehe ferner HEGGEN und STROCK.

Über den zeitlichen Verlauf der Verflüchtigung von Germanium und anderen Elementen beim Nachweis in biologischem Material s. VALLEE und PEATTIE.

Über den Nachweis von Germanium in Blut s. DUTOIT und ZBINDEN; in Nerven s. VOÏNAR.

e) Nachweisgrenzen der verschiedenen Methoden.

Im Funkenspektrum liegt die Nachweisgrenze bei etwa 0,25 γ [GEILMANN und BRÜNGER (a)]; im Bogenspektrum kann sie auf 0,03 γ vermindert werden (GOLDSCHMIDT und PETERS). SCHLEICHER gibt bei einer Lösungsmenge von 0,1 ml eine Nachweisempfindlichkeit von 1 γ Germanium im sichtbaren Gebiet und 0,1 γ im ultravioletten Gebiet an.

f) Nachweisbare Grenzkonzentration.

Für reine Germaniumsalzlösungen bestimmt SCHLIESSMANN durch Aufnahme des Funkenspektrums die Erfassungsgrenze zu $2 \cdot 10^{-5}$ g Germanium/ml ($\lambda = 2651{,}2$ Å). In Anwesenheit anderer Elemente hängt die nachweisbare Grenzkonzentration davon ab, ob mit chemischer Anreicherung oder ohne diese gearbeitet wird. Während GOLD-SCHMIDT und PETERS ohne chemische Anreicherung eine Grenzkonzentration von $10^{-4}\%$ Germanium erreichen, läßt sie sich nach GEILMANN und BRÜNGER (a) auf 2 bis $6 \cdot 10^{-5}\%$, nach BRECKPOT (a) sogar auf $10^{-7}\%$ vermindern.

g) Nachweis in besonderen Fällen.

1. Nachweis in Kohlenaschen. GOLDSCHMIDT und PETERS weisen Germanium in Kohlenaschen nach dem Glimmschichtverfahren nach. ŠIMEK schließt die Asche mit Soda auf, destilliert das Germanium im Chlorstrom als Germaniumtetrachlorid ab, fällt es aus dem wäßrigen Destillat mit Schwefelwasserstoff, schleudert den Niederschlag ab, löst ihn in Kaliumhydroxydlösung, bringt das Konzentrat auf reinen Elektrodengraphit und nimmt das Spektrum auf.

Siehe ferner SILBERMINZ, RUSSANOW und KOSSTRIKIN; EGOROV und KALININ; RUSSANOW und BODUNKOW; LOPEZ DE AZCONA und PUIG; MUKHERJEE und DUTTA (a, b, c); ŠIMEK, COUFALIK und STADLER; KATCHENKOV (a); HEADLEE und HUNTER; INAGAKI; STADNICHENKO, MURATA, ZUBOVIC und HUFSCHMIDT; OTTE; FREDERICK, WHITE und BIBER (in Kohlen, Kohlenaschen und Flugstaub); FORTESCUE; HAWLEY und RIMSAITE; AUBREY und PAYNE (Verdampfen von Germanium beim Veraschen der Kohle).

2. Nachweis in Lignit s. STADNICHENKO, MURATA und AXELROD.

3. Nachweis in Teer s. YOSHIDA, NAGASAKI, NAKAGAWA, SUGIURA und YAMADA; YOSHIDA und NAKAGAWA.

4. Nachweis in Flugstaub s. BOROVIK (a); KAKIHANA.

5. Nachweis in Wasser s. FORJAZ (Mineralwasser); BARDET, TCHAKIRIAN und LAGRANGE (Meereswasser).

6. Nachweis in Böden s. NOVÁK und PELIŠEK sowie MITCHELL und SCOTT; R. L. MITCHELL.

7. Nachweis in Zuckerrüben s. BRECKPOT (b).

8. Nachweis in Teeblättern s. NAGATA.

h) Röntgenspektrographischer Nachweis.

1. Nachweis in Kassiterit s. HADDING.

2. Nachweis in Zinkblende s. PICCARDI.

3. Nachweis in Meteoriten s. GOLDSCHMIDT (b).

4. Nachweis in Zink s. EDDY, LABY und TURNER.

5. Nachweis in Mineralien, Erzen und metallurgischen Produkten s. BLOKHIN.

Über die Verwendung von lichtstarken Röntgenspektrographen mit gekrümmten Kristallen s. ferner BOROVSKIĬ.

Über den Nachweis von GeO mit dem General Electric XRD-3D Spectrometer s. PADGETT.

Über den Nachweis von Germanium in Luft mit dem GEIGER-Zähler-Röntgenspektrometer s. LENNOX und LEROUX.

§ 2. Nachweis auf trockenem Wege.

1. Flammenfärbung. Die Germaniumverbindungen erteilen der Flamme keine charakteristische Färbung [WINKLER (a)]. Führt man jedoch die Flammenprobe nach der Reagensglasmethode aus, erhält man eine schwache, schnell verschwindende blaue Färbung am untersten Teil des Reagensglases (CLARK). Es ist dabei notwendig, eine sehr niedrige Flamme zu benutzen. Die Empfindlichkeit wird zu 10^{-2} g Germanium per Milliliter angegeben. Der Nachweis wird durch Anwesenheit von Zinn und Selen gestört.

2. Verhalten in der Boraxperle. In der Boraxperle löst sich Germanium(IV)-oxyd leicht zu einem sowohl in der Kälte wie in der Wärme farblosen Glas, das auch in der Reduktionsflamme ungeändert bleibt [ZIESSLER bei WINKLER (a)].

3. Verhalten in der Phosphorsalzperle. In der Phosphorsalzperle löst sich Germanium(IV)-oxyd ebenfalls, wenn auch schwieriger als in der Boraxperle, vollständig und ohne Farbe. Ein Zusatz von Zinn oder Befeuchten mit Kobaltlösung bringt auch keine Färbung hervor [ZIESSLER bei WINKLER (a)].

4. Verhalten auf der Kohle. Mit dem Lötrohr erhitzt, schmilzt Germanium zu einer glänzenden Kugel, die unter Ausstoßen von weißem Rauch und Beschlagbildung in treibende Bewegung gerät. Läßt man die Kugel auf eine Papierunterlage fallen, so zerspringt sie gleich Antimon in viele kleine Kugeln und hinterläßt auf dem Papier Bahnen in Form von hellpunktierten Linien [WINKLER (a)]. — Germanium(IV)-oxyd läßt sich vor dem Lötrohr in der Reduktionsflamme in regulinisches Germanium unter gleichzeitiger Bildung eines weißen Oxydbeschlages überführen [WINKLER (a)].

5. Schmelzen mit Kaliumjodid und Schwefel. Weder Germanium noch Germanium(IV)-oxyd gibt beim Erhitzen mit Kaliumjodid und Schwefel einen gefärbten Beschlag [ZIESSLER bei WINKLER (a)].

6. Nachweis durch den Germaniumspiegel s. Punkt 4, S. 20.

7. Nachweis durch mikrochemische Flammenanalyse s. Punkt 3, S. 32.

8. Verhalten von Argyrodit beim Erhitzen vor dem Lötrohr. Beim Erhitzen von Argyrodit auf einer Glimmerunterlage oder auf einem Kohlenstab und Auffangen des Beschlages auf einem Glimmerblättchen erhält man einen weißen Beschlag, der sich beim Erhitzen mit der Oxydationsflamme oder der Spiritusflamme nicht ändert. Beim Behandeln mit Salzsäuredämpfen wird der Beschlag deutlicher, beim Behandeln mit Ammoniumsulfid nimmt der Beschlag eine gelbweiße bis gelbe Farbe an. Der Sulfidbeschlag bleibt unverändert beim Erhitzen über der Spiritusflamme und löst sich in Ammoniumsulfid. Der gelbweiße Beschlag und der ursprüngliche unsichtbare Beschlag lösen sich in Wasser; beim Ansäuern der Lösung mit Salzsäure fällt weißes, voluminöses Germanium(IV)-sulfid aus. Abbrennen des Sulfidbeschlages mit Jodtinktur verwandelt ihn je nach der Dicke in dunkelrotes und gelbes bzw. karminrotes und gelbes Jodid. Der Jodidbeschlag verschwindet unter dem Einfluß von Ammoniakdämpfen und wird beim Erhitzen über der Spiritusflamme weiß (BRALY). — Siehe hierzu auch Punkt 4, S. 43.

§ 3. Nachweis auf nassem Wege.

I. Fällungsreaktionen des zweiwertigen Germaniums.

Vorbemerkung. Wie schon S. 5 erwähnt, haben ausschließlich die Reaktionen des vierwertigen Germaniums praktische Bedeutung für den analytischen Nachweis. Es liegen deshalb nur wenige Angaben über Nachweisreaktionen des zweiwertigen Germaniums vor. Die wichtigste dürfte die Fällung mit Schwefelwasserstoff sein.

1. Fällung mit Schwefelwasserstoff. Schwefelwasserstoff fällt aus neutralen oder schwach sauren Lösungen in der Kälte gelbes, in der Siedehitze dunkelrotes Germanium(II)-sulfid (GeS). Die Fällung ist quantitativ [BARDET und TCHAKIRIAN (b)]. In konzentrierten Säuren löst sich das Sulfid leicht, gleichfalls in verdünnter Salzsäure. Von Schwefelsäure, Phosphorsäure und organischen Säuren wird es dagegen nur langsam angegriffen (DENNIS und HULSE). In Alkalihydroxyd- und Alkalisulfidlösungen löst sich Germanium(II)-sulfid leicht unter Bildung von roten Flüssigkeiten. Auf Zusatz von Säuren scheidet sich aus den Alkalihydroxydlösungen das rotbraune Germanium(II)-sulfid wieder aus, aus den Alkalisulfidlösungen dagegen das weiße Germanium(IV)-sulfid (Ähnlichkeit mit Zinn). In Ammoniak und in farblosem Ammoniumsulfid ist das Germanium(II)-sulfid schwer löslich, in Ammoniumdisulfid aber löslich [TCHAKIRIAN (d)]. — In Wasser beträgt die Löslichkeit 1 GeS auf 402,9 H_2O [WINKLER (a)].

Empfindlichkeit unbekannt.

Nachweis in Argyrodit s. Punkt 4, S. 43.

2. Fällung mit Alkalihydroxyd und Alkalicarbonat. Alkalihydroxyd und Alkalicarbonat bilden in der Kälte einen gelben, in der Wärme einen orangefarbigen Niederschlag von wasserhaltigem Germanium(II)-hydroxyd [WINKLER (a)].

3. Fällung mit Kaliumhexacyanoferrat(II) bzw. Kaliumhexacyanoferrat(III). Sowohl Kaliumhexacyanoferrat(II) wie Kaliumhexacyanoferrat(III) erzeugen in Lösungen der zweiwertigen Germaniumverbindungen weiße Fällungen [BARDET und TCHAKIRIAN (a)].

4. Fällung als Alkalihalogenogermanat(II). *α) Fällung als Rubidium- bzw. Cäsiumtrichlorogermanat(II).* Versetzt man eine Lösung von Germanium(II)-chlorid in 5n Salzsäure mit einer Lösung von Rubidium- bzw. Cäsiumchlorid in 2 bis 3n Salzsäure, scheidet sich Rubidium- bzw. Cäsiumtrichlorogermanat(II) ($RbGeCl_3$ bzw. $CsGeCl_3$) als weißer, kristalliner Niederschlag ab [TCHAKIRIAN (a)]. Lithium-, Natrium- und Kaliumchlorid geben keine entsprechende Fällung.

β) Fällung als Cäsiumtribromogermanat(II). Durch Mischen einer Germanium(II)-bromidlösung und einer konzentrierten Lösung von Cäsiumbromid in Bromwasserstoffsäure erhält man eine gelbe, kristalline, in Bromwasserstoffsäure unlösliche Fällung von Cäsiumtribromogermanat(II) ($CsGeBr_3$) [KARANTASSIS und CAPATOS (a)].

Bei Fällung aus schwefelsauren Lösungen entsteht eine rote, ebenfalls kristalline Fällung von der Zusammensetzung $2\,GeBr_2 \cdot CsBr$. — Rubidiumbromid gibt unter den gleichen Bedingungen keine Fällung.

γ) Fällung mit Cäsiumjodid. Läßt man eine etwa 20%ige Lösung von Germanium(II)-hydroxyd in konzentrierter Salzsäure (D = 1,19) auf trockenes Cäsiumjodid einwirken, entsteht eine schwarze Fällung von Cäsiumtrijodogermanat(II) ($CsGeJ_3$), die sich jedoch rasch in eine weiße, kristalline Fällung von Cäsiumtrichlorogermanat(II) verwandelt. Anstatt des festen Cäsiumjodids kann man eine Lösung von Cäsiumjodid in 5n Salzsäure verwenden [KARANTASSIS und CAPATOS (b)].

5. Fällung mit organischen Ammonium- bzw. Arsoniumbasen. *α) Fällung mit Tetramethylammoniumhalogeniden.* Eine Lösung von Tetramethylammoniumbromid in Bromwasserstoffsäure erzeugt in Germanium(II)-bromidlösungen eine weiße, kristalline Fällung der Zusammensetzung $3\,(CH_3)_4NBr \cdot 2\,GeBr_2$ [KARANTASSIS und CAPATOS (a)]. Eine Lösung von Germanium(II)-hydroxyd in Jodwasserstoffsäure ergibt mit einer 10%igen wäßrigen Lösung von Tetramethylammoniumjodid in entsprechender Weise weiße Kristalle der Zusammensetzung $(CH_3)_4NJ \cdot GeJ_2$ [KARANTASSIS und CAPATOS (b)].

β) Fällung mit Tetramethyl- bzw. Trimethyläthylarsoniumbromid. Tetramethyl- bzw. Trimethyläthylarsoniumbromid bildet mit bromwasserstoffsauren Lösungen von Germanium(II)-bromid weiße kristalline Fällungen der Zusammensetzung $2\,(CH_3)_4AsBr \cdot 3\,GeBr_2$ bzw. $(C_2H_5)(CH_3)_3AsBr \cdot GeBr_2$ [KARANTASSIS und CAPATOS (a)].

6. Fällung mit Alkaloiden. Nach TCHAKIRIAN (a) erhält man durch Vermischen äquimolekularer Mengen einer 10%igen Lösung von Germanium(II)-chlorid und 10%iger Lösungen von *Chinin* bzw. *Pilocarpin* in 3 bis 4n Salzsäure weiße, kristalline Fällungen der Zusammensetzung $(C_{20}H_{24}O_2N_2 \cdot 2HCl) \cdot GeCl_2$ bzw. $(C_{11}H_{16}O_2N_2 \cdot HCl) \cdot GeCl_2$, die in mit Salzsäure angesäuertem Wasser wenig löslich sind. Die Chininverbindung ist unlöslich in Alkohol und in Chloroform, sie löst sich aber in der Wärme (60°) in einem Gemisch gleicher Teile dieser Lösungsmittel. — In analoger Weise erzeugt eine Lösung von Germanium(II)-hydroxyd in Jodwasserstoffsäure mit einer *Cocainchlorhydratlösung* eine weiße, kristalline Fällung der Zusammensetzung $3(C_{17}H_{21}O_4N \cdot HJ) \cdot GeJ_2$ [KARANTASSIS und CAPATOS (b)].

II. Nachweisreaktionen des vierwertigen Germaniums.

A. Analytisch wichtige Reaktionen.

1. Fällung mit Schwefelwasserstoff. Schwefelwasserstoff fällt aus stark salzsauren oder schwefelsauren Lösungen (4 bis 6n HCl oder H_2SO_4) weißes Germanium(IV)-sulfid (GeS_2). In neutralen Lösungen entsteht keine Fällung, in schwach sauren Lösungen ist die Fällung unvollständig [WINKLER (a)]. Essigsäure und andere organische Säuren verhindern die Fällung. In Wasser ist das Germanium(IV)-sulfid etwas löslich. Nach WINKLER (a) beträgt die Löslichkeit 1 GeS_2 auf 221,9 H_2O. In Ammoniak-, Alkalihydroxyd- und Alkalisulfidlösungen löst es sich leicht. Aus den Thiosalzlösungen wird es durch Ansäuern wieder als weißes Germanium(IV)-sulfid gefällt.

Empfindlichkeit. Die *Erfassungsgrenze* beträgt 100 γ.

Fällung mit Thioacetamid s. Punkt 1, S. 25..

Nachweis in Mineralien s. Punkt 1, S. 40, und Punkt 2, S. 42.

Nachweis in Glas s. Abschnitt b, S. 44.

2. Nachweis als Germaniummolybdänsäure. Die komplexe Germaniummolybdänsäure, die sich beim Ansäuern von Germanat-Molybdatlösungen bildet, kann in verschiedener Weise für einen sehr empfindlichen Nachweis des Germaniums verwertet werden.

a) Als freie Säure. Als erster hat GROSSCUP darauf hingewiesen, daß die starke Gelbfärbung, die die Lösungen der freien Germaniummolybdänsäure aufweisen, für den analytischen Nachweis des Germaniums geeignet sein dürfte. Nach ALIMARIN und IWANOFF-EMIN (a) versetzt man die schwach salpetersaure Germanatlösung bei Zimmertemperatur mit einer wäßrigen 5%igen, frisch zubereiteten Ammoniummolybdatlösung. Falls Germanium anwesend ist, tritt sofort die charakteristische Gelbfärbung auf.

Empfindlichkeit. GROSSCUP führt an, daß die Gelbfärbung beim Vorhandensein von nur 0,00183 g freier Säure, entsprechend etwa 60 γ Germanium, in 5 ml Wasser noch deutlich zu sehen ist. Nach ALIMARIN und IWANOFF-EMIN (a) läßt sich sogar 1 γ/ml, entsprechend einer *Grenzkonzentration* von 1 : 1 000 000, nachweisen.

Störungen. Dreiwertiges Arsen, Antimon, Bor, Rhenium und Alkalimetalle üben keinen Einfluß auf die Färbung aus. Phosphate und Silicate müssen abwesend sein bzw. vorher abgetrennt werden, da sie mit dem Molybdat eine ähnliche Reaktion geben. Überschuß an Selen, Tellur, fünfwertigem Arsen, Fluor und organischen Säuren, wie Weinsäure, Oxalsäure und Citronensäure, die ebenfalls mit Molybdän stabile Komplexe bilden, schwächen oder zerstören vollkommen die Färbung. Selen kann durch Fällung mit salzsaurem Hydroxylamin entfernt werden, die Fluorionen durch Zugabe von Aluminium- oder Zirkoniumsalzen. Fünfwertiges Arsen in einer Menge von höchstens 1 g Arsen in 1000 ml Lösung stört nicht, wenn man die Reaktion bei Zimmertemperatur und mit einem Überschuß an Ammoniummolybdat ausführt. Gefärbte Metallionen, wie z.B. die des Eisens, Chroms, Kobalts usw., erhöhen die Färbungsintensität und können deshalb ebenfalls Störungen verursachen. Reduktionsmittel, wie Sulfide, Sulfite, Zinn(II)-chlorid u. a., reduzieren das Molybdän zu einer niedrigeren, blaugefärbten Oxydationsstufe („Molybdänblau"). Durch vorheriges Abdestillieren des Germaniums als Germaniumtetrachlorid können alle erwähnten Störungen vermieden werden [ALIMARIN und IWANOFF-EMIN (a)].

Über die Verwendung als Tüpfelreaktion s. Punkt 1a, S. 33.

β) Durch Reduktion. Die Reduktion des komplex gebundenen Molybdäns der Germaniummolybdänsäure zu der niedrigeren, blaugefärbten Oxydationsstufe wird von SCHWARZ und GIESE (a) als Nachweisreaktion für Germanium vorgeschlagen.

Ausführung. Die zu prüfende Alkaligermanatlösung wird mit überschüssiger Ammoniummolybdatlösung versetzt, schwach angesäuert und eine stark alkalische

Stannitlösung hinzugefügt. Selbst Spuren von Germanium sind durch eine deutliche Blaufärbung zu erkennen.

Weder die *Erfassungsgrenze* noch die *Grenzkonzentration* ist bestimmt worden.

Kieselsäure gibt eine ähnliche Reaktion und muß abwesend sein.

Über die Verwendung von Eisen(II)-sulfat bzw. MOHRschem Salz als Reduktionsmittel s. HYBBINETTE und SANDELL; BOLTZ und MELLON.

Über die Verwendung von Hydrochinon als Reduktionsmittel s. GEILMANN und BRÜNGER (b); FISCHER und KEIM.

Über die Verwendung von Ascorbinsäure als Reduktionsmittel s. ERDEY und BODOR.

Über die Verwendung als Tüpfelreaktion s. Punkt 1 b, S. 33.

Über den Tüpfelnachweis mit Germaniummolybdänsäure und Benzidin s. Punkt 1 c, S. 33, mit Germaniummolybdänsäure und Hydroxylamin s. Punkt 1 d, S. 35.

γ) *Durch Fällung*. Die Germaniummolybdänsäure bildet eine Reihe schwerlöslicher Salze, die ebenfalls zum Nachweis von Germanium geeignet sein dürften (GROSSCUP).

Das *Pyridinsalz* $Py_4H_4[Ge(Mo_2O_7)_6]$ fällt als milchig weißer Niederschlag, der nach kurzer Zeit kristallin wird und sich mit gelber Farbe absetzt, wenn man eine mit Salpetersäure angesäuerte Germaniumlösung mit einer 3%igen wäßrigen Pyridinnitratlösung versetzt [GEILMANN und BRÜNGER (b)].

Das *Cinchoninsalz* $(Cinch.)_4H_4[Ge(Mo_2O_7)_6]$ fällt aus schwach salpetersauren Lösungen nach Zusatz von 2%iger Ammoniummolybdatlösung und 2,5%iger Cinchoninlösung in 0,25 n Salpetersäure (DAVIES und MORGAN).

Das *8-Oxychinolinsalz* fällt aus saurer Germaniumlösung nach Zusatz von 5%iger wäßriger Ammoniummolybdatlösung und 2%iger essigsaurer 8-Oxychinolinlösung (ALIMARIN und ALEXEJEWA).

Diese drei Salze sind auch zur quantitativen Bestimmung von Germanium verwendet worden.

Eine 10%ige wäßrige Lösung von *Hexamethylentetramin* ruft ebenfalls bei $p_H = 3$ eine Fällung mit Germaniummolybdänsäure hervor (DUPUIS und DUVAL).

Auch *5,7-Dibrom-8-oxychinolin* gibt mit Germaniummolybdänsäure eine in stark salzsaurer Lösung schwerlösliche, hellgelb gefärbte Verbindung. Als Reagens benutzt man eine Lösung von 0,6 g 5,7-Dibrom-8-oxychinolin in 100 ml Salzsäure (1 : 1) und 5%ige wäßrige Ammoniummolybdatlösung (BARTELMUS und HECHT).

Andere schwerlösliche Salze der Germaniummolybdänsäure sind das Silber-, das Thallium(I)-, das Quecksilber(II)-, das Cäsium-, das Rubidium- und das Guanidiniumsalz (GROSSCUP).

Über die Verwendung des Rubidiumsalzes zum mikrochemischen Nachweis des Germaniums s. Punkt 1, S. 30.

Über schwerlösliche Salze der *Germaniumwolframsäure* s. Punkt 9, S. 25.

3. Fällung mit Tannin. Nach DAVIES und MORGAN werden schwach schwefelsaure germaniumhaltige Lösungen in der Siedehitze durch eine frisch zubereitete 5%ige Tanninlösung gefällt. Die Fällung läßt sich quantitativ gestalten. Sie entsteht auch in salzsaurer Lösung (WEISSLER). Am besten erfolgt die Fällung jedoch aus oxalsaurer Lösung (0,07 n). Germanium ist so durch einmalige Fällung von V, Fe(III), Zr, Th und Al zu trennen. Da es bei geringerer Acidität als Zinn und Tantal und bei höherer als Titan ausfällt, läßt es sich auch von diesen Elementen trennen. Der in salzsaurer Lösung entstehende Niederschlag löst sich beim Erwärmen und erscheint beim Abkühlen wieder (HOLNESS).

BRAUER und RENNER, die die Reaktion besonders gründlich untersucht haben, empfehlen folgende Arbeitsvorschrift:

Die zu prüfende, annähernd neutrale Lösung wird bei Zimmertemperatur mit demselben Volumen an 2n Salzsäure, die 4 m an Ammoniumchlorid ist, versetzt. Nach Zusatz von einem oder bei höherem Germaniumgehalt von mehreren Millilitern 2,5%iger Tanninlösung bildet sich rasch die charakteristische bräunlichweiße Fällung des Germanium-Tannin-Komplexes.

Tabelle 2. *Störungen des Nachweises und ihre Beseitigung.*

Störungen verursachen	Art der Störung	Beseitigung der Störung	Empfindlichkeit der Ge-Reaktion nach Beseitigung der Störung
Pb, Tl, Hg(I), Ag	Bildung unlöslicher Chloride bei Elektrolytzusatz	Filtration vor der Tannin-zugabe	1 : 100 000
Pt	Bildung von $(NH_4)_2PtCl_6$ bei Elektrolytzusatz	Filtration vor der Tannin-zugabe	1 : 100 000
W	teilweise Ausfällung von H_2WO_4 bei Elektrolytzusatz und Niederschlagsbildung von in Lösung gebliebenem W mit Tannin	Filtration von H_2WO_4 vor der Tanninzugabe; dann wie bei Ti verfahren Abtrennen von W als WO_3	1 : 2500 1 : 100 000
Pd, Au	Reduktion durch Tannin zu den Elementen	Konzentration in der Prüfungslösung $\leqq$ 0,002 m	1 : 100 000
V, Mo	Bildung von Tanninnieder-schlägen	Konzentration in der Prüfungslösung $\leqq$ 0,002 m wie bei Ti verfahren	1 : 100 000 1 : 2500
Ti, Sn(IV), Zr, Nb, Ta	Bildung von Tanninnieder-schlägen	Gesamtlsg. 1 m an HCl, 2 m an NH_4Cl, $^1/_4$ gesätt. an NH_4-Oxalat; Konz. bei Zr, Sn(IV), Nb $\leqq$ 0,04 m, bei Ti $\leqq$ 0,025 m, bei Ta $\leqq$ 0,01 m Ausfällen u. Abfiltrieren der Oxydhydrate	1 : 2500 1 : 100 000
Chlor	Verhinderung d. Ge-Tannin-Fllg. durch Zerstören des Tannins und nach längerer Zeit auch des Tannin-Ge-Komplexes	Sofortige Durchmischung der Lsg. nach Tanninzugabe; schnelles Arbeiten	1 : 20 000
Fluorid	Verhinderung der Ge-Tannin-Fllg. durch Bildung von GeF_6	Bei $\leqq$ 0,08 m F^--Konz. tragbare Verminderung der Ge-Nachweisbarkeit	1 : 5000
Chromat	Verhinderung der Fällung durch Verbrauch von Tannin unter Braunfärbung	Großen Tanninüberschuß verwenden Reduktion zu Cr(III)	1 : 50 000 (schlecht erkennbar) 1 : 100 000

Empfindlichkeit. Die *Grenzkonzentration* der Reaktion beträgt in den meisten Fällen 1 : 100 000, unabhängig davon, ob Salzsäure oder Ammoniumchlorid als Elektrolyt anwesend ist. Bei Verwendung der Reagenzien in fester Form wäre es möglich, die Empfindlichkeit noch etwas zu steigern (z. B. auf 1 : 250 000). Anwesenheit von Oxalat setzt die Empfindlichkeit herab (z. B. auf 1 : 2500).

Störungen. Wenn nach der obigen Vorschrift verfahren wird, machen sich zwei Gruppen von Ionen störend bemerkbar. Die eine Gruppe gibt ohne Anwesenheit von Germanium eine Ausfällung mit Tannin (Au, Pd, Mo, Nb, Sn(IV), Zr, Ti, Ta, V) oder auch schon mit dem Elektrolyten (Pb, Tl(I), Hg(I), Ag, Pt und W), die andere Gruppe unterbindet das Auftreten des Germanium-Tannin-Niederschlages (Chlor, Fluorid, Chromat). Durch besondere Maßnahmen lassen sich diese Störungen weitgehend ausschalten. Über Einzelheiten s. Tab. 2. Der Germaniumnachweis mit Tannin kann so absolut spezifisch gestaltet werden. In der Praxis wird man in weitaus den meisten Fällen höchstens mit Störungen durch Molybdän, Silber oder Chlor zu rechnen haben.

In einer Lösung, die 0,0025 molar an Germanium ist, also 20 γ Ge im Milliliter enthält, stören folgende 51 Ionen selbst in einem 100fachen Überschuß nicht: Li, Na, K, Rb, Cs, Cu, Be, Mg, Ca, Sr, Ba, Zn, Cd, Hg(II), B, Al, Y, La, Ce(III), Ce(IV), Nd + Pr, Ga, In, Sn(II), Th, As(III), As(V), Sb, Bi, Se(IV), Se(VI), Cr(III), U(VI), Mn(II), Re(VII), Fe(II), Fe(III), Co, Ni, Ru(IV), Rh(III), Phosphat, Nitrat, Chlorat, Perchlorat, Sulfit, Sulfat, Bromid, Jodid, Acetat und Silicat. Selbst bei noch höheren Fremd-Ionenkonzentrationen ist keine Störung zu erwarten, außer bei Silicat, das SiO_2 aq. ausfallen läßt.

4. Nachweis durch thermische Zersetzung des Germaniumtetrahydrids ("Germaniumspiegel"). Werden germaniumhaltige Lösungen mit nascierendem Wasserstoff behandelt, bildet sich gasförmiges Germaniumtetrahydrid (GeH_4), das sich durch Erhitzen auf 340 bis 360° unter Bildung eines Germaniumspiegels zersetzt (VOEGELEN). Den nascierenden Wasserstoff kann man entweder a) durch Einwirkung von Zink auf Säuren, b) durch Zersetzung von Natriumamalgam, c) aus Aluminium und Kaliumhydroxydlösung oder d) durch elektrolytische Reduktion in alkalischer Lösung darstellen.

MÜLLER und SMITH, die die drei erstgenannten Verfahren untersuchen, finden, daß das Natriumamalgamverfahren am besten geeignet ist, besonders wenn es sich um den Nachweis kleiner Germaniummengen handelt. Nach COASE sind überhaupt nur die elektrolytische Methode und die Amalgammethode für analytische Zwecke zu empfehlen. AITKENHEAD und MIDDLETON finden dagegen, daß auch Zink und Salzsäure gut verwendbar sind, wenn folgende Bedingungen erfüllt sind: 1. Das Zink muß in feinverteilter, blättriger Form vorliegen und absolut frei von Arsen, Antimon und Germanium sein. Das elektrolytische Zink ist nicht immer rein genug und muß dann erst gereinigt werden. 2. Die zu prüfende Lösung muß mit konzentrierter Salzsäure stark angesäuert sein und tropfenweise direkt auf das Zink gebracht werden. 3. Das Germanium muß durch vorhergehende Destillation als Germaniumtetrachlorid von allen begleitenden Elementen abgetrennt werden.

Der Germaniumspiegel unterscheidet sich von dem Arsenspiegel dadurch, daß er sich direkt neben der erhitzten Stelle des Glasrohres absetzt, und daß er sich beim Erhitzen nicht verflüchtigt. Er darf jedoch nicht zu lange und zu stark im Wasserstoffstrom geglüht werden, denn sonst geht er wieder in flüchtiges Germaniumhydrid über; am besten scheidet man ihn bei dunkler Rotglut ab. Der Germaniumspiegel löst sich, ähnlich wie der Arsenspiegel, in einer Natriumhypochloritlösung und ist auch leicht löslich in wasserstoffperoxydhaltigem Ammoniak. Durch Behandeln mit Salpetersäure oder durch Erhitzen an der Luft geht er in weißes, nichtflüchtiges Germanium(IV)-oxyd über.

Das Aussehen des Spiegels hängt von der vorhandenen Menge Germaniums ab. Bei Anwesenheit von 500 bis 800 γ GeO_2 ist er braun bis braunrot mit Silberreflex (jedoch nicht so braun wie der Arsenspiegel), bei sehr geringen Mengen (50 bis 90 γ GeO_2) erhält man nur einen schwachen, braunen Ring oder Anflug (MÜLLER und SMITH). Überhaupt zeigt der Germaniumspiegel in auffälliger Weise die charakteristischen Farben dünner Blättchen; mit zunehmender Stärke wird der Spiegel kupferfarben, braunrot bis grauschwarz, bei rascher Abkühlung einer größeren Menge oft auch metallisch glänzend. Im durchfallenden Licht erscheint der Spiegel, solange er noch transparent ist, aber nicht mehr Schillerfarben zeigt, rot. Übrigens hängt die Art und Weise der Absetzung des Spiegels von dem Zustande des MARSH-Rohres und von der Beschaffenheit der Begleitgase ab. Häufig bilden sich an mehreren Stellen des Rohres Germaniumringe von verschiedener (schwarzer, roter, gelber) Färbung (PANETH und SCHMIDT-HEBBEL).

Ausführung. Hält man einen kalten Porzellandeckel in eine germaniumhaltige Wasserstoffflamme, schlagen sich langsam kleine, schön metallisch glänzende Beschläge auf dem Deckel nieder. Am besten erhält man jedoch den Germaniumspiegel im MARSH-Apparat (VOEGELEN). Nach MÜLLER und SMITH verfährt man dabei folgendermaßen:

2%iges Natriumamalgam wird, nachdem der ganze Apparat mit Wasserstoff gefüllt ist, in einer kleinen Flasche anteilweise mit der zu prüfenden Lösung versetzt. Nach 15 bis 20 Min. Wartezeit wird das gebildete Hydrid mit Hilfe eines mit Silbernitratlösung und Schwefelsäure gereinigten und getrockneten Wasserstoffstromes in das MARSH-Rohr übergetrieben und zur Zersetzung gebracht. Der für den Versuch erforderliche Wasserstoffstrom wird elektrolytisch aus 15%iger Kaliumhydroxydlösung unter Verwendung von Nickelelektroden erzeugt.

Nach dem von COASE vorgeschlagenen elektrolytischen Verfahren elektrolysiert man die zu prüfende Lösung in alkalischem Milieu zwischen Nickelelektroden unter gleichzeitiger Einleitung von Wasserstoff. Der eingeleitete Wasserstoff dient dazu, den Germaniumwasserstoff in das Zersetzungsrohr überzutreiben.

AITKENHEAD und MIDDLETON entwickeln den Germaniumwasserstoff in einem Reagensglase. Die zu prüfende Lösung wird tropfenweise dem Zink-Salzsäure-Gemisch durch einen Tropftrichter zugefügt und der Germaniumwasserstoff nach Waschen und Trocknen im MARSH-Rohr zersetzt.

Zur Identifizierung kann man entweder den Spiegel in weißes Germanium(IV)-oxyd überführen und das Germanium aus salzsaurer Lösung als weißes Sulfid ausfällen (VOEGELEN), oder aber man kann das Oxyd mit Wasserstoff zu kupferfarbenem Germanium reduzieren (PANETH und SCHMIDT-HEBBEL).

Empfindlichkeit. Die *Erfassungsgrenze* wird von MÜLLER und SMITH zu 60 γ Germanium, von COASE mit Aluminium und Kaliumhydroxyd als Reduktionsmittel zu 100 γ Germanium, mit Natriumamalgam als Reduktionsmittel zu 35 γ Germanium, nach dem elektrolytischen Verfahren zu 20 γ Germanium und schließlich von AITKENHEAD und MIDDLETON zu 1 γ Germanium angegeben.

Störungen. Nach vorhergehender Oxydation stört Arsen in Mengen bis zu 120 mg Kaliumarsenat bei der Amalgammethode und 340 mg, als As_2O_3 gerechnet, bei dem elektrolytischen Verfahren nicht (COASE).

Nachweis in Mineralien s. Punkt 1, S. 40.

Nachweis in Argyrodit s. Punkt 4, S. 43.

5. Nachweis durch Fluorescenz. *a) Mit Benzoin* $C_6H_5 \cdot CHOH \cdot CO \cdot C_6H_5$. Als empfindliche Reaktion auf Germanium empfehlen RAJU und RAO (a) die mit Benzoin im ultravioletten Licht hervorgerufene grüngelbe Fluorescenz. Diese Reaktion ist der unten beschriebenen Reaktion mit Resacetophenon vorzuziehen.

Ausführung. 5 ml einer bei Zimmertemperatur gesättigten alkoholischen Lösung von Benzoin werden in einem Quarzreagensglas mit 1 ml einer schwach alkalischen Germanatlösung versetzt, mit Alkohol auf 10 ml aufgefüllt und in dem gefilterten ultravioletten Licht einer „Cenco-Black-Light"-Lampe betrachtet. Die Fluorescenz ist mindestens 2 Std. beständig. Die Lösung färbt sich jedoch beim Stehen gelb.

Empfindlichkeit. Eine grüngelbe Fluorescenz ist noch bei Anwesenheit von 10 γ Germanium zu beobachten. Die *Grenzkonzentration* beträgt 1 : 100000.

Störungen. Zum Unterschied von Germanium erhält man mit Borat eine grünweiße Fluorescenz, die nur einige Minuten beständig ist. Beryllium gibt eine gelbgrüne und Antimon eine purpurfarbene Fluorescenz. Zink ergibt nur bei Anwesenheit von Magnesiumionen und Natronlauge eine grüne Fluorescenz. Kein anderes Metall oder Anion ruft mit Benzoin Fluorescenz hervor. Durch Nitrit, Chromat und Arsenat wird die Germaniumfluorescenz gelöscht, durch Silicat dagegen verstärkt. Fluorid und Nitrat haben keinen Einfluß.

β) Mit Resacetophenon. Spuren von Germanium lassen im ultravioletten Licht eine intensive, grünlichgelbe Fluorescenz mit einer Lösung von Resacetophenon in konzentrierter Schwefelsäure oder syrupöser Phosphorsäure entstehen [RAJU und RAO (b)].

Ausführung. Zu 3 ml des Reagenses (0,5 bis 1,0 g Resacetophenon in 100 ml Essigsäure) werden in einem Quarzreagensglas 6 ml syrupöser Phosphorsäure gegeben und 0,1 bis 1,0 ml der zu prüfenden Lösung eingebracht. Nach Auffüllen der Lösung mit Phosphorsäure auf 10 ml wird das Quarzreagensglas dem gefilterten ultravioletten Licht einer „Cenco-Black-Light"-Lampe ausgesetzt. Die Fluorescenz ist abhängig von der Konzentration der Germaniumionen.

Empfindlichkeit. Die *Erfassungsgrenze* beträgt 100 γ, die *Grenzkonzentration* 1 : 10000.

Störungen. Kein anderes Metall stört. Unter den Anionen gibt Borat eine blaue Fluorescenz; Nitrit, Nitrat, Fluorid und Chromat löschen die Fluorescenz. Bromid, Jodid und Chlorat löschen sie nur in schwefelsaurer Lösung, nicht aber in phosphorsaurer Lösung. Da die Lösung sich außerdem bei Anwendung von Schwefelsäure bräunlich verfärbt, ist Phosphorsäure als Lösungsmittel geeigneter.

B. Weitere Reaktionen des vierwertigen Germaniums.

a) Mit anorganischen Reagenzien.

1. Reduktion mit Zink. In Anwesenheit von 25%iger Schwefelsäure erzeugt metallisches Zink in Lösungen, die vierwertiges Germanium enthalten, eine braune Fällung von Germanium(II)-oxyd. Der Niederschlag ist in Salzsäure und Schwefelsäure wenig löslich [BARDET und TCHAKIRIAN (b)]. In Wirklichkeit dürfte es sich bei der Fällung um abgeschiedenes metallisches Germanium handeln [WINKLER (a); AITKENHEAD und MIDDLETON]. Auch MÜLLER und SMITH beobachteten, wenn viel Germanium vorhanden war, gelegentlich eine Abscheidung von metallischem Germanium.

Empfindlichkeit. Nach den Angaben von BARDET und TCHAKIRIAN (b) beträgt die *Erfassungsgrenze* 100 γ Germanium; beim Vorhandensein von 10 γ Germanium entsteht nur gelegentlich eine Fällung (AITKENHEAD und MIDDLETON).

2. Fällung mit Alkalihydroxyd. Versetzt man eine konzentrierte, salzsaure Lösung von Germanium(IV)-oxyd allmählich mit einer Lösung von Natriumhydroxyd, scheidet sich bei $p_H = 5,8$ Germanium(IV)-hydroxyd ab. Bei $p_H = 7,8$ löst sich das Hydroxyd wieder unter Bildung von Natriumgermanat [TCHAKIRIAN (d)].

3. Fällung mit Ammoniak und Ammonium- bzw. Natriumcarbonat. Ammoniak, Ammoniumcarbonat, Natrium- und Natriumhydrogencarbonat erzeugen in schwach angesäuerten verdünnten Germanatlösungen weiße Niederschläge, jedoch ist die Fällung niemals vollständig. Die Niederschläge lösen sich beim Erwärmen im Überschuß des Fällungsmittels, beim Abkühlen scheiden sie sich aber wieder aus [WINKLER (a)].

4. Fällung als Germanat. Unter den Germanaten befinden sich mehrere, die in Wasser schwerlöslich sind, und die sich durch Fällung von Germanatlösungen mit dem entsprechenden Metallion bilden.

α) Lithiummetagermanat (Li_2GeO_3) fällt als wasserfreies Salz durch Mischen einer starken Natriummetagermanatlösung mit der Lösung eines Lithiumsalzes. Man erhält es als einen in der Kälte gelatinösen, beim Kochen körnig werdenden Niederschlag. Bei 25° lösen sich 0,85 g Li_2GeO_3 in 100 g Wasser. In Mineralsäuren ist das Salz leicht löslich (PUGH).

β) **Magnesiumorthogermanat** (Mg_2GeO_4), das von MÜLLER (b) zur quantitativen Bestimmung des Germaniums benutzt worden ist, scheidet sich aus ammoniakalischen Germanatlösungen durch Fällung mit Magnesiumsulfatlösung als ein reinweißer, gelatinöser Niederschlag aus. Ein großer Überschuß an Ammoniumsalz (mehr als 25 ml einer 2n Ammoniumsalzlösung auf 100 ml GeO_2-Lösung) verhindert die Fällung. Die Löslichkeit in Wasser beträgt bei 26°: 0,000016 g/ml. In Mineralsäuren ist das Salz leicht löslich.

γ) **Calciumgermanat.** Nach MÜLLER und GULEZIAN gibt Überschuß an Calciumhydroxydlösung mit Germanatlösungen ein charakteristisches, sehr voluminöses Hydrogel, das zum Nachweis von Germanium geeignet ist. Schon ein Bruchteil von 1 mg Germanium in 20 ml Wasser läßt sich wegen der außergewöhnlich umfangreichen Natur des Gels erkennen. Das Gel ist durchaus beständig, solange es keinen Erschütterungen, trockener Luft oder Kohlendioxyd ausgesetzt wird.

δ) **Strontiummetagermanat** entsteht durch Mischen von äquimolekularen Mengen Strontiumhydroxydlösungen und Germanatlösungen als hoch disperses Gel (MÜLLER und. GULEZIAN) oder durch Mischen von Germanatlösungen und Strontiumchloridlösungen als schleimiger, amorpher Niederschlag, der jedoch nach längerem Kochen kristallin wird (SCHWARZ und HEINRICH).

ε) **Bariummetagermanat** fällt als weißer, kristalliner Niederschlag wechselnder Zusammensetzung bei Zusatz von Bariumchloridlösungen zu wäßrigen Germanatlösungen [PUGH; SCHWARZ (b)] oder durch Mischen von Bariumhydroxyd- und Germanatlösungen (MÜLLER und GULEZIAN). In Gegenwart von überschüssigem Bariumhydroxyd oder Natriumhydroxyd will PUGH das Trihydrat $BaGeO_3 \cdot 3H_2O$ erhalten haben; nach SCHWARZ und HEINRICH existiert aber dies Hydrat nicht, und es ist vielmehr das Pentahydrat $BaGeO_3 \cdot 5H_2O$, das sich bei der Fällung bildet [SCHWARZ (b)]. Das Bariummetagermanat wird durch Wasser langsam zersetzt, in verdünnten Säuren ist es leicht löslich, in Alkohol und Äther dagegen unlöslich (PUGH). MÜLLER und GULEZIAN geben die Löslichkeit bei 25° zu 0,075 36 g $BaGeO_3$ in 100 g gesättigter Lösung an.

ζ) **Aluminiumgermanat.** Aus Aluminiumchlorid und Natriumgermanat entsteht in neutraler, wäßriger Lösung eine amorphe Fällung von Aluminiumgermanat $Al_2O_3 \cdot 2GeO_2 \cdot nH_2O$ (SCHWARZ und TRAGESER).

η) **Kupfermetagermanat.** Durch Mischen einer Natriummetagermanatlösung mit einer Kupfersalzlösung erhält SCHWARZ (b) einen blaugrünen Niederschlag der Zusammensetzung $2CuGeO_3 \cdot H_2O$.

ϑ) **Silbermetagermanat** (Ag_2GeO_3) bildet sich als hellbrauner Niederschlag in Natriummetagermanatlösungen, die mit Silbernitratlösungen gefällt werden. Im Sonnenlicht wird das Silbermetagermanat nach kurzer Zeit schwarz. In Wasser ist es praktisch unlöslich, in Säuren und Ammoniak jedoch löslich (PUGH).

ι) **Bleimetagermanat** fällt aus Bleiacetatlösungen nach Versetzen mit Germanatlösungen als weißer, gelatinöser, beim Erhitzen körnig werdender Niederschlag der Zusammensetzung $3PbGeO_3 \cdot 2H_2O$. Das Bleigermanat ist praktisch unlöslich in Wasser, Alkohol und Äther, löslich dagegen in verdünnten Mineralsäuren (PUGH).

$\varkappa$) **Natrium- bzw. Kaliumperoxydigermanat.** SCHWARZ und GIESE (b) fällen bei 0° aus konzentrierten Lösungen von Natrium- bzw. Kaliummetagermanat durch Zusatz von Perhydrol einen weißen, feinkristallinen Niederschlag von Natrium- bzw. Kaliumperoxydigermanat ($Na_2Ge_2O_7 \cdot 4H_2O$; $K_2Ge_2O_7 \cdot 4H_2O$). Aus verdünnten Lösungen scheiden sich langsam große Blättchen aus.

5. Nachweis als Kaliumhexafluorogermanat(IV). Kaliumverbindungen bilden mit Germaniumfluorwasserstoffsäure, die man durch Lösen von Germanium(IV)-oxyd in Flußsäure oder durch Einleiten von Germaniumtetrafluorid in Wasser erhält, schwerlösliches Kaliumhexafluorogermanat(IV) [KRÜSS und NILSON; WINKLER (b)]. Meistens scheidet sich das Kaliumhexafluorogermanat(IV) in Form einer durchscheinenden Gallerte aus, die sich jedoch schnell zu Boden setzt und kristallin wird. Bei 18° löst sich nach KRÜSS und NILSON 1 g Kaliumhexafluorogermanat(IV) in 184,6 g Wasser, nach WINKLER (b) in 174,0 g Wasser. In kochendem Wasser ist die Löslichkeit beträchtlich größer, so löst sich nach KRÜSS und NILSON 1 g Kaliumhexafluorogermanat(IV) bei 100° in 38,9 g Wasser, nach WINKLER (b) in 34,1 g Wasser. In Alkohol ist das Kaliumhexafluorogermanat(IV) unlöslich [WINKLER (b)].

Empfindlichkeit. Die Reaktion ist nicht sehr empfindlich. Nach AITKENHEAD und MIDDLETON gestattet sie nicht, viel weniger als 1000 γ Germanium nachzuweisen.

Ausführung der Reaktion nach NOYES und BRAY. In dem qualitativen Analysengang von NOYES und BRAY wird das Filtrat von der Arsenfällung (s. S. 6) so weit mit Schwefelsäure eingedampft, daß sich weiße Dämpfe bilden. Nach Verdünnen mit Wasser sättigt man mit Schwefelwasserstoff, filtriert das Sulfid ab, löst es wieder in Ammoniak, dampft die Lösung gerade zur Trockne ein, nimmt das Residuum mit Flußsäure auf, versetzt mit einer Lösung von Kaliumcarbonat, erhitzt bis zum Kochen, kühlt ab und läßt mindestens 15 Min. stehen. Bei Anwesenheit von Germanium bildet sich der grauweiße, durchscheinende Niederschlag von Kaliumhexafluorogermanat(IV), der allerdings, wenn nur kleine Mengen Germaniums vorhanden sind, leicht zu übersehen ist. Jedoch soll es noch möglich sein, weniger als 1000 γ Germanium nachzuweisen. Wegen der Löslichkeit des Niederschlages führt man die Reaktion in einer möglichst konzentrierten Lösung aus.

Mikrochemischer Nachweis s. Punkt 2 β, S. 31.

Nachweis in Zinkoxyd s. Punkt 5, S. 43.

6. Fällung als Bariumhexafluorogermanat(IV). Aus Lösungen von Germanium(IV)-oxyd in 48%iger Flußsäure fällt gesättigte Bariumchloridlösung körniges Bariumhexafluorogermanat(IV) (DENNIS und LAUBENGAYER; DENNIS).

7. Fällung mit Selenwasserstoff. KUZNETSOW gibt an, daß Selenwasserstoff in stark mineralsauren, germaniumhaltigen Lösungen eine gelbe bis orangegelbe, käsige Fällung von Germaniumselenid erzeugt. Bis zu Konzentrationen von $1 \cdot 10^{-5}$ Mol Ge/l hinunter fällt der Niederschlag fast momentan aus. Der Niederschlag ist völlig unlöslich in konzentrierter Salzsäure, dagegen leicht löslich in Laugen. Im Halbdunkeln oder unter Wasser ist das Selenid ziemlich beständig, am Licht färbt es sich rötlich. Von den übrigen Metallseleniden ist nur das aus Metazinnsäurechlorid zu erhaltende Zinnselenid der Farbe nach dem Germaniumselenid ähnlich.

Anstatt des giftigen, übelriechenden und sehr wenig stabilen Selenwasserstoffs wird das fast geruchlose und wesentlich stabilere Formaldehydderivat des Selenwasserstoffs, das man durch Einleiten von Selenwasserstoff in wäßrige Formaldehydlösung erhält, als Reagens empfohlen. Die mit diesem Reagens erhaltenen Niederschläge sind ein wenig heller gefärbt als die direkt gefällten.

Ausführung. 5 ml der zu prüfenden Lösung, die 1 ml konzentrierte Salzsäure enthalten muß, werden mit 2 bis 3 Tropfen der Formaldehydselenwasserstofflösung versetzt. Je mehr Salzsäure die Lösung enthält, um so schneller fällt der Niederschlag. Bei $1 \cdot 10^{-5}$ Mol Ge/l erfolgt die Fällung sofort, bei $1 \cdot 10^{-6}$ Mol Ge/l nach etwa 5 Min., bei $1 \cdot 10^{-7}$ Mol Ge/l nach etwa 15 bis 30 Min.

Empfindlichkeit. Mit frisch hergestelltem Reagens und unter Zusatz von 3 bis 4 Tropfen 1%iger Hydrazinhydratlösung gelingt es, noch $1 \cdot 10^{-7}$ Mol Ge/l nachzuweisen.

Störungen. Kieselsäure, Kieselfluorwasserstoffsäure, Blausäure, Rhodanwasserstoffsäure und einige Metalle, wie Aluminium, üben selbst in großem Überschuß keinen Einfluß auf die Fällung des Germaniums aus. Weinsäure und besonders Fluorionen verlangsamen die Fällung. Die Wirkung der Fluorionen kann durch Zusatz von

Metallen, die mit Fluor stabile Komplexe bilden, behoben werden. In Anwesenheit eines Überschusses an Arsen, Zinn, Selen und anderen Elementen empfiehlt es sich, zunächst einige Tropfen einer 2n Kaliumfluoridlösung hinzuzufügen und dann das Formaldehydselenwasserstoffreagens. Der Niederschlag, der nur sehr geringe Mengen Germaniumselenids enthält, wird abfiltriert und das Filtrat mit einer Aluminiumsulfatlösung oder mit Aluminiumpulver und konzentrierter Salzsäure versetzt. Die Aluminiumionen bilden mit den Fluorionen komplexe $[AlF_6]^{3-}$-Ionen, wonach das Germanium ausfällt.

Über die Verwendung als Tüpfelreaktion s. Punkt 3, S. 36.

8. Fällung mit Kaliumhexacyanoferrat(II). Kaliumhexacyanoferrat(II) ruft in Lösungen des vierwertigen Germaniums eine blauweiße Fällung hervor. Kaliumhexacyanoferrat(III) ergibt dagegen keine Fällung[BARDET und TCHAKIRIAN (a)]. PEISACH, PUGH und SEBBA erteilen dem Niederschlag die Formel $(GeO)_2[Fe(CN)_6] \cdot 2H_2O$ oder $[Ge(OH)_2]_2[Fe(CN)_6]$ und empfehlen die Reaktion, um im Anschluß an die Abtrennung des Germaniums als Germaniumtetrachlorid durch Destillation Germanium neben Arsen nachzuweisen. Die Fällung erfolgt am besten in mindestens 4n salzsaurer Lösung bei einer Temperatur von 50 bis 60°. Bei einer Konzentration von 1 : 10000 entsteht eine Opalescenz, bei größeren Konzentrationen eine weiße gelatinöse Fällung.

9. Fällung als Salz der Germaniumwolframsäure. Nach BRUKL bildet die der Germaniummolybdänsäure (s. Punkt 2, S. 17) analoge Germaniumwolframsäure schwerlösliche Salze mit Ammonium-, Kalium-, Rubidium-, Cäsium-, Silber- und Hg_2^{2+}-Ionen.

b) Mit organischen Reagenzien.

1. Fällung mit Thioacetamid CH_3CSNH_2. In saurer Lösung fällt Thioacetamid aus Germanium(IV)-lösungen weißes Germaniumsulfid (BARTELMUS und HECHT).

2. Nachweis mit Chinalizarinacetat. Im p_H-Bereich 5 bis 7 bildet Germanium einen stabilen weinroten Komplex mit Chinalizarinacetat, während das Reagens selbst rosa gefärbt ist. Der entstandene Komplex hat ein Absorptionsmaximum bei 500 mμ. Da Arsen nicht stört, dürfte das Reagens besonders für den Nachweis des Germaniums nach der Abdestillation als Germaniumtetrachlorid geeignet sein (NAIR und GUPTA).

Störungen. In oxalsaurer Lösung stören Arsen, Blei, Eisen(III), Phosphor, Silicium, Magnesium, Aluminium und Molybdän nicht. Eisen(II), Quecksilber(II), Mangan, Zink, Uran und Vanadin geben keine Farbreaktion mit dem Reagens bei $p_H = 5$. Acetat- und Tartrationen verringern die Farbintensität des Komplexes. Die Reaktion läßt sich bei Konzentrationen von 1 bis 100 γ GeO_2 verwenden, jedoch müssen bei Anwesenheit von mehr als 5 γ mindestens 20% Methanol in der Lösung vorhanden sein, um eine Fällung zu verhindern.

Tüpfelreaktion mit Chinalizarin bzw. Chinalizarinacetat s. Punkt 5, S. 36.

3a. Fällung mit 9-Methyl-2,3,7-trioxy-6-fluoron. WENGER, DUCKERT und BLANCPAIN finden, daß Germanium, ähnlich wie viele andere Metalle, eine gut charakteristische, gefärbte Fällung (in saurer Lösung ist die Farbe hell rotbraun) mit einer 5%igen alkoholischen Lösung von 9-Methyl-2,3,7-trioxy-6-fluoron gibt.

9-Methyl-2,3,7-trioxy-6-fluoron.

Tüpfelreaktion s. Punkt 2, S. 35.

3b. Nachweis mit Phenylfluoron s. Tüpfelreaktionen, Punkt 2, S. 35, der auch vergleichende Angaben über die Reaktion mit anderen Fluoronen enthält.

2b

4. Fällung mit Coffein. Durch Mischen von Germanium(IV)-jodidlösungen und Lösungen von Coffein in Chloroform entsteht eine kristalline, hellgrüne Fällung von $4 C_8H_{10}O_2N_4 \cdot GeJ_4$, die sich an der Luft unter Jodabscheidung zu einem gelben Pulver zersetzt [KARANTASSIS und CAPATOS (c)].

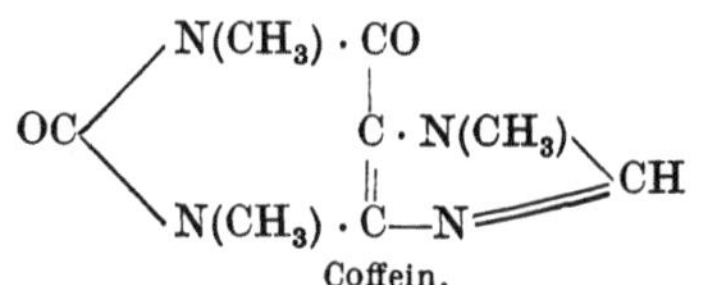

5. Fällung mit Urotropin (Hexamethylentetramin) $(CH_2)_6N_4$. Mit Urotropin erhält man in der gleichen Weise wie mit Coffein hellgelbe mikroskopische Nadeln von $4 C_6H_{12}N_4 \cdot GeJ_4$ [KARANTASSIS und CAPATOS (c)].

6. Fällung mit Aminen bzw. Chinolin. KARANTASSIS und CAPATOS (d) beschreiben ferner die Fällungen, die Germanium(IV)-jodid in Lösungen von Tetrachlorkohlenstoff mit verschiedenen Aminen wie *Äthylamin, Diäthylamin, Triäthylamin, Anilin* und *Orthotoluidin* sowie mit *Chinolin* gibt. Mit Äthylamin, Diäthylamin, Anilin und Orthotoluidin entstehen weiße, mit Triäthylamin und Chinolin rote Fällungen.

7. Fällung als Bariumgermaniumtartrat. Versetzt man eine Alkaligermanatlösung in der Kälte mit einer ammoniakalischen Lösung von Bariumtartrat in Gegenwart von Ammoniumchlorid, fällt ein weißer, flockiger Niederschlag der Zusammensetzung $Ba_2GeC_8H_8O_{14} \cdot 2 H_2O$ aus. Die Reaktion läßt sich auch für die quantitative Bestimmung von Germanium verwenden (SCHRAUZER).

Grenzkonzentration 1 : 10000000.

8. Fällung als Salz der Germaniumoxalsäure mit organischen Basen.

α) Mit Chinin. Nach BARDET und TCHAKIRIAN (c) entsteht durch Kochen von Germanium(IV)-oxyd mit Oxalsäure eine komplexe *Germaniumoxalsäure* der Zusammensetzung $H_2[Ge(C_2O_4)_3]$, die allerdings nur in Lösung bekannt ist. Durch Mischen einer Lösung der Germaniumoxalsäure mit einer konzentrierten *Chininoxalatlösung* fällt in der Kälte das weiße *Chinindoppelsalz* $(C_{20}H_{24}O_2N_2) \cdot H_2[Ge(C_2O_4)_3]$ aus. Es löst sich im Überschuß von Oxalsäure. Seine Löslichkeit in Wasser beträgt bei gewöhnlicher Temperatur 0,7 per 100 [TCHAKIRIAN (c)].

β) Mit Strychnin. In ähnlicher Weise bildet sich beim Abkühlen einer heißen Mischung einer Germaniumoxalsäurelösung und einer kochenden *Strychninoxalatlösung* das weiße, kristalline *Strychnindoppelsalz* $(C_{21}H_{22}O_2N_2)_2 \cdot H_2[Ge(C_2O_4)_3]$, das sich ebenfalls im Überschuß von Oxalsäure löst. Die Löslichkeit in Wasser ist bei gewöhnlicher Temperatur 0,5 per 100 [TCHAKIRIAN (c)].

γ) Mit 5,6-Benzochinolin. 5,6-Benzochinolin gibt ebenfalls eine Fällung mit Germaniumoxalsäure. Alle Elemente, die schwerlösliche Oxalate bilden, stören. Titan, Zinn, Zirkonium und — in geringerem Grade — Eisen bilden komplexe Oxalate, die ebenfalls mit 5,6-Benzochinolin gefällt werden (WILLARD und ZUEHLKE).

9. Fällung mit Chinintannat. Germaniumchlorid in salzsaurer Lösung gibt mit Chinintannat eine Fällung, die es ermöglicht, Germanium in Gegenwart anderer Stoffe nachzuweisen. Zur Darstellung des Chinintannats löst man 0,05 g Chininchlorid bei 50 bis 70° in 10 ml 0,02n Salzsäure, die 0,025 g Tannin enthält. Ausführung s. Anhang, S. 45.

Die *Erfassungsgrenze* wird zu 0,1 γ Germanium angegeben [VANOSSI (a)].

Über die Trennung des Germaniums von Osmium und Ruthenium und den Nachweis neben diesen s. VANOSSI (b, c).

10. Nachweis mit oxydiertem Hämatoxylin. Hämatoxylin, das mit Wasserstoffperoxyd oxydiert ist, gibt mit Germanium eine purpurrote Fällung von $Ge(Ht)_2$. Die Reaktion wird am besten bei $p_H = 3{,}2$ ausgeführt und beruht vielleicht auf der Bildung von Hämatein (s. Punkt 11), das eine ähnliche Farbreaktion mit Germanium gibt. Arsen stört nicht. Zinn, Blei und Antimon können unter Umständen stören (NEWCOMBE, McBRYDE, BARTLETT und BEAMISH).

Chromatographischer Nachweis s. S. 38.

11. Fällung mit Orthodiphenolen. Mit o-Diphenolen von niedrigem Molekulargewicht (Brenzcatechin, Pyrogallol, 2,3-Dioxynaphthalin) reagieren Germanatlösungen je nach den Versuchsbedingungen entweder a) unter Bildung von unlöslichen

Germaniumdiphenolen $\quad Ge\left[\begin{array}{c}O\\ \\ O\end{array}\right]_2 \cdot H_2O$ oder b) von löslichen komplexen

Germaniumphenolsäuren $\quad Ge\left[\begin{array}{c}O\\ \\ O\end{array}\right]_3 H_2$ [BÉVILLARD (a); s. ferner BÉVILLARD (b)

und TCHAKIRIAN und BÉVILLARD]. Die Bildung dieser Säuren bewirkt eine Erhöhung der Acidität der Lösung, so daß schwach alkalische Lösungen von Germanaten nach Zusatz einer verdünnten Lösung (etwa 0,05 molar) eines o-Diphenols einen Farbumschlag mit Bromkresolpurpur oder Methylrot erleiden. Die Säuren bilden mit organischen Basen (Pyridin, Chinolin), organischen basischen Farbstoffen (Fuchsin, Malachitgrün, Kristallviolett) und gewissen Metallkomplexen [Eisen(II)-phenanthrolinkomplex] z. T. schwerlösliche und gefärbte Salze.

Mit o-Diphenolen von höherem Molekulargewicht (z. B. 3,4-Dioxy-azobenzol) erhält man Niederschläge von komplexen Germaniumphenolsäuren, die zum Nachweis von Germanium geeignet sind. Zu dieser Gruppe von Reagenzien sind auch die substituierten Fluorone zu rechnen (s. hierzu Punkt 3a und 3b, S. 25, und Punkt 2, S. 35).

Diphenole, die die Oxygruppen nicht in Orthostellung haben, reagieren nicht mit Germanium.

Eine Übersicht über die bis jetzt untersuchten Reaktionen mit o-Diphenolen höheren Molekulargewichts enthalten die Tabellen 3 und 4. Während die in Tab. 3 angegebenen Reagenzien spezifisch für Germanium sind, wurden die in Tab. 4 aufgeführten nur für Germanium geprüft. Die Reaktionen führte man in stark saurer Lösung aus. Die Lösungen des Purpurogallins, der Azoverbindungen, des Galleins und des Hämateins sind beständig, die übrigen müssen frisch hergestellt werden.

Empfindlichkeit. Folgende *Grenzkonzentrationen* wurden gefunden:

Mit 3,4-Dioxyazobenzol	1 : 25000,
mit Purpurogallin	1 : 100000,
mit Violett modern	1 : 200000,
mit 3,4-Dioxyphenylazotriphenyl	zwischen 1 : 500000 und 1 : 1000000,
mit Hämatein	1 : 666666,
mit 3,4-Dioxytriphenylcarbinol	1 : 2000000 (noch empfindlicher ist die Reaktion mit 1,2-Dioxynaphthalindiphenylcarbinol)
mit 3,3′,3″-Trioxyaurin	1 : 3333333.

Eine Erhöhung des Molekulargewichts verbessert die Empfindlichkeit der Reaktion. Eine solche Erhöhung hat aber zwei nachteilige Folgen: a) Die Farbstoffe werden in den gewöhnlichen Lösungsmitteln unlöslich, b) Germanium reagiert bei niedrigerem p_H-Wert. Dies verursacht, daß das Hinzufügen der Säure zur Probe eine Ausfällung des Farbstoffs unter Tarnung der Reaktion des Metalls zur Folge hat. Diese Nachteile können durch Einführung saurer Gruppen in das Molekül vermieden werden, wodurch die Wasserlöslichkeit des Farbstoffs erhöht wird. Zum Beispiel gibt das rote Kupplungsprodukt der Diazoniumverbindung der Sulfanilsäure mit

1,2-Dioxynaphthalin, das in Alkohol-Wasser löslich ist, eine blauviolette Fällung mit Germanium. Die gleiche Diazoniumverbindung, gekuppelt mit Brenzcatechin, gibt nur eine rote Färbung mit dem Metall.

Tabelle 3. *Spezifische Reagenzien für Germanium.*

Verbindung	Reagens	Farbe des Reagens in saurer Lösung	Reaktion mit Germanium
Purpurogallin	50 mg in 100 ml 95%igem Alkohol	gelb	rosa Niederschlag
3,5-Dinitro-brenz-catechin	200 mg in 100 ml Wasser	farblos	gelbe Färbung
3,4-Dioxyazobenzol	50 mg in 100 ml Wasser	orange	roter Niederschlag
Methyldioxy-azobenzol	50 mg in 100 ml 50%igem Alkohol	orange	roter Niederschlag
Dioxyazobenzol-sulfonsäure-4	50 mg in 100 ml Wasser	orange	rote Färbung
2,3,4-Trioxy-azobenzol	200 mg in 100 ml Alkohol	braun	brauner Niederschlag
3,4-Dioxy-triphenylcarbinol	100 mg in 100 ml Alkohol	orange	roter Niederschlag
2,3,4-Trioxy-triphenylcarbinol	100 mg in 60 ml Alkohol	gelb	brauner Niederschlag
3,3′,3″-Trioxyaurin	50 mg in 50 ml Wasser	orange	violetter Niederschlag
3,5,3′,5′,3″,5″-Hexaoxyaurin	100 mg in 100 ml 1%iger Salzsäure	braun	rosa Niederschlag
Pyrogallolsuccinein	100 mg in 100 ml 10%iger Salzsäure	orange	rosa Niederschlag
Gallein	50 mg in 150 ml 30%igem Alkohol	orange	rosa Niederschlag
3,4-Dioxybenzal-anilin	100 mg in 20 ml Alkohol und 50 ml Wasser	farblos	gelber Niederschlag (grün fluorescierend)
2,3,4-Trioxy-benzalanilin	100 mg in 80 ml 50%igem Alkohol und 2 Tropfen Essigsäure	gelb	brauner Niederschlag (grün fluorescierend)
Protocatechu-aldazin	100 mg in 20 ml Alkohol und 50 ml Wasser	gelb	orange Niederschlag
Gallocyanin	50 mg in 100 ml 1%iger Salzsäure	rot	violette Färbung
Brasilein	alkoholischer Extrakt des Brasilholzes	orange	roter Niederschlag
Hämatein	50 mg in 100 ml Alkohol oder Lösung in Eisessig	orange	violetter Niederschlag
3,4-Dioxy-4′-phenylazobenzol	50 mg in 100 ml 95%igem Alkohol	rotgelb	blauvioletter Niederschlag
3,4,3′,4′-Tetraoxy-dibenzalbenzidin			gelber bis rotoranger Niederschlag
3,4-Dioxy-benzal-aminooxydiphenyl			gelber Niederschlag

Störungen. Oxydierende und reduzierende Kationen stören den Nachweis des Germaniums. Gold und Silber werden als Metalle gefällt. Die Störung läßt sich durch Ansäuern mit verdünnter Salpetersäure, Hinzufügen des Reagenses und starkes Ansäuern mit derselben Säure vermeiden. Permanganat, das einen braunen Niederschlag von Braunstein gibt, wird im voraus mit schwefliger Säure reduziert. Zweiwertiges Zinn reagiert im allgemeinen nicht, entfärbt aber mitunter die saure Lösung des Reagenses, mit Dioxy- und Trioxybenzalanilin entsteht stets eine Fällung.

Beim Ausführen der Reaktion in alkoholischer Lösung geben Barium, Thallium, Wolfram und Antimon Fällungen. Durch Verdünnen der Lösung kann man die Fällungen vermeiden. In neutraler Lösung rufen Quecksilber(I), Zinn, Wismut und Blei Fällungen hervor. Diese Störungen treten in saurer Lösung nicht auf. Beim Vorliegen von Quecksilber und Blei muß die Lösung mit Salpetersäure angesäuert werden.

Tabelle 4. *Weitere Reagenzien für Germanium.*

Verbindung	Reaktion mit Germanium
Oxyhydrochinonsulfamphthalein	brauner Niederschlag
4'-Nitro-3,4-dioxyazobenzol	roter Niederschlag
Benzolazo-1,2-dioxynaphthalin	roter Niederschlag
Benzolazo-2,3-dioxynaphthalin	kräftig rosaviolett gefärbter Niederschlag
2,3-Dioxy-6-sulfonaphthalin-bisazobenzol	violette Färbung
o-Nitrobrenzcatechin	orange Färbung
Brenzcatechinphthalein	Farbumschlag von blau nach farblos (in basischer Lösung)
Coerulein	grüner Niederschlag
3,4-Dioxy-4',4''-tetramethyldiamino-triphenylcarbinol	blauvioletter Niederschlag
Violett modern	rosavioletter Niederschlag
Phenylhydrazon des Protocatechualdehyds	hellgelber Niederschlag
Oxim des Protocatechualdehyds	weißlicher Niederschlag
3,4-Dioxyphenylacrylsäure	gelblichweißer Niederschlag
Alizaringelb A	brauner Niederschlag
Natriumalizarinsulfonat	gelber Niederschlag
Chlorgallacetophenon	kastanienbrauner Niederschlag
Dioxycumaranon	kastanienbrauner Niederschlag
Gallorubin	graubrauner Niederschlag
4-Dimethylamidobenzal-5,6-dioxy-cumaranon	orangeroter Niederschlag
1,2-Dioxynaphthalin-diphenylcarbinol	kräftig rosaviolettgefärbter Niederschlag
2,3,4-Trioxytriphenylcarbinol	brauner Niederschlag
4'-Oxyphenyl-3,4-dioxyazobenzol	dunkelroter Niederschlag[1]
3,4-Dioxy-phenylazotriphenyl	blauvioletter Niederschlag[1]

Eine Anzahl Metalle gibt ebenfalls Farbreaktionen mit den Reagenzien. Es sind dies a) Metalle, die Peroxysalze bilden können (Vanadin, Titan, Wolfram, Molybdän, Uran) und b) drei- wie fünfwertiges Antimon, Zirkonium und vierwertiges Zinn, die Färbungen, aber keine Fällungen geben. Die unter a) genannten Metalle rufen nur in konzentrierter Lösung Fällungen hervor. In genügend verdünnter Lösung läßt das Entstehen eines Niederschlages auf die Anwesenheit von Germanium schließen. Die Reaktionen dieser Metalle sind im allgemeinen weniger empfindlich und undeutlicher als die des Germaniums. Die Störungen werden vollständig durch Versetzen mit Wasserstoffperoxyd vor dem Ansäuern vermieden.

Die Spezifität der Reagenzien nimmt in der Reihenfolge Purpurogallin, Gallein und Succinein, Hämatein, Protocatechualdazin, Azofarbstoffe ab.

Enthält das Molekül des Reagenses saure Gruppen (NO_2, SO_3H, $COOH$) und ist das Molekulargewicht nicht zu hoch (vgl. 3,4-Dinitrobrenzcatechin, 3,4-Dioxyazobenzol-sulfonsäure und Gallocyanin), entstehen nur Färbungen. In diesen Fällen sind die Reaktionen weniger spezifisch.

Organische Säuren wie Oxalsäure und Oxysäuren vermögen die Reaktionen nicht zu verhindern, selbst wenn sie im Überschuß vorhanden sind. Fluoride rufen keine merkbaren Störungen hervor.

Außer mit o-Diphenolen geben Germanate in konzentriert schwefelsaurer Lösung Reaktionen mit Phenolen großen Molekulargewichts, die gleichzeitig p-chinoide Struktur haben. Hierzu gehören z. B. Chinalizarin (s. Punkt 5, S. 36) und 9-Oxynaphthacenchinon-sulfonsäure (s. Punkt 7, S. 37). Die Reaktionen des Germaniums mit Alizarin, Purpurin, Chinizarin und seinem Sulfonderivat in stark schwefelsaurer Lösung sind weniger deutlich und von geringerem analytischem Interesse.

Über die Reaktionen, die Germanium mit Gemischen eines o-Diphenols und eines Chinons gibt, s. Tab. 5 [BÉVILLARD (b)].

---

[1] Nach Verdünnen mit Wasser wird die Reaktion deutlicher.

Tabelle 5. *Reaktionen des Germaniums mit o-Diphenolen + Chinon.*

o-Diphenol + Chinon	Reaktion mit Germanium
Brenzcatechin + p-Benzochinon	tiefgrüner Niederschlag
Pyrogallol + p-Benzochinon	roter Niederschlag
Oxyhydrochinon + p-Benzochinon	brauner Niederschlag
Tannin + p-Benzochinon	braun-gelatinöser Niederschlag
Brenzcatechinphthalein + p-Benzochinon	hellgrüner Niederschlag

12. Nachweis mit Mannit s. Tüpfelreaktionen, Punkt 4, S. 36.

13. Nachweis mit p-Nitrobenzol-azo-chromotropsäure s. Tüpfelreaktionen, Punkt 6, S. 37.

14. Nachweis mit 9-Oxynaphthacenchinon-sulfonsäure s. Tüpfelreaktionen, Punkt 7, S. 37.

c) Fluorescenzreaktionen.

1. Nachweis mit Morin. Eine stark salzsaure Lösung von Germanium gibt mit einer alkoholischen Lösung von Morin im ultravioletten Licht eine grüne Fluorescenz. Nach Destillation aus 17 bis 20%iger Salzsäure lassen sich so 0,15 mg Germanium in 100 ml Lösung neben Arsen nachweisen (PATROVSKÝ).

2. Nachweis mit 8-Oxychinolin. Vierwertiges Germanium gibt mit 8-Oxychinolin im ultravioletten Licht eine blaßgrüne Fluorescenz (LEDERER).
Chromatographischer Nachweis s. S. 37.

3. Weitere Fluorescenzreaktionen mit organischen Reagenzien. RAJU und RAO (a) haben die Fluorescenzreaktionen des Germaniums mit einer Reihe organischer Reagenzien, die mit Borsäure fluorescierende Verbindungen geben, untersucht und dabei gefunden, daß a) ω-Methoxyresacetophenon, Phloracetophenon, 4-Methoxy-2-oxybenzaldehyd, β-Resorcylaldehyd und Salicylaldehyd grüngelbe Fluorescenz, b) 2-Methoxy-3,6-dioxyacetophenon, 2-Benzoylphloroglucinaldehyd und 4-Methoxy-2-oxybenzoesäure gelbe Fluorescenz und c) β-Resorcylsäure, Orsellinsäure und Äthylorsellinat in konzentrierter Schwefelsäure violette Fluorescenz mit Germaniumsäure geben. Siehe hierzu auch Punkt 5, S. 21.

§ 4. Mikrochemische Nachweisreaktionen.

1. Nachweis als Rubidiumgermaniummolybdat. Das schwerlösliche Rubidiumsalz der Germaniummolybdänsäure (vgl. Punkt 2 γ, S. 18) wird von CHAMOT und COLE für den mikrochemischen Nachweis des Germaniums empfohlen.

Ausführung. Ein Tropfen der zu prüfenden Lösung wird auf einer Platinfolie mit wenig Salpetersäure (konzentriert oder 1 : 1) und etwas festem Ammoniummolybdat versetzt und zum Sieden erhitzt. Nach dem Verdampfen bis fast zur Trockne wird nochmals mit Salpetersäure eingedampft, mit 1 bis 2 Tropfen Wasser aufgenommen, die Lösung auf einen mit Firnis bestrichenen oder aus Celluloid bestehenden Objektträger gebracht und etwas festes Rubidiumchlorid hinzugefügt. Unter dem Mikroskop zeigen sich fast sofort die hellgelben, regulären Kristalle des Rubidiumgermaniummolybdats von oktaedrischer oder dodekaedrischer Form.

Empfindlichkeit. *Erfassungsgrenze* 0,02 γ Germanium, *Grenzkonzentration* 1 : 50000.

Störungen. Phosphor, Silicium, Titan, Zirkonium, Thorium, Arsen, Zinn, Antimon, Wismut und Seltene Erden müssen abwesend sein. Zur Vermeidung jeglicher Störung destilliert man am besten das Germanium vorerst als Germaniumtetrachlorid ab (vgl. Punkt 2, diese Seite) und führt die Reaktion in dem Destillat aus.

CHAMOT und MASON (S. 193) weisen darauf hin, daß Germanium von vollständig entwässertem Siliciumdioxyd durch Destillation nicht getrennt werden kann. Auch kann Arsen mit Germanium übergegangen sein; es ist deshalb ratsam, das Destillat außer mit Ammoniummolybdat + Rubidiumchlorid auch mit Ammoniumfluorid + Alkalichlorid (s. Punkt 2, diese Seite) zu prüfen.

Verwendung in der mikrochemischen Flammenanalyse s. Punkt 3, S. 32.

Das *Cäsiumgermaniummolybdat* gestattet einen noch empfindlicheren Nachweis von Germanium als das Rubidiumsalz, jedoch sind die Kristalle im allgemeinen zu klein, um sicher identifiziert zu werden (CHAMOT und COLE).

2. Nachweis als Alkalihexafluorogermanat(IV). *a) Als Natriumhexafluorogermanat* Na_2GeF_6.

Um Germanium mikrochemisch als Natriumhexafluorogermanat(IV) nachzuweisen, versetzt man nach CHAMOT und COLE einen Tropfen der zu prüfenden schwach sauren Lösung auf einem Objektträger aus Celluloid oder einem anderen durchsichtigen nicht silicatischen Material mit etwas festem Natriumchlorid und Ammoniumfluorid, erhitzt schwach und läßt abkühlen. Am Rande des Tropfens bildet sich Natriumhexafluorogermanat(IV) in Form von sechsseitigen Tafeln oder sechsstrahligen Sternen und Rosetten. Später erscheinen hexagonale Prismen, die parallele Auslöschung zeigen und schwach doppelbrechend sind. Die Kristalle sind unter dem Mikroskop rosa gefärbt und haben einen Brechungsexponenten, der so nahe dem des Wassers ist, daß die Kristalle nur schwer zu erkennen sind.

Empfindlichkeit. Die *Erfassungsgrenze* wird zu 0,1 γ Ge angegeben, die *Grenzkonzentration* zu 1 : 10000. In Zinkresiduen soll es möglich sein,

Abb. 1. Rubidiumhexafluorogermanat [nach W. GEILMANN, Bilder zur qualitativen Mikroanalyse anorganischer Stoffe, 2. Aufl., Weinheim|Bergstraße 1954, Tafel 25, Abb. 2].

0,30 bis 0,25% Germanium in wenigen Milligrammen Materials nachzuweisen.

Störungen. Die entsprechenden Titan-, Zirkonium- und Siliciumsalze sind mit dem Germaniumsalz isomorph und stören dadurch den Germaniumnachweis. Auch Bor, Zinn und Mangan können unter gewissen Umständen eine direkte Prüfung unmöglich machen. Fluoride müssen abwesend sein.

Um Germanium von den die Reaktion störenden Elementen zu trennen, erhitzt man die Substanz, die kein Fluorid enthalten darf, in einem kleinen Tiegel oder auf einem Uhrglas vorsichtig mit Salzsäure, kondensiert das abdestillierende Germaniumtetrachlorid an einem darüberliegenden, dampfdicht anschließenden, festgehaltenen Celluloidobjektträger, der durch einen auf ihm stehenden Silbertiegel gekühlt wird, und führt die Reaktion mit dem salzsauren Destillat aus.

β) Als Kaliumhexafluorogermanat(IV) K_2GeF_6. Kaliumhexafluorogermanat ist sehr schwer löslich (s. Punkt 5, S. 23) und scheidet sich in farblosen, dünnen, sechsseitigen Tafeln ab, die unter dem Mikroskop rosa gefärbt erscheinen (CHAMOT und MASON, S. 191).

γ) Als Rubidiumhexafluorogermanat(IV) Rb_2GeF_6. Gibt man festes Rubidiumchlorid zu fluorwasserstoffsauren Germaniumlösungen, erhält man schwach rötlich erscheinende, hexagonale Bipyramiden und sechsseitige Tafeln von Rubidiumhexafluorogermanat(IV), die infolge der der Lösung ähnlichen Lichtbrechung schwer zu erkennen sind (s. Abb. 1) (GEILMANN).

Empfindlichkeit. Es lassen sich einige γ Germanium in einem Tropfen (20 bis 30 μl) nachweisen.

Störungen wie bei Natriumhexafluorogermanat(IV).

Siehe hierzu auch Punkt 3, diese Seite.

Nachweis in Mineralien s. Punkt 3, S. 43.

3. Nachweis durch mikrochemische Flammenanalyse. In der mikrochemischen Flammenanalyse nach GEILMANN und ISERMEYER wird Germanium durch oxydierendes Erhitzen verflüchtigt und zu seiner Erkennung im erhaltenen Beschlag ein mikrochemisches Nachweisverfahren verwendet. Die Verflüchtigung in Form der Halogenverbindungen ist für den Nachweis zu unempfindlich, da sie sich zu schlecht kondensieren lassen. Für größere Mengen ist das Jodid brauchbar.

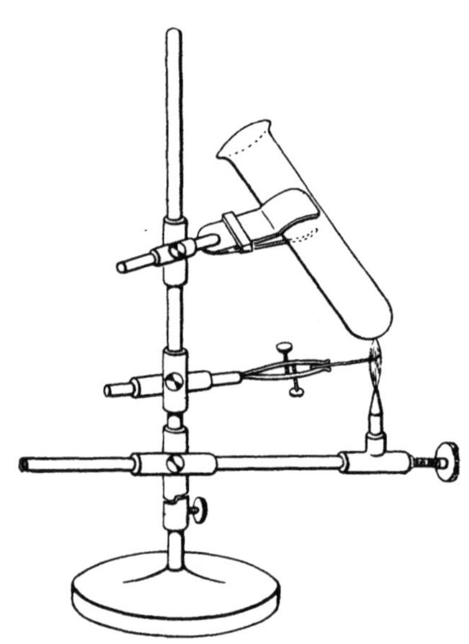

Abb. 2. Apparat zur Erzeugung von Metall- und Oxydbeschlägen nach W. GEILMANN und H. ISERMAYER [Zeitschrift für analytische Chemie **131** (1950), S. 250, Abb. 1].

Zum Erhitzen der Probe dient eine 20 bis 25 mm hohe, schmale und scharfe Flamme, die im oberen Teil noch einen schwach leuchtenden Bezirk zeigt, wie man sie erhält, wenn Leuchtgas aus einer Lötrohrspitze brennt. Der Oxydationsraum der Flamme liegt etwa 3 mm über der Spitze des inneren Flammenkegels am Saume der noch sichtbaren Flamme. Zum Auffangen der Beschläge dient ein Reagensglas aus Geräteglas oder Quarz von 16 mm Weite und 160 mm Länge, das zur Hälfte mit kaltem Wasser gefüllt und schräg so eingespannt wird, daß die gerade noch sichtbare Flammenspitze das Glas am Übergang des zylindrischen Teiles zur Bodenkuppe trifft. Bei richtiger Stellung entstehen scharf begrenzte Beschläge von 2 bis 3 mm Durchmesser. Zum Einführen der Probe in die Flamme werden 3 bis 5 mg der fein zerriebenen Probe mit fest verdrillten Asbestfäden aufgenommen. Platindrähte oder Magnesiastäbe lassen sich nicht verwenden. Leicht abfallendes Material wird mit einem schwach angefeuchteten Faden aufgenommen und am Rande der Flamme getrocknet, ehe die Probe in die Flamme eingeführt wird. Die Erhitzungsdauer beträgt 20 bis 30 sec.

Wenn sich die Auffangfläche 5 mm oberhalb der Probe befindet, erscheint bei mehr als 30 γ Germanium ein schwarzbrauner Beschlag von Germanium(II)-oxyd. Bei größerem Abstand (8 bis 10 mm) erhält man den sich schlecht kondensierenden weißen Germanium(IV)-oxyd-Beschlag, der erst bei mehr als 120 γ Germanium erkennbar ist. Für den mikrochemischen Nachweis als Natriumhexafluorogermanat(IV) gibt man auf den Beschlag oder auf die Stelle, wo er zu erwarten wäre, einen Tropfen eines Gemisches von Ammoniak und Wasserstoffperoxyd, läßt den Tropfen kurze Zeit einwirken und überführt ihn dann auf einen Objektträger aus Celluloid. Der Tropfen wird dann schwach sauer gemacht und Natriumfluorid zugegeben, woraufhin sich Natriumhexafluorogermanat(IV) in hexagonalen, farblosen bis lachsfarbenen Tafeln abscheidet. Durch gleichzeitigen Zusatz von Rubidiumchlorid kann die Empfindlichkeit infolge der Bildung des schwerer löslichen Rubidiumhexafluorogermanat(IV) gesteigert werden (s. Punkt 2γ, S. 32). — Geeignet ist beim Fehlen von Arsen auch der Nachweis als Rubidiumgermaniummolybdat, s. Punkt 1, S. 30.

Empfindlichkeit. Die geringste mikrochemisch erfaßbare Germaniummenge liegt bei 2 bis 3 γ.

Störungen. Außer durch Indium treten keine Störungen auf. Im Verhältnis 100 : 1 stört jedoch auch Blei.

§ 5. Nachweis durch Tüpfelreaktionen.

1a. Nachweis mit Ammoniummolybdat. Der Nachweis von Germanium als Germaniummolybdänsäure (s. Punkt 2, S. 17) läßt sich auch als Tüpfelreaktion verwerten [GILLIS (a), S. 72]. Ein Tropfen der zu untersuchenden Lösung wird mit einem Tropfen einer 5%igen Ammoniummolybdatlösung versetzt und mit einigen Tropfen Salpetersäure (4n) angesäuert. Die Gelbfärbung, die Germanium anzeigt, erscheint nach 5 Min. Bei geringeren Konzentrationen ist eine Blindprobe notwendig.

Grenzkonzentration 1 : 200000.

Störungen s. Punkt 2α, S. 17.

1b. Nachweis mit Ammoniummolybdat und Natriumstannit. Die Punkt 2β, S. 17, beschriebene Reaktion der Germaniummolybdänsäure mit Natriumstannit läßt sich als Tüpfelreaktion in folgender Weise ausführen: Ein Tropfen der zu untersuchenden Lösung wird auf eine Tüpfelplatte gebracht und mit einem Tropfen Ammoniummolybdatlösung und einigen Tropfen alkalischer Stannitlösung versetzt. Bei Anwesenheit von Germanium entsteht eine Blaufärbung. Als Reagens verwendet man eine 5%ige Zinn(II)-chloridlösung in 5n Natriumhydroxydlösung [GILLIS (a), S. 76].

Grenzkonzentration 1 : 1000000.

Störungen s. unter Punkt 1c.

Chromatographischer Nachweis s. S. 37.

1c. Nachweis mit Ammoniummolybdat und Benzidin. Die komplexe Germaniummolybdänsäure wird nicht nur durch anorganische Reduktionsmittel, wie alkalische Stannitlösung, reduziert, sondern vermag auch gewisse organische Verbindungen zu oxydieren (s. Punkt 2β, S. 17). Aus Benzidin entsteht dabei Benzidinblau unter gleichzeitiger Bildung von Molybdänblau. Diese Umsetzung läßt sich für einen sehr empfindlichen Nachweis von Germanium verwerten (KOMAROWSKY und POLUEKTOFF).

$$H_2N-\langle\rangle-\langle\rangle-NH_2$$

Benzidin.

$$\left[H_2N-\langle\rangle-\langle\rangle NH_2 \cdot HN=\langle\rangle=\langle\rangle \cdot NH\right] \cdot 2HX$$

Benzidinblau.

(X = einwertiger Säurerest)

Ausführung bei Abwesenheit störender Elemente. Zu einem Tropfen der alkalischen oder schwach sauren Probelösung setzt man auf der Tüpfelplatte oder auf einem Streifen Filtrierpapier je einen Tropfen einer Molybdatlösung (1,5 g Ammoniummolybdat in 10 ml Wasser gelöst und mit 10 ml konzentrierter Salpetersäure versetzt) und einer 0,1%igen essigsauren Lösung von Benzidin hinzu. Die Lösung wird mit einigen Tropfen einer gesättigten Natriumacetatlösung oder, bei Ausführung der Reaktion auf Filtrierpapier, mit Ammoniakdampf gepuffert. Je nach der vorhandenen Germaniummenge entsteht ein hell- oder tiefblauer Fleck.

Empfindlichkeit. Es lassen sich 0,25 γ Germanium in 0,025 ml, entsprechend einer *Grenzkonzentration* von 1:100000, nachweisen. Anwesenheit von Sb^{3+} sowie TeO_3^{2-} und TeO_4^{2-} setzt die Empfindlichkeit herab. Die Grenzkonzentration in Gegenwart von Sb^{3+} ist 1:20000, in Gegenwart von TeO_3^{2-} oder TeO_4^{2-} 1:50000.

Störungen. *Ausführung des Nachweises in Gegenwart störender Elemente.* Außer reduzierenden Verbindungen, wie zweiwertigen Zinn- und Eisen-, dreiwertigen Arsen- und vierwertigen Selenverbindungen, die das sechswertige Molybdän der Germaniummolybdänsäure in die niedrigere blaue Oxydationsstufe überführen, dürfen Kiesel-, Phosphor- und Arsensäure nicht anwesend sein; denn diese Säuren bilden ebenfalls mit Molybdänsäure Heteropolysäuren, die imstande sind, Benzidin zu Benzidinblau zu oxydieren. Die Trennung des Germaniums von den störenden Elementen erfolgt auch hier am vorteilhaftesten durch Destillation aus salzsaurer Lösung als Germaniumtetrachlorid.

1 bis 2 Tropfen der schwach alkalischen Probelösung werden in der in Abb. 3 wiedergegebenen, etwa 4 ml fassenden Glashülse zur Trockne eingedampft. Nach

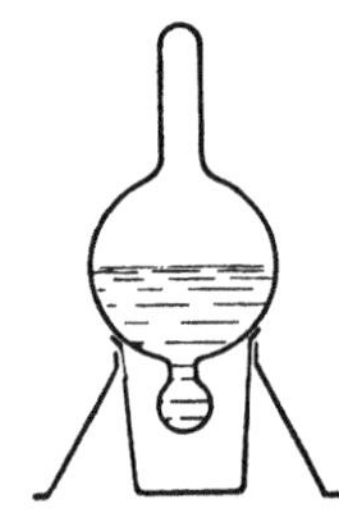

Abb. 3. Mikroapparat nach FEIGL zum Nachweis von Germanium [³/₄ nat. Gr. (F. FEIGL, Spot Tests I, 4. engl. Aufl. Amsterdam 1954, S. 109, Fig. 35)].

dem Erkalten löst man den Rückstand in 2 bis 3 Tropfen 4n Salzsäure, setzt das mit Wasser gefüllte, als Kühler wirkende Kölbchen auf die Hülse auf und erwärmt vorsichtig auf dem Drahtnetz. Das entweichende Germaniumtetrachlorid wird an dem unteren Ansatz des Kölbchens wieder kondensiert. Wenn der gebildete Tropfen groß genug geworden ist, unterbricht man die Erwärmung, überträgt den Tropfen auf die Tüpfelplatte und führt die Molybdat-Benzidin-Probe unter Zusatz von 5 bis 6 Tropfen der gesättigten Natriumacetatlösung aus.

Erfassungsgrenze 2 γ Germanium.

Etwa anwesende Fluoride müssen durch Eindampfen mit konzentrierter Schwefelsäure entfernt werden, da sie mit der Kieselsäure des Glases flüchtiges Siliciumtetrafluorid bilden, das in das Destillat mit übergeht und mit Molybdänsäure Siliciummolybdänsäure bilden kann.

Bei Anwesenheit von Arsen und Selen dampft man die zu prüfende Lösung mit einem Tropfen Perhydrol und 1 bis 2 Tropfen Ammoniak ein, nimmt den Rückstand nach Zusatz eines kleinen Kaliumpermanganatkristalls mit 2 Tropfen 4n Salzsäure auf und führt dann erst die Destillation wie oben beschrieben aus (s. auch S. 7). Nach Zugabe des Molybdatreagenses fügt man zu dem Destillat zwecks Zerstörung des freien Chlors noch einen Tropfen einer 5%igen Natriumsulfitlösung hinzu.

Nach diesem Verfahren soll es möglich sein, 10 γ Germanium neben der 1000fachen Menge Selens (in Form von SeO_2) oder der 800fachen Menge Arsens nachzuweisen.

Überhaupt lassen sich bei einer Einwaage von 0,1 bis 0,2 g noch 0,01 bis 0,02% Germanium (entsprechend einer Absolutmenge von 10 bis 40 γ Ge) nach vorhergehender Destillation mit Hilfe der Molybdat-Benzidin-Probe nachweisen.

Bei geringerem Germaniumgehalt als 0,01 bis 0,02% muß man von einer größeren Einwaage (5 bis 10 g) ausgehen und das Germanium zunächst darin anreichern. Zu diesem Zweck wird in Anlehnung an das Verfahren von GEILMANN und BRÜNGER (a) (s. S. 9) die zu untersuchende Lösung 3,5 bis 4n an Salzsäure gemacht, ihr Volumen mit Salzsäure der gleichen Normalität auf etwa 50 bis 60 ml ergänzt und das Germaniumtetrachlorid nach Zugabe von Kaliumpermanganat abdestilliert. Das Destillat wird in einem weiten, mit 0,5 bis 1,0 ml destilliertem Wasser beschickten Reagensglas aufgefangen. Die Destillation wird fortgesetzt, bis 12 bis 17 ml Flüssigkeit in der Vorlage aufgefangen sind. Zu dem Destillat fügt man einige Körnchen Hydroxylammoniumsulfat hinzu, um das freie Chlor zu zerstören, bestimmt anschließend die Acidität der Lösung durch Titrieren von 0,2 ml derselben mit 0,1 n Natronlauge und gibt dann eine solche Menge konzentrierter Salzsäure hinzu, daß die Acidität 3 bis 4n wird. Die so vorbereitete Lösung wird mit Schwefelwasserstoff gesättigt und gut verschlossen über Nacht stehengelassen. Am nächsten Tage fügt man einige Tropfen einer 5%igen Natriumsulfitlösung hinzu, sättigt nochmals mit Schwefelwasserstoff und trennt den Niederschlag durch Zentrifugieren von der Lösung. Der Niederschlag wird in einigen Tropfen Perhydrol und Ammoniak gelöst, die Lösung in der Glashülse des Destillationsapparates der Abb. 3 eingedampft, das Germanium, wie oben beschrieben, abdestilliert und im Destillat nachgewiesen.

In dieser Weise gelingt es, noch bei einer Einwaage von 10 g 0,0001% Germanium in Zinkoxyd und bei einer Einwaage von 5 g 0,0002% Germanium in Bleiglanz nachzuweisen (s. Punkt 6, S. 43).

Nachweis in Mineralien s. ferner Punkt 1, S. 40.

Nachweis in organischen Germaniumverbindungen s. Abschnitt d, S. 45.

1d. Nachweis mit Ammoniummolybdat und Hydroxylamin. Beim Erwärmen einer frisch hergestellten Ammoniummolybdatlösung mit salzsaurem oder schwefelsaurem Hydroxylamin tritt eine Gelbfärbung auf, deren Intensität auch bei langem Stehen unverändert bleibt. Fügt man zu dieser gelben Lösung einen Tropfen einer wäßrigen Lösung von Germaniumdioxyd oder einer neutralen Natriumgermanatlösung hinzu, erfolgt beim Kochen ein Farbumschlag nach Apfel- oder Blaugrün, je nach der Germaniumkonzentration. Bei längerem Stehen verschwindet die Färbung, kehrt aber beim Erwärmen der Lösung zurück (DESMUKH).

Empfindlichkeit. Es lassen sich 0,4 γ Germanium in 0,05 ml Lösung, einer *Grenzkonzentration* von 1 : 125000 entsprechend, nachweisen.

Störungen. Gefärbte Ionen, besonders blaue oder grüne, müssen abwesend sein. Starke Oxydations- und Reduktionsmittel und Ionen, die schwerlösliche Molybdate bilden, stören. Arsenate und Phosphate stören selbst in zehnfacher Menge des vorhandenen Germaniums nicht.

S. ferner Anhang, S. 46.

2. Nachweis mit 9-Phenyl-2,3,7-trioxy-6-fluoron und anderen Fluoronen. Eine vergleichende Untersuchung der drei Fluorone, 9-Phenyl-2,3,7-trioxy-6-fluoron (Phenylfluoron), 9-Phenyl-2,2′,3,7-tetraoxy-6-fluoron (Oxyphenylfluoron) und 9-Methyl-2,3,7-trioxy-6-fluoron (Methylfluoron) hat gezeigt, daß Phenylfluoron besonders geeignet ist, Germanium nachzuweisen [GILLIS, HOSTE und CLAEYS; GILLIS (c)]. Vgl. Punkt 3, S. 25.

Ausführung. Ein Tropfen der mit 6n Salzsäure angesäuerten, 0,05%igen alkoholischen Lösung von Phenylfluoron wird auf Filtrierpapier gebracht, wobei nach Verdampfen des Alkohols ein gelber Fleck entsteht. Auf diesen gibt man einen Tropfen der zu untersuchenden Lösung, deren Säuregrad an Salzsäure zwischen 3 und 6n liegen soll, und versetzt mit 2 bis 3 Tropfen 6n Salpetersäure. Bei Anwesenheit von Germanium entsteht eine intensive Rosafärbung, die mit der Zeit zunimmt. Das Papier muß frisch vorbereitet sein.

Phenylfluoron.

Phenylfluoron wird aus Triacetyloxyhydrochinon und Benzaldehyd dargestellt.

Empfindlichkeit. Die *Erfassungsgrenze* ist 0,13 γ Germanium (FEIGL). Die *Grenzkonzentration* beträgt 1 : 300000, nach 5 Min. 1 : 500000.

Störungen. Unter den angegebenen Bedingungen ist die Reaktion spezifisch. Stark oxydierende Ionen, wie Ce^{4+}, CrO_4^{2-}, MnO_4^{-}, zerstören aber das Reagens und müssen entfernt werden. Die Ionen, deren Sulfide in Alkalisulfiden löslich sind, stören nicht, selbst wenn sie im Gewichtsverhältnis von 100 : 1 Ge vorliegen. Molybdän, das ebenfalls eine Rotfärbung gibt, wird durch das Zutropfen von 6 n Salpetersäure unschädlich gemacht.

o-Oxy-, m-Oxy- und p-Oxyphenylfluoron sowie *m, p-Dioxyphenylfluoron* und *Methylfluoron* geben mit Germanium eine Orangefärbung. Mit Methylfluoron läßt sich die Reaktion sowohl auf Filtrierpapier als auch auf der Tüpfelplatte ausführen. Bei der Ausführung auf Papier geht man genau so vor, wie bei Phenylfluoron beschrieben, behandelt aber zuletzt mit einigen Tropfen 6 n Salzsäure an Stelle von 6 n Salpetersäure. Als Reagens verwendet man eine 0,17%ige Lösung von Methylfluoron in einer Mischung von gleichen Raumteilen 2 n Salzsäure und 94%igem Äthylalkohol. Unter diesen Bedingungen ist die Reaktion spezifisch. Bei der Ausführung auf der Tüpfelplatte, die an sich empfehlenswerter ist, entsteht eine orangefarbene Fällung. Als Reagens verwendet man hier eine gesättigte alkoholische Lösung von Methylfluoron.

Die **Grenzkonzentration** wird in beiden Fällen zu 1 : 10000 angegeben.

Störungen. Wolfram(VI)-oxyd, Tantal(V)-oxyd und Niob(V)-oxyd geben analoge Farblacke und müssen vorher durch Fällung mit Salzsäure entfernt werden.

Chromatographischer Nachweis s. S. 38.

Nachweis in Mineralien s. S. 39 und Punkt 2, S 42.

3. Fällung mit Selenwasserstoff und Formaldehyd. Die Punkt 7, S. 24 beschriebene Reaktion mit Selenwasserstoff und Formaldehyd läßt sich nach *Tabellen der Reagenzien für anorganische Analyse, III. Bericht, 1948, S. 62,* als Tüpfelreaktion ausführen. Die *Grenzkonzentration* ist mit 1 : 5000000 angegeben.

4. Nachweis mit Mannit $C_6H_8(OH)_6$. Die Germaniumsäure besitzt ähnlich wie die Borsäure die Fähigkeit, mit mehrwertigen Alkoholen, wie Glycerin, Mannit, Glucose usw., stärkere Komplexsäuren zu bilden [TCHAKIRIAN (b)].

Werden deshalb Lösungen von Germanium(IV)-oxyd oder Germanatlösungen mit Alkali neutralisiert, so kann man die Anwesenheit von Germanium daran erkennen, daß Zusatz von Mannit eine Verkleinerung des p_H-Wertes hervorruft.

Ausführung. Ein Tropfen der schwach sauren Germanatlösung wird mit einem Tropfen Phenolphthaleinlösung versetzt. Dann fügt man tropfenweise 0,01 n Natriumhydroxydlösung bis zur Rosafärbung hinzu. Bei Zugabe von festem Mannit verblaßt oder verschwindet die Rotfärbung völlig, je nachdem, ob wenig oder viel Germanium vorhanden ist [POLUEKTOFF (a)].

Empfindlichkeit. Es lassen sich 2,5 γ Germanium in 0,05 ml, entsprechend einer *Grenzkonzentration* von 1 : 20000, nachweisen.

Störungen werden nur durch Borsäure verursacht, die sich mehrwertigen Alkoholen gegenüber ähnlich verhält wie die Germaniumsäure.

5. Nachweis mit Chinalizarin (1, 2, 5, 8-Tetraoxyanthrachinon) bzw. Chinalizarinacetat. Eine Lösung von Chinalizarin in konzentrierter Schwefelsäure erleidet in Gegenwart von Germanationen eine charakteristische Umfärbung von rosaviolett nach blau.

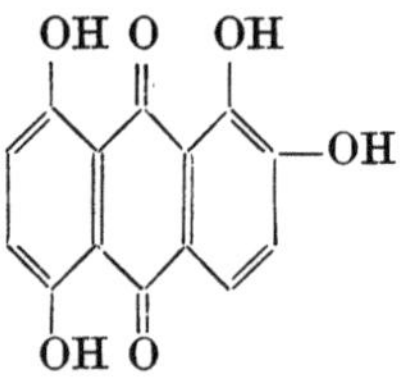

Ausführung. Ein Tropfen der alkalischen oder sauren Probelösung wird zur Trockne eingedampft, mit 2 bis 3 Tropfen einer 0,01%igen Chinalizarinlösung in konzentrierter Schwefelsäure versetzt und schwach erwärmt.

Die *Empfindlichkeit* der Reaktion ist nicht sehr groß. Die *Erfassungsgrenze* beträgt nur 5 γ Germanium, die *Grenzkonzentration* 1 : 10000 [POLUEKTOFF (a)].

Chinalizarin.

Störungen. Borsäure gibt eine völlig entsprechende Reaktion. Außerdem wird die Reaktion durch Chlor-, Brom- und Fluorionen gestört. Fluoride werden durch Abrauchen mit konzentrierter Schwefelsäure entfernt.

Nachweis neben Arsen und Selen. Nach DE RIDDER ist 0,1% Germanium neben 99,9% Selen in einer Verdünnung von 1 : 2000, neben 99,9% Arsen in einer Verdünnung von 1 : 5000 und neben 99,9% Arsen + Selen (1 : 1) in einer Verdünnung von 1 : 5000 mit Chinalizarin nach dem Verfahren von POLUEKTOFF noch nachweisbar. Arsen sowie Selen im Verhältnis 100 : 1 beeinflussen die Grenzkonzentration nicht [„*Reagents for Qualitative Inorganic Analysis (Second Report of the International Committee on New Analytical Reactions and Reagents of the International Union of Chemistry*") *1948, S. 107*; vgl. auch GILLIS (b)].

Nach NAIR und GUPTA soll Chinalizarinacetat (s. Punkt 2, S. 25) vorteilhafter sein als Chinalizarin, da es in neutralen Lösungsmitteln leichter löslich ist und mit einer geringeren Zahl von Metallionen reagiert. Die rote Farbe des Chinalizarinacetat-Komplexes ist noch bei einer *Grenzkonzentration* von 1 : 36 000 000 in einem BECKMAN-Spektrophotometer zu beobachten, wenn mit dem Tropfen einer Blindprobe verglichen wird.

6. Nachweis mit p-Nitrobenzol-azo-chromotropsäure. In ähnlicher Weise wie Chinalizarin reagiert nach POLUEKTOFF (a) auch der Farbstoff p-Nitrobenzol-azo-chromotropsäure mit Germaniumsäure. Die Farbänderung ist jedoch nicht scharf, und die *Empfindlichkeit* der Reaktion ist noch kleiner als bei der Farbreaktion mit Chinalizarin.

Borsäure gibt auch hier eine völlig analoge Reaktion.

p-Nitrobenzol-azo-chromotropsäure.

Über die Darstellung des Reagenses durch Verreiben von p-Nitranilin, 1, 8-Dioxy-3, 6-naphthalindisulfonsäure, Natriumnitrit und Kaliumhydrogensulfat im Mörser s. KUL'BERG, MUSTAFIN und CHERKESOV.

7. Nachweis mit 9-Oxynaphthacenchinon-sulfonsäure. Eine 0,01%ige Lösung von 9-Oxynaphthacenchinon-sulfonsäure in konzentrierter Schwefelsäure gibt im blauen Licht bei Anwesenheit von Germanium eine hellrosa Färbung [POLUEKTOFF (b)].

9-Oxy-naphthacenchinon-sulfonsäure.

Ausführung. Ein Tropfen der zu prüfenden Lösung wird auf der Tüpfelplatte mit 2 bis 3 ml des Reagenses versetzt.

§ 6. Chromatographischer Nachweis.

Vierwertiges Germanium kann von Arsen und vielen anderen Elementen durch Papierchromatographie mit Butanol als Lösungsmittel, das mit 1n Salzsäure gesättigt ist, unter Verwendung der aufsteigenden Methode abgetrennt werden. Der R_f-Wert $\left(R_f = \dfrac{\text{Entfernung, die das Ion zurücklegt}}{\text{Entfernung, die das Lösungsmittel zurücklegt}} \right)$ beträgt 0,25 bis 0,29 (LEDERER).

Der Nachweis von Germanium kann in verschiedener Weise erfolgen:

1. durch Besprühen des Chromatogramms mit Ammoniummolybdatlösung und einer Lösung von Natriumstannit in 5n Natriumhydroxyd. Es entsteht eine blaue Färbung, s. Punkt 1b, S. 33. In saurer Lösung erhält man weder mit Benzidin noch mit Zinn(II)-chlorid eine blaue Färbung.

2. durch Fluorescenz mit 8-Oxychinolin, s. Punkt 2, S. 30. Die Reaktion wird am besten so ausgeführt, daß der Papierstreifen nach dem Trocknen in eine alkoholische, ammoniakalische Lösung von 8-Oxychinolin eingetaucht und sofort im ultravioletten Licht betrachtet wird.

3. durch Einwirkung von Schwefelwasserstoff auf das Chromatogramm und Trocknen in einem warmen Luftstrom. Germanium bildet ein farbloses Sulfid, Arsen ein schwachgelbes. Durch Einlegen des Papierstreifens in eine 0,01n Silbernitratlösung entstehen schwarze Flecke von Silbersulfid an den Stellen, wo Germanium- und Arsensulfid vorhanden sind.

MATSUURA verwendet Gemische von Aceton und Salzsäure sowie Butanol und Salzsäure verschiedener Konzentration als Lösungsmittel und Hämatoxylin (s. Punkt 10, S. 26) als Entwickler, um Germanium von Titan papierchromatographisch zu trennen.

LADENBAUER, BRADACS und HECHT weisen Germanium papierchromatographisch in der Weise nach, daß sie einen Tropfen der zu prüfenden Lösung auf Whatman-Papier Nr. 1 oder Schleicher-&-Schüll-Papier Nr. 2043b kurz eintrocknen lassen und das Papier zur Sättigung mit dem Lösungsmitteldampf eine Stunde in einen Zylinder einhängen, auf dessen Boden sich 50 ml n-Butanol + 10% Bromwasserstoffsäure befinden. Die Entwicklung erfolgt dann nach dem absteigenden Verfahren durch Einhängen des Papiers in den im oberen Teil des Zylinders angebrachten Lösungsmitteltrog. Nach 4 bis 24 Stunden wird bei Zimmertemperatur getrocknet und das Chromatogramm mit einer 0,05%igen Lösung von Phenylfluoron in einem Gemisch von 75 Vol.-Teilen Äthylalkohol und 25 Vol.-Teilen Salzsäure (D = 1,19) besprüht (s. Punkt 2, S. 35).

Die auf dem Whatman-Papier gefundenen R_f-Werte betrugen je nach der Laufzeit 0,256 bis 0,294, auf dem Schleicher-&-Schüll-Papier betrug der R_f-Wert nach 4 Std. Laufzeit 0,242.

Mit dem Whatman-Papier waren folgende Laufzeiten erforderlich, um die angegebenen Trennungen des Germaniums zu erreichen: von Blei 25 Std., von Kupfer(II) 15 bis 25 Std., von Wismut(III), Cadmium und Antimon(III) 4 Std., von Arsen(III) mindestens 15 Std., von Kupfer(II) 15 Std., von Eisen(III) und Mangan(II) 10 Std.

Die Trennung des Germaniums von Zinn(II) gelang verhältnismäßig gut nach 5 Std. Kobalt und Nickel blieben selbst nach 15 Std. überlagert.

Mit dem Schleicher-&-Schüll-Papier ließ sich Germanium mittels durchlaufender Chromatographie und mit einer Laufzeit von 24 Std. einwandfrei von Quecksilber(II), Kupfer(II), Wismut, Cadmium, Kobalt, Nickel, Arsen(III), Antimon(III), Zinn(II), Arsenat und Antimonit trennen. Eine scharfe Trennung von Blei gelang erst nach 36 Std.

Die bei Eisen(III), Chrom(III), Mangan(II), Zink und Aluminium sowie bei Titan(IV), Monovanadat, Phosphat und Molybdat erreichten Ergebnisse genügten vollauf für qualitative Zwecke. Zur quantitativen Bestimmung erfordern die vier Letztgenannten eine Laufzeit von 36 Std. Die Trennung von Stannat und Chromat ist nicht durchführbar.

LADENBAUER und HECHT haben auch Gemische von Salpetersäure mit verschiedenen Alkoholen und mit Cyclohexanon auf ihre Eignung zur chromatographischen Abtrennung des Germaniums von anderen Ionen geprüft. Die Laufzeit betrug im allgemeinen 4, in einzelnen Fällen bis zu 40 Std.

Mit einem Gemisch aus 90 ml Isopropanol und 10 ml 8n Salpetersäure wurde eine gute Trennung von Silber, Blei, Kupfer, Cadmium, Kobalt, Nickel, Eisen(III), Mangan(II), Aluminium, Zink, Chrom(III), Phosphat und Arsenat erzielt. Bei Quecksilber und Wismut ist keine Trennung von Germanium möglich, auch nicht durch Verlängerung der Laufzeit. Titan, Stannat und Vanadat lassen sich nicht von Germanium abtrennen. Größere Mengen Antimons stören durch Schwanzbildung, Molybdat läßt sich lediglich bei 30stündiger Laufzeit und auch dann nur sehr schlecht und nicht quantitativ von Germanium abtrennen.

Auch mit n-Butanol, das mit 10%iger Salpetersäure gesättigt ist, gelingt die Trennung des Germaniums von Quecksilber, Wismut und Stanat nicht. Bei 35- bis

40stündiger Laufzeit lassen sich Titan, Vanadat und Molybdat abtrennen. Für qualitative Zwecke genügt schon eine Laufzeit von 20 Std. Im übrigen verhält sich n-Butanol ähnlich wie Isopropanol.

Mit frisch destilliertem Pentanol, das mit 20%iger Salpetersäure gesättigt ist, lassen sich bei einer Laufzeit von 24 Std. sämtliche Ionen bis auf die des Silbers, Quecksilbers, Vanadats, Molybdats und Stannats gut von Germanium abtrennen. Von Molybdat und Quecksilber konnte bei Erhöhung der Laufzeit auf 40 Std. eine gute qualitative Trennung erzielt werden, Silber und Vanadat sind jedoch auch nach so langer Laufzeit noch mit Germanium überlappt. Stannat kann nicht von Germanium getrennt werden.

90 ml Äthanol, das mit 10 ml 8n Salpetersäure gemischt ist, sowie eine Mischung von Cyclohexanon mit Wasser oder Cyclohexanon, das mit 20%iger Salpetersäure gesättigt ist, erwiesen sich als unbrauchbar. S. ferner Anhang, S. 46.

Nachweis in Mineralien. Zum chromatographischen Nachweis kleiner Mengen Germaniums in Zinkblendekonzentraten schließt man ungefähr 1 g des Konzentrates mit 8 g Natriumperoxyd in einem Nickeltiegel auf, nimmt die Schmelze mit 50 ml Wasser auf und säuert die Lösung unter Eiskühlung tropfenweise mit Schwefelsäure bis zur Normalität 6 an. Nach Abfiltrieren der Gangart und Waschen mit 6n Salzsäure leitet man in das Filtrat eine Stunde lang Schwefelwasserstoff ein. Man läßt die Fällung unter einer Glasglocke stehen, unter der sich eine mit Schwefelwasserstoffwasser gefüllte Schale befindet. Dann leitet man nochmals 15 Min. lang Schwefelwasserstoff ein und filtriert danach den Niederschlag mit Hilfe eines Porzellanfilterstäbchens. Nach Waschen mit 6n, mit Schwefelwasserstoff gesättigter Schwefelsäure löst man den Niederschlag in konzentriertem, kieselsäurefreiem Ammoniak und warmem Wasser, saugt die Lösung in einen Platintiegel über, dampft sie ein und raucht den Rückstand zweimal mit konzentrierter Salpetersäure ab. Der Rückstand besteht hauptsächlich aus Germaniumdioxyd. Man löst ihn in 10 Tropfen konzentriertem, kieselsäurefreiem Ammoniak, bringt 10 bis 50, manchmal sogar 100 μl auf Schleicher-&-Schüll-Papier Nr. 2043b und chromatographiert nach Trocknen und einstündigem Sättigen mit Lösungsmitteldampf (n-Butanol + 10% Bromwasserstoffsäure) 24 Std. Nach halbstündigem Trocknen wird das Papier mit Phenylfluoronlösung besprüht, wobei sich in 8 bis 9 cm Entfernung von der Startlinie die charakteristischen rosaroten Flecken des Germaniums zeigen (s. Punkt 2, S. 35).

Wenn man die zu chromatographierende Lösung mit verdünnter Schwefelsäure neutralisiert, erhält man das gleiche Ergebnis. Eine stark saure Lösung ist ungeeignet.

Die beschriebene Methode ist eindeutig und daher sehr gut für den Nachweis kleiner Mengen Germaniums in Mineralien geeignet (LADENBAUER, BRADACS und HECHT).

§ 7. Polarographischer Nachweis.

a) Zweiwertiges Germanium.

Zweiwertiges Germanium läßt sich in salzsaurer Lösung leicht zum Metall reduzieren. Eine 10^{-4} m Lösung von Germanium in 6n Salzsäure gibt eine gut definierte Stufe, entsprechend einem Halbstufenpotential von $-0,45$ bis $-0,5$ V gegen die gesättigte Kalomelelektrode. Bei geringeren Konzentrationen an Germanium verschiebt sich das Potential gegen negativere Werte, bei Verringerung der Salzsäurekonzentration gegen positivere. Zur polarographischen Bestimmung ist es notwendig, das Germanium vorher mit Hypophosphit in salzsaurer Lösung zu reduzieren. Elemente, wie Arsen, Zinn und Blei, die Stufen in der Nähe von $-0,4$ V erzeugen, stören die Germaniumstufe [ALIMARIN und IWANOFF-EMIN (c)].

Eine Anodenstufe, verursacht durch die Oxydation des zweiwertigen Germaniums zum vierwertigen, wurde von COZZI und VIVARELLI beobachtet. Das Halbstufenpotential beträgt $-0,130$ V. Bei einer Chlorionenkonzentration $> 2n$ wird die Stufe durch die des Chlorions überdeckt. Diese Störung läßt sich durch Hinzufügen von Cadmiumsulfat auf Grund der Bildung von $CdCl_4^{--}$ verringern.

Über das polarographische Verhalten von zweiwertigem Germanium in salzsaurer Lösung und in unterphosphoriger Säure s. ferner EVEREST.

b) Vierwertiges Germanium.

Im Gegensatz zu ALIMARIN und IWANOFF-EMIN (c), die weder in sauren noch in alkalischen Lösungen, noch in Lösungen, die komplexbildende Ionen enthalten (Flußsäure, Oxalsäure), eine Reduktion des vierwertigen Germaniums beobachteten, fanden ÖSTERUD und PRYTZ in verdünnter Perchlorsäure und DAS GUPTA und NAIR sowie VALENTA und ZUMAN in einer Ammoniak-Ammoniumchlorid-Lösung eine zweistufige Reduktion des Germaniums. DAS GUPTA und NAIR zufolge findet die Reduktion ebenfalls in schwach saurer Lösung statt. Für analytische Zwecke soll nur die erste Stufe verwendet werden. Am besten führt man die Bestimmung in einer 0,1 m Lösung des Natriumsalzes der Äthylendiamintetraessigsäure (Komplexon III) bei einem p_H-Wert von 6 bis 8 aus. Unter diesen Bedingungen stören weder Zink noch dreiwertiges Arsen. Um eine Störung durch Siliciumdioxyd zu vermeiden, fügt man eine 10^{-4} m Lösung von Fuchsin hinzu (VALENTA und ZUMAN). S. ferner Anhang, S. 46.

Nachweis in Zinkblende nach Destillation und Fällung unter Mitfällung von Aluminiumhydroxyd s. CANNERI und COZZI.

§ 8. Nachweis in besonderen Fällen.

a) Nachweis in Mineralien und Kohlen.

Nach dem klassischen Verfahren von WINKLER (a) schließt man die germaniumhaltigen Mineralien durch Schmelzen mit Soda und Schwefel auf und extrahiert das gebildete Thiosalz mit Wasser.

1. Nachweis nach Abtrennung des Germaniums durch Destillation. Für den Nachweis des Germaniums in sulfidischen Erzen, oxydischem Material und Kohlenaschen geben GEILMANN und BILTZ folgende Arbeitsvorschrift an:

Lösen der Probe. 5 bis 10 g der fein zerriebenen Probe werden in einem langhalsigen 150-ml-Rundkolben, der danach zum Abdestillieren des Germaniumtetrachlorids benutzt wird, mit Wasser durchfeuchtet und unter Umschwenken mit 5 bis 10 ml konzentrierter Schwefelsäure übergossen. Man gibt vorsichtig konzentrierte Salpetersäure hinzu, bis die Reaktion nachläßt, und erwärmt dann den schräggestellten Kolben über freier Flamme, worauf die Reaktion aufs neue einsetzt. Man fügt unter Umständen nochmals Salpetersäure hinzu und setzt das Erhitzen so lange fort, bis alle dunklen Teile der Probe verschwunden sind und die Lösung ihre anfänglich dunkle Farbe verloren hat. Nach dem Erkalten wird ebensoviel Wasser zugesetzt, als Lösung vorhanden ist, und nochmals zum Kochen erhitzt. Unter Umständen dauert der Aufschluß mehrere Stunden.

Der Nachweis des Germaniums erfolgt wiederum erst nach vorhergehendem Abdestillieren als Germaniumtetrachlorid.

Ausführung der Destillation. Die Destillation führt man in dem in Abb. 4 wiedergegebenen Apparat aus. Man versetzt die Aufschlußmasse unter Umschütteln mit 30 bis 50 ml konzentrierter Salzsäure, beschickt den Tropftrichter mit 50 ml starker Salzsäure und schließt das bis zum Boden des Destillationskolbens reichende Einleitungsrohr an eine Kohlendioxyd- und eine Chlorgasleitung an. Als Vorlage dient ein Erlenmeyerkolben mit 20 bis 30 ml kaltem Wasser, in das das Ableitungsrohr des Kühlers eintaucht. Der Kohlendioxyd- und der Chlorstrom werden so eingestellt, daß das Kohlendioxyd in der in die zu destillierende Flüssigkeit eintretenden Mischung vorherrschend ist. Man erhitzt so, daß die 50 ml zuzu- tropfende Salzsäure in 15 bis 20 Min. übergehen. Die Vorlage wird dann gewechselt und die Destillation mit 50 ml Salzsäure wiederholt.

Der eigentliche Nachweis erfolgt durch Fällung mit Schwefelwasserstoff (s. Punkt 1, S. 17).

Ausführung der Fällung. In das zuerst erhaltene Destillat wird Schwefelwasserstoff eingeleitet. Wegen des Chlorgehaltes scheidet sich zunächst nur Schwefel ab, etwas später fällt jedoch auch das Germanium(IV)- sulfid als reinweißer, flockiger Niederschlag aus. Der Niederschlag wird abfiltriert und mit Ammoniak und Ammoniumcarbonat behandelt, wobei das Germanium- sulfid, nicht aber der Schwefel in Lösung geht. Säuert man die alkalische Lösung an und leitet nochmals Schwefelwasserstoff ein, so bleibt die Lösung zunächst klar; der weiße, flockige Niederschlag fällt erst aus, wenn die Lösung stark angesäuert (4 bis 6n) ist.

Empfindlichkeit. Der Nachweis läßt sich noch beim Vorhandensein von 2 bis 5 mg Germanium gut durch- führen. Liegen etwas größere Mengen vor, so kann man das auf einem kleinen quantitativen Filter gesammelte Germaniumsulfid nach Veraschen des Filters zu Germa- nium(IV)-oxyd abrösten. Für kleinste Germanium- mengen kommt nur der spektrographische Nachweis in einem aus dem Destillat angereicherten Nieder- schlag in Frage (vgl. S. 9).

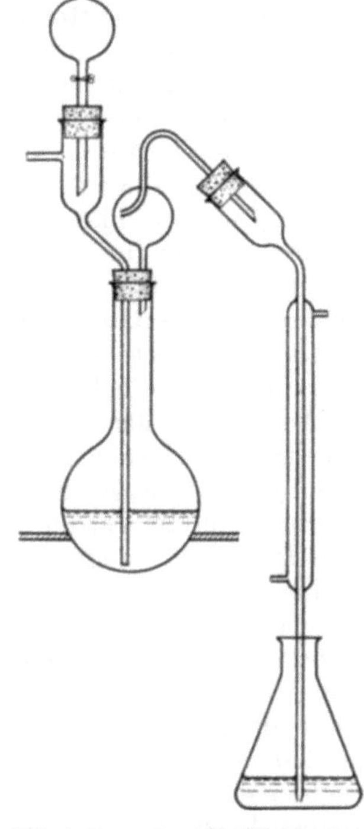

Abb. 4. Apparat zur Destillation von Germaniumtetrachlorid nach H. und W. BILTZ, Ausführung quantitativer Analysen, Leipzig 1930, S. 339, Fig. 47.

AITKENHEAD und MIDDLETON lösen die Mineralien durch Erhitzen mit Salpetersäure, Flußsäure und Schwe- felsäure und behandeln anschließend den Lösungsrückstand mit einer Natriumsulfid- lösung, um evtl. gebildetes Germanium(IV)-oxyd in Lösung zu bringen. Arsen und Antimon werden vor dem Abdestillieren des Germaniums mit Hilfe von feinverteiltem, metallischem Kupfer ausgefällt. Der eigentliche Nachweis erfolgt mit Hilfe der MARSH-Probe (s. Punkt 4, S. 20).

Ausführung. 1 g des fein pulverisierten, sulfidischen Minerals wird mit wenigen Tropfen Wasser befeuchtet und der Reihe nach mit 10 ml Salpetersäure, 10 ml Fluß- säure und 2 ml Schwefelsäure (1 : 1) behandelt. Die Salpetersäure wird portionsweise hinzugefügt, bis die Entwicklung der Stickstoffoxyde aufhört. Man setzt dann die anderen Säuren hinzu und dampft, ohne zu kochen, bei niedriger Temperatur ein, bis kein weißer Rauch mehr erscheint. Die Schwefelsäure darf aber nicht zu rauchen anfangen. Den Rückstand spült man in ein Becherglas über, macht alkalisch mit 6n Natriumhydroxydlösung und kocht nach Zugabe eines Natriumsulfidkristalls (etwa 0,5 g $Na_2S \cdot 9H_2O$) 15 Min. Nach dem Erkalten wird mit Schwefelsäure (1 : 1) gerade angesäuert und die Lösung zur Seite gestellt (am besten über Nacht), bis der Schwefel koaguliert ist. Dann wird filtriert, das Filtrat mit konzentrierter Salzsäure (1,5 Vol. per 1 Vol. Lösung) und 2 bis 3 g fein verteiltem Kupfer versetzt, 1 Std. stehen gelassen, filtriert, die Fällung mit Kupfer wiederholt, nach 15 Min. nochmals filtriert und schließlich das Germanium abdestilliert.

BECK röstet entweder die Erze ab oder löst sie in Salpetersäure und versetzt mit konzentrierter Salzsäure. Als Oxydationsmittel bei der Destillation wird Kaliumchlorat verwendet und im Destillat das Germanium mit Hilfe der Molybdat-Benzidin-Probe nachgewiesen (s. Punkt 1c, S. 33).

2. Nachweis nach Abtrennung des Germaniums durch Extraktion. Fischer und Harre (b) haben ein Verfahren beschrieben, nach dem die Abtrennung des Germaniums durch Extraktion erfolgt (s. S. 7).

Lösen der Probe. Sulfidische Erze oder andere säurelösliche Proben werden dadurch in Lösung gebracht, daß man 1 bis 10 g in einer Porzellanschale mit konzentrierter Schwefelsäure durchfeuchtet, mit einigen Millilitern konzentrierter Salpetersäure tropfenweise versetzt, vorsichtig erwärmt und schließlich bis zum Rauchen der Schwefelsäure einengt. Das Abrauchen wird unter Salpetersäurezusatz wiederholt, bis im Rückstand keine dunklen Teile mehr sichtbar sind. — Silicatische Materialien werden mit der fünffachen Menge Soda im Platintiegel, silicatische Flugstaube und Kohlenaschen mit Natriumperoxydzusatz im Eisen- oder Tonerdetiegel aufgeschlossen. Die erkaltete Schmelze wird mit Wasser aufgeweicht, in einer Porzellanschale mit Salpetersäure angesäuert und zweimal mit Salpetersäure auf dem Wasserbad zur Trockne gebracht.

Ausführung der Extraktion. Nach Durchfeuchten mit etwa 1 ml Wasser wird der auf einem der obengenannten Wege erhaltene Rückstand mit 9n Salzsäure (10 bis 20 ml je g Einwaage) unter Durchrühren und höchstens unter schwachem Erwärmen (Verluste durch Verflüchtigung von Germanium(IV)-chlorid!) aufgenommen. Die Flüssigkeit wird möglichst bald von der Hauptmenge des Ungelösten dekantiert und in einen Scheidetrichter gebracht. Nach Zugabe einiger Tropfen flüssigen Broms bis zur Gelbfärbung schüttelt man mit einem der wäßrigen Lösung gleichen Volumen Tetrachlorkohlenstoff (oder Chloroform) aus, läßt die Tetrachlorkohlenstoffschicht nach kurzem Absitzen in einen zweiten Scheidetrichter ab und schüttelt sie mit dem gleichen Volumen an 9n Salzsäure aus. Nach Trennung der Phasen läßt man die Tetrachlorkohlenstoffschicht unter Filtration durch ein trocknes Filter in einen dritten Scheidetrichter einlaufen und schüttelt sie darin kräftig mit 5 ml 4n Salzsäure. Bei dieser kleinen Salzsäurekonzentration geht das Germanium in die wäßrige Phase zurück. Nach dieser Rückextraktion wird die wäßrige Phase abgetrennt und durch ein kleines angefeuchtetes Filter (Trichterstiel frei von Wasser) filtriert, tropfenweise mit verdünnter Hydroxylammoniumchloridlösung bis zur Entfärbung versetzt und mit Schwefelwasserstoff gesättigt. Eine weiße Fällung, die sich nach einigen Stunden flockig zusammenballt und die sich dadurch sowie durch ihre Löslichkeit in Ammoniaklösung von Schwefel unterscheidet, zeigt Germanium an (s. Punkt 1, S.17).

0,1 mg GeO_2 ist als Sulfid noch deutlich erkennbar.

Man kann den Spurennachweis von Germanium noch empfindlicher gestalten bzw. mit kleineren Probemengen durchführen, wenn man die beschriebene Isolierung des Germaniums mit der Tüpfelreaktion mit Phenylfluoron (s. Punkt 2, S. 35) kombiniert.

Die nach der obigen Arbeitsvorschrift erhaltene Lösung in Tetrachlorkohlenstoff wird mit 5 ml 1%iger Ammoniaklösung (an Stelle von 4n Salzsäure) rückextrahiert, die wäßrige Lösung mit 2 Tropfen Hydroxylammoniumchloridlösung versetzt, durch ein kleines angefeuchtetes Filter filtriert und in einem Porzellantiegel auf dem Wasserbade zur Trockne eingedampft. Den erkalteten Rückstand nimmt man mit 2 bis 3 Tropfen 4n Salzsäure auf und läßt die Lösung 15 Min. stehen. Man bringt dann 2 Tropfen 0,05%iger alkoholischer Phenylfluoronlösung auf Tüpfelpapier, und nach Verdunsten des Alkohols gibt man die salzsaure Probelösung und 2 Tropfen 6n Salpetersäure auf den entstandenen gelben Fleck. Eine sich nach einigen Minuten verstärkende und haltbare Rosafärbung zeigt Germanium an.

Es soll so möglich sein, 0,5 γ GeO_2 nachzuweisen.

Strickland hat gefunden, daß sich Zink-, Kupfer-, Blei-, Vanadin- und Wolframmineralien ohne Germaniumverlust in heißer, konzentrierter Orthophosphorsäure und Salpetersäure lösen. Aus der Lösung wird das Germanium mit Tetrachlorkohlenstoff extrahiert und mit Ammoniumoxalat-Oxalsäure-Lösung rückextrahiert.

3. Mikrochemischer Nachweis als Natriumhexafluorogermanat(IV). Nach STAPLES verfährt man folgendermaßen, um Germanium auf mikrochemischem Wege in Mineralien nachzuweisen: In einen Block aus Tierkohle wird ein Loch gebohrt und in das Loch ein Platinlöffel so eingesetzt, daß er von unten vorsichtig erwärmt werden kann. In den Löffel gibt man etwa 2 mg Fluorit, 1 mg des zu untersuchenden Mineralpulvers und 2 Tropfen Schwefelsäure. Über dem Löffel liegt auf der Tierkohle ein kleiner Celluloidstab, an dem 1 Tropfen Salpetersäure (3 mm Durchmesser) so angebracht ist, daß er sich direkt über der Probe befindet. Der Löffel wird 10 Min. lang vorsichtig erhitzt, wobei die Temperatur 75° nicht übersteigen darf. Nach Zusatz eines Körnchens Natriumchlorid wird der salpetersaure Tropfen im Mikroskop betrachtet. In Anwesenheit von Germanium bilden sich Kristalle von Natriumhexafluorogermanat(IV) in Form von sechsseitigen Tafeln und sechszackigen Sternchen (s. Punkt 2α, S. 31). Dauer der Analyse 10 bis 15 Min.

Störungen durch Zirkonium, Titan, Zinn und Bor sind nicht zu befürchten, nur Silicium darf nicht vorhanden sein.

4. Nachweis in Argyrodit. Zur Erkennung des in dem Argyrodit in kleinen Mengen enthaltenen Germaniums erhitzt HAUSHOFER das Mineral in einem Glaskölbchen in einer Wasserstoff- oder Leuchtgasatmosphäre. Dabei entsteht ein dem Antimonsulfid ähnliches Sublimat von Germanium(II)-sulfid, das unter dem Mikroskop sehr charakteristische Kristallformen zeigt. Nach Behandeln mit konzentrierter Schwefelsäure geht das Sublimat in eine weiße, nichtkristalline Masse über. Salpetersäure verwandelt das Sublimat in der Wärme langsam in weißes, kristallines Germanium(IV)-oxyd, das in verdünnter Salpetersäure sowie in Wasser löslich ist und beim Eintrocknen der Lösung auskristallisiert.

Wird der Argyrodit in einem offenen Rohre erhitzt, bildet sich ein dem Antimonoxyd ähnliches Sublimat, das sich jedoch von dem Antimonoxyd durch seine Löslichkeit in Wasser und dadurch, daß es beim Erhitzen zu kleinen wasserhellen Kugeln zusammenschmilzt, unterscheidet. Da auch Quecksilber(II)-sulfid, das ebenfalls verschiedene Sublimate liefert, im Argyrodit nachgewiesen werden konnte, muß ein Teil der entstehenden Sublimate mit Kaliumjodid geprüft werden. Germanium(IV)-oxyd wird dadurch nicht verändert. — Siehe hierzu auch Punkt 8, S. 15.

PANETH, MATTHIES und SCHMIDT-HEBBEL verwenden den durch Zersetzung von Germaniumtetrahydrid gebildeten Germaniumspiegel zum Nachweis von Germanium in Argyrodit (s. Punkt 4, S. 20).

5. Nachweis in Zinkoxyd nach BUCHANAN. In die stark saure Lösung des Oxyds wird wenigstens 30 Min. lang Schwefelwasserstoff eingeleitet. Das gebildete Sulfid wird abfiltriert und mit kaltem Wasser gewaschen. Sodann wird das Sulfid in kochendem Wasser gelöst und die Fällung mit Schwefelwasserstoff aus stark saurer Lösung nochmals wiederholt. Man löst den Niederschlag in Ammoniak, dampft die Lösung in einer Platinschale zur Trockne ein, feuchtet den Rückstand mit konzentrierter Salpetersäure an und erhitzt zum Glühen. Das gebildete Germanium(IV)-oxyd wird in wenig Wasser gelöst, die Lösung mit etwas Flußsäure versetzt, mit festem Kaliumchlorid gesättigt und 15 Min. stehen gelassen. Ist Germanium vorhanden, bildet sich ein grauer, gelatinöser Niederschlag von *Kaliumhexafluorogermanat*(IV), der sich beim Verdünnen oder Erhitzen der Flüssigkeit wieder löst (s. Punkt 5, S. 23).

Empfindlichkeit. Wahrscheinlich ist nach diesem Verfahren 0,01% Germanium in Zinkoxyd nachweisbar.

6. Nachweis in Zinkoxyd und Bleiglanz durch Tüpfelreaktion. Über den Nachweis von Germanium in Zinkoxyd und Bleiglanz durch Tüpfeln mit Molybdat und Benzidin nach KOMAROWSKY und POLUEKTOFF s. Punkt 1c, S. 33. Das dort beschriebene

Verfahren ist auch geeignet, um Germanium in anderen Erzen, Mineralien und technischen Produkten nachzuweisen. Dabei werden Oxyde in der Kälte in Salzsäure gelöst, Metalle und Sulfide mit salzsäurefreier Salpetersäure zersetzt; die Lösung wird eingedampft und der Rückstand mit konzentrierter Schwefelsäure zur Entfernung des Überschusses erhitzt. Kieselsäure wird durch Erhitzen mit Flußsäure und Schwefelsäure entfernt.

7. Chromatographischer Nachweis s. S. 39.

Über Aufschlußverfahren unter Verwendung von a) Natriumperoxyd, b) Schwefelsäure, Perchlorsäure und Flußsäure, c) Soda und Schwefel, um Germanium in Kohlenaschen nachzuweisen, s. ALIMARIN, IWANOFF-EMIN, MEDVEDEVA und YANOVSKAYA; ALIMARIN und IWANOFF-EMIN (b); ALIMARIN.

b) Nachweis in Glas.

Nach GEILMANN und STEUER werden 0,05 bis 0,1 g der Probe mit 1 bis 2 g Soda aufgeschlossen, die Schmelze wird mit 5 bis 10 ml Wasser aufgeweicht und einschließlich ungelöster Teile in einen kleinen Destillationskolben übergeführt. Nach Zusatz von 10 bis 15 ml konzentrierter Salzsäure destilliert man 10 ml der Lösung in eine gut gekühlte Vorlage über. Beim Einleiten von Schwefelwasserstoff in das Destillat scheiden sich nach einiger Zeit weiße Flocken von Germanium(IV)-sulfid ab (s. Punkt 1, S. 17), wenn mehr als 50 γ GeO$_2$ vorhanden sind.

Empfindlichkeit. Germaniumgehalte von mehr als 0,1% GeO$_2$ lassen sich erkennen.

Über den spektrographischen Nachweis von Germanium in Glas s. Abschnitt b, S. 10.

c) Nachweis in organischen Stoffen.

Dem eigentlichen Nachweis muß eine Zerstörung der organischen Substanz vorausgehen. Eine einfache Veraschung durch Verbrennung an der Luft ist wegen der Flüchtigkeit verschiedener Germaniumverbindungen nicht anwendbar. Aus demselben Grunde scheiden auch diejenigen Aufschlußverfahren aus, die von der oxydierenden Wirkung freier Halogene Gebrauch machen. In Betracht kommt deshalb nur ein Aufschluß mit konzentrierter Schwefelsäure und Salpetersäure oder Perhydrol. So finden TABERN und SHELBERG, daß der Aufschluß mit rauchender Schwefelsäure mit 15% SO$_3$ und Perhydrol schnell und vollständig erfolgt, wobei eine Lösung entsteht, auf die die gewöhnlichen analytischen Methoden angewandt werden können. GEILMANN und BRÜNGER (b) führen den Aufschluß mit konzentrierter Salpetersäure als Oxydationsmittel aus und geben dafür folgende Arbeitsvorschrift an:

2 bis 5 g trockenes Material werden in einem 200-ml-KJELDAHL-Kolben mit 5 ml konzentrierter Schwefelsäure übergossen und unter portionsweisem Zusatz von konzentrierter Salpetersäure so lange gekocht, bis die Masse beim längeren Kochen hell bleibt, sämtliche überschüssige Salpetersäure verdampft ist und Schwefelsäuredämpfe auftreten. Nach dem Abkühlen der farblosen oder höchstens weingelb gefärbten Flüssigkeit werden 10 ml Wasser zugegeben. Zur Vertreibung der jetzt zerfallenden Nitrosylschwefelsäure wird nochmals bis zum Auftreten der Schwefelsäuredämpfe eingeengt. Meistens wird es notwendig sein, das Germanium durch Destillation anzureichern. Dazu wird die im Aufschlußkolben verbleibende Lösung, deren Volumen etwa 3 bis 5 ml beträgt, mit 5 ml Wasser verdünnt und in den Destillationskolben gegossen. Der Aufschlußkolben wird dann dreimal mit je 10 ml Wasser ausgespült, die Spülflüssigkeit ebenfalls in den Destillationskolben gegeben, der nunmehr 40 ml Lösung enthalten soll, und die Destillation, wie S. 10 beschrieben, ausgeführt. Der eigentliche Nachweis des Germaniums erfolgt am besten auf spektralanalytischem Wege (s. Abschnitt d, S. 13).

Bei der Untersuchung stark chloridhaltiger Proben, bei denen eine Abspaltung von Chlorwasserstoff zu befürchten ist, kann es sich unter Umständen als notwendig erweisen, den Aufschluß in anderer Weise, etwa durch Verbrennung in der Bombe mit Sauerstoff, auszuführen, wenn nicht durch eine vorherige Extraktion mit Wasser die Hauptmenge des Salzes zu entfernen ist.

d) Nachweis in organischen Germaniumverbindungen.

Für den Nachweis von Germanium in organischen Germaniumverbindungen geben GILMAN, INGHAM und GORSICH folgendes Verfahren an:

Etwa 0,02 g der zu untersuchenden organischen Germaniumverbindung, 0,01 g Natriumperoxyd und 0,06 g Natrium-Kalium-Carbonat im Verhältnis 1 : 2 werden sorgfältig gemischt und in einer Platinöse (Durchmesser etwa 4 mm) oder auf einem Platinlöffel vorsichtig erhitzt. Ist die Probe flüssig, erfolgt das Mischen am besten auf einem Platinblech oder auf dem Deckel eines Platintiegels unter Verwendung von 2 bis 3 Tropfen der Flüssigkeit. Die gebildete Schmelzperle bzw. der Schmelzkuchen wird in einem Platintiegel in 1 ml Wasser durch Kochen gelöst.

Zum Nachweis von Germanium werden zunächst 2 Tropfen der noch warmen Lösung auf ein mit 2 bis 3 Tropfen einer Ammoniummolybdatlösung imprägniertes Filtrierpapier gebracht. Das Molybdatreagens wird durch Lösen von 5 g Ammoniummolybdat in 100 ml Wasser und Eingießen der Lösung in 35 ml Salpetersäure (D = 1,42) hergestellt. Ist die zu prüfende Lösung schon abgekühlt, erwärmt man das Filtrierpapier vorsichtig und fügt dann einen Tropfen einer Benzidinlösung (hergestellt durch Lösen von 0,05 g Benzidin oder Benzidinhydrochlorid in 10 ml Eisessig und mit Wasser auf 100 ml verdünnt) und 2 bis 5 Tropfen einer frisch hergestellten, gesättigten Natriumacetatlösung hinzu. Eine Blaufärbung zeigt Germanium an (s. Punkt 1 c, S. 33).

Entsteht die Blaufärbung schon vor Zusatz des Benzidins, war die Oxydation nicht vollständig, und das Schmelzen muß unter Verwendung eines größeren Überschusses an Natriumperoxyd wiederholt werden. Um die Reagenzien auf Abwesenheit von Silicium zu prüfen, führt man am besten eine Blindprobe aus.

Empfindlichkeit. 0,0031 g Germaniumtetraphenyl in 10 ml geben bei Verwendung von Natriumacetat noch eine positive Reaktion. Verwendung von Ammoniak an Stelle von Natriumacetat zur Neutralisation der Säure steigert die Empfindlichkeit auf 0,0016 g in 10 ml. Trotzdem ist die Verwendung von Ammoniak weniger vorteilhaft, weil das käufliche Natriumperoxyd meistens mit Eisen verunreinigt ist. Dessen Anwesenheit ruft bei der Neutralisation mit Ammoniak eine Braunfärbung hervor, die die Blaufärbung der Reaktion tarnt.

Anhang.

Zu Punkt 9, S. 26: Fällung mit Chinintannat. Ausführung. In einer Vorprobe bestimmt man, wieviel Salzsäure und wieviel Natriumchlorid hinzugefügt werden kann, ohne daß das Reagens ausgefällt wird.

Zu 0,05 g der Probe fügt man 0,2 bis 0,3 ml konzentrierter Salpetersäure, 0,2 bis 0,3 ml konzentrierter Schwefelsäure, 0,3 bis 0,4 ml 70%iger Perchlorsäure und 0,7 bis 0,8 ml konzentrierter Salzsäure. Bei Anwesenheit von Fluoriden werden noch 0,1 g Borsäure hinzugefügt. Man erhitzt vorsichtig und destilliert das Germaniumtetrachlorid im Luftstrom in 3 bis 4 ml Chloroform oder Tetrachlorkohlenstoff von 5 bis 10° über.

Die Chloroformlösung versetzt man mit dem doppelten Volumen konzentrierter Salzsäure und überführt sie in ein trockenes Reagensglas. In der Chloroformlösung vorhandene Halogene und Stickstoffoxyde werden durch Behandlung mit Natriumsulfit entfernt. Eine vollständige Reinigung erreicht man durch Hinzufügen von 0,1 ml konzentrierter Salzsäure, 0,3 ml Wasser und etwa 0,1 g Thioharnstoff. Man schüttelt 1 Min. lang und setzt so lange Thioharnstoff zu, bis die Chloroformlösung schwachrosa oder farblos wird.

Nach nochmaligem Behandeln mit 0,3 bis 0,4 ml konzentrierter Salzsäure neutralisiert man die Chloroformlösung mit 0,5 n Natriumhydroxyd und Phenolphthalein als Indikator, fügt so viel 1,5 n Natriumchloridlösung hinzu, wie es der durch die Vorprobe festgestellten Menge entspricht, und schließlich auch die ebenso ermittelte Menge 1,5 n Salzsäure. Jetzt entfernt man das Chloroform und setzt Chinintannat zu der in einem konstanten Temperaturbad sich befindenden, wäßrigen Lösung hinzu. Eine Opalescenz oder ein Niederschlag zeigt Germanium an. Es wird empfohlen, eine Blindprobe auszuführen [VANOSSI (a), nach F. J. WELCHER, Organic Analytical Reagents, Bd. IV, S. 257, New York 1948].

Zu Punkt 1, S. 33: 1 e. Nachweis mit Ammoniummmolybdat und Diphenylcarbazon $C_6H_5-N=N-CO-NH-NH-C_6H_5$. Wäßrige Molybdatlösungen zeigen in Gegenwart von Germanium bei Zusatz von Diphenylcarbazon und Ansäuern eine intensive Blaufärbung. Zum Ansäuern ist Schwefelsäure geeigneter als Salzsäure [DESMUKH, G. S., J. analyt. Chem. (russ.) **10**, 61 (1955); durch Fr. **149**, 155 (1956)].

Empfindlichkeit. Es lassen sich 0,1 γ Germanium in 0,03 ml Lösung, einer *Grenzkonzentration* von 1:300000 entsprechend, nachweisen. Phosphate und Arsenate setzen die Empfindlichkeit der Reaktion herab.

Störungen. Fluoride, Tartrate, gefärbte und oxydierende Ionen sowie reduzierende Stoffe sind zu entfernen.

Zu § 6, S. 37: Chromatographischer Nachweis. Über die chromatographische Trennung des Germaniums von anderen Elementen s. ferner zwei neuere Arbeiten von I.-M. LADENBAUER [Mikrochim. A. **1955**, 139] sowie I.-M. LADENBAUER und O. SLAMA [Mikrochim. A. **1955**, 903], in denen auch Vorschriften für die Trennung des Germaniums von Zinn(IV) angegeben werden.

Zu § 7 b, S. 40: Polarographischer Nachweis. Für p_H-Werte > 7 stellen GH. SAUVENIER und G. DUYCKAERTS [Anal. chim. **13**, 396 (1955)] eine Reduktionswelle des vierwertigen Germaniums fest. Die Reduktion ist irreversibel und geht von Ge^{4+} bis Ge°. Die Stufenhöhe ist stark vom p_H-Wert abhängig. Die in Ammoniak-Ammoniumchloridlösung beobachtete zweite Stufe ist nicht dem Germanium zuzuschreiben.

Literatur

Die Literatur ist möglichst vollständig bis einschließlich 1954 u. z.T. auch von 1955 berücksichtigt.

ABRAHAMS, H. J., u. J. H. MÜLLER: J.Am. chem. Soc. **54**, 86 (1932). — ABRAMOW, F. J., u. A. K. RUSSANOW: Sowjet-Geol. (russ.) **8**, 65 (1938); durch C. **1939** I, 2157. — AHLFELD, F., u. H. MORITZ: Neues Jahrb. Mineral. Geol., Beil.-Bd. (Abh.) Abt. A **66**, 199 (1933). — AHRENS, L. H.: Spectrochim. Acta 4, 302 (1951); Quantitative Spectrochemical Analysis of Silicates, London 1954. — AITKENHEAD, W. C., u. A. R. MIDDLETON: Ind. eng. Chem. Anal. Edit. 10, 633 (1938). — ALIMARIN, I. P.: Trudy Vsesoyuz. Konferents. Anal. Khim. **2**, 371 (1943); durch C. A. **39**, 3494 (1945). — ALIMARIN, I. P., u. O. A. ALEXEJEWA: J. Chim. appl. (russ.) **12**, 1900 (1939); durch C. A. **34**, 7777 (1940). — ALIMARIN, I. P., u. B. N. IWANOFF-EMIN: (a) Mikrochemie **21**, 1 (1936); (b) J. Chim. appl. (russ.) **13**, 951 (1940); durch C. A. **35**, 1966 (1941); (c) J. Chim. appl. (russ.) **17**, 204 (1944); durch C. A. **39**, 2933 (1945). — ALIMARIN, I. P., B. N. IWANOFF-EMIN, O. A. MEDVEDEVA u. CH. YA. YANOVSKAYA: Betriebs-Lab. (russ.) **9**, 271 (1940); durch C. A. **34**, 5623 (1940). — ASAI, K., u. M. INAGAKI: Kagaku no Ryôiki (J. Japan. Chem.) **6**, 724 (1952); durch C. A. **47**, 7961 (1953). — AUBREY, K. V.: Fuel **31**, 429 (1952); durch Brennstoff-Chem. **39**, 377 (1952). — AUBREY, K. V., u. K. W. PAYNE: Fuel **33**, 20 (1954); durch C. A. **48**, 2346 (1954).

BARDET, J., u. A. TCHAKIRIAN: (a) PASCAL, P.: Traité de Chimie Minérale, Paris 1932, Bd. V, 645; (b) C. R. hebd. Séances Acad. Sci. **186**, 637 (1928); (c) C. R. hebd. Séances Acad. Sci. **189**, 914 (1929). — BARDET, J., A. TCHAKIRIAN u. R. LAGRANGE: C. R. hebd. Séances Acad. Sci. **206**, 450 (1938). — BARTELMUS, G., u. F. HECHT: Mikrochim. A. **1954**, 148. — BECK, G.: Mitt. Naturforsch. Ges. Bern, **1937**, 5. — BENEDETTI-PICHLER, R. A., u. J. R. RACHELE: Ind. eng. Chem. Anal. Edit. **9**, 589 (1937). — BETIM, A.: Ann.Acad. brasil.Sci. 7, 177 (1935); durch C.A. **29**, 6175 (1935). — BÉVILLARD, P.: (a) Bl. Soc. chim. France, Mém. **1954**, 296, 304, 307; C. R. hebd. Séances Acad. Sci. **239**, 59 (1954); (b) C. A. hebd. Séances Acad. Sci. **234**, 216, 2606 (1952); Mikrochemie (Mikrochem.) **39**, 209 (1952). — BLOKHIN, M. A.: Betriebs-Lab. (russ.) 11, 1069 (1945); durch C. A. **40**, 7043 (1946). — BÖSE, R.: Neues Jahrb. Mineral. Geol., Beil.-Bd. (Abh.) Abt. A 70, 562 (1936). — BOLTZ, O. F., u. M. G. MELLON: Anal. Chem. 19, 873 (1947). — BONATTI, S., u. P. GALLITELLI: Atti soc. toscana sci. natur. (Pisa), Mem., Ser. A 57, 174 (1950) (Pub. 1951); durch C. A. **46**, 3912 (1952). — BOROVIK, S. A.: (a) C. R. (Doklady) Acad. Sci. URSS **25**, 210 (1939); durch C. A. **34**, 3217 (1940); (b) C. R. (Doklady) Acad. Sci. URSS **31** (N. S. 9), 24 (1941); durch C. **1942** I, 2858. — BOROVIK, S. A., u. S. K. KALININ: C. R. (Doklady) Acad. Sci. URSS **19**, 257 (1938); durch C. **1938** II, 4103; Sowjet-Geol. [russ.] 9, 140 (1939); durch C. **1939** II, 4455. — BOROVIK, S. A., u. N. M. PROKOPENKO: (a) Bl. Acad. Sci. URSS, Sér. géol. **1938**, 341; durch C. **1939** I, 368; (b) C. R. (Doklady) Acad. Sci. URSS **51**, 523 (1946); durch C. A. **41**, 63 (1947). — BOROVIK, S. A., N. M.

PROKOPENKO u. T. L. POKROVSKAJA: C. R. (Doklady) Acad. Sci. URSS **25**, 618 (1939); durch C. A. **34**, 4017 (1940). — BOROVSKIĬ, I. B.: Trudy Vsesoyuz. Konferents. Anal. Khim., Akad. Nauk. S.S.S.R. **1**, 135 (1939); Khim. Referat. Zhur. **1940**, Nr. 2,57, durch C. A. **36**, 1257 (1942). — BRALY, A.: C. R. hebd. Séances Acad. Sci. **170**, 66 (1920); Bl. Soc. franç. Minéralog. **44**, 39 (1921). — BRAUER, S., u. H. RENNER: Fr. **133**, 401 (1951). — BRECKPOT, R.: (a) Ann. Soc. sci. Bruxelles, Sér. B. **55**, 160 (1935); durch C. **1935** II, 2706; (b) Agricultura (Louvain) 1935. — BRECKPOT, R., u. W. KÖRBER: Ann. Soc. sci. Bruxelles, Sér. B. **56**, 384 (1936); durch C. **1937** I, 3838. — BRECKPOT, R., u. A. MEWIS: Ann. Soc. sci. Bruxelles, Sér. B. **54**, 99 (1934); durch C. **1935** I, 754. — BRITSKE, M. E., u. L. N. VARSHAVSKAJA: Bl. Acad. Sci. URSS, Sér. physique **12**, 455 (1948); durch C. A. **44**, 3404 (1950). — BROWNING, P. E., u. S. E. SCOTT: Am. J. Sci. (4) **44**, 315 (1917); **46**, 663 (1918). — BRUKL, A.: Mh. Chem. **56**, 179 (1930); **59**, 194 (1932). — BRYSON, I. S.: Anal. Chem. **25**, 525 (1953). — BUCHANAN, G. H.: J. ind. eng. Chem. **9**, 662 (1917).

CAMBI, S. C. L., u. L. MALATESTA: Reale Ist. lombardo Sci. Lettere, Rend. [2] **69**, 369 (1936); durch C. **1936** II, 3645. — CANNERI, G., u. D. COZZI: Chim. e Ind. (Milano) **36**, 354 (1954); durch C. A. **48**, 13570 (1954). — CHAMOT, E. M., u. H. J. COLE: Mikrochemie **4**, 97 (1926). — CHAMOT, E. M., u. C. W. MASON: Handbook of Chemical Microscopy, Bd. 2, 2. Aufl., New York 1940. — CHAVES-LAVIN, L. R.: Inform. Quím. analít. **83**, 98 (1951); durch Fr. **137**, 127 (1952). — CLARK, A. R.: J. chem. Educat. **13**, 383 (1936). — COASE, S. A.: Analyst **59**, 462, 747 (1934). — COZZI, D., u. S. VIVARELLI: Mikrochemie (Mikrochem.) **36/37**, 594 (1951); Mikrochemie (Mikrochem.) **40**, 1 (1953). — CREMASCOLI, F.: Ind. mineraria **1**, 83 (1950); durch C. A. **47**, 4256 (1953). — CROCCO, G.: Rend. Seminario Fac. Sci. Univ. Cagliari **20**, 298 (1950); durch C. A. **47**, 1549 (1953). — CURVELLO, W. S.: Bol. museu nacl. (Rio de Janeiro) Geol. **11**, 1 (1950); durch C. A. **45**, 2825 (1951).

DAS GUPTA, A. K., u. C. K. N. NAIR: J. Sci. Ind. Res. (India) **10** B, 322 (1951); Anal. chim. Acta **9**, 287 (1953). — DAVIES, G. R., u. C. MORGAN: Analyst **63**, 388 (1938). — DEDE, L., u. W. RUSS: B. **61**, 2454 (1928). — DENNIS, L. M.: Z. anorg. Ch. **174**, 119 (1928). — DENNIS, L. M., u. R. E. HULSE: J. Am. chem. Soc. **52**, 3553 (1930). — DENNIS, L. M., u. A. W. LAUBENGAYER: Z. physik. Chem. **130**, 523 (1927). — DENNIS, L. M., u. J. PAPISH: J. Am. chem. Soc. **43**, 2140 (1921); Z. anorg. Ch. **120**, 18 (1921). — DESMUKH, G. S.: Naturwiss. **42**, 70 (1955). — DUPUIS, TH., u. CL. DUVAL: Anal. chim. Acta **4**, 186 (1950). — DUTOIT, P., u. C. ZBINDEN: C. R. hebd. Séances Acad. Sci. **188**, 1628 (1929).

EDDY, C. E., T. H. LABY u. A. H. TURNER: Pr. Roy. Soc. (London) **124A**, 249 (1929). — EFENDIEV, F. M.: Bl. Acad. Sci. URSS, Sér. physique **11**, 313 (1947); durch C. A. **42**, 1843 (1948). — EGOROV, A. I., u. S. K. KALININ: C. R. (Doklady) Acad. Sci. URSS **26** (N. S. 8), 925 (1940); durch C. **1941** I, 1405. — ERDEY, L., u. A. BODOR: Fr. **134**, 81 (1951). — EVEREST, D. A.: J. chem. Soc. (London) **1953**, 660.

FEIGL, F.: Spot Tests, Vol. I, Inorganic Applications, 4. engl. Aufl., Amsterdam 1954, S. 109. — FELDMAN, C.: Anal. Chem. **21**, 1041 (1949). — FISCHER, W., u. W. HARRE: (a) Angew. Ch. **66**, 165 (1954); (b) durch W. BILTZ u. W. FISCHER: Ausführung qualitativer Analysen, 11. Aufl., Leipzig 1952, S. 167. — FISCHER, W., u. H. KEIM: Fr. **128**, 443 (1948). — FORJAZ, A. P.: C. R. hebd. Séances Acad. Sci. **186**, 1366 (1928). — FORTESCUE, J. A. C.: Am. Mineralogist **39**, 510 (1954). — FREDERICK, W. J., J. A. WHITE u. H. E. BIBER: Anal. Chem. **26**, 1329 (1954).

GEILMANN, W.: Bilder zur qualitativen Mikroanalyse anorganischer Stoffe, 2. Aufl., Weinheim/Bergstraße 1954, Tafel 25. — GEILMANN, W., u. W. BILTZ bei W. BILTZ: Ausführung qualitativer Analysen, 10. Aufl. von W. FISCHER, Leipzig 1949, S. 164. — GEILMANN, W., u. K. BRÜNGER: (a) Z. anorg. Ch. **196**, 312 (1931); (b) Bio. Z. **275**, 375 (1935). — GEILMANN, W., u. H. ISERMEYER: Fr. **131**, 249 (1950). — GEILMANN, W., u. E. STEUER: Glastechn. Ber. **18**, 89 (1940); durch C. **1940** II, 254. — GERLACH, W., u. E. RIEDL: Die chemische Emissions-Spektralanalyse III, 2. Aufl., Leipzig 1942, S. 61. — GILLIS, J.: (a) Reagents for Qualitative Inorganic Analysis (Second Report of the International Committee on New Analytical Reactions and Reagents of the International Union of Chemistry) 1948; (b) Bl. Soc. chim. France, Mém. **1946**, 177; (c) Anal. chim. Acta **8**, 97 (1953). — GILLIS, J., J. HOSTE u. A. CLAEYS: Anal. chim. Acta **1**, 302 (1947). — GILMANN, H., R. K. INGHAM u. R. D. GORSICH: J. Am. chem. Soc. **76**, 918 (1954). — GLASS, J. J.: Trans. Am. geophys. Union, 15th Ann. Meeting, Pt. I, **1934**, 234; durch C. A. **28**, 7215 (1934). — GOLDSCHMIDT, V. M.: (a) Nachr. Ges. Wiss. Göttingen, math.-physik. Kl. **1930**, 398; (b) Z. physik. Chem. A **146**, 404 (1930). — GOLDSCHMIDT, V. M., H. HAUPTMANN u. CL. PETERS: Naturwiss. **21**, 362 (1933). — GOLDSCHMIDT, V. M., u. CL. PETERS: Nachr. Ges. Wiss. Göttingen, math.-physik. Kl. **1933**, 141. — GRAMONT, A. DE: Bl. Soc. franç. Minéralog. **18**, 171 (1895). — GRATON, L. C., u. G. A. HARCOURT: Econ. Geol. **30**, 800 (1935). — GROSSCUP, CH. G.: J. Am. chem. Soc. **52**, 5154 (1930).

HADDING, A.: Z. anorg. Ch. **123**, 171 (1922). — HAMMERSCHMID, H., C. F. LINSTRÖM u. G. SCHEIBE: Mitt. Forsch.-Anst. Gutehoffnungshütte-Konzerns **3**, 223 (1935). — HARRIS, G. P.: Anal. Chem. **26**, 737 (1954). — HAUSER, B. B.: Appl. Spectroscopy **6**, Nr. 2, 11 (1952); durch C. A. **46**, 3454 (1952). — HAUSHOFER, K.: Sitzber. Akad. München **1887**, 133. — HAWLEY, J. E., u. Y. RIMSAITE: Anal. Chem. **26**, 1663 (1954). — HEADLEE, A. J. W., u. R. G. HUNTER: West Virginia Geol. Econ. Survey Rept. Invest. Nr. 8, 1 (1951); durch C. A. **46**, 2264 (1952); Ind. eng. Chem. **45**, 548 (1953). — HEGGEN, G. E., u. L. W. STROCK: Anal. Chem. **25**, 859 (1953). — HOL-

NESS, H.: Anal. chim. Acta **2**, 254 (1948). — HYBINETTE, A. G., u. E. R. SANDELL: Ind. eng. Chem. Anal. Edit. **14**, 715 (1942).

INAGAKI, M.: J. chem. Soc. Japan, pure Chem. Sect. (Nippon Kagaku Zassi) **74**, 19 (1953); durch C. A. **47**, 6631 (1953). — IWANOFF-EMIN, B. N.: Betriebs-Lab. (russ.) **13**, 161 (1947); durch C. A. **42**, 480 (1948).

JOENSUU, O. I. durch G. KULLERUD: Norsk geol. Tidsskr. **32**, 123 (1953). — JOLLY, W. L., u. W. M. LATIMER: Am. Soc. **74**, 5757 (1952). — JONES, A. G.: Report BR-387, Febr. 18, 1944; durch R. E. TELFORD u. N. H. FURMAN: Natl. Nuclear Energy Ser., Div. VIII, 1, Anal. Chem. Manhattan Project, 372 (1950). — JONG, W. F. DE: Z. Krist. A **73**, 176 (1930).

KAKIHANA, H.: J. chem. Soc. Japan, pure Chem. Sect. (Nippon Kagaku Zassi) **70**, 226 (1949); durch C. A. **45**, 2647 (1951). — KARANTASSIS, T., u. L. CAPATOS: (a) C. R. hebd. Séances Acad. Sci. **199**, 64 (1934); (b) C. R. hebd. Séances Acad. Sci. **201**, 74 (1935); (c) Bl. Soc. chim. France (4) **53**, 115 (1933); (d) C. R. hebd. Séances Acad. Sci. **193**, 1187 (1931). — KATCHENKOV, S. M.: (a) C. R. Acad. Sci. URSS **61**, 857 (1948); durch C. A. **43**, 2754 (1949); (b) C. R. Acad. Sci. URSS **76**, 563 (1951); durch C. A. **45**, 7339 (1951). — KIMURA, K., S. KANO, K. SAITO u. N. TATARA: J. chem. Soc. Japan, pure Chem. Sect. (Nippon Kagaku Zassi) **73**, 677 (1952); durch C. A. **47**, 4263 (1953). — KIMURA, K., u. Y. KOYAMA: J. chem. Soc. Japan (Nippon Kwagaku Kwaishi) **57**, 1190 (1936); durch C. A. **31**, 975 (1937). — KIMURA, K., O. NAGASHIMA, K. SAITO, M. SHIMA u. S. NAKAI: J. chem. Soc. Japan, pure Chem. Sect. (Nippon Kagaku Zassi); **73**, 589 (1952); durch C. A. **47**, 3772 (1953). — KIMURA, K., T. NAKAMURA u. T. KUSIBE: J. chem. Soc. Japan (Nippon Kwagaku Kwaishi) **52**, 55 (1931); durch C. A. **25**, 3266 (1931). — KLEMENT, R., u. H. SANDMANN: Fr. **145**, 332 (1955). — KOMAROWSKY, A. S., u. N. S. POLUEKTOFF: Mikrochemie **18**, 66 (1935). — KOSTRIKIN, V. M.: J. Chim. appl. (russ.) **12**, 1449 (1939); durch C. A. **34**, 6044 (1940). — KRÜSS, G., u. L. F. NILSON: B. **20**, 1697 (1887). — KUL'BERG, L. M., I. S. MUSTAFIN u. A. I. CHERKESOV: Ukrain. Chem. J. (russ.) **18**, 547 (1952); durch C. A. **48**, 5016 (1954). — KUSMINA, W. P.: Betriebs-Lab. (russ.) **7**, 579 (1938); durch C. **1939** II, 1538. — KUZNETSOW, W. J.: J. Chim. gén. (russ.) **9**, 1049 (1939); durch C. **1940** I, 101 u. C. A. **33**, 8521 (1939).

LADENBAUER, I.-M., L. K. BRADACS u. F. HECHT: Mikrochim. A. **1954**, 388. — LADENBAUER, I.-M., u. F. HECHT: Mikrochim. A. **1954**, 397. — LARIONOV, J., u. J. M. TOLMAČEV: C. R. (Doklady) Acad. Sci. URSS **14**, 303 (1937). — LEDERER, M.: Anal. chim. Acta **11**, 132 (1954). — LENNOX, D., u. J. LEROUX: Arch. ind. Hyg. occupat. Med. **8**, 359 (1953); durch C. A. **48**, 14060 (1954). — LEUTWEIN, F.: Bergakademie, Freiberger Forschungsh. Nr. **8**, 8 (1951). — LEWIS, S. J.: Analyst **60**, 10 (1935). — LEXOW, G. G., u. E. P. P. MANESCHI: An. Asoc. quím. argent. **38**, 225 (1950); durch C. A. **45**, 4020 (1951). — LOPEZ DE AZCONA, J. M.: Ion (Madrid) **2**, 446 (1942); durch C. **1943** I, 449. — LOPEZ DE AZCONA, J. M., u. A. C. PUIG: Bol. inst. geol. y minero España **60**, 391 (1948); durch C. A. **45**, 7772 (1951).

MARKS, G. W., u. H. T. HALL: U. S. Dep. Interior, Bur. Mines, Rep. Invest. **3965**, 38 (1946); durch C. A. **41**, 4401 (1947). — MATSUURA, J.: Japan Analyst **2**, 135 (1953); durch C. A. **47**, 7937 (1953). — MITCHELL, R. L.: Analyst **71**, 361 (1946); J. Soc. chem. Ind., Trans. and Commun. **59**, 210 (1940). — MITCHELL, W. E., u. R. O. SCOTT: J. Soc. chem. Ind. **66**, 330 (1947). — MORGAN, G., u. G. R. DAVIES: Chem. and Ind. **56**, 717 (1937). — MORINAGA, K.: Bl. Nagoya Inst. Technol. (Anniversary Issue) **4**, 228 (1952); durch C. A. **48**, 2526 (1954). — MÜLLER, J. H.: (a) J. Am. chem. Soc. **43**, 2049 (1921); (b) J. Am. chem. Soc. **44**, 2495 (1922). — MÜLLER, J. H., u. CH. E. GULEZIAN: J. Am. chem. Soc. **51**, 2029 (1929). — MÜLLER, J. H., u. N. H. SMITH: J. Am. chem. Soc. **44**, 1909 (1922). — MUKHERJEE, B., u. R. DUTTA: (a) Sci. and Cult. **14**, 213 (1948); durch C. A. **44**, 2202 (1950); (b) Sci. and Cult. **14**, 538 (1949); durch C. A. **43**, 8118 (1949); (c) Fuel **29**, Nr. 8, 190 (1950); durch C. A. **44**, 8620 (1950).

NAGATA, M.: J. chem. Soc. Japan, pure Chem. Sect. (Nippon Kagaku Zassi) **72**, 344 (1951); durch C. A. **46**, 1109 (1952). — NAIR, C. K. N., u. J. GUPTA: J. Sci. Ind. Res. (India) **10 B**, 300 (1951). — NEWCOMBE, H., W. A. E. MCBRYDE, J. BARTLETT u. F. E. BEAMISH: Anal. Chem. **23**, 1023 (1951). — NOVÁK, V., u. J. PELÍŠEK: Věstník české Akad. Zemědělské **16**, 252 (1940); durch C. **1942** I, 1178. — NOYES, A. A., u. W. C. BRAY: A System of Qualitative Analysis for the Rare Elements, New York 1943.

ÖSTERUD, TH., u. M. PRYTZ: Arch. Math. Naturvidensk. **47**, 73 (1943). — OFTEDAL, I.: Skr. norske Vidensk.-Akad. Oslo, I. Mat.-naturv. Kl. **1940**, Nr. 8, S. 20 u. 81. — OTTE, M. U.: Chem. d. Erde **16**, 237 (1953); durch C. A. **48**, 4387 (1954). — OTTEMANN, J.: Z. angew. Mineralog. **3**, 142 (1940).

PADGETT, E. D.: Ceram. Ind. **57**, Nr. 2, 54, 57, 100 (1951). — PANETH, F., M. MATTHIES u. E. SCHMIDT-HEBBEL: B. **55**, 788 (1922). — PANETH, F., u. E. SCHMIDT-HEBBEL: B. **55**, 2621 (1922). — PAPISH, J.: (a) Econ. Geol. **24**, 470 (1929); (b) Z. anorg. Ch. **122**, 262 (1922); (c) Econ. Geol. **23**, 660 (1928). — PAPISH, J., F. M. BREWER u. D. A. HOLT: J. Am. Chem. Soc. **49**, 3028 (1927). — PAPISH, J., u. Z. M. HANFORD: Science (New York) **71**, 269 (1930); durch C. **1930** II, 225. — PATROVSKÝ, V.: Chem. Listy **47**, 676 (1953); durch Fr. **142**, 66 (1954). — PEISACH, M., W. PUGH u. F. SEBBA: J. chem. Soc. (London) **1950**, 949. — PICCARDI, G.: Ann. Chim. appl(ic). **25**, 179 (1935); durch C. **1935** II, 1409. — POLUEKTOFF, N. S.: (a) Mikrochemie **18**, 48 (1935); (b) Chem. J. Ser. B, J. appl. Chem. (russ.) **9**, 2302 (1936); durch C. A. **31**, 4615 (1937). — PREUSS, E.: Z. angew. Mineralog. **3**, 8 (1940). — PUGH, W.: J. chem. Soc. (London) **1923**, 2323.

Raju, N. A., u. G. G. Rao: (a) Nature 175, 167 (1955); (b) Nature 174, 400 (1954). — Rankama, K. (1939); durch L. H. Ahrens: Spectrochemical Analysis, Cambridge, Mass. 1950, S. 216. — Ratynskič, V. M.: C. R. (Doklady) Acad. Sci. URSS 40, 198 (1943); durch C. A. 38, 6246 (1944); C. R. (Doklady) Acad. Sci. URSS 49, 119 (1945); durch C. A. 40, 4987 (1946); Trudy Biogeokhim. Lab., Akad. Nauk. S.S.S.R. 8, 183 (1946); durch C. A. 47, 7961 (1953). — Reynolds, F.M.: J. Soc. chem. Ind. 67, 341 (1948). — Ridder, M. de: Meded. Kon. vlaamsche Acad. Wetensch. Letteren schoone Kunsten België, Kl. Wetensch. 4, Nr. 7 (1942); durch C. 1943 II, 444. — Rossini, F. D., D. D. Wagman, W. H. Evans, S. Levine u. J.Jaffe: Selected Values of Chemical Thermodynamic Properties. Circular of the National Bureau of Standards 500. Washington D. C. 1952.—Rubies, S. P. de, u. J.M.Lopez de Azcona: An. Soc. españ. Física Quím. 34, 307 (1936); durch C. 1936 II, 1585. — Russanow, A. K.: Bl. Acad. Sci. URSS, Sér. physique 4, 145 (1940); durch C. 1942 II, 2724. — Russanow, A.K., u. W.M.Alexejewa: Betriebs-Lab. (russ.) 10, 51 (1941); durch C. 1943 I, 1195. — Russanow, A. K., u. B. J. Bodunkow: Betriebs-Lab. (russ.) 9, 183 (1940); durch C. 1941 II, 514. — Russanow, A. K., u. W. M. Kosstrikin: Chem. J. Ser.B., J. appl. Chem. (russ.) 9, 2305 (1936); durch C. A. 31, 4615 (1937).

Saito, K.: J. chem. Soc. Japan, pure Chem. Sect. (Nippon Kagaku Zassi) 72, 447 (1951); durch C. A. 46, 1915 (1952); J. chem. Soc. Japan, pure Chem. Sect. (Nippon Kagaku Zassi) 73, 254 (1952); durch C. A. 46, 11025 (1952). — Saltman, V. M., u. N. H. Nachtrieb: Anal. Chem. 23, 1503 (1951). — Schleicher, A.: Fr. 101, 241 (1935). — Schliessmann, O.: Angew. Ch. 55, 104 (1942). — Schrauzer, G. N.: Mikrochim. A. 1953, 124. — Schroll, E.: (a) Anz. österr. Akad. Wiss. math.-naturwiss. Kl. 87, 21 (1950); (b) Mitt. Österreich. mineralog. Ges., Sonderheft Nr. 2, 1 (1953); durch C. A. 48, 4387 (1954). — Schwarz, R.: (a) Angew. Ch. 55, 43 (1942); (b) B. 62, 2482 (1929). — Schwarz, R., u. H. Giese: (a) B. 63, 2428 (1930); (b) B. 63, 780 (1930). — Schwarz, R., u. F. Heinrich: Z. anorg. Ch. 205, 47 (1932). — Schwarz, R., u. G. Trageser: Z. anorg. Ch. 208, 65 (1932). — Scribner, B. F., u. H.R. Mullin: J. Res. Nat. Bureau of Standards 37, 379 (1946); Research Paper 1753. — Silberminz, W. A., A. K. Russanow u. W. M. Kosstrikin: W. J. Wernadski-Festschr. 1, 169 (1936); durch C. 1938 I, 1709. — Šimek, B. G.: Chem. Listy 34, 181 (1940); durch C. 1942 II, 382. — Šimek, B. G., F. Coufalik u. A. Stadler: Zprávy Ustavu Vědecký Výzkum Uhlí 1948, 167; durch C. A. 43, 2138 (1949). — Slavin, M.: Eng. Min. Journ. 134, 509 (1933); durch C. 1934 I, 897. — Stadnichenko, T., K. J.Murata u. J.M.Axelrod: Science (New York) 112, 109 (1950). — Stadnichenko, T., K. J. Murata, P. Zubovic u. E. L. Hufschmidt: U. S. Dep. Interior, Geol. Survey, Circ. Nr. 272, 1 (1953); durch C. A. 47, 8988 (1953). — Staples, L. W.: Am. Mineralogist 21, 379 (1936). — Stoiber, R. E.: Econ. Geol. 35, 501 (1940). — Strickland, E. H.: Analyst 80, 548 (1955). — Strock, L. W.: Am. Inst. Mining metallurg. Engr., techn. Publ. Nr. 1866, (1945) durch C. A. 39, 4562 (1945). — Szelenyi, T., u. M. Vogl: Magyar Kiralyi Földtani Intézet Evkönyve 35, 61 (1941); durch C. A. 37, 6597 (1943).

Tabern, D. L., u. E. F. Shelberg: Ind. eng. Chem. Anal. Edit. 4, 401 (1932). — Tchakirian, A.: (a) C. R. hebd. Séances Acad. Sci. 192, 233 (1931); (b) C. R. hebd. Séances Acad. Sci. 187, 229 (1928); (c) C. R. hebd. Séances Acad. Sci. 204, 356 (1937); (d) Ann. Chimie (11) 12, 415 (1939). — Tchakirian, A., u. P. Bévillard: C. R. hebd. Séances Acad. Sci. 233, 256, 1033, 1112 (1951). — Thomson, E.: Contributions Canada Min. 1924; Univ. Toronto Stud. 17, 62 (1924).

Vaes, J. P.: Ann. Soc. géol. Belg., Bl. 72, 19 (1948); durch C. A. 44, 490 (1950). — Vakrushev, G. V.: Uchenye Zapiski Saratov. Gosudarst. Univ. N. G. Chernyshevskogo 15, Nr. 1, (Miscellaneous), 124 (1940); durch C. A. 35, 6541 (1941). — Valenta, P., u. P. Zuman: Chem. Listy 46, 478 (1952); durch C. A. 46, 10953 (1952); Anal. chim. Acta 10, 591 (1954). — Vallee, B. L., u. R. W. Peattie: Anal. Chem. 24, 434 (1952). — Vanossi, R.: (a) An. Soc. ci. argent. 139, 29 (1945); durch C. A. 39, 3493 (1945); (b) An. Asoc. quím. argent. 32, 164 (1944); durch C. A. 39, 4810 (1945); (c) An. Asoc. quím. argent. 35, 120 (1947); durch C. A. 42, 7655 (1948). — Veselowskiĭ, B. K.: Betriebs-Lab. (russ.) 10, 372 (1941); durch C. A. 35, 7873 (1941). — Vighi, L.: Mem. e note ist. geol. applicata univ. Napoli 2, 119 (1949); durch C. A. 46, 4968 (1952). — Voegelen, E.: Z. anorg. Ch. 30, 325 (1902). — Voĭnar, A. O.: Biochemie (russ.) 18, 29 (1953); durch C. A. 47, 7625 (1953).

Wada, I., u. S. Kato: Sci. Pap. Inst. physic. chem. Res. (Tokyo) 3, 243 (1926); durch C. 1926 I, 3170. — Waring, C. L., u. C. S. Annell: Anal. Chem. 25, 1174 (1953). — Weissler, A.: Ind. eng. Chem. Anal. Edit. 16, 311 (1944). — Wenger, P., R. Duckert u. E. Ankadji: Helv. 28, 1592 (1945). — Wenger, P., R. Duckert u. Cl. P. Blancpain: Helv. 20, 1427 (1937); s. ferner R.Duckert: Helv. 20, 962 (1937). — Wickman, F.E.: Geol.Fören. Stockholm Förh. 65, 371 (1943). — Wild, G. O., u. R. Klemm: Zbl. Min. Geol. Paläont. Abt. A 1931, 273. — Willard, H. H., u. C. W. Zuehlke: Anal. Chem. 16, 323 (1944). — Winkler, Cl.: (a) J. pr. (2) 34, 177 (1886); (b) J. pr. (2) 36, 199 (1887).

Yavnel, A.A.: Izvest. Akad. Nauk Kazakh. S.S.R. Nr.104, Ser. Astron. i Fiz. Nr.5, 31 (1951); durch C. A. 48, 2518 (1954). — Yoshida, T., S. Nagasaki, M. Nakagawa, T. Sugiura u. R. Yamada: Bl. Nagoya Inst. Technol. 3, 246 (1951); durch C. A. 48, 3013 (1954). — Yoshida, T., u. M. Nakagawa: Coal Tar (Japan) 5, 230 (1953); durch C. A. 47, 11701 (1953).

Zinn

Sn; Atomgewicht 118,70; Ordnungszahl 50

Von **HAAKON HARALDSEN**, Oslo

unter Mitarbeit von **SUSANNE OLSEN**, Oslo

Mit 10 Abbildungen

Inhaltsübersicht

4*

Seite

b) Fällungsreaktionen 144
    1. Reaktion mit Aminobenzoesäure 144
    2. Fällung als 4'-Dimethylamino-azobenzolsulfonat-(4) 144
    3. Fällung mit Penicillin G 144

Vorkommen.

Gediegen kommt Zinn, wenn überhaupt, nur selten und in sehr kleinen Mengen in der Natur vor. Das wichtigste Zinnmineral ist der *Zinnstein* oder *Kassiterit* SnO_2, der sich besonders in granitischen Gesteinen oder auf sekundärer Lagerstätte findet und meistens mit Eisen und Mangan, seltener mit Wolfram und Titan verunreinigt ist. Kürzlich ist ein spinellähnliches Zinnmineral, *Nigerit* $(Zn, Mg, Fe^{\cdot\cdot})(Sn, Zn)_2(Al, Fe^{\cdot\cdot\cdot})_{12} O_{22}(OH)_2$, beschrieben worden (JACOBSON und WEBB; BANNISTER, HEY und STADLER).

An Schwefel gebunden kommt Zinn als das sehr seltene Mineral *Herzenbergit* SnS [RAMDOHR (a und b); HOFMANN] vor, ferner tritt es meistens mit Silber und Blei, aber auch mit Eisen, Kupfer und Antimon zusammen in mehrere komplexe *Thiostannate* ein: *Zinnkies* oder *Stannin* Cu_2FeSnS_4 (HEADDEN; SPENCER; REINHEIMER; GROSS und GROSS; DE RUBIES) und dessen Zersetzungsprodukt *Kuprokassiterit* $4\ SnO_2Cu_2Sn(OH)_6$ (ULKE; HEADDEN); ferner *Franckeit* $Pb_5Sn_3Sb_2S_{14} = 3\ PbSnS_2 + Pb_2Sb_2S_8$ [STELZNER; PRIOR; AHLFELD und MORITZ (a)]; *Kylindrit* $Pb_3Sn_4Sb_2S_{14} = 3\ PbSnS_2 + SnSb_2S_8$ [FRENZEL; PRIOR; AHLFELD und MORITZ (a)]; *Teallit* $PbSnS_2$ (PRIOR; HOFMANN) und das unsichere *Plumbostannit* $(FeZn)_2Pb_2Sn_2Sb_2S_{11}$ (RAIMONDI). Auch das dem Argyrodit (Ag_8GeS_6) isomorphe *Canfieldit* $Ag_8Sn(Ge)S_6$ (PENFIELD; HILLER) gehört hierher.

Als *Borat* findet sich Zinn in *Nordenskiöldin* $CaSn(BO_3)_2$, der dem Dolomit isomorph ist [BRÖGGER; ZACHARIASSEN; RAMDOHR (a); EHRENBERG und RAMDOHR], und als *Silicat* in *Stockesit* mit der empirischen Formel $H_4CaSnSi_3O_{11}$ (HUTCHINSON). Geringe Mengen Zinn sind ferner in Columbit, Tantalit und verwandten Mineralien, sowie in Rutil, Zirkon, Yttrotantalit, Samarskit, Thortveitit, Ilmenorutil und zahlreichen anderen Mineralien enthalten (s. z. B. OFTEDAL). Über das Vorkommen von Zinn in Mineralien der Platingruppe s. MASLENITSKIĬ, FALEEV und ISKYUL.

Nach GOLDSCHMIDT (a) beträgt der durchschnittliche Zinngehalt der irdischen Gesteine der oberen Lithosphäre 40 g je Tonne, d. h. 0,004%. In Meteoriten ist Zinn mit 20 g Sn je Tonne etwas seltener als früher gewöhnlich angenommen wurde. — In Steinkohlenasche liegt Zinn mitunter merklich angereichert (bis 0,05% SnO_2) vor (GOLDSCHMIDT und PETERS; HERMANN). Über das Vorkommen von Zinn in Kohlen s. ferner BOROVIK und RATYNSKIĬ; LEGRAYE und COHEUR; REYNOLDS; UZUMASA; MUKHERJEE und DUTTA; FORTESCUE; HAWLEY und RIMSAITE. — In Mineralwässern ist Zinn meistens nur in Spuren vorhanden. — In Nahrungsmitteln und Konserven, die in zinnhaltigen Gefäßen aufbewahrt worden sind, ist Zinn ebenfalls oft nachgewiesen worden. Spuren von Zinn kommen auch im pflanzlichen und tierischen Gewebe vor. Ferner ist Zinn in Torf (SALMI); Petroleum (KATCHENKOV); Ton [AHRENS (a)] und Gold [WARREN und THOMPSON (a)] nachgewiesen worden.

Beziehungen zu den Nachbarelementen.

Unter den Nachbarelementen zeigen besonders Germanium, Blei und Antimon eine enge Verwandtschaft mit Zinn, aber auch zum Silicium und Arsen sind deutliche Beziehungen vorhanden.

Die Ähnlichkeit mit den beiden homologen Elementen Germanium und Silicium tritt vor allem dadurch hervor, daß das *Zinn(IV)-oxyd* SnO_2 ähnlich wie Germanium(IV)-oxyd und Silicium(IV)-oxyd ein ausgesprochenes Säureanhydrid ist. Wie das Silicium(IV)-oxyd ist auch das Zinn(IV)-oxyd eine schwerlösliche Verbindung. Die Flüchtigkeit des *Tetrachlorids* und die Fähigkeit der *Tetrahalogenide*, besonders des Tetrafluorids, zur Bildung komplexer Hexahalogenoverbindungen hat Zinn ebenfalls mit Germanium und Silicium gemeinsam. Mit *Wasserstoff* vermag Zinn ein leicht flüchtiges und leicht zersetzliches *Hydrid* SnH_4 zu bilden. Hierdurch zeigt Zinn

Ähnlichkeit nicht nur mit seinen homologen Elementen, sondern auch mit Antimon und Arsen. Eine weitere, analytisch sehr wichtige Ähnlichkeit mit Antimon und Arsen (und auch mit Germanium) ist die Löslichkeit des Zinn(IV)-sulfids SnS_2 in Alkalisulfid, einschließlich Ammoniumsulfidlösungen.

Die Verwandtschaft zwischen Zinn und Blei drückt sich besonders in den *physikalischen* Eigenschaften der beiden Elemente aus. So sind sowohl Zinn wie Blei ausgesprochen metallische Elemente. Chemisch zeigt sich die Ähnlichkeit mit Blei vor allem in der Fähigkeit des Zinns zur Bildung verhältnismäßig stabiler zweiwertiger Ionen.

Wertigkeit. Während Kohlenstoff, Silicium und Germanium vorwiegend vierwertig und Blei fast ausschließlich zweiwertig auftreten, hält sich bei Zinn die Stabilität der zweiwertigen und vierwertigen Oxydationsstufe ungefähr die Waage. Jedoch ist die vierwertige Stufe im allgemeinen etwas bevorzugt. Die zweiwertigen Zinnverbindungen sind deshalb wichtige Reduktionsmittel. Andererseits läßt sich das vierwertige Zinn durch Reduktion leicht in zweiwertiges überführen. Die leichte Reduzierbarkeit des vierwertigen Zinns ist analytisch wichtig, denn meistens wird man vorziehen, Zinn in der zweiwertigen Oxydationsstufe nachzuweisen.

Beim vierwertigen Zinn sind die sauren Eigenschaften stärker ausgeprägt als die basischen. Das vierwertige Zinn neigt deshalb sehr zur Bildung komplexer Ionen, bei denen das Zinn in das Anion eingeht. Diese Neigung zur Bildung komplexer Anionen ist so groß, daß einfache Zinn(IV)-ionen in wäßriger Lösung kaum existieren, sondern nur Ionen der Art $[Sn(OH)_6]^{2-}$ und $[SnCl_6]^{2-}$. Beim zweiwertigen Zinn treten die basischen Eigenschaften stärker hervor, jedoch besitzt das zweiwertige Zinn immer noch deutliche amphotere Eigenschaften.

Die Zinnionen sowie die löslichen Zinnverbindungen sind farblos.

Schwerlösliche und analytisch wichtige Verbindungen.

Sowohl die zweiwertigen wie die vierwertigen Zinnionen werden in wäßriger Lösung sehr leicht unter Bildung schwerlöslicher Verbindungen hydrolysiert. Die Zinnverbindungen lösen sich deshalb nur selten in Wasser unter Bildung klarer Flüssigkeiten. Meistens fällt ein schwerlöslicher Niederschlag von basischem Salz oder hydratisiertem Zinnoxyd aus.

Sehr schwer löslich in Säuren sowie in Basen ist das Zinn(IV)-oxyd SnO_2, das entweder als Mineral, als technisches Produkt oder als Rückstand von der Salpetersäurebehandlung der Metalle in der Analyse vorliegen kann.

Analytisch wichtig unter den schwerlöslichen, einfachen Zinnverbindungen sind vor allem die beiden Sulfide, Zinn(II)-sulfid SnS und Zinn(IV)-sulfid SnS_2, die beim Einleiten von Schwefelwasserstoff in nicht zu stark saure Lösungen der zwei- bzw. vierwertigen Zinnionen entstehen.

Schwerlösliche, analytisch bedeutungsvolle Verbindungen sind weiterhin die beiden Hydroxyde, Zinn(II)-hydroxyd $Sn(OH)_2$ und Zinn(IV)-hydroxyd $Sn(OH)_4$ bzw. das mehr oder weniger stark hydratisierte Zinn(IV)-oxyd. Unter den Halogenverbindungen sind die Jodide, Zinn(II)-jodid SnJ_2 und Zinn(IV)-jodid SnJ_4, sowie das komplexe Rubidiumhexachlorostannat(IV) Rb_2SnCl_6 besonders zu erwähnen. Die empfindlichsten Nachweisreaktionen des Zinns findet man jedoch unter den Farb- und Fällungsreaktionen mit organischen Reagenzien und unter den Reaktionen, die auf der Reduktionswirkung der zweiwertigen Zinnionen auf anorganische sowie organische Stoffe beruhen.

Tabelle 1. *Übersicht über einige Eigenschaften des Zinns und seiner Verbindungen.*

	Smp.	Sdp.
Sn	231,9°	~2270°
SnO_2	>1900°	—
SnS	880°	1230°
$SnCl_2$	247°	606°
$SnCl_4$	−36,2°	114°

Bildungswärmen der Oxyde:

SnO: 68,350 Kcal/Mol $\pm$ 0,160 (HUMPHREY und O'BRIEN)
SnO$_2$: 138,820 Kcal/Mol $\pm$ 0,080 (HUMPHREY und O'BRIEN)

ROSSINI ET AL. geben für SnO 68,4 Kcal/Mol und für SnO$_2$ 138,8 Kcal/Mol an.

Normalpotential: Sn $\rightleftharpoons$ Sn^{2+} + 2e$^-$: $-$ 0,136 V
Sn $\rightleftharpoons$ Sn^{4+} + 4e$^-$: $+$ 0,158 V (PRYTZ)
Sn^{2+} $\rightleftharpoons$ Sn^{4+} + 2e$^-$: $+$ 0,154 V (HUEY und TARTAR)

Stellung in der Spannungsreihe:
$-$ Tl, Co, Ni, Sn, Pb, H $+$

Aufschlußverfahren für schwerlösliche Zinnverbindungen.

a) Aufschluß auf trockenem Wege.

Um das schwerlösliche Zinn(IV)-oxyd bzw. Zinnstein (Kassiterit) aufzuschließen, sind mehrere Methoden vorgeschlagen. Die gebräuchlichsten sind:

1. Aufschluß mit Alkalicarbonat und Schwefel;
2. Aufschluß mit Alkalihydroxyd;
3. Aufschluß mit Natriumperoxyd;
4. Aufschluß mit Kaliumcyanid;
5. Reduktion mit Wasserstoff in der Glühhitze.

Weniger gebräuchlich sind:

6. Aufschluß mit Calciumoxyd;
7. Aufschluß mit Ammoniak;
8. Aufschluß mit Fluoriden;
9. Aufschluß mit Borax;
10. Aufschluß durch Reduktion mit Metallen.

1. Aufschluß mit Alkalicarbonat und Schwefel („Freiberger Aufschluß"). Mit Natriumcarbonat oder Kaliumcarbonat allein läßt sich Zinn(IV)-oxyd nicht vollständig aufschließen. Man fügt deshalb zu dem Carbonat etwas Schwefel hinzu und führt den Aufschluß entweder mit einem Gemisch der beiden Carbonate und Schwefel oder mit einem Gemisch, bestehend aus drei Gewichtsteilen Kaliumcarbonat und zwei Gewichtsteilen Schwefel oder aus gleichen Gewichtsteilen Natriumcarbonat und Schwefel aus. Wegen der häufigen Anwesenheit von Eisen ist die Kaliumcarbonat-Schwefelschmelze vorzuziehen, weil es mit der Natriumcarbonat-Schwefelschmelze unter diesen Umständen schwieriger ist, ein klares, goldgelbes Filtrat zu erhalten (BILTZ-FISCHER, S. 56). — CRAIG empfiehlt, ein Gemisch aus 14 Gewichtsteilen Kaliumcarbonat, 10 Gewichtsteilen Natriumcarbonat und 10 Gewichtsteilen Schwefel zu verwenden. KALLMANN benutzt für 1 g Kassiterit 4 g Natriumcarbonat, 5 g Schwefel und 3 g Kaliumcarbonat. FRESENIUS und GEHRING (S. 130) schließen mit der vierfachen Menge eines Gemisches aus gleichen Teilen Kaliumcarbonat und Schwefel auf.

Ausführung nach BILTZ-FISCHER. Man vermischt die Probe (Zinnstein ist sehr fein zu pulverisieren) in einem kleinen Porzellantiegel mit der sechsfachen Menge des Alkalicarbonat-Schwefel-Gemisches, überschichtet das Ganze mit noch etwas von dem Gemisch oder Carbonat und erhitzt im bedeckten Tiegel zunächst sehr vorsichtig, damit möglichst wenig Schwefel entweicht, dann allmählich stärker, bis die geschmolzene Masse schließlich zu schäumen aufhört (Dauer des Aufschlusses etwa 10 Minuten). Nach dem Erkalten kocht man den Tiegel in einer Schale mit Wasser und etwas Natronlauge aus, dekantiert und weicht den meist noch bleibenden Rest in möglichst wenig frischem Wasser auf. Das klare, goldgelbe Filtrat enthält das Zinn als Thiostannation [SnS$_3$]$^{2-}$ und wird nach den üblichen Analysenmethoden weiterbehandelt. Ist das Filtrat trübe und grünlich-schwarz gefärbt, liegt viel Eisen vor. Man kocht dann die Masse unter Zugabe einiger Gramm Kaliumchlorids auf, läßt abkühlen und filtriert abermals.

Das schwerlösliche Musivgold (SnS_2) bringt man ebenfalls am besten durch Aufschließen mit dem Alkalicarbonat-Schwefel-Gemisch in Lösung.

An Stelle von Schwefel kann man dem Alkalicarbonat Natriumthiosulfat zumischen. Man nimmt ungefähr doppelt soviel Natriumthiosulfat wie Soda und erhitzt anfangs sehr langsam, damit das entweichende Wasser nichts von der Probe mitreißt (BÖTTGER, S. 543, vgl. ferner FRÖHDE sowie JURÁNY, Punkt 3, S. 180).

2. Aufschluß mit Alkalihydroxyd. Das Alkalihydroxyd wird entweder in einem Nickeltiegel, den man, um das Emporkriechen der Schmelze zu verhindern, so in eine durchlochte Asbestscheibe einhängt, daß er unten nur wenige Millimeter herausragt, oder in einem Silbertiegel, den man, um ihn vor der schädlichen Wirkung der Flammengase zu schützen, in einen Porzellantiegel stellt, geschmolzen und so lange erhitzt, bis die Schmelze ruhig fließt. Nach dem Abkühlen gibt man die feinpulverisierte Substanz auf die erstarrte, aber noch warme Schmelze und erhitzt von neuem, bis sich alles klar gelöst hat. Die Schmelze, die das Zinn als Stannat enthält, wird nach dem Erkalten mit Wasser aufgenommen.

Zinnstein läßt sich in dieser Weise nur schwer aufschließen. Leichter kommt man zum Ziel, wenn man die Schmelze mit etwas Holzkohle versetzt. Schon 2% Kohle genügen, um in wenigen Minuten einen nahezu vollständigen Aufschluß zu erzielen (BURGHARDT; GILBERT).

$^1/_2$ bis 1 g des feinpulverisierten Zinnsteins werden mit 10 bis 15 g Natriumhydroxyd und wenig (50 mg) feinverteilter Holzkohle im Silberschälchen bei schwacher Rotglut geschmolzen. Sobald die heftig verlaufende Reaktion nachgelassen hat, steigert man die Wärmezufuhr, damit alle Kohle verbrennt.

BRUNCK und HÖLTJE schlagen vor, die Wirkung der Natriumhydroxydschmelze durch Zusatz von wenig Natriumcyanid zu verbessern. Die Probe wird im Nickeltiegel mit der sieben- bis achtfachen Menge Natriumhydroxyds eingeschmolzen und etwa 5 bis 10 Min. auf nahezu beginnende Rotglut erhitzt. Dann wirft man 50 bis 100 mg vorher geschmolzenen Natriumcyanids in kleinen Stückchen ein und bedeckt den Tiegel sofort, worauf eine lebhafte, aber gleichmäßige Gasentwicklung einsetzt. Es empfiehlt sich, den Brenner kurze Zeit vor der Zugabe des Cyanids zu entfernen, damit die Gasentwicklung anfangs nicht zu lebhaft wird. Man erhitzt nochmals 15 Min. auf eben erkennbare Rotglut des Tiegelbodens, läßt erkalten und nimmt mit Wasser auf. Beim Ansäuern mit Salzsäure geht alles Zinn in Lösung. Da die Schmelze sehr zum Klettern neigt, muß man den Tiegel hoch in eine durchlochte Asbestscheibe einsetzen und den Deckel gut aufpassen.

Auch Zusatz von metallischem Natrium begünstigt die Wirkung der Natriumhydroxydschmelze, wird jedoch für analytische Zwecke nicht empfohlen, da die Natriumhydroxyd-Natriumschmelze nicht nur den Nickeltiegel stark angreift, sondern auch stark spritzt (HÖLTJE). Als maßgebend für die Wirkung des Natriums auf den Aufschluß mit Natriumhydroxyd betrachtet HÖLTJE die wasserentziehende Wirkung dieses Metalles. KARABASCH dagegen legt das Hauptgewicht auf die reduzierende Wirkung des Metalles und führt den Aufschluß von kassiterithaltigen Rückständen und Erzen mit Natriumhydroxyd unter gleichzeitiger Reduktion mit Metallen wie Zink oder Natrium (vgl. Punkt 10, S. 66) oder kathodisch durch Elektrolyse aus.

Die Elektrolyse wird bei 500—550° im Eisentiegel durchgeführt. Der Eisentiegel bildet dabei die Kathode, als Anode dient ein zentral in die Alkalischmelze eintauchender Eisenstab. Die Spannung an den Elektroden beträgt 2,5 V und ist nie unter 1,5 V. An der Kathode ist die Stromdichte 0,15—0,25 A/cm², an der Anode 4,0—8,0 A/cm². An der Kathode scheidet sich Zinn ab, das sich leicht in der Alkalihydroxydschmelze unter Entwicklung von Wasserstoff löst, der seinerseits ebenfalls in die Zersetzungsreaktion eingreift.

TAMARU und ANDÔ finden, daß der Aufschluß des Kassiterits durch einfaches Schmelzen mit Kaliumhydroxyd vollständig gelingen müßte, wenn die Korngröße genügend verfeinert werden könnte (Korndurchmesser kleiner als 0,03 mm).

Aufschluß auf nassem Wege s. Punkt 2, S. 66.

3. Aufschluß mit Natriumperoxyd. Die gleiche Wirkung wie geschmolzenes Natriumhydroxyd hat Natriumperoxyd. Die feingepulverte Probe wird im Eisen-, Nickel- oder Silbertiegel mit der 10- bis 15fachen Menge Natriumperoxyds vorsichtig geschmolzen und nach dem Erkalten mit Wasser aufgenommen. In der Lösung befindet sich das Zinn als Stannat und das Silicium als Silicat (DARROCH und MEIKLEJOHN; WENGER und ROGOVINE; HIRSCH). — Um die Abnutzung des Tiegels herabzusetzen, empfiehlt KALLMANN, das Natriumperoxyd mit Soda im Verhältnis 2 : 1 zu mischen.

MARVIN und SCHUMB geben ein „Explosionsverfahren" an, wonach man dem Natriumperoxyd Zuckerkohle zugibt. In einen Nickeltiegel von 60 ml Inhalt wird ein Gemisch von Natriumperoxyd und Zuckerkohle im Verhältnis 15 : 1 gebracht. Die aufzuschließende, feingepulverte Probe (15 Teile Gemisch und 1 Teil der Probe) rührt man in die Mitte des Natriumperoxyd-Zucker-Kohle-Gemisches ein und überschichtet das Ganze mit einer Schutzdecke von 5 g Natriumcarbonat. Daraufhin stellt man den Tiegel in ein Gestell, in dem er dauernd in kaltem, fließendem Wasser steht. Die Zündung des Gemisches erfolgt mit einem Baumwollfädchen, das durch ein Loch in dem Deckel eingeführt wird. Der Aufschluß ist in dieser Weise sehr schnell auszuführen und bietet auch den Vorteil, praktisch vollständig zu sein.

4. Aufschluß mit Kaliumcyanid. Die aufschließende Wirkung beim Schmelzen mit Kaliumcyanid beruht auf der Reduktion des Zinn(IV)-oxyds zum metallischen Zinn unter gleichzeitiger Bildung von Cyanat.

Die feingepulverte Probe wird mit der vier- bis sechsfachen Menge Kaliumcyanids in einem Porzellantiegel geschmolzen [LIEBIG; H. ROSE (a); BLOXAM (a); HART; OETTEL; HACKSPILL und GRANDADAM)], oder man schmilzt nach TREADWELL (S. 263) zuerst das Kaliumcyanid ein und setzt dann erst die Probe hinzu. Nach dem Erkalten zieht man das Cyanid und Cyanat mit Wasser aus, filtriert das Zinn ab und löst es in Salzsäure. Holzkohle kann zur besseren Reduktion der Oxyde hinzugefügt werden (GERSCHBACHER).

5. Reduktion mit Wasserstoff. Auch mit Wasserstoff gelingt die Reduktion des Zinn(IV)-oxyds (Zinnsteins) leicht und bequem. Die feingepulverte Substanz wird in einem Porzellanschiffchen, das sich in einem schwer schmelzbaren Glasrohr befindet, unter Durchleitung von trockenem Wasserstoff bei dunkler Rotglut erhitzt, bis kein Wasser mehr gebildet wird (A. E. ARNOLD; HAMPE; PIRLOT; FINK und MANTELL; MATWEJEW). Das Metall löst man in Salzsäure. — Über die Reduktion mit Wasserstoff in Anwesenheit von gebranntem Kalk s. BERINGER und STEPHENS sowie VAN TONGEREN. — Aufschluß mit Zink und Salzsäure s. Punkt 4, S. 66.

Weniger gebräuchliche Aufschlußmethoden.

6. Aufschluß mit Calciumoxyd. TAMARU und ANDÔ finden, daß sich Kassiterit durch Erhitzen mit Kalk auf 800 bis 900° in Gegenwart von Spuren katalytisch wirkender Reduktionsmittel wie Wasserstoff, Kohlenoxyd, Kohlenstoff, Schwefel, Zink, organischen Dämpfen usw. leicht aufschließen läßt (s. auch BERINGER und STEPHENS).

Zur Ausführung des Aufschlusses mischt man Kassiterit, Kalk und Holzkohle im Molverhältnis 1 SnO_2 : 7 CaO : 0,2 C und erhitzt eine Stunde lang in einer indifferenten Atmosphäre auf etwa 900°, wobei das Zinn als Calciumorthostannat in Lösung geht. Die Kalkmenge kann noch etwas herabgesetzt werden, aber nicht mehr, als dem Molverhältnis 5 CaO : 1 SnO_2 entspricht. Nach obenhin kann die Kalkmenge beliebig gesteigert werden. Auch die Kohlenmenge kann variieren, und zwar sicher zwischen 0,05 und 0,5 C, ohne daß das Ergebnis dadurch beeinträchtigt wird. Der Aufschluß kann sowohl im geschlossenen Rohre wie im Porzellantiegel ausgeführt werden. Falls die Atmosphäre nicht sauerstofffrei ist, muß man den Sauerstoff entweder durch Zusatzkohle binden oder aber das Reaktionsgemisch durch Überschichten einer wenigstens 2 cm hohen Kalkdecke vor der äußeren Atmosphäre schützen. Bei Ausführung des Aufschlusses im Tiegel wählt man einen möglichst engen, zylindrischen, der in einen größeren, mit Holzkohle ausgefüllten zweiten Tiegel hineingesetzt wird.

7. Aufschluß mit Ammoniak. CHABORSKI und PIRTEA schließen das Zinn(IV)-oxyd bzw. Kassiterit durch Erhitzen im Quarzrohr und Überleiten eines trockenen Ammoniakstromes auf. Der Aufschluß dauert bei Zinn(IV)-oxyd 5 bis 10, bei Kassiterit 15 Min.

8. Aufschluß mit Fluoriden. Durch Schmelzen mit Kaliumhydrogenfluorid kann man ebenfalls Zinn(IV)-oxyd bzw. Zinnstein aufschließen. Man schmilzt die feingepulverte Probe mit der drei- bis vierfachen Menge Kaliumhydrogenfluorids und vertreibt den Fluorwasserstoff durch Behandeln mit Schwefelsäure direkt im Tiegel, verdünnt und filtriert, wobei das Zinn sich im Filtrat befindet (GIBBS). LURJE und TROITZKAJA vertreiben den Fluorwasserstoff durch Behandeln mit Schwefelsäure und Borsäure.

CLARKE (a) schmilzt den feingepulverten Zinnstein mit der dreifachen Menge Natriumfluorids im Platintiegel, nachdem das Gemisch zunächst mit der zwölffachen Menge Kaliumhydrogensulfats überdeckt worden ist. Die Schmelze löst sich meistens in Wasser. Wenn dies nicht der Fall ist, löst man in Salzsäure oder durch Erhitzen mit einigen Tropfen konzentrierter Schwefelsäure. Mit Kaliumhydrogensulfat allein läßt sich Zinnstein nicht aufschließen.

9. Aufschluß mit Borax. Der Aufschluß des Kassiterits kann auch durch Schmelzen mit Borax bei 900° in einem Platintiegel erfolgen. Nach etwa $1^1/_2$ bis 2 Std. ist das Material zersetzt. Nach dem Erkalten wird der Tiegel in einem Becherglas mit Schwefelsäure und Salzsäure bis zur vollständigen Lösung behandelt (BORNEMAN-STARINKEVITCH).

10. Aufschluß durch Reduktion mit Metallen. *α) mit metallischem Natrium oder Magnesium.* HEMPEL bedient sich der reduzierenden Wirkung des metallischen Natriums oder Magnesiums, um Zinn(IV)-oxyd aufzuschließen.

Ein hirsekorngroßes Stück blanken Natriums wird auf einem Stückchen Filtrierpapier (etwa 5 cm breit und 8 cm lang) mit einem Messer zu einem Natriumblech breitgedrückt. Auf das Blech legt man etwa 0,01 g des feingepulverten Zinnsteins, rollt das Blech zusammen, hüllt die Rolle in das Filtrierpapier, umwickelt das Ganze mit einem Stück Blumendraht und schneidet die überflüssigen Papierenden ab. Die Rolle wird senkrecht in eine lange, nichtleuchtende Bunsenflamme eingeführt. Hier wird sie vom oberen zum unteren Reduktionsraum bis zur Flammenbasis fortschreitend durchgeführt und nach Abdrehen des Gashahns in das Brennerrohr selbst eingesenkt, wo sie, vor Oxydation geschützt, einen Augenblick abkühlt. Die Verbrennung erfolgt unter starker Natriumdampfentwicklung und zuweilen unter heftigem Funkensprühen. Das Verbrennungsprodukt wird in einer Reibschale mit etwas Wasser angefeuchtet und mit einem Pistill zerdrückt, wobei die silberglänzenden Körner des metallischen Zinns sichtbar werden und wie gewöhnlich identifiziert werden können.

β) mit metallischem Zink bei heller Rotglut in Anwesenheit von trockenem Natriumcarbonat s. BERINGER und STEPHENS sowie PODGORBUNSKY.

b) Aufschluß auf nassem Wege.

1. Aufschluß mit Ammoniumsulfid. Kocht man Zinn(IV)-oxyd einige Zeit im Reagensglas mit gelbem Ammoniumsulfid und etwas Natronlauge (um etwa vorhandene Phosphorsäure in Lösung zu bringen), geht das Zinn als Ammoniumthiostannat und, falls vorhanden, das Antimon und Arsen in entsprechender Form in Lösung und kann im Filtrat nach den üblichen Methoden nachgewiesen werden (BILTZ-FISCHER, S. 56). Das Verfahren kann nicht für Zinnstein verwendet werden und ist auch dann nicht empfehlenswert, wenn das Zinn(IV)-oxyd auf höhere Temperaturen erhitzt worden ist.

2. Aufschluß mit Kalilauge. TRONEV und KHRENOVA empfehlen, Kassiterit (1 bis 2 g) mit 50%iger Kalilauge (50 ml) im Autoklaven bei 300° und einem Druck von 90 bis 100 at 3 Std. lang zu erhitzen. 99,9% Zinn sollen so aufgelöst werden.

3. Aufschluß mit Jodwasserstoffsäure s. Punkt 1, S. 179, und Punkt 3, S. 180.

4. Aufschluß mit Zink und Salzsäure. Durch Behandeln mit Zink und Salzsäure in Gegenwart von etwas Platin und unter häufigem Schütteln läßt sich Zinn(IV)-oxyd zum metallischen Zinn reduzieren (WELLS; MENNICKE). In dieser Weise gelingt auch der Aufschluß von Musivgold (MENNICKE).

5. Aufschluß mit Schwefeldioxyd und Salzsäure. Das durch Einwirkung von Salpetersäure auf Zinn erhaltene Zinn(IV)-oxydhydrat geht durch Behandeln mit schwefliger Säure und Salzsäure in Lösung (STELLING).

**Verhalten in der analytischen Gruppe und Trennung von den
begleitenden Elementen.**

In dem normalen qualitativen Analysengang fällt man Zinn mit Schwefelwasserstoff aus salzsaurer Lösung zusammen mit den übrigen Elementen, deren Sulfide in

Mineralsäuren schwer löslich sind. Zur Trennung behandelt man das Sulfidgemisch mit einer Lösung von gelbem Ammoniumsulfid, Alkalipolysulfid oder Alkalihydroxyd, wobei die Sulfide des Zinns, Arsens und Antimons, die die Zinngruppe im engeren Sinne ausmachen, als Thiosalze in Lösung gehen. Falls vorhanden, lösen sich gleichzeitig die Sulfide der Elemente Gold, Platin, Iridium, Molybdän und Germanium sowie Selen und Tellur (u. U. auch Rheniumsulfid), die mit den schon genannten Elementen Zinn, Arsen und Antimon eine erweiterte Zinngruppe bilden.

Hogness und Johnson empfehlen, das Zinn vor der Fällung der Schwefelwasserstoffgruppe mit Wasserstoffperoxyd zu oxydieren. Dadurch wird erreicht, daß farbloses Ammoniumsulfid an Stelle des gelben Ammoniumsulfids zur Abtrennung der Zinngruppe verwendet werden kann.

Trennt man die Zinngruppe von den übrigen Elementen der Schwefelwasserstoffgruppe durch Behandeln mit gelber Ammoniumsulfidlösung, so ist damit zu rechnen, daß etwas Kupfer(II)-sulfid in Lösung geht, bei Verwendung von Alkalihydroxyd- oder Alkalipolysulfidlösungen an Stelle des Ammoniumsulfides ist andererseits die Löslichkeit des Quecksilbersulfids zu berücksichtigen. Weiteres hierüber, über die Vor- und Nachteile der genannten Lösungsmittel, sowie über weitere Verfahren zur Trennung der Zinngruppe von den übrigen Sulfiden der Schwefelwasserstoffgruppe s. Noyes und Bray (a und b); Böttger (S. 424ff.); Perkin; Rössing; Trennung mit $NaOH + (NH_4)_2S_x + Na_2O_2$: Walker; Trennung mit KOH: Curtman und Marcus; Masalsky; Nieuwenburg (a); Scheinkmann (a); Winkley, Yanowski und Hynes; Trennung mit $(NH_4)_2S + 5\%$ NaOH: Welch und Weber; Trennung mit Na_2S bzw. $NaSH + NaOH$: Sneed; Sensi und Seghezzo; Middleton und Wernimont; Maynard, Barber und Sneed; Trennung mit $NH_3 + (NH_4)_2S_x$: Hufferd (a); Trennung mit Bromwasser $+ H_2S + (NH_4)_2S$: Hufferd (b); Trennung mit Bromwasser $+ (NH_4)_2S$: Taimni und Agarwal; Trennung mit NaOH: Candea und Sauciuc; Masalsky; Trennung mit $(NH_4)_2S$: Hinds, Lehrman (a); Trennung mit $(NH_4)_2S_x$: Curtman und Lehrman; Trennung mit KOH + KSH: Kunz; Trennung mit Na_2S_2: Pozna und Migray; Trennung mit 1% LiOH $+ 5\%$ KNO_3: Holness und Trewick; James und Woodward. Vgl. auch Abschnitt e, S. 73.

Um eine höhere Schwefelionenkonzentration als bei Verwendung von gasförmigem Schwefelwasserstoff oder Schwefelwasserstoffwasser zu erreichen, verwenden Péronnet und Remy eine Lösung von Schwefelwasserstoff in Aceton; Gaddis befürwortet die Verwendung des mit Schwefelwasserstoff gesättigten Kunstharzes Amberlite IR—4.

Es sind ferner verschiedene anorganische und organische Fällungsmittel an Stelle von Schwefelwasserstoff vorgeschlagen worden. Vgl. hierzu die Bibliographien bei Petraschenj und bei Cornog; ferner McDonnell und Wilson. Teils werden ebenfalls Sulfide gefällt [Verwendung von Na_2S, Na_2S_x, $(NH_4)_2S$, $Na_2S_2O_3$, P_2S_5, CH_3COSNH_4, $(NH_4)_2CS_2O$ u. a. als Fällungsmittel], so daß der klassische Analysengang weitgehend erhalten bleibt, teils werden Phosphate (Petraschenj), Hydroxyde (Lewin; Brockman; Okáč), Carbonate (Almkvist u. a.), Xanthogenate [Wenger, Duckert und Ankadji (b); Chaves-Lavin] oder Pyridin-Thiocyanat-Komplexe [Dobbins, Markham und Edwards; Dobbins und Gilreath (kombiniert mit Phosphatfällung)] gefällt, was zu einer Einteilung in andere Analysengruppen führt. Bei den Verfahren von Petraschenj und von Pamfil beginnt die Analyse mit der Abtrennung von Zinn und Antimon, indem man die Substanz mehrmals mit konzentrierter Salpetersäure abdampft und Metazinn- und Metaantimonsäure als in verdünnter Salpetersäure unlöslichen Rückstand erhält. — Rane und Kondaiah fällen Zinn, Antimon und Silber durch Hinzufügen von Salzsäure zur Analysenlösung und Abdampfen mit konzentrierter Salpetersäure. Eine ähnliche Methode verwenden Alvarez Querol und Wilson für einen mikroanalytischen Trennungsgang. Nachdem Silber, Quecksilber(I), Blei und Wolfram mit Salzsäure abgeschieden sind, wird das Filtrat zweimal mit konzentrierter Salpetersäure abgedampft und der Rückstand mit 3 bis 4 Tropfen 1%iger Salpetersäure extrahiert, zentrifugiert und mit warmem Wasser gewaschen. Im Rückstand können dann Zinn, Antimon, Titan und Molybdän enthalten sein. Er wird in einer warmen Mischung von 2n Salzsäure und 2n Salpetersäure (1 : 1) gelöst und Zinn in einem Teil dieser Lösung nach Reduktion mit einem kleinen Stückchen Aluminium mit Dimethylglyoxim und Eisen(III)-chlorid nachgewiesen, s. Punkt 10, S. 158.

Bei dem Verfahren von MEE wird nach Abtrennung von Blei, Silber, Quecksilber(I), Calcium, Strontium und Barium ein Teil des Zinns zusammen mit Arsen, Antimon, Quecksilber(II), Kupfer und Wismut mit Natriumthiosulfat in schwachsaurer Lösung als Sulfid gefällt. Das Zinn wird gemeinsam mit Antimon mit Natriumcarbonat extrahiert und durch eine Tüpfelreaktion nachgewiesen. Die Hauptmenge des Zinns wird nach Entfernen von vorhandenem Phosphat zusammen mit Eisen, Mangan, Chrom, Aluminium, Calcium und Blei durch Ammoniumhydroxyd und Natriumcarbonat gefällt. Der Niederschlag wird mit kochender Natronlauge extrahiert und die Lösung filtriert. Im Filtrat, das Blei, Zinn, Aluminium und Calcium enthält, wird Zinn nachgewiesen. — BELCHER und BURTON haben diese Methode etwas abgeändert, um sie für einen mikrochemischen Analysengang verwenden zu können. Sie erreichen dadurch u. a., daß Zinn fast immer erst mit Eisen, Mangan, Chrom, Aluminium und Calcium gefällt wird. — EL-BADRY, McDONNELL und WILSON haben diesen Analysengang so erweitert, daß er auch die selteneren Metalle umfaßt.

In neuester Zeit haben BARBER und GRZESKOWIAK Thioacetamid (vgl. auch F. W. IWANOW; WAWILOW und Punkt 46, S. 143), BLOEMENDAL und VEERKAMP Thioformamid (s. Punkt 47, S. 143) und WIBERG und BAUER Ammoniumthiocarbamat als Reagens für die Sulfidfällung vorgeschlagen. GLEU und SCHWAB empfehlen disubstituierte Dithiocarbamate als Fällungsreagenzien, s. Punkt 21, S. 121, und Punkt 22, S. 139.

Die neuere Entwicklung geht in die Richtung, die Elemente möglichst ohne systematischen Analysengang direkt durch Tüpfelreaktionen nachzuweisen [GUTZEIT (a); KRUMHOLZ; WEST und SMITH; ODEKERKEN; CHARLOT, BÉZIER und GAUGUIN; vgl. ferner McDONNELL und WILSON]. Siehe auch Punkt 3, S. 154, sowie Punkt 1, S. 162.

Über ein Trennungsverfahren auf mikroanalytischem Wege s. BENEDETTI-PICHLER [(b), S. 126].

Über einen Analysengang für unlösliche Stoffe s. TAIMNI und SALARIA sowie SALARIA.

Trennung auf chromatographischem Wege s. § 6, S. 163.

A. Trennung der Elemente der Zinngruppe im engeren Sinne.

Bei der Trennung von Zinn, Arsen und Antimon verfährt man meistens so, daß man zunächst Zinn und Antimon gemeinsam von Arsen abtrennt und dann Zinn und Antimon entweder nach erfolgter Trennung einzeln oder ohne vorherige Trennung nebeneinander bzw. in zwei verschiedenen Portionen der gleichen Lösung nachweist.

a) Trennung des Zinns und Antimons von Arsen.

1. Trennung durch Behandeln der Sulfide mit Salzsäure. Aus der nach Abtrennung der Zinngruppe erhaltenen Lösung der Thiosalze des Zinns, Arsens und Antimons fällt man durch schwaches Ansäuern mit Salzsäure, Schwefelsäure oder Essigsäure die Sulfide der drei Elemente wieder aus, filtriert und erwärmt anschließend das Sulfidgemisch mit konzentrierter Salzsäure (1 : 1), bis kein Schwefelwasserstoff mehr entweicht. Das Zinn und Antimonsulfid gehen dabei in Lösung, während das Arsensulfid ungelöst zurückbleibt.

2. Trennung durch Behandeln der Sulfide mit Ammoniumcarbonatlösung. Ein weiteres, viel gebrauchtes Trennungsverfahren der drei Elemente beruht auf der Löslichkeit des Arsensulfids in Ammoniumcarbonat [BLOXAM (b); PIESZCZEK; MASALSKY].

BÖTTGER (S. 437) weist darauf hin, daß die Ammoniumcarbonatlösung frisch zubereitet sein muß, und CLASSEN (S. 170) schreibt vor, daß sie mit etwas Ammoniak versetzt sein soll.

Die ungelösten Sulfide des Zinns und Antimons werden entweder mit konzentrierter Salzsäure oder mit warmer Kaliumhydroxydlösung gelöst. Im letztgenannten Falle oxydiert man den Sulfidschwefel mit Wasserstoffperoxyd unter Erwärmen zum Sulfat und säuert nach Wegkochen des überschüssigen Wasserstoffperoxyds mit Salzsäure eben an (BÖTTGER, S. 438).

Kritische Bemerkungen zu dieser Methode s. EPIK.

Man kann das Arsen auch mit Natriumcarbonatlösung an Stelle von Ammoniumcarbonatlösung aus dem Sulfidgemisch herauslösen. Der Rückstand wird mit Ammoniumsulfidlösung unter allmählichem Hinzufügen von Wasserstoffperoxyd gekocht, wobei Zinn in Lösung geht und im Filtrat mit Schwefelwasserstoff gefällt werden kann (MORTARA).

3. Trennung durch Behandeln mit Ammoniak. Anstatt mit Ammoniumcarbonat empfiehlt BÖTTGER (S. 437) die Trennung mit einer Mischung von einem Volumteil 2n Ammoniak, zwei Volumteilen 2n Ammoniumchlorid und einem Volumteil Wasser auszuführen [s. auch SCHEINKMANN (a und b)].

4. Trennung durch Kochen mit Wasser. Nach CLERMONT und FROMMEL gehen die Sulfide des Zinns, Arsens und Antimons durch Kochen mit Wasser unter Entwicklung von Schwefelwasserstoff in Oxyde über. Das Arsenoxyd geht dabei in Lösung, die Oxyde des Zinns und Antimons dagegen nicht (s. ebenfalls LESSER).

5. Trennung durch Schmelzen mit Natriumcarbonat und Natriumnitrat. Die Sulfide werden mit Natriumcarbonat gemischt, und die Mischung wird nach und nach in eine mäßig erhitzte Schmelze von Natriumnitrat eingetragen. Die Temperatur darf nicht zu sehr gesteigert und das Schmelzen nicht zu lange fortgesetzt werden. Beim Behandeln mit wenig kaltem Wasser bleiben Zinn und Antimon ungelöst zurück, während Arsen in Lösung geht [FRESENIUS (a) S. 218; s. ferner FRESENIUS-GEHRING, S. 68].

6. Trennung mittels Ionenaustauscher. Zinn und Antimon lassen sich von Arsen trennen, indem man die Lösung durch mit Wasserstoffionen gesättigtes Wofatit P fließen läßt. Nur Antimon und Zinn werden absorbiert (LUR'E und FILIPPOVA).

Über die Elutionskonstanten des zwei- und vierwertigen Zinns für Wofatit L 150 in Salzsäure verschiedener Konzentration s. JENTZSCH und PAWLIK.

Über die Trennung des Zinn(IV), Antimon(V) und Tellur(IV) mit Hilfe des Anionenaustauschers Dowex-1 für radiochemische Zwecke s. SMITH und REYNOLDS.

b) Trennung des Zinns und Arsens von Antimon.

Liegt eine oxydierte salzsaure Lösung der drei Elemente vor, wird das fünfwertige Antimon zunächst durch Kochen mit Hydrazin zum dreiwertigen reduziert. Zinn bleibt dabei in der vierwertigen Stufe. Dann wird Seignettesalz zugesetzt und die Lösung ammoniakalisch gemacht. Disubstituierte Dithiocarbamate fällen jetzt quantitativ Antimon, während Arsen und Zinn in Lösung bleiben (GLEU und SCHWAB, s. Punkt 22, S. 139).

c) Trennung des Zinns von Arsen und Antimon.

1 a. Trennung durch Fällung mit Schwefelwasserstoff in Gegenwart von Oxalsäure. Man behandelt das Sulfidgemisch mit 2 bis 3 ml konzentrierter Salzsäure, die mit einigen Tropfen Salpetersäure versetzt ist, fügt eine gesättigte Oxalsäurelösung und etwas feste Oxalsäure hinzu, kocht und leitet Schwefelwasserstoff ein. Zinn bleibt in Lösung, Arsen und Antimon dagegen werden als Sulfide gefällt und zusammen mit dem bei dem Behandeln mit der salpetersäurehaltigen Salzsäure ungelöst gebliebenen Arsensulfid abfiltriert. Zum Filtrat gibt man Ammoniak, löst einen dabei gebildeten Niederschlag durch tropfenweises Versetzen mit Ammoniumsulfid und fällt das Zinn durch Ansäuern mit Essigsäure aus [CLARKE (b) und (c); RAWSON]. Siehe auch Punkt 6, S. 130.

Nach LINCOLN und OLSON engt man die Ammoniumsulfidlösung der drei Sulfide ein, versetzt mit einer gesättigten Oxalsäurelösung und einer 3%igen Wasserstoffperoxydlösung, kocht fünf Minuten und leitet in die verdünnte Lösung Schwefelwasserstoff ein, wobei Arsen und Antimon gefällt werden, während Zinn in Lösung bleibt.

1b. Trennung durch Fällung mit Thioformamid. Mit Thioformamid läßt sich zunächst fünfwertiges Arsen durch Fällung aus einer 6n salzsauren Lösung als Sulfid von vorhandenem Antimon und Zinn abtrennen. Nach Versetzen der mittels Ammoniak fast neutralisierten Lösung mit Oxalsäure wird in der Siedehitze auch Antimon durch Thioformamid als Sulfid gefällt, während Zinn in Lösung bleibt [MUSIL, GAGLIARDI und REISCHL (b)].

2. Trennung durch Fällung des Zinns als Zinndioxydhydrat. Das Sulfidgemisch wird mit einer 5%igen Natriumsulfidlösung kalt extrahiert und die Lösung mit überschüssiger Natriumhydroxydlösung und Wasserstoff- oder Natriumperoxyd versetzt. Beim Erwärmen fällt Antimon als Natriumantimonat aus. Die Fällung wird durch Zusatz von Alkokol (etwa ein Viertel des Flüssigkeitsvolumens) vollständig gemacht und das Zinn nach Filtrieren und Wegkochen des Alkokols durch Zusatz eines Ammoniumsalzes (am besten Ammoniumnitrat) als Zinndioxydhydrat gefällt. Arsen bleibt in Lösung [BERGLUND; KASSNER; WALKER; KOLB; HAHN (a); TOMULA].

BERGLUND benutzt Kupferoxyd als Entschwefelungs- und Oxydationsmittel; WALKER fällt das Zinn direkt aus der stannat-, antimonat- und arsenathaltigen Lösung durch Kochen mit überschüssigem Ammoniumchlorid.

3. Trennung durch Fällung mit Schwefelwasserstoff in Gegenwart von Fluorwasserstoffsäure. Nach Lösen des Sulfidgemisches in 10 ml warmer, konzentrierter Schwefelsäure gießt man die Lösung, die das Arsen und das Antimon in dreiwertiger Form enthalten muß, in verdünnte Flußsäure und leitet Schwefelwasserstoff ein. Während die Sulfide des Arsens und Antimons gefällt werden, bleibt das Zinn in Lösung. Im Filtrat läßt sich Zinn nach Versetzen mit überschüssiger fester Borsäure und Neutralisation mit Ammoniak als Sulfid fällen und nach Lösen des Sulfids in Salzsäure in üblicher Weise nachweisen [McGAY; FURMAN (a); FISCHER und THIELE].

4. Trennung mit Kupferron. Das Zinn-, Antimon- und Arsensulfidgemisch wird in verdünnter Natriumhydroxydlösung gelöst, die Lösung mit Wasserstoffperoxyd oxydiert, mit Salzsäure unter Verwendung von Methylrot als Indicator angesäuert und unter Kühlung mit einer 5%igen Kupferronlösung im Überschuß versetzt. Zinn fällt aus, Antimon und Arsen bleiben gelöst (PINKUS und CLAESSENS; PINKUS und MARTIN; TSCHERWIAKOW und OSTROUMOW; MACK und HECHT; GRAY). Siehe ferner SHOME sowie Punkt 26, S. 139.

5. Trennung durch Behandeln der Sulfide mit Natriumcarbonatlösung. Beim Behandeln des Sulfidgemisches mit Natriumcarbonatlösung in der Siedehitze bleibt Zinn(II)-sulfid ungelöst zurück, während Antimon- und Arsensulfid in Lösung gehen (MATERNE).

6. Trennung durch Behandeln der Sulfide mit Kalkwasser. Kalkwasser löst aus dem Sulfidgemisch nur das Antimon und Arsen heraus und kann deshalb zur Trennung des Zinns von Antimon und Arsen verwendet werden (DANCER).

7. Trennung durch Einwirkung von nascierendem Wasserstoff. ANSELL löst die Sulfide in einem Salzsäure-Salpetersäure-Gemisch und bringt die Lösung in einen Wasserstoffentwicklungsapparat. Arsen und Antimon verflüchtigen sich als Hydride; Zinn bleibt als Zinn(II)-chlorid oder als schwarzes Metallpulver zurück.

8. Trennung durch Fällung mit Natriumthiosulfat. In Gegenwart von freier Salzsäure werden Arsen und Antimon von Natriumthiosulfat gefällt, Zinn jedoch nicht. Auf dies Verhalten hat VOHL ein Trennungsverfahren der drei Elemente gegründet (s. ebenfalls LESSER sowie Punkt 7, S. 72).

d) Trennung des Zinns von Antimon.

1. Durch Reduktion mit Metallen. *a) mit Zink.* In die in einem Platinlöffel (-tiegel) oder auf einem Platinblech sich befindende salzsaure zinn- und antimonhaltige Lösung taucht man einen Zinkstab oder ein Stück Zinkblech so ein, daß die beiden Metalle sich berühren. Bei Anwesenheit von Zinn scheiden sich graue Flocken ab, oder aber es bildet sich nur ein grauer Beschlag auf dem *Zink*. Antimon dagegen liefert einen schwarzen, in verdünnter Säure unlöslichen Fleck, der von der Berührungsstelle ausgehend sich auf dem Platin ausbreitet. Wenn die die Reaktion begleitende Wasserstoffentwicklung zu Ende ist, sammelt man das abgeschiedene Zinn und löst es in wenig kalter verdünnter Salzsäure. Beim Vorhandensein von nur sehr wenig Zinn, das vom Zink mechanisch nicht zu entfernen ist, beschränkt man sich darauf, das Zink mit verdünnter Salzsäure zu benetzen.

Beim Behandeln von zinn- und antimonhaltigen Lösungen mit Zink und Platin können giftige Gase entstehen. Ferner muß darauf hingewiesen werden, daß das Verfahren für sehr verdünnte Lösungen nicht befriedigend ist. — Zinn läßt sich von Antimon dadurch unterscheiden, daß der Zinnbeschlag durch Benetzen des Platinbleches mit einer 1 molaren Lösung von Kupfersulfat verschwindet, während der Antimonbeschlag unverändert bleibt. An Stelle von Zink-Platin kann man die Paare Zink-Kupfer oder Cadmium-Kupfer verwenden (PIONTELLI).

RUPP führt die Trennung im Reagensglas unter Zuhilfenahme eines Zinkkorns und eines dicht daneben gestellten Platindrahts aus.

β) mit Eisen. Bei Reduktion der salzsauren Lösung der Sulfide mit reinem Eisen (zusammengewickeltem Blumendraht, Nagel oder Pulver) scheidet sich das Antimon unter Wasserstoffentwicklung in schwarzen Flocken ab, während das vierwertige Zinn nur bis zum zweiwertigen reduziert wird (s. Punkt 11 γ, S. 107). Man filtriert das Antimon ab und prüft das Filtrat auf Zinn (TOOKEY; CLASEN; WALKER; RUPP).

Die Reaktion setzt meistens erst nach einigen Minuten beim Erwärmen ein, wird dann aber, wenn man die Flüssigkeit ständig warm hält, lebhafter. Nach etwa 10 Min. ist die Hauptmenge des Antimons abgeschieden (BILTZ-FISCHER, S. 85).

γ) mit Blei. Eine dünne Bleifolie (0,05 mm) scheidet aus der stark salzsauren Lösung der Sulfide beim Erwärmen auf dem Wasserbade ($^1/_2$ bis 1 Std.) das Antimon als Metall ab, während Zinn in zweiwertiger Form in Lösung bleibt [TREADWELL und EDELMANN; HANKE und REEDY; HAGEN (S. 84)].

δ) mit Kupfer. Kochen der stark salzsauren Lösung der Sulfide mit Kupferspänen reduziert ebenfalls das vierwertige Zinn zum zweiwertigen, während Antimon abgeschieden wird (MUIR; s. ferner Punkt 11 δ, S. 107).

ε) mit Aluminium. In gleicher Weise verwenden HUFFERD (a) sowie SCOTT und KOELSCHE Aluminium, um Zinn und Antimon voneinander zu trennen.

ζ) mit Nickel. Die beste Trennung wird durch Reduktion mit Nickel in salzsaurer Lösung erreicht, wobei Zinn nicht [EVANS und HIGGS (a)] oder nur in unbedeutender Menge [HOLNESS (a)] mitgefällt wird.

2. Trennung durch Fällung mit Schwefelwasserstoff. *a) in stark salzsaurer Lösung.* Die Lösung der Sulfide, die 10 ml Salzsäure (D = 1,20) bei einem Volumen von 50 ml enthalten soll, wird in der Wärme (90°) mit Schwefelwasserstoff gesättigt. Hierbei fällt das Antimontrisulfid aus, während Zinn in Lösung bleibt und sich erst nach Verdünnen mit Wasser und nochmaligem Einleiten von Schwefelwasserstoff ausscheidet [LOVITON (a); NOYES und BRAY (a)].

β) in Gegenwart von Oxalsäure. Wie schon Punkt 1 a, S. 69, erwähnt, verhindert die Anwesenheit von Oxalsäure die Fällung des Zinns durch Schwefelwasserstoff, ohne daß die Fällung des Antimonsulfids dadurch beeinflußt wird [s. ferner CLARKE (c); RÖSSING; WELCH und WEBER]. Über die Trennung mittels Thioformamid s. Punkt 1 b, S. 70.

γ) in Gegenwart von Phosphorsäure. Die salzsaure Lösung der Zinn- und Antimonsulfide wird mit festem Natriumcarbonat und schließlich mit einer gesättigten Lösung von Natriumcarbonat unter Verwendung von Phenolphthalein als Indicator neutralisiert. Man verdünnt die Lösung mit der gleichen Menge Phosphorsäure (D = 1,3) und fügt ein Fünftel des Volumens an Salzsäure hinzu. Beim Einleiten von Schwefelwasserstoff in der Wärme scheidet sich bloß das Antimonsulfid ab, während Zinn in Lösung bleibt. Nur in sehr verdünnter Lösung fällt Zinn(IV)-sulfid aus (VORTMANN und METZL; LÖVGREN). Siehe hierzu auch SARUDI.

δ) in Gegenwart von Fluorwasserstoffsäure. FISCHER und THIELE lösen das Zinnsulfid-Antimonsulfid-Gemisch in Fluorwasserstoffsäure und leiten in die Lösung Schwefelwasserstoff ein. Wie schon Punkt 3, S. 70, erwähnt, fällt nur das Antimonsulfid aus; Zinn dagegen bleibt gelöst und kann nach Vertreiben der Fluorwasserstoffsäure mit konzentrierter Schwefelsäure und Lösen in Wasser im Filtrat nachgewiesen werden (s. ebenfalls KLING und LASSIEUR).

ε) in Gegenwart von Natriumchlorid. Man verdünnt die salzsaure Lösung der Sulfide mit dem anderthalbfachen Volumen an konzentrierter Natriumchloridlösung, so daß das Volumen der Flüssigkeit 40 ml beträgt und ihr Salzsäuregehalt 3n entspricht. Beim Sättigen der Flüssigkeit mit Schwefelwasserstoff fällt Antimontrisulfid aus, während Zinn in Lösung bleibt (KUNZ; MIDDLETON und WERNIMONT).

3. Trennung durch Behandeln der Sulfide mit Salzsäure. Die durch Digerieren mit gelbem Ammoniumsulfid erhaltene Lösung der Thiosalze des Zinns und Antimons, die bei Verwendung eines polysulfidreichen Ammoniumsulfids auch Spuren von Kupfer enthalten kann, wird mit Essigsäure angesäuert, der Niederschlag mit dem Doppelten seines Volumens Salzsäure (1 Volumen 34%iger Salzsäure und 2 Volumina Wasser) 2 Minuten bei 80° erwärmt und filtriert. Im Filtrat befindet sich fast alles Antimon und ein Teil des Zinns, aber kein Kupfer. Der Rückstand mit dem Hauptanteil des Zinns[1], Spuren von Antimon und etwaigem Kupfer wird 5 Minuten mit konzentrierter Salzsäure gekocht, die Lösung mit Wasser verdünnt, filtriert und im Filtrat das Zinn nachgewiesen [GAUTIER (a)]. Siehe ferner Punkt 10, S. 137.

4. Trennung durch Fällung des Antimons als Natriumantimonat. Siehe Punkt 2, S. 70.

5. Trennung durch Fällung des Zinns als Zinn(IV)-phosphat. Zu der salzsauren Lösung, die das Zinn in vierwertiger Form enthalten muß, fügt man als Indikator einen Tropfen Phenolphthalein- oder Lackmuslösung hinzu und vermischt mit so viel Natriumhydroxydlösung, daß man eine klare Lösung bei stark alkalischer Reaktion erhält. Nunmehr versetzt man mit überschüssigem Natriumhydrogenphosphat, säuert schwach mit Salpetersäure an und kocht einige Zeit. Das Zinn scheidet sich dabei als Zinn(IV)-phosphat ab, Antimon dagegen bleibt gelöst (BORNEMANN).

6. Trennung mit Kaliumhexacyanoferrat(II). Man versetzt die schwach salzsaure Lösung der Sulfide mit so viel Kaliumhexacyanoferrat(II), daß die Lösung klar blau erscheint, und erhitzt zum Kochen. Zinn scheidet sich als Zinnhexacyanoferrat(II) (s. Punkt 29, S. 134) ab, während Antimon in Lösung bleibt [WARREN (a)].

7. Trennung durch Fällung mit Natriumthiosulfat. Um Zinn und Antimon mit Hilfe von Natriumthiosulfat zu trennen, versetzt CARNOT die salzsaure Lösung mit Ammoniak oder Ammoniumchlorid und Oxalsäure, neutralisiert annähernd, aber nicht vollständig mit Ammoniak und fällt heiß mit Natriumthiosulfat unter wiederholtem Zusatz weniger Tropfen Salzsäure. Antimon fällt aus, während Zinn in Lösung bleibt. Ist Arsen vorhanden, wird seine Fällung durch Versetzen mit Schwefeldioxyd verhindert. Siehe auch Punkt 8, S. 70, sowie Punkt 13, S. 133.

8. Trennung mit Triäthanolamin. Die Lösungen von vierwertigem Zinn und fünfwertigem Antimon in Triäthanolamin (Trioxyäthylamin) verhalten sich Säuren und Salzen gegenüber so verschieden, daß dadurch eine Trennung der beiden Elemente zu erreichen ist. Während Zinn(IV)-hydroxyd bereits bei dem p_H-Wert 8 durch Säuren und weiterhin durch Salze (Sulfate, Chloride, Carbonate) gefällt werden kann, ist Antimonsäure erst bei einem p_H-Wert von etwa 6 fällbar und wird auch nicht durch die genannten Salze gefällt (RAYMOND).

Die salzsaure Lösung wird, falls Zinn und Antimon nicht schon in der höchsten Wertigkeitsstufe vorliegen, zunächst mit Brom oxydiert. Bei einem Gehalt von 0,3 g Sn + Sb gibt man etwa 300 ml gesättigter Ammoniumhydrogencarbonatlösung und 15 ml einer 20%igen Lösung von Triäthanolamin hinzu. Beim gelinden Erwärmen lösen sich zunächst die beiden Hydroxyde; nach einiger Zeit fällt jedoch das Zinn(IV)-hydroxyd wieder aus.

9. Trennung und Nachweis von Zinn und Antimon nach SACCARDI. Die nach Abtrennung des Arsens und Wegkochen des Schwefelwasserstoffs erhaltene Lösung von Zinn und Antimon wird mit metallischem Magnesium reduziert und in zwei Teile geteilt. In dem ersten Teil weist man Zinn entweder mit Quecksilber(II)-chlorid nach, oder man säuert stark mit konzentrierter Salzsäure an und kocht mit einer Spur von Arsen(III)-oxyd, wobei sich eine schwarze Fällung von Arsen bildet. — Zu dem zweiten Teil der Lösung fügt man Chlorwasser im Überschuß.

---

[1] Daß Antimonsulfid in Salzsäure leichter löslich ist als Zinnsulfid, steht im Widerspruch zu den gewöhnlichen Angaben über die Löslichkeitsverhältnisse dieser Sulfide (s. z. B. Punkt 2, S. 71).

Zinn bleibt in Lösung als vierwertiges Ion, während Antimon als Antimon(V)-oxyd gefällt wird. Die Anwesenheit der vierwertigen Zinnionen übt keinen Einfluß auf die Fällung des Antimons aus; andererseits wird die Zinnreaktion nicht durch die Anwesenheit der dreiwertigen Antimonionen gestört. Das Antimon(V)-oxyd wird abfiltriert und zur Bestätigung des Zinns das Filtrat mit Schwefelwasserstoff gefällt.

e) Weitere Verfahren zur Trennung des Zinns von den üblichen Elementen der Schwefelwasserstoffgruppe.

1a. Trennung nach GILMOUR. Man behandelt den Niederschlag von der Schwefelwasserstofffällung mit siedender 5n Salzsäure, wodurch alle Sulfide bis auf Quecksilbersulfid, Kupfersulfid und Arsentrisulfid zersetzt werden. Das Filtrat wird zur Entfernung des Schwefelwasserstoffs gekocht, mit Wasserstoffperoxyd versetzt, eingedampft, mit Wasser aufgenommen und mit Schwefelwasserstoff gefällt. Aus dem gebildeten Sulfidgemisch extrahiert man das Zinn(IV)- und das Antimonsulfid mit Natriumhydroxydlösung.

1b. Trennung nach HEATH. Ein ähnliches Verfahren wird von HEATH vorgeschlagen. Die Sulfide von der Schwefelwasserstoffällung werden mit konzentrierter Salzsäure gekocht. Die abgekühlte, stark saure Lösung wird mit Schwefelwasserstoff gesättigt, und die ungelösten Sulfide werden abfiltriert. Die Lösung, die Cadmium, Wismut, Antimon, Zinn und Blei enthalten kann, wird auf ein kleines Volumen eingedampft, mit ein oder zwei Tropfen verdünnter Schwefelsäure versetzt und nach einigen Minuten etwas verdünnt. Etwa abgeschiedenes Bleisulfat wird abfiltriert und ein kleiner Teil der Lösung auf Zinn geprüft. Vgl. auch BLANC und RACINE (a).

2a. Verfahren von LONGINESCU und THEODORESCU. Aus dem Sulfidniederschlag löst man zunächst das Arsensulfid durch Behandeln mit 10%iger Ammoniumcarbonatlösung heraus. Die übriggebliebenen Sulfide löst man durch Behandeln mit Salzsäure und Kaliumchlorat, fällt sodann Quecksilber, Wismut, Kupfer und Cadmium mit Natriumhydroxyd und erhält in der Lösung Zinn, Antimon sowie den Teil des Bleis, der nicht schon bei der Behandlung der Sulfide mit Salzsäure und Kaliumchlorat gefällt wurde. Das Blei wird als Sulfat gefällt, und Zinn und Antimon werden nach den gewöhnlichen Methoden nachgewiesen (s. ebenfalls LONGINESCU).

2b. Verfahren von CHABORSKI und PETRESCU. Nach dem Herauslösen des Arsensulfids mit Ammoniumcarbonatlösung löst man den Rest der Sulfide von der Schwefelwasserstoffällung in Königswasser, dampft zur Trockne ein und löst so viel wie möglich in Wasser. Scheiden sich während des Eindampfens basische Salze ab, löst man sie in so wenig Salzsäure wie möglich. Nach Abkühlen und Abfiltrieren von evtl. vorhandenem Bleichlorid versetzt man die Lösung, die Wismut, Kupfer, Cadmium, Quecksilber, Zinn und Antimon als Chloride enthält, mit überschüssigem Ammoniak. Kupfer und Cadmium bleiben gelöst; im Niederschlag befinden sich Wismut, Quecksilber, Antimon und Zinn. Quecksilber und der größte Teil des Antimons werden mit 25%iger Ammoniumchloridlösung herausgelöst und Zinn und Wismut nach Lösen in Salzsäure und Reduktion mit Eisen wie üblich nachgewiesen.

3. Verfahren von BERTIAUX. Vierwertiges Zinn läßt sich von Arsen, Antimon, Wismut, Kupfer und Blei durch Fällung mit Schwefelwasserstoff in schwach salzsaurer Lösung und in Anwesenheit von überschüssigem Ammoniumoxalat trennen. Dabei werden nur die Sulfide der genannten Elemente gefällt, während Zinn in Lösung bleibt.

4. Trennung von Blei. Nach SEIDEL und FISCHER kann man Zinn durch Fällung in konzentriert wäßriger Salzsäure als Ammoniumhexachlorostannat(IV) von Blei scharf trennen.

Blei läßt sich von Zinn auch durch Fällung mit seleniger Säure in weinsäurehaltiger ammoniakalischer Lösung trennen ($p_H < 9{,}2$) (NARUI).

Über eine vereinfachte Trennungs- und Nachweismethode der Kationen der Schwefelwasserstoffgruppe s. CHIRNOAGÀ.

B. Trennung des Zinns beim Vorhandensein der Elemente der erweiterten Zinngruppe.

In dem gewöhnlichen Analysengang führt das Behandeln der Sulfide mit alkalischen Lösungsmitteln auch zum vollständigen oder teilweisen Lösen der Sulfide des Molybdäns, Goldes und Platins und zum Lösen des Selens und Tellurs. Diese Elemente müssen deshalb, falls vorhanden, ebenfalls bei der weiteren Trennung der Zinngruppe berücksichtigt werden. Verwendet man nach MAYNARD, BARBER und SNEED Natriumhydrogensulfid als Lösungsmittel für die Zinngruppe, bleiben die Platinmetalle ungelöst, und die Lösung enthält außer Arsen, Antimon und Zinn nur noch Selen, Tellur, Gold und Molybdän.

a) Trennung von Molybdän, Selen, Tellur, Gold und Platin nach NOYES und BRAY (a).

Dies Verfahren entspricht dem Punkt 1, S. 68, erwähnten Verfahren zur Trennung des Zinns und Antimons von Arsen durch Behandeln der Sulfide mit Salzsäure.

Die durch Ausziehen mit Ammoniumpolysulfid erhaltene Lösung wird mit Salzsäure oder Essigsäure angesäuert, der dabei ausfallende Niederschlag möglichst vollständig von dem anhaftenden Wasser befreit und in einem größeren Reagensglas mit 10 ml konzentrierter Salzsäure ($D = 1{,}20$) fast zum Sieden erhitzt. Am einfachsten stellt man das Reagensglas 10 Min. lang unter häufigem Durchmischen des Inhalts in ein Gefäß mit heißem Wasser. Nach Zugabe von 5 ml Wasser wird der Rückstand, der die Sulfide des Arsens, Molybdäns, Goldes und Platins sowie Selen und Tellur enthält, abfiltriert. Zinn und Antimon sind in Lösung gegangen und werden im Filtrat nachgewiesen.

b) Trennung von Molybdän, Selen, Tellur und Gold nach MAYNARD, BARBER und SNEED.

In der durch Behandeln des Sulfidgemisches mit Natriumhydrogensulfidreagens erhaltenen Lösung werden Selen, Tellur und Gold durch Einleiten von Schwefeldioxyd abgetrennt. Im Filtrat fällt man Arsen, Antimon, Zinn, Quecksilber und Molybdän mit Schwefelwasserstoff und löst die Sulfide des Antimons und Zinns durch Behandeln mit 12 n Salzsäure heraus.

c) Trennung von Gold und Platin.

1. Durch Behandeln mit Ammoniumcarbonat und Salzsäure. Aus dem durch Ansäuern der Thiosalzlösung erhaltenen Sulfidgemisch zieht man das Arsensulfid mit Ammoniumcarbonat aus (vgl. Punkt 2, S. 68) und löst sodann die Sulfide des Zinns und Antimons in Salzsäure, wobei Gold und Platin ungelöst zurückbleiben [CLASSEN (S. 243 und 260)].

2. Durch Fällung von Gold und Platin mit Chloralhydrat. Das durch Fällung der Thiosalzlösung mit Säure erhaltene Sulfidgemisch wird in Königswasser gelöst. Die Lösung versetzt man mit einer geringen Menge einer gesättigten Lösung von neutralem Natriumoxalat, je nach der Menge des vorhandenen Antimons mit mehr oder weniger einer Oxalsäurelösung und schließlich mit einem beträchtlichen Überschuß einer Natriumhydroxydlösung. Nach Erhitzen auf fast 100° fügt man tropfenweise eine Chloralhydratlösung hinzu, wobei Gold und Platin sich abscheiden (DIRVELL).

3. Durch Glühen der Sulfide mit Ammoniumchlorid und Ammoniumnitrat. Man erhitzt das getrocknete Sulfidgemisch mit etwa 6 Teilen eines innigen Gemisches von 3 bis 5 Teilen Ammoniumchlorid und 1 Teil Ammoniumnitrat in einem Porzellanschiffchen in einem Glasrohr zuerst schwach, allmählich stärker und zuletzt stark, während ein Luftstrom durch das Rohr gesaugt wird. Die Sulfide des Arsens, Antimons und Zinns verflüchtigen sich dabei als Chloride; Gold und Platin bleiben als Metalle zurück. Das Sublimat prüft man nach Lösen in verdünnter Salzsäure auf Arsen, Antimon und Zinn [FRESENIUS (b)].

4. Durch Erhitzen der Sulfide im Chlorwasserstoffstrom. Man erhitzt das Sulfidgemisch in einem Chlorwasserstoffstrom und fängt die flüchtigen Produkte in einer mit Salzsäure beschickten Vorlage auf. Zinn und Antimon verflüchtigen sich als Chloride, Arsen geht als Trisulfid über und wird durch Filtration der Vorlageflüssigkeit von Zinn und Antimon getrennt. Gold und Platin bleiben als Rückstand zurück (DE KONINCK und LECREMIER).

d) Trennung von Selen und Tellur.

1. Durch Fällung mit Schwefelwasserstoff in oxalsaurer Lösung. Aus der Thiosalzlösung fällt man die Sulfide mit Schwefelsäure aus, behandelt sie nach Filtrieren mit Salpetersäure und Brom, gibt, falls Antimon vorhanden ist, Weinsäure hinzu und fällt das Arsen mit Ammoniak und Magnesiamixtur. Nach Verdampfen des Ammoniaks gibt man 30 g Oxalsäure hinzu und sättigt in der Siedehitze mit Schwefelwasserstoff, wobei Antimon, Selen und Tellur ausfallen, während Zinn in Lösung bleibt (BAYLEY).

2. Durch Schmelzen mit Natriumcarbonat und Natriumnitrat. Das Sulfidgemisch wird mit Natriumcarbonat und Natriumnitrat geschmolzen. Beim Behandeln der Schmelze mit kaltem Wasser gehen Arsen, Selen und Tellur in Lösung [CLASSEN (S. 187 und 194 sowie Punkt 5, S. 69)].

e) Trennung von Molybdän.

1. Durch Fällung mit Schwefelwasserstoff in oxalsaurer Lösung. Das Sulfidgemisch wird mit Oxalsäure unter Versetzen mit etwas verdünnter Salzsäure gekocht und die Lösung anschließend mit Schwefelwasserstoffwasser behandelt, wobei Zinn in Lösung bleibt [CLARKE (b, c); LAMBIE und SCHOELLER sowie Punkt 1 a, S. 69].

2. Durch Schmelzen mit Natriumperoxyd und Natriumcarbonat. Man trägt das getrocknete Sulfidgemisch nach und nach in eine Schmelze ein, die aus 10 Teilen Natriumperoxyd und 10 Teilen Natriumcarbonat für je 1 Teil des Sulfidgemisches besteht und sich in einem Nickeltiegel befindet, erhitzt 10 Min. über dem Bunsenbrenner und zieht nach dem Erkalten mit kaltem Wasser aus. In Lösung gehen Natriumarsenat und Natriummolybdat, ungelöst bleiben Natriumantimonat und Zinn(IV)-oxyd. Man filtriert und wäscht mit 1 n Natriumhydroxydlösung aus. Den Rückstand behandelt man mit Salzsäure (1 : 1) und prüft die so erhaltene Lösung auf Zinn und Antimon [TREADWELL (S. 533)].

3. Durch Erhitzen im Schwefelwasserstoffstrom. Der getrocknete Sulfidniederschlag wird in einem Rosetiegel, der sich in einem zweiten, etwas größeren Tiegel befindet, unter langsamem Einleiten von Schwefelwasserstoffgas so hoch erhitzt, daß der Boden des äußeren Tiegels eben dunkle Rotglut zeigt. Das in starken Säuren lösliche Molybdäntrisulfid geht dabei in Molybdändisulfid über, das in heißer konzentrierter Salzsäure unlöslich ist [BILTZ (a), S. 83].

f) Weitere Verfahren zur Trennung des Zinns von den Elementen der Schwefelwasserstoffgruppe
beim Vorhandensein von Molybdän, Selen, Tellur, Gold und Platin.

1. Verfahren von HAGEN. Man löst den Niederschlag von der Schwefelwasserstofffällung in Königswasser und raucht mit konzentrierter Salzsäure ab. Den Rückstand nimmt man mit konzentrierter Salzsäure auf, verdünnt auf etwa 4 n und reduziert in der Hitze mit Schwefeldioxydwasser. Nach Abkühlen wird filtriert. Der Niederschlag besteht aus Thallium, Gold, Selen, Tellur und etwas Platin. In Lösung befinden sich (Thallium), Blei, Wismut, Kupfer, Cadmium, Quecksilber, Molybdän, Platin, Arsen, Antimon und Zinn. Nach Eindampfen auf 5 ml neutralisiert man das Filtrat mit festem Natriumcarbonat, versetzt zunächst mit 10 ml einer Natriumsulfidlösung und dann tropfenweise mit einer Natriumpolysulfidlösung. Nach Erwärmen auf dem Dampfbad filtriert man den Niederschlag, der aus den Sulfiden des (Thalliums), Bleis, Wismuts, Kupfers und Cadmiums besteht, ab. Das Filtrat enthält nunmehr Quecksilber, Molybdän, Platin, Arsen, Antimon, Zinn (und Wismut). Quecksilber und das evtl. vorhandene Wismut werden durch Zusatz von festem Ammoniumchlorid abgeschieden. Im Filtrat befinden sich jetzt Molybdän, Platin, Arsen, Antimon und Zinn. Man säuert mit verdünnter Schwefelsäure in geringem Überschusse an und trennt aus dem dabei ausfallenden Sulfidgemisch die Sulfide des Zinns und Antimons durch Behandeln mit warmer, starker Salzsäure (2 : 1) ab.

2. Durch Reduktion mit metallischem Zink (Verfahren von PETERSEN). Man versetzt die schwach saure Lösung unter Erwärmen mit einem Überschuß von Zink (in Form von Drehspänen). Der Niederschlag, der Quecksilber, Silber, Blei, Wismut, Kupfer, Cadmium, Platin, Gold, Arsen,

Antimon und Zinn enthalten kann, wird abfiltriert, gewaschen und mit schwacher Salzsäure erwärmt. Dabei gehen überschüssiges Zink, Cadmium und Zinn in Lösung, wonach sich Zinn nachweisen läßt.

g) Trennung von Rhenium.

Zinn läßt sich von Rhenium trennen a) durch Hydrolyse des Zinns mit Ammoniak oder Natrium- bzw. Ammoniumacetat, b) durch Fällung des Zinns mit Kupferron oder c) durch Fällung des Rheniums aus 6 n salzsaurer Lösung als Sulfid. Rhenium muß siebenwertig und Zinn vierwertig vorliegen (GEILMANN und BODE).

C. Trennung nach NOYES und BRAY.

Nach dem Analysenverfahren von NOYES und BRAY (b) bilden Antimon, Zinn, Wolfram, Molybdän, Tellur und Vanadin eine gemeinsame Gruppe (Wolframgruppe), in der die Abtrennung des Antimons und Zinns auf Grund der Löslichkeit ihrer Sulfide in Salzsäure erfolgt. Um dabei die Sulfide von Wolfram, Molybdän und Vanadin völlig unlöslich zu machen, wird das Sulfidgemisch vor dem Behandeln mit Salzsäure in einem Schwefelwasserstoffstrom schwach geglüht (500 bis 600°). Die Sulfide und das gebildete salzsäureunlösliche Sublimat von Tellur werden vereinigt und mit warmer 12 n Salzsäure längere Zeit behandelt. In der Lösung erfolgt die Trennung des Antimons und Zinns in gewöhnlicher Weise, z. B. nach Punkt 2α, S. 71. Vgl. auch Punkt 3, S. 75.

Über eine Abwandlung dieser Methode für die Trennung auf halbmikroanalytischem Wege s. MILLER und LOWE.

Über die Trennung von Zinn durch Destillation s. VANOSSI.

Nachweismethoden.

§ 1. Nachweis auf spektralanalytischem Wege.

Allgemeines.

Nach LÖWE sind die wichtigsten Spektrallinien des Zinns: $\lambda = 3330,6$ Å; $\lambda = 3283,5$ Å; $\lambda = 3262,3$ Å; $\lambda = 3175,0$ Å; $\lambda = 3034,1$ Å; $\lambda = 3009,1$ Å; $\lambda = 2863,3$ Å; $\lambda = 2840,0$ Å; $\lambda = 2706,5$ Å. Von SEITH und RUTHARDT werden alle diese Linien mit Ausnahme von $\lambda = 3009,1$ Å und $\lambda = 2706,5$ Å als Analysenlinien bezeichnet. Die Linie $\lambda = 3283,5$ Å tritt nur im Funkenspektrum auf und wird dort durch Zink gestört. GERLACH und RIEDL führen nur die schräg gedruckten Linien als Analysenlinien an. Die stärksten Linien sind $\lambda = 3175,0$ Å und $\lambda = 2840,0$ Å; ihnen folgen die ungefähr gleich starken Linien $\lambda = 3034,1$ Å; $\lambda = 2863,3$ Å und $\lambda = 3262,3$ Å; die schwächste Linie ist $\varsigma = 3009,1$ Å. Nach MEGGERS sind die stärksten Linien im Zinnspektrum $\lambda = 3262,34$ Å; $\lambda = 3801,02$ Å und $\lambda = 3175,05$ Å; wobei die erste die stärkste ist und die beiden anderen gleich stark sind. Diese Linien sollen auch die wichtigsten für den Nachweis von Zinnspuren sein.

Koinzidenzen nach GERLACH und RIEDL.

Bei $6 = 3262,3$ Å mit Linien von Barium, Blei, Cadmium, Iridium, Molybdän, Osmium, einer schwachen Vanadinlinie und einer sehr schwachen Eisenlinie sowie, besonders im Funkenspektrum, mit einer Titanlinie und einer schwachen Wolframlinie. Das Spektrum des Titans hat außerdem regelmäßig einen starken Untergrund an dieser Stelle. Als Störungslinien kommen in Betracht die Analysenlinie $\lambda = 3261,1$ Å von Cadmium, ferner Indium $\lambda = 3258,6$ Å; Iridium $\lambda = 3266,5$ Å; Osmium $\lambda = 3262,3$ Å und die Funkenlinie $\lambda = 3261,6$ Å von Titan.

Bei $\lambda = 3175,0$ Å mit Linien von Kupfer, Tellur, Eisen, Kobalt, Mangan, Molybdän, Platin, Ruthenium und mit einer sehr schwachen Titanlinie. Die Störungslinie des Eisens $\lambda = 3175,5$ Å verursacht meistens eine Verbreiterung der Zinnlinie. Das Manganspektrum ruft an der Stelle der Analysenlinie einen starken Untergrund hervor.

Bei $\lambda = 3034,1$ Å mit Linien von Arsen, Gold (besonders im Funkenspektrum), Wismut, Kalium, Zink, dessen Spektrum an dieser Stelle regelmäßig einen starken Untergrund besitzt, ferner mit Linien von Kobalt, Chrom, Ruthenium, Vanadin, mit einer schwachen Wolframlinie und einer sehr schwachen Molybdänlinie. Die Störung durch Kobalt äußert sich meistens durch eine Verbreiterung der Analysenlinie. Die Vanadinlinie $\lambda = 3033,8$ Å ruft, besonders im Bogenspektrum, ebenfalls eine Verbreiterung der Analysenlinie hervor. Im Funkenspektrum stört auch noch die Vanadinlinie $\lambda = 3033,5$ Å. Weitere Störungslinien sind Eisen $\lambda = 3037,4$ Å und Osmium $\lambda = 3030,7$ Å.

Bei $\lambda = 2863,3$ Å mit Linien von Wismut, Antimon (besonders im Funkenspektrum), Eisen, Molybdän, Osmium, Rhodium, Ruthenium und mit einer schwachen Manganlinie. Die Störung durch Eisen äußert sich durch eine Verbreiterung der Analysenlinie; die Störung durch Molybdän ist besonders stark im Funkenspektrum, aber auch im Bogenspektrum stört eine sehr schwache Molybdänlinie. Die Störungslinien sind Arsen $\lambda = 2860,5$ Å; Osmium $\lambda = 2861,0$ Å; Wolfram $\lambda = 2866,1$ Å sowie die Chromfunkenlinien $\lambda = 2865,1$ Å; $\lambda = 2862,6$ Å und $\lambda = 2860,9$ Å.

Bei $\lambda = 2840,0$ Å mit Linien von Aluminium, Blei, Chrom, Eisen, Iridium, Mangan, Palladium, mit einer schwachen Linie von Vanadin und mit sehr schwachen Linien von Molybdän (besonders im Funkenspektrum), Ruthenium, Titan und Wolfram. Das Bleispektrum hat gewöhnlich einen starken Untergrund an der Stelle der Analysenlinie; die Störung durch Eisen äußert sich durch eine Verbreiterung der Analysenlinie; die Störung durch Mangan ist besonders stark im Bogenspektrum, aber auch im Funkenspektrum tritt eine schwache Manganstörungslinie auf; auf die Störung durch Molybdän und Wolfram ist besonders im Funkenspektrum zu achten. Die Störungslinien sind die beiden, normalerweise nicht voneinander zu trennenden Eisenlinien $\lambda = 2839,8$ Å und $\lambda = 2839,6$ Å; die Iridiumlinien $\lambda = 2840,2$ Å und $\lambda = 2839,2$ Å; die Osmiumlinie $\lambda = 2838,6$ Å; die Thoriumanalysenlinie $\lambda = 2837,3$ Å; sowie die Chromfunkenlinie $\lambda = 2843,3$ Å und die Titanfunkenlinie $\lambda = 2841,9$ Å.

Spezielles[1].

a) Nachweis in Lösungen.

In der Luft-Azetylen-Flamme läßt sich Zinn nur in dem blauen Kegel an der Basis der Flamme mit Hilfe der Linien $\lambda = 2354,8$ Å (empfindlich), $\lambda = 2421,7$ Å; $\lambda = 2429,5$ Å (empfindlich) und $\lambda = 2706,5$ Å (empfindlich) nachweisen [LUNDEGÅRDH (a, S. 76)]. Um Zinn in dem Flammenmantel nachzuweisen, muß man sich des Flammenfunkenverfahrens bedienen. Die nach diesem Verfahren an Hand der Linien $\lambda = 3034,1$ Å und $\lambda = 2706,5$ Å zu erreichende Nachweisempfindlichkeit wird von LUNDEGÅRDH und PHILIPSON zu $1 \cdot 10^{-3}$ Mol/Liter angegeben. Andere zum Nachweis des Zinns nach diesem Verfahren geeignete Linien sind $\lambda = 2429,5$ Å; $\lambda = 2840,0$ Å; $\lambda = 2863,3$ Å; $\lambda = 3009,1$ Å; $\lambda = 3032,8$ Å; ($\lambda = 3175,0$ Å) [LUNDEGÅRDH (c)]. — GILBERT, HAWES und BECKMAN beschreiben die Verwendung eines BECKMAN-Flammenphotometers und geben für Zinn eine Nachweisempfindlichkeit von 0,05% an.

---

[1] Da die Grenze zwischen qualitativen und quantitativen spektrographischen Bestimmungen schwer zu ziehen ist, umfassen die Literaturhinweise dieses Abschnittes sowohl die qualitative wie quantitative Bestimmung von Zinn.

Am besten erfolgt jedoch der Zinnachweis in stark sauren Lösungen nach dem Tauchfunkenverfahren. Dabei sind die am besten geeigneten Linien $\lambda = 3801,0$ Å; $\lambda = 3330,6$ Å; *$\lambda = 3262,3$ Å*; *$\lambda = 3175,0$ Å*; $\lambda = 3034,1$ Å; $\lambda = 3009,1$ Å; $\lambda = 2863,3$ Å; *$\lambda = 2840,0$ Å*; $\lambda = 2706,5$ Å; $\lambda = 2631,9$ Å; $\lambda = 2429,5$ Å und $\lambda = 2354,8$ Å; von denen die schräg gedruckten Linien die empfindlichsten sind [LUNDEGÅRDH (b, S.93)]. Die bei Verwendung eines 0,015 μF-Kondensors mit Hilfe der Linie $\lambda = 3032,8$ Å bestimmte Nachweisempfindlichkeit beträgt nach LUNDEGÅRDH (a, S. 83) $4 \cdot 10^{-2}$ bis $1 \cdot 10^{-4}$ Mol/Liter.

Über den Einfluß von Alkalien und anderen Elementen sowie von Selbstinduktion und Kapazität auf die Intensität der Linien s. LUNDEGÅRDH (a). — Die Intensität der Zinnlinien wird durch die Flüchtigkeit der Zinnverbindungen bedingt, nicht durch die Dissoziation der in der Dampfphase vorliegenden Moleküle. Die Anionen beeinflussen die Intensität der Linien nicht (ALEKSEEVA und MANDEL'SHTAM).

Nach TODD löst man 0,5 bis 0,005 g der pulverisierten Probe in 3 ml 10%iger Salpetersäure und regt das Spektrum zwischen zwei in die Lösung eingetauchten Platinelektroden mit Hilfe von 110 V niederfrequentem Wechselstrom an. Das erhaltene Spektrum rührt von dem charakteristischen Glühen her, das man in der unmittelbaren Nähe der einen Elektrode beobachtet, und ist weder ein Funken- noch ein Bogenspektrum. Zur Untersuchung gelangt nur das sichtbare Spektrum. Am besten für den Zinnachweis geeignet sind die Linien $\lambda = 6453$ Å; $\lambda = 5799$ Å und $\lambda = 5563$ Å. Für reine Zinnlösungen gibt TODD eine Nachweisgrenze von 0,2 mg/ml an. In Lösungen, die mehrere Elemente enthalten, liegt die Nachweisgrenze bei einem etwas höheren Wert. Die Alkali- und Erdalkalimetalle stören den Nachweis. Sind größere Mengen dieser Elemente vorhanden, tut man gut, die Schwermetalle durch Fällung mit Ammoniak abzutrennen und den Niederschlag erst nach Lösen in 10%iger Salpetersäure zu untersuchen. Vgl. auch McDUFFIE.

Eine gleichzeitige Trennung und Anreicherung des Zinns erreicht SCHLEICHER durch elektrolytische Abscheidung auf einer Metallelektrode in saurer Lösung und anschließendes Verdampfen des gewonnenen Niederschlages im elektrischen Funken oder im Abreißbogen. Bei Verwendung von nur 0,1 ml Lösung und drahtförmiger Kathode ist es möglich, die Nachweisempfindlichkeit für das sichtbare Gebiet auf 5 γ, für das ultraviolette Gebiet auf 0,1 γ, entsprechend 10^{-4}% Zinn, zu steigern. Die Aufnahmen erfolgten dabei mit dem „ZEISS-Spektrographen für Chemiker" und mit „Agfa Superpan-Platten" sowie „Agfa Ultraviolett-Platten".

ROHNER extrahiert die zweiwertigen Zinnionen neben anderen Metallionen aus ihren wäßrigen Lösungen mit einer Lösung von 100 mg Dithizon in 100 ml Tetrachlorkohlenstoff und nimmt das Spektrum der so erhaltenen Lösung im kondensierten Funken zwischen Metallelektroden auf, wobei eine der ausgearbeiteten Methode angepaßte Analysenfunkenstrecke mit kontinuierlicher Lösungszuführung angewandt wird.

Eine kontinuierliche Lösungszuführung findet auch bei der von FELDMAN angegebenen „Porous-Cup-Electrode-Technique" statt. Hierbei wird die zu analysierende Lösung dem Funken oder Bogen durch den Boden der oberen ausgehöhlten Elektrode zugeführt. Die Elektrode hat einen Durchmesser von 0,6 cm und ist 3,75 cm lang. Sie wird mit einem 0,3-cm-Bohrer bis zu einem Abstand von $1,1 \pm 0,2$ mm vom unteren Ende ausgebohrt. Die untere Elektrode ist ein Graphitstab vom Durchmesser 0,3 cm mit einem flachen oder zugespitzten Ende. Der Elektrodenabstand beträgt 2 mm. Die zu analysierende Lösung wird in die Höhlung der oberen Elektrode eingefüllt. Die Lösung sickert durch den Boden und wird in einem Hochspannungs-BAIRD-Funken mit einem synchronischen Unterbrecher oder in einem Niederspannungsabreißbogen angeregt. Eine einzige Füllung von etwa 0,32 ml gestattet eine Aufnahme von 120 bis 240 sec. Gewöhnlich hat die Aufnahme eine Dauer von 180 sec. Nach einer 5 bis 10 sec langen Vorfunkperiode folgt eine Pause von ungefähr

15 sec, wonach das Funken wieder aufgenommen wird. Es können sowohl saure wie neutrale und auch schwach basische Lösungen verwendet werden. Bei einem p_H-Wert $\geqq$ 9 wird der Graphit durch einige Lösungen nicht genügend benetzt, so daß die notwendige Kapillarwirkung nicht erhalten wird. Am besten geeignet sind saure Lösungen, womöglich mit 10% H_2SO_4. Für eine solche Lösung wird die *Grenzkonzentration* für Zinn an Hand der Linie $\lambda = 2839,99$ Å mit 0,01% angegeben. WILSKA empfiehlt die Verwendung einer 3%ig salpetersauren Lösung und erreicht so eine *Grenzkonzentration* von 0,0005%. Verwendet wurden dabei ein FEUSSNER-Funke und ein ZEISS-Qu24-Spektrograph.

Ein systematischer Analysen- und Trennungsgang zum spektralanalytischen Nachweis des Zinns wird von SCHLEICHER und BRECHT-BERGEN angegeben. Danach fällt man Zinn gemeinsam mit Silber, Quecksilber, Blei, Kupfer, Cadmium, Wismut, Arsen, Antimon und Molybdän mit Schwefelwasserstoff aus, bettet den Niederschlag in spektroskopisch reine Gelatineemulsion ein und nimmt das Spektrum im Hochfrequenzfunken auf. Die an den Linien $\lambda = 2863,3$ Å; $\lambda = 3009,1$ Å und $\lambda = 3034,1$ Å bestimmte Erfassungsgrenze des Zinns beträgt 0,5 γ, die Grenzkonzentration 1 : 2000.

Über den Nachweis von Zinn in Galliumchloridlösungen s. SALTMAN und NACHTRIEB.

b) Nachweis in Mineralien.

Um Zinn spektrographisch in Mineralien nachzuweisen, sind verschiedene Verfahren verwendet worden.

AHLFELD und MORITZ (b) lösen die feingepulverten Mineralproben in Säure (in Salzsäure lösen sich Teallit und Kylindrit, in Salpetersäure Argyrodit-Canfieldit, Wolfsbergit, Pyrargyrit, Zinnkies, Zinkblende und Pyrit, in Königswasser Franckeit), so daß die Konzentration der zu verfunkenden Lösung 10 g Probe/100 ml Lösungsmittel entspricht. Die Aufnahme des Spektrums erfolgt im wesentlichen nach dem klassischen Verfahren von DE GRAMONT. Zur Auswertung werden die Spektren mit solchen von Standardproben verglichen. Die für den Nachweis am besten geeigneten Linien sind $\lambda = 2840,0$ Å und $\lambda = 3175,0$ Å, etwas weniger empfindlich, aber ebenfalls brauchbar sind $\lambda = 3262,3$ Å; $\lambda = 3034,1$ Å und $\lambda = 2863,3$ Å. Die an Empfindlichkeit und Intensität ungefähr gleiche Linie $\lambda = 3009,1$ Å bleibt wegen Koinzidenz mit einer starken Kohlenlinie unberücksichtigt. Die Nachweisgrenze des Zinns beträgt bei den verwendeten Versuchsbedingungen etwa 0,001%.

MORITZ und SCHNEIDERHÖHN bringen 0,01 g der sorgfältig gemischten und gepulverten Probe in die untere, tellerförmig ausgehöhlte, negative Elektrode aus reinstem Elektrolytkupfer. Die Gegenelektrode ist eine zugespitzte Elektrode aus dem gleichen Material. Die Probe läßt man zunächst bei einer Stromstärke von 4 bis 5 Amp. zusammenschmelzen und nimmt sodann das Spektrum im Abreißbogen mit einem „ZEISS-Spektrographen für Chemiker" bei einer Stromstärke von 3 bis 3,5 Amp. auf. Als Standardsubstanzen werden künstliche „Pegmatite" mit bekanntem Zinnsteinzusatz verwendet. Die Auswertung der Spektren erfolgt mit dem Spektrallinien-Photometer nach ZEISS mit Hilfe der Linie $\lambda = 3262,3$ Å sowie der Kupferlinie $\lambda = 3365,4$ Å. Die Linien $\lambda = 3175,0$ Å; $\lambda = 2863,3$ Å; $\lambda = 2840,0$ Å und $\lambda = 2706,5$ Å fallen wegen Störung durch Eisenlinien weg.

Nach GOLDSCHMIDT und PETERS füllt man die Substanz in eine 2 mm tiefe und 1,3 mm weite Bohrung in der als Kathode geschalteten Elektrode aus sorgfältig gereinigtem Graphit und nimmt das Bogenspektrum nach dem Glimmschichtverfahren auf. Zur Verwendung kommen die Linien $\lambda = 3262,3$ Å (Koinzidenz Eisen $\lambda = 3262,3$ Å); $\lambda = 3175,0$ Å; $\lambda = 3034,1$ Å; $\lambda = 3009,1$ Å (Koinzidenz Eisen $\lambda = 3009,1$ Å); $\lambda = 2913,5$ Å; $\lambda = 2863,3$ Å (Koinzidenz Eisen $\lambda = 2863,4$ Å); $\lambda = 2840,0$ Å; $\lambda = 2706,5$ Å (Koinzidenz Eisen $\lambda = 2706,6$ Å). Bei Substanzen mit einem hohen Chromgehalt stört die Koinzidenz der Zinnlinien $\lambda = 3034,1$ Å und $\lambda = 2840,0$ Å mit den schwachen Chromlinien $\lambda = 3034,2$ Å bzw. $\lambda = 2840,0$ Å. Die Grundsubstanz für die Eichpräparate besteht aus einer Mischung von Aluminiumoxyd und 30% Eisen-(III)-oxyd. Das Verfahren gestattet, bis zu 0,0005% SnO_2 in diesen Präparaten nachzuweisen. — In sulfidischen Mineralien weist OFTEDAL mit der gleichen Methode an Hand der Linien $\lambda = 3175,0$ Å und $\lambda = 2840,0$ Å weniger als 0,001% Zinn (bis hinunter zu 0,0005%) und in anderen, nichtsulfidischen Mineralien weniger als 0,01% Zinn nach [s. ebenfalls PREUSS (a)].

Eine wesentliche Steigerung der Nachweisempfindlichkeit des Glimmschichtverfahrens hat PREUSS (b) dadurch erreicht, daß er die Substanz einer fraktionierten Destillation durch Erhitzen in einem elektrisch geheizten Kohlerohr, dessen Temperatur auf 2000° gebracht werden kann, unterwirft. Um ein Zusammensintern der Substanz zu verhindern, mischt man sie im Verhältnis 1 : 1 mit ausgeglühtem Kohlepulver. Die ausgetriebenen, leichtflüchtigen Metalle bläst man mittels eines Gasstromes (Kohlendioxyd, Stickstoff, Argon) durch ein ebenfalls geheiztes Kohleröhrchen, das als Kathode geschaltet ist, in den Kohlelichtbogen und nimmt das Spektrum der Glimmschicht auf. Die Hauptmenge des Zinns ist schon verdampft, ehe die Alkalimetalle zu verdampfen anfangen. Die Nachweisgrenze, die an künstlichen, in Zehnerpotenzen abgestuften Mischungen von Zinn(IV)-oxyd und Silicium(IV)-oxyd bzw. künstlichem Albit bestimmt wurde, wird zu 0,03 γ Zinn angegeben und entspricht bei Verwendung von 1 bis 3 g Substanz etwa $3 \cdot 10^{-6}$% Zinn, was sogar unterhalb des durchschnittlichen Zinngehaltes der Gesteine liegt.

Über ein Verfahren zur Untersuchung mikroskopischer Proben s. BOROVIK und INDICHENKO.

Über den Nachweis von Spurenmetallen in Gesteinen nach Anreicherung durch Extraktion mit organischen Reagenzien nach dem Verfahren von POHL (c) s. Punkt 5, S. 92.

Über den Nachweis bzw. die Bestimmung von Zinn in Mineralien, Schlichen, Erzen usw. s. ferner DE GRAMONT; FORJAZ (in portugiesischen Uran- und Zirkonmineralien, DE GRAMONTS Methode und Bogenspektrum); ZIES (Kohlebogen); SHIBATA und UEMURA (in Beryll); WILD und KLEMM (in Beryll, Smaragd, rotem Spinell, Rubin, Spodumen, Alexandrit, Bogenspektrum, Kohleelektroden); WILD (in Turmalin, Kohlebogen); BROWN (in Quarz, Biotit, Glimmer, Chlorit, Bogenspektrum nach dem Glimmschichtverfahren sowie Funkenspektrum); GLASS (in verschiedenen Mineralien); GRATON und HARCOURT (in Zinkblenden, Bogenspektrum); DE RUBIES und DOETSCH (in Bleimineralien, Bogenspektrum, Graphitelektroden); WARNER (in Turmalin, Bogenspektrum, Graphitelektroden); BÖSE (in Beryll, Bogenspektrum nach dem Glimmschichtverfahren); NEDLER (Funkenspektrum, geeignete Linien $\lambda = 3034,1$ Å und $\lambda = 3262,3$ Å); DE RUBIES und LOPEZ DE AZCONA (elektrothermische Anreicherung im elektrischen Bogen); KUSMINA (in Goldschlichen, Bogenspektrum zwischen zwei sich drehenden Kupferelektroden, Vergleich der Intensität der Zinnlinien mit der Intensität der Kupferlinien); PROKOFJEV (zwischen Kohleelektroden, die untere Elektrode enthält in einem feinen Kanal das feinverteilte Gestein, Methode der letzten Linien); KWASCHNEWA; RATZBAUM (a) (empfiehlt, für die spektralanalytische Zinnbestimmung die Linie $\lambda = 2421$ Å zu verwenden; diese Linie verschwindet bei Zinnkonzentrationen unter 0,05%, nimmt aber zwischen 0,05 und 1,0% stark an Intensität zu); STOIBER (in Zinkblenden); OTTEMANN (in Tiefengesteinen, Glimmschichtverfahren, Anreicherung durch Sublimation im Hochvakuum, Nachweisgrenze 0,001—0,005 g Sn je Tonne); BOROVIK (a) (in Glimmer, Chrysoberyll); RUSSANOW und ALEXEJEVA; RUSSANOV und MOWTSCHAN (Einführen der Ätzprobe auf einem Papierstreifen in den Lichtbogen); BARSANOV (in Ilvait); SZELENYI und VOGL (in Zinkblende); LOPEZ DE AZCONA (in Bleimineralien); HARRISON und ALLEN; TAKIMOTO (in Zinnmineralien); KINOSHITA und TAKIMOTO (in Fahlerzen); FITZ und MURRAY (in Silicaten, 1 mg des Silicats gemischt mit 20 mg 1 : 1-Gemisch von Bariumnitrat und Ammoniumchlorid, Wechselstrombogen, Bezugslinie Ba $\lambda = 2771,4$ Å); STROCK (a) (in Zinkblenden, Kohlebogen, Bezugslinie Be $\lambda = 3130,42$ Å, Konzentrationsbereich 0,0005—1,0%); WARREN und THOMPSON (b) (in Zinkblende); AHRENS (a) (in Tonmineralien); STOLL (in Pegmatiten); MARKS und HALL (in Erzen nach der Methode der totalen Energie); GOLDSCHMIDT, KREJCI-GRAF und WITTE (in Sedimenten); EFENDIEV (in Erzen und Böden, Verdampfen der Lösung in einem Hochspannungsbogen); GAVELIN und GABRIELSON (in sulfidischen Kupfer- und Zinkerzen); SERGEEV (in Gesteinen, im Bogen mit Überlagerung eines magnetischen Feldes, Nachweisempfindlichkeit 0,001%); HERMANN ROSE (in Gesteinen und Mineralien, Verbesserung der Methode der Sublimation flüchtiger Elemente im Hochvakuum, Glimmschichtverfahren); CLAFFY (Einfluß der Grundsubstanz auf die Intensität der Zinnlinien); PÉREZ MATEOS und GÁRATE COPPA (in Kupferglanz, Covellin, Enargit);

RADICE (in Meteoriten); HUSTLER und HAMMAKER (in Siliciumdioxyd); AHRENS und LIEBENBERG
(in Glimmer); AHRENS (b) (in Gesteinen, Mineralien, Bodenproben, Meteoriten und ähnlichem Material, Gleichstrombogen, Vergleichselement Indium, Sn $\lambda = 3175,0$ Å und $\lambda = 3262,33$ Å, Grenzkonzentration $10^{-3}\%$); PATTERSON (in Lava); MINGUZZI (in Eisenerzen); CROCCO (in Granit);
SCHROLL (in Zinkblenden, ZEISS-Quarzspektrograph, Abreißbogen mit Kupferelektroden, Nachweisgrenze 0,0003%); CHADWICK (in Columbit); MINGUZZI und TALLURI (in Pyriten); MIROPOL'-
SKIĬ und MIROPOL'SKAYA (in Zinkblende); PARGA-PONDAL und PÉREZ-MATEOS (in Begleitminera-
lien von Granit); GRAHAM und ALBRECHT (in kaliumhaltigen Mineralien); SAITO (in Mangan-
mineralien); HAWLEY (in Pyriten); JEDWAB (in Pegmatiten); WARING und ANNELL (in Mineralien, Gesteinen und Erzen; Multisource-Gleichstrombogen, Graphitelektroden, Sn $\lambda = 3262,3$ Å;
$\lambda = 3175,0$ Å; $\lambda = 2863,3$ Å; $\lambda = 2839,9$ Å); HEGGEN und STROCK (in Felsen und Mineralien,
Anreicherung nach dem Verfahren von MITCHELL und SCOTT, s. Abschnitt d, S. 89); JOENSUU
(in Zinkblenden, Graphitelektroden, Bogenspektrum, Gemisch von Probe und Graphit,
$\lambda = 3175,0$ Å, Bezugslinie Zn $\lambda = 2712,5$ Å).

c) Nachweis in Metallen.

1. Nachweis in Aluminium. Nach GERLACH und GERLACH (a, S. 173) läßt sich Zinn
in Aluminium besonders gut im Abreißbogen mit dem großen FUESS-Spektrographen
oder ZEISS-Spektrographen nachweisen. Sehr sichere, ungestörte Nachweislinien sind
$\lambda = 3175,0$ Å; $\lambda = 2863,3$ Å und $\lambda = 3262,3$ Å. Bei der letztgenannten Linie ist
jedoch auf Störung durch die Cadmiumlinie $\lambda = 3261,1$ Å zu achten. Die Linie
$\lambda = 3034,1$ Å hat einen etwas stärkeren Untergrund in Aluminium; die Linie
$\lambda = 3009,1$ Å ist einer schwachen Aluminiumlinie sehr eng benachbart, und die
Linie $\lambda = 2840,0$ Å ist durch eine schwache Aluminiumlinie gestört.

MILBOURN und HARTLEY lösen die Probe in einer geeigneten Säure, dampfen die
Lösung fast bis zur Trockne ein und verglühen zum Oxyd. Das feingepulverte Oxyd-
gemisch wird in die Höhlung einer Graphitelektrode gebracht und das Spektrum in
einem $^1/_4$ kW Funken (10000 V, 0,005 μF, 0,075 mH) angeregt.

SEITH (a) reichert das Zinn durch Fällung aus einer Lösung der Probe auf einer
Elektrode aus sehr reinem Aluminium oder Zink an und nimmt das Spektrum im
Bogen auf.

Für die Spurenanalyse empfiehlt POHL (d) eine Anreicherung mit Ammonium-t-
Carbat (über t-Carbate s. Punkt 22, S. 139) + Thionalid in essigsaurer Lösung bei
$p_H = 4$ unter Zusatz von Thallium als Spurenfänger. Als Bezugselement dient
Beryllium. Das Spektrum wird in einem FEUSSNER-Funken unter Verwendung von
Kohle- bzw. Graphitelektroden aufgenommen.

Weitere Literatur s. ADAN (Bogenspektrum, Magnesiumelektroden); VAN SOMEREN (Bogen-
und Funkenspektrum, der Funke ist vorzuziehen, homologe Linienpaare); BALZ (a: Funken- oder
Bogenspektrum, homologe Linienpaare; b: Abreißbogen nach PFEILSTICKER); PASTORE (FEUSS-
NER-Funke, Eignung und Genauigkeit der spektrographischen Methoden bei der Analyse von
Aluminiumlegierungen); JAYCOX und RUEHLE (Bogenspektrum von Lösungsrückständen, Mes-
sung der relativen Intensitäten); CHURCHILL und CHURCHILL (Funkenspektrum, die obere Elektrode aus Analysenmaterial, die untere aus Graphit); LAUENSTEIN (FEUSSNER-Funke und Abreißbogen nach PFEILSTICKER, Kohleelektroden); HASLER und DIETERT (Multisource unit, Nachweislinie $\lambda = 3175,0$ Å); HASLER und KEMP (in Aluminium und Aluminiumbronze, Multisource
unit); EDWARDS [Bogenspektrum (untere Elektrode aus Kupfer) und Funkenspektrum]; DIETERT
und SCHUH; G. WINKLER (kondensierter Hochfrequenzfunken); MORITZ (Abreißbogen nach
PFEILSTICKER; $\lambda = 3175,0$ Å und $\lambda = 2840,0$ Å werden durch Eisen etwas gestört); SCOTT (a)
(Kohlebogen, Einfluß der Dimensionen der Kathode auf die Intensitäten der Analysenlinien);
TLAPA und RAISIG (Gleichstrombogen, Graphitelektroden, $\lambda = 5631,7$ Å; Nachweisgrenze 0,50%;
BAUSCH und LOMB-Spektrometer).

2. Nachweis in Blei und Bleilegierungen. GERLACH und GERLACH (a, S.183) führen
$\lambda = 2840,0$ Å und $\lambda = 2863,3$ Å als empfindliche Nachweislinien für Zinn in Blei an.
Die erstgenannte Linie liegt neben der starken Bleilinie $\lambda = 2833,1$ Å. Die Zinnlinie
$\lambda = 3262,3$ Å koinzidiert mit einer Bleilinie, und die Linie $\lambda = 3175,0$ Å ist durch die
Bleilinie $\lambda = 3176,5$ Å gestört. SCHEIBE (S. 59) zieht auch noch die Funkenlinien
$\lambda = 2706,5$ Å; $\lambda = 2571,6$ Å; $\lambda = 2421,7$ Å und $\lambda = 2354,8$ Å heran.

LARSSON beschreibt ein Verfahren, nach dem 0,5 g der Probe in 10 ml Salpetersäure unter Hinzufügen einiger Tropfen Flußsäure gelöst werden. Die Lösung wird mit 1 ml einer Kobaltlösung versetzt und auf eine Kohleelektrode gebracht. Die mit der Lösung imprägnierte Kohle wird als positive Elektrode geschaltet und das Spektrum im Gleichstromabreißbogen mit dem großen Quarzspektrographen von HILGER aufgenommen. Unter den Analysenlinien ist $\lambda = 3175{,}02$ Å die empfindlichste (sichtbar bis hinunter zu 0,002%); die Kobaltlinie $\lambda = 3174{,}91$ Å stört nicht; $\lambda = 2839{,}99$ Å ist etwas schwächer, läßt sich aber von 0,005% an aufwärts verwenden; $\lambda = 3262{,}33$ Å wird durch Blei gestört und ist nicht verwendbar; als Bezugslinie für Sn $\lambda = 3175{,}02$ Å ist Co $\lambda = 3154{,}68$ Å geeignet; Co $\lambda = 3137{,}33$ Å und $\lambda = 3149{,}31$ Å lassen sich ebenfalls verwenden. Für Sn $\lambda = 2839{,}99$ Å ist Co $\lambda = 2886{,}45$ Å geeignet.

Die *Nachweisgrenze* des Zinns in Blei wird folgendermaßen angegeben: 0,01% (A.S.T.M.; OWENS); 0,004% [SCALISE (b)]; 0,003% [SMITH (b)]; 0,002% (SCHEIBE; BROWNSDON und VAN SOMEREN); 0,001% (JAYCOX und RUEHLE); 0,0005% (RUSSELL; PIERCE, RAMIREZ TORRES und MARSHALL; ARREGHINI und SONGA); 0,00003% (HUGHES).

Weitere Literatur s. GREEN; BROWNSDON und VAN SOMEREN; SCHLEICHER und CLERMONT (Funkenspektrum, homologe Linienpaare); SMITH (a, c) (homologe Linienpaare, die Verwendung spektralanalytischer Methoden, ihre Beschreibung und Leistungsgrenzen bei der Bestimmung kleiner Zusätze von Zinn zu Blei; Funkenspektren geben besser übereinstimmende Resultate als Bogenspektren); EDDY; OCCHIALINI und GALLINO; FINDEISEN (Vergleich zwischen spektrographischer und chemischer Analyse); KAISER (FEUSSNER-Funke, Mikrophotometer, Fehlerbestimmung); BRECKPOT, CREFFIER und PERLINGHI (Bleilegierungen, Bogenspektrum, homologe Linienpaare, Einfluß von Fremdbeimengungen); BRECKPOT und SEMPELS (kontinuierlicher Bogen, homologe Linienpaare, Vergleich mit chemischer Analyse); BRECKPOT und EECKHOUT (Bestimmung der optimalen Bedingungen); RAÏKHBAUM; MRGUDICH (Funkenspektrum, Bleielektroden); OESTERHELD und PORTMANN (Funkenspektrum, Bleielektroden); DULL und HIBBERT (Letternmetall, Funkenspektrum, homologe Linienpaare); TAGANOV (Übersichtsanalyse, Vergleich mit chemischer und polarographischer Analyse); RICCOBONI, ZOTTA und FOFFANI (Funkenspektrum mit rotierendem Unterbrecher); MORRIS (Funkenspektrum); ZAK (Abreißbogen, Zinngehalt 0,01—0,0005%); DANKO und WIENER (in Lötmetallen und Babbit); ALEKSEEVA; HUGHES (Bogenspektrum, Verwendung von wachsbehandelten Graphitelektroden, die mit Bleinitratlösung getränkt sind); STRASHEIM und HUGO (Letternmetall, Funkenspektrum, als untere Elektrode die in Form einer Scheibe zu untersuchende Probe, als obere Elektrode eine mit hemisphärischer Spitze versehene Graphitelektrode, HILGER-Medium-Spektrograph, Mikrophotometer, Sn $\lambda = 2812{,}6$ Å/ Pb $\lambda = 2697{,}5$ Å); ALEKSEEVA und NAÏMARK (Funkenspektrum, homologe Linienpaare); BERGSTROM und LUCAS (Funkenspektrum, analytische Linienpaare: Sn $\lambda = 2813{,}58$ Å/Pb $\lambda = 3220{,}54$ Å im Konzentrationsbereich 0,8% bis 3,5% und Sn $\lambda = 2785{,}03$ Å/Pb $\lambda = 3220{,}54$ Å im Konzentrationsbereich 2,5 bis 6,5%, Mikrophotometer, die Probe als obere Elektrode, als untere eine mit hemisphärischer Spitze versehene Graphitelektrode); JAYCOX (b) (Verminderung des Einflusses verschiedener Grundsubstanzen durch Hinzufügen von Germaniumdioxyd, Gleichstrombogen, Graphitelektroden, $\lambda = 2863{,}33$ Å).

3. Nachweis in Cadmium. Nach Lösen der Probe wird 0,1 ml der Lösung in eine ausgebohrte Graphitelektrode eingefüllt, die Flüssigkeit zum Verdampfen gebracht und das Bogenspektrum aufgenommen, wobei die die Substanz tragende Elektrode Anode ist (LAMB; WRIGHT). Siehe weiter KAISIN; SCALISE (a).

4. Nachweis in Eisen und Stahl. Nach SCHEIBE (S. 56) ist der Bogen für den Nachweis von Verunreinigungen an Zinn im Eisen empfindlicher als der Funke. Die im Bogen zu verwendenden Linien sind: $\lambda = 3262{,}3$ Å (verstärkt durch die Eisenlinie $\lambda = 3262{,}3$ Å); $\lambda = 2850{,}6$ Å; $\lambda = 2421{,}7$ Å und $\lambda = 2354{,}8$ Å. Sämtliche Linien sind noch bei 0,01% Zinn sicher nachzuweisen. HOLZMÜLLER zieht jedoch wegen der besseren Reproduzierbarkeit das Funkenspektrum vor. Die wichtigsten Nachweislinien sind $\lambda = 3262{,}3$ Å (auch zum Nachweis von Spuren des Zinns geeignet); $\lambda = 3034{,}1$ Å und $\lambda = 2850{,}6$ Å.

Bei $\lambda = 3262{,}3$ Å ist mit folgenden Störmöglichkeiten zu rechnen: Kobalt $\lambda = 3260{,}8$ Å; Eisen $\lambda = 3262{,}3$ Å (schwach); Titan $\lambda = 3261{,}6$ Å und Vanadin $\lambda = 3263{,}2$ Å. Chrom, Nickel und Wolfram stören selbst bei hohen Konzentrationen nicht.

Bei $\lambda = 3034{,}1$ Å sind folgende Störmöglichkeiten vorhanden: Kobalt $\lambda = 3034{,}4$ Å; Chrom $\lambda = 3034{,}2$ Å; Molybdän $\lambda = 3033{,}3$ Å; Vanadin $\lambda = 3033{,}8$ Å. Nickel und Wolfram stören selbst bei hohen Konzentrationen nicht.

Bei $\lambda = 2850,6$ Å rufen Chrom $\lambda = 2849,8$ Å und $\lambda = 2851,4$ Å sowie Titan $\lambda = 2851,1$ Å und eine benachbarte Eisenlinie Störungen hervor. Kobalt, Mangan und Wolfram stören selbst bei hohen Konzentrationen nicht.

Die den Angaben zugrunde liegenden Aufnahmen sind mit dem ZEISS-Spektrographen 13 × 18 bei Verwendung eines FEUSSNER-Funkens und sensibilisierter „Perutz"-Silbereosinplatten bei einer Belichtungszeit von 60 sec hergestellt. Durch Verwendung anderer Versuchsbedingungen lassen sich die angeführten Störmöglichkeiten in sehr vielen Fällen vermeiden. HOLZMÜLLER verzichtet auf Angaben über den Gehalt, bei dem die einzelnen Linien gerade noch auftreten, weil eine solche Angabe außer vom Gehalt auch noch von den Versuchsbedingungen abhängig ist.

CARLSSON untersucht die Verwendbarkeit der Lösungspektralanalyse für Stahlproben im Vergleich mit der Verwendung von Metallelektroden und mit chemischer Analyse. Eine stark salpetersaure Lösung wird auf einer Kohleelektrode verdampft, die als positive Elektrode geschaltet wird. Für die Aufnahme des Spektrums wird der Gleichstrom-Abreißbogen nach PFEILSTICKER empfohlen. Mit dem HILGER-Spektrographen E 478 wurde so eine Nachweisgrenze von $5 \cdot 10^{-3}\%$ erreicht. Unter den Analysenlinien fällt die empfindliche Linie $\lambda = 3175,02$ Å mit der Eisenlinie $\lambda = 3174,96$ Å zusammen und liegt nahe der starken Eisenlinie $\lambda = 3175,45$ Å, sie ist trotzdem verwendbar außer bei sehr niedrigen Konzentrationen ($< 0,01\%$); $\lambda = 2839,99$ Å läßt sich auch bei solchen Konzentrationen verwenden, hierbei können Mangan und Chrom in hohen Konzentrationen möglicherweise stören, jedoch stört Mangan bis zu 1% nicht.

Eine Anreicherung durch Extraktion des Eisens aus salzsaurer Lösung mit Isopropyläther ist der Löslichkeit des Zinnchlorids im Äther wegen für Zinn weniger geeignet (WOLFE und FOWLER). Durch Kombination der Äther-Salzsäure-Extraktion mit einer zweiten Ausschüttelung unter Zusatz von Ammoniumrhodanid erreicht POHL (e) eine Trennung des Zinns von Eisen. 1 bis 10 mg Stahlspäne werden gelöst, und das Eisen wird mit Äthyläther aus 6,5 n Salzsäure extrahiert. Nach Reduktion mit Natriumdithionit werden Zinn und einige der übrigen neben Eisen in der Ätherphase vorliegenden Elemente in Form ihrer Rhodankomplexe mit Äther extrahiert. Die Rhodanextrakte werden mit der ursprünglichen salzsauren Phase vereinigt und die darin enthaltenen Elemente gemeinsam im Hochspannungsfunken nach FEUSSNER spektralanalytisch untersucht.

Über die Nachweisempfindlichkeit von Zinn im Eisen und Stahl nach Lösen der Probe s. SCHLIESSMANN (vgl. ebenfalls Abschnitt e, S. 91).

Weitere Literatur s. KELLERMANN und SCHLIESSMANN (im sichtbaren Gebiet mit Kohleelektroden); ROACH (Bogenspektrum zwischen zwei Stäben der Probe); BRECKPOT und MEWIS (a) (Bogenspektrum, Gemische von Eisen und abgemessenen Mengen Zinns); BRODE (Bogenspektrum, Kohlekathode, logarithmischer Sektor und Mikrophotometer); HAMMERSCHMID, LINSTRÖM und SCHEIBE (Funken- und Bogenspektrum, Ermittlung geeigneter Nachweislinien für Zinn im Eisen und Nachweis von Zinn in verschiedenen Eisensorten); WRIGHT; WARGA; SAWYER und VINCENT (Hochspannungswechselbogen); BRUK; MOTOCK (in Schrott); BEERS; WASHBURN; IRISH (a, b) (Bogenspektrum, großer LITTROW-Spektrograph von BAUSCH und LOMB, Konzentrationsbereich 0,003 bis 0,2%); HASLER, KEMP und DIETERT (Spektralanalyse mit Quantometer); ROZSA (a, b) (Hochspannungsbogen- und Funkenspektrum, Graphitelektroden); CARPENTER, DUBOIS und STERNER (Beschreibung eines speziell für Eisenanalysen geeigneten Quantometers, kondensierter Funke und Wechselstrombogen); DUSSOURD (Verwendung eines Quantometers); COHEUR und HANS; HANS (photometrisches Messen der Linienbreite); WOODRUFF (Verwendung von brikettierten Proben, Gitterspektrograph; für „Ingot Iron": Multisource unit, bogenähnliche Entladungen, 940 V, 15 A Primärstrom, Kapazität 60 μF, Induktion 480 μH, Nachweislinien Sn $\lambda = 3175,0$ Å/Fe $\lambda = 3171,7$ Å; für unlegierte und legierte Stähle: 2200 V-Wechselstrombogen, $2^1/_2$ bis 3 A Primärstrom, Nachweislinien für unlegierte und niedriglegierte Stähle Sn $\lambda = 3330,6$ Å und $\lambda = 3175,0$ Å/Fe $\lambda = 3173,7$ Å, für hochlegierte Stähle Sn $\lambda = 3175,0$ Å/ Fe $\lambda = 3175,5$ Å); RILEY (Funkenspektrum ohne Selbstinduktion, Probe in Form kleiner, kubischer, durchgebrochener Blöcke und eine kegelförmig zugespitzte Gegenelektrode aus Graphit); ADDINK (a) (Gleichstrombogen); STEINBERG und BELIC (in rostfreiem Stahl, Gleichstrombogen, der Funke unbefriedigend wegen zu geringer Empfindlichkeit, die Probe als untere, Graphit als obere Elektrode, Mikrophotometer, $\lambda = 3175,02$ Å und $\lambda = 3262,33$ Å); VANCE (BAIRD ASSOCI-ATES-DOW Quantometer, Konzentrationsbereich 0,007 bis 0,10%); ROWE.

5. Nachweis in Gold. WARREN und THOMPSON (a) weisen Zinn in Mengen von 0,1% in gediegenem Gold nach.

6. Nachweis in Hafnium. Um Hafnium spektrographisch zu untersuchen, werden Feilspäne oder gepulverte Oxyde in ausgebohrte Graphitelektroden eingefüllt, und die Probe wird im Wechselstrombogen (2400 V, 4,85 A) verdampft. Mit einem JARREL-ASH-Spektrographen läßt sich Zinn an Hand der Linie $\lambda = 2840,0$ Å im Konzentrationsbereich 10^{-3} bis $2 \cdot 10^{-2}$% bestimmen (GORDON und JACOBS).

7. Nachweis in Kupfer und Kupferlegierungen. Für den Nachweis des Zinns in Kupfer und Messing mittels des Bogenspektrums gibt SCHEIBE (S. 57) die beiden Linien $\lambda = 2863,3$ Å und $\lambda = 2354,8$ Å an. Die unterste Nachweisgrenze beträgt 0,005%.

PARK löst 100 g Kupfer in konzentrierter Salpetersäure und schlägt nach Eindampfen und Verdünnen das Zinn zusammen mit Wismut, Antimon und Molybdän durch Zusatz von Kaliumbromid und Kaliumpermanganat nieder. Nach Lösen des Niederschlages wird mit Schwefelwasserstoff gefällt, die Sulfide werden gelöst, die Lösung wird eingedampft und das Bogenspektrum zwischen mit der Lösung getränkten Graphitelektroden aufgenommen. Durch Vergleich mit Standardlösungen ist es möglich, 0,00001 bis 0,0015% Zinn nachzuweisen.

Um Spuren von Zinn im Elektrolytkupfer nachzuweisen, bedient sich BRECK-POT (b) ebenfalls eines chemischen Anreicherungsverfahrens. Nach Lösen der Probe versetzt man mit Eisen(III)-chlorid und Ammoniak. Das ausgefällte Eisen(III)-hydroxyd reißt Zinn sowie andere anwesende Metalle mit. Um die mitgerissenen Metalle vom Eisen zu trennen, löst man den Niederschlag, versetzt mit einer bekannten Menge einer Kupferlösung und fällt mit Schwefelwasserstoff.

Das ausgefällte Kupfer(II)-sulfid, das u. a. das Zinn enthält, wird in Salpetersäure gelöst und zum Oxyd verglüht. Das Oxyd bringt man auf die Kathode eines Kohlebogens und nimmt das Spektrum mit einem rotierenden Sektor auf. Es gelingt so mit Hilfe der Methode der homologen Linienpaare, 10^{-5} bis 10^{-6}% Zinn bei einem Materialaufwand von 10—30 g nachzuweisen.

MILBOURN und HARTLEY erreichen mit dem Oxyd-Funkenverfahren (s. Punkt 1, S. 81) eine Nachweisempfindlichkeit von 0,002%.

ROUIR und VANBOKESTAL lösen die Proben in Salzsäure + Salpetersäure. Das Mengenverhältnis der Säuren ist von der zu analysierenden Probe abhängig. Da das Kupferion den Zinnachweis beeinträchtigt, wird es durch Zusatz von Ammoniumchlorid und Ammoniumnitrat komplex gebunden. Die Lösung wird dem Funken $(1000\,\mathrm{V}, 40\,\mu\mathrm{F}, 300\,\mu\mathrm{H})$ mittels einer rotierenden Graphitscheibe, die in die Versuchslösung eintaucht und die positive Elektrode des Funkens darstellt, zugeführt. Die Gegenelektrode besteht aus Graphit. Nachweislinien sind Sn $\lambda = 2840,0$ Å/Cu $\lambda = 2824,36$ Å.

Weitere Literatur s. BROWNSDON und VAN SOMEREN (in Messing, homologe Linienpaare, Methoden und Leistungsfähigkeit bei der Bestimmung kleiner Zusätze und Verunreinigungen); EDDY; BRECKPOT (a); BRECKPOT und MEWIS (b) (Analysentabellen für die Konzentrationen 1, 0,1; 0,01 und 0,001% Zinn); MILBOURN (a) (Bogenspektrum, 0,2 bis 0,5 g der Probe werden in die Höhlung einer ausgebohrten Graphitelektrode gebracht, Gegenelektrode aus reinem Kupfer, Vergleich der Intensität der Linien mit einem Bezugselement); J. E. R. WINKLER (Funkenspektrum, homologe Linienpaare, zusammenfassende Übersicht, Arbeitsverfahren, Bestimmung von Zusätzen zu Kupfer bis hinab zu 0,01% möglich); RATZBAUM (b) (Verunreinigungen im Elektrolytkupfer, Abreißbogen, homologe Linienpaare); SWENTITZKI (in Messing, mit einem durch einen Strom hoher Frequenz aktivierten Wechselstrombogen); PANTSCHENKO (in Messing und Elektrolytkupfer, bei der Analyse von Elektrolytkupfer bietet der aktivierte Wechselstrombogen verschiedene Vorteile vor dem FEUSSNER-Funken); SKLYAROW; ASHKINAZI und TRIPOL'SKAYA (in Bronze); KOSTETSKII (in Bronze); MILBOURN (b) (Tabellen für Bestimmung des Zinns); LEICHTLE (Bogenspektrum, Graphitelektroden, Sektormethode); ANTHEUNISSENS (Bogenspektrum, die Probe wird in Oxyd umgewandelt und auf die positive Elektrode aufgebracht, Gegenelektrode aus Graphit, nachgewiesen 0,01%); JAYCOX (a) (Gleichstrombogen, Graphitelektroden, Lösen der Probe in HNO_3 + HF unter Zusatz von Kupfernitratlösung, Konzentrationsbereich 0,30 bis 15,0%); DIETERT und SCHUH (in Bronze); SEMENOV (in Bronze); VVEDENSKIĬ und ANDON'EVA (in Bronze); BRITSKE, IVANTSOV und POLYAKOVA (in Bronze); KRÁLIK (in Messing, Abreißbogen nach PFEILSTICKER); ZHAKHARIYA (in Bronze); BRESKY (in Bronze, FEUSSNER-Funke und PFEIL-STICKER-Bogenunterbrecher); GHOSH und MAZUMDER (in Kupfer-Lagermetallen); BERTA und PALISCA (in Bronze, Gegenelektrode aus Wismut); KIBISOV (in Bronze); VAN DOORSELAER (in Bronze, kondensierter Funke, Graphitelektrode, die mit einer Lösung der Probe in Salpetersäure + Salzsäure getränkt ist); GILLIS, VAN DOORSELAER und RAMÍREZ-MUÑOZ (in Bronze); SCRIBNER und BALLINGER (in Bronze, Funkenspektrum, „Porous-Cup-Electrode-Technique" (vgl. S. 78), obere Graphitelektrode mit kegelstumpfförmigem Ende, Lösen der Probe in Salzsäure + Salpetersäure); JIMENO-MARTÍN (in Kanonenbronze; zusätzliche Ionisation der Funkenentladung durch eine Leuchtgasflamme); BAISTROCCHI (in Bronze); SMITH (d) (in Eichproben von Kupfer, im Bogen unter Verwendung der vom Verfasser entwickelten „Arc-globule-method"); VAN DOORSELAER, KRUSE und GILLIS (in Kupfer und archäologischen Bronzen, Verbesserung der „Kupferoxyd-Funkentechnik" nach MILBOURN und HARTLEY, s. o., durch Verwendung eines FEUSSNER-Funkens (12000 V, 0,01 μF, 0,8 mH), $\lambda = 2840,0$ Å); JAYCOX (b) (Verminderung des Einflusses verschiedener Grundsubstanzen durch Hinzufügen von Germaniumdioxyd, Gleichstrombogen, Graphitelektroden, $\lambda = 2863,33$ Å); SCHATZ (unterbrochene, bogenähnliche, funkengezündete Entladung hoher Energie, Multisource unit, horizontal angeordnete „Spitze gegen Fläche"-Elektroden mit Graphit als Gegenelektrode, BAUSCH & LOMB LITTROW-Quarzspektrograph, Nachweisempfindlichkeit 0,001% Zinn).

8. Nachweis in Magnesium und Magnesiumlegierungen. Nach den Angaben von HODGE läßt sich Zinn in Magnesium an Hand der Linien $\lambda = 3175,0$ Å und $\lambda = 2706,5$ Å bestimmen. Verwendet wurde dabei ein Wechselstrom-Hochspannungsbogen. Für den Funkennachweis bedienen sich HESS und REINHARDT der Linie $\lambda = 3034,1$ Å, für den Nachweis im Bogen der Linie $\lambda = 3175,0$ Å. Der Nachweis im Bogen ist 2 bis 5mal so empfindlich wie derjenige im Funken. Der Bogen war entweder ein Wechselstrom-Hochspannungsbogen oder ein Gleichstrom-Niederspannungsbogen. Die Elektroden waren nach einem besonderen Verfahren gegossene Metallelektroden.

Siehe ferner FOX und NELSON (Funkenspektrum, Metallelektroden, Nachweislinien $\lambda = 3175,0$ Å und $\lambda = 3262,3$ Å; Nachweisgrenze 0,03%).

9. Nachweis in Nickel. Für den qualitativen Nachweis von Zinn in Nickel erweist sich der Niederspannungsfunke nach PFEILSTICKER (Kapazität 20 μF) als am besten geeignet. Als Nachweislinien werden $\lambda = 3262,33$ Å; $\lambda = 3175,02$ Å; $\lambda = 3034,12$ Å und $\lambda = 2839,99$ Å angegeben. Besonders geeignet sind die Linien $\lambda = 3262,33$ Å und $\lambda = 3175,02$ Å.

Bei $\lambda = 3262,33$ Å ist mit folgenden Störmöglichkeiten zu rechnen: Kobalt $\lambda = 3263,21$ Å; Eisen $\lambda = 3262,28$ Å und Blei $\lambda = 3262,35$ Å.

$\lambda = 3175,02$ Å wird durch Kobalt $\lambda = 3174,90$ Å und Eisen $\lambda = 3175,45$ Å gestört.

Bei $\lambda = 3034,12$ Å rufen Kobalt $\lambda = 3034,43$ Å; Eisen $\lambda = 3034,54$ Å und Chrom $\lambda = 3034,19$ Å Störungen hervor.

$\lambda = 2839,90$ Å wird durch Eisen $\lambda = 2840,42$ Å gestört.

Die Angaben gelten bei Verwendung eines Quarzspektrographen Q 24 mit der Spaltbreite 10 μ, Agfa-Spektralgelb-Extrahart-Platten und einer Belichtungszeit von 60 sec.

Die Nachweisgrenze wurde bei Verwendung des Niederspannungsfunkens zu $5 \cdot 10^{-3}$% Zinn bestimmt. Bei Verwendung eines gesteuerten Wechselstrom-Dauerbogens mit Phasenverschiebung (FEUSSNER-Funke mit Abreißbogengerät nach PFEILSTICKER ohne Unterbrechermotor) und Lösungsspektralanalyse ergab sich eine Nachweisgrenze von 0,01% Zinn (NIELSCH).

10. Nachweis in Platinmetallen. RAPER und WITHERS geben dem Bogen seiner größeren Empfindlichkeit wegen den Vorzug vor dem Funken. Die untere der vertikal gestellten Graphitelektroden hat eine flache Ausbohrung zur Aufnahme der Probe. Die empfindlichsten Linien sind $\lambda = 3262,3$ Å; $\lambda = 3175,0$ Å; $\lambda = 3034,1$ Å; $\lambda = 3009,2$ Å;

$\lambda = 2863,3$ Å und $\lambda = 2840,0$ Å. Die beiden ersteren koinzidieren mit schwachen Platinlinien. Am besten geeignet ist $\lambda = 2840,0$ Å. An Hand dieser Linie beträgt die Nachweisgrenze $2 \cdot 10^{-4}\%$. Für halbquantitative Bestimmungen werden die Intensitäten der Zinnlinien visuell mit benachbarten Platinlinien verglichen.

Um Spuren von Zinn in Platin-Rhodium-Legierungen nachzuweisen, verwendet KOEHLER den FEUSSNER-Funken (17 kV; 6500 pF; 0,08 mH) oder einen Wechselstrom-Abreißbogen mit Hochfrequenzzündung (PFEILSTICKER-Zusatzgerät zum FEUSSNER-Funken-Erzeuger). Die Elektroden sind aus der Probe angefertigte Bleche von etwa 0,3 mm Stärke und stehen gekreuzt, die untere Elektrode in Richtung der optischen Achse. Zur spektralen Zerlegung diente der Quarzspektrograph Qu 24 von ZEISS. Die beste Nachweislinie ist $\lambda = 2840,0$ Å. Weitere empfindliche Linien sind: $\lambda = 3262,3$ Å; $\lambda = 3175,0$ Å und $\lambda = 2863,3$ Å. Die Linie $\lambda = 3175,0$ Å ist von Pt $\lambda = 3174,8$ Å überlagert; die Linie $\lambda = 2863,3$ Å ist ungeeignet der benachbarten Rhodiumlinien wegen.

Zinn in raffiniertem Rhodium s. LEWIS, OTT und HAWLEY (Hochspannungsfunken oder Gleichstrombogen).

11. Nachweis in Silber. GERLACH und GERLACH (a, S.177) führen als sehr sichere und ungestörte Nachweislinien $\lambda = 2840,0$ Å; $\lambda = 2863,3$ Å; $\lambda = 3009,1$ Å und $\lambda = 2706,5$ Å an. Die ebenfalls sehr empfindlichen Zinnlinien $\lambda = 3262,3$ Å; $\lambda = 3175,0$ Å; $\lambda = 3034,1$ Å und $\lambda = 3330,6$ Å fallen mit ganz schwachen Silberlinien zusammen und verursachen eine Verstärkung der betreffenden Silberlinien. Die empfindlichste und sicherste der letztgenannten Zinnlinien ist $\lambda = 3175,0$ Å.

Wegen der Schwierigkeit, zwischen Silberelektroden einen regelmäßigen Funkenübergang zu erreichen, läßt DE BOER den Funken in einem Chlorwasserstoff-Luft-Gemisch übergehen und bestimmt so 0,003% Zinn an Hand der Linie $\lambda = 2840,0$ Å.

Über den Nachweis in Feinsilber s. MORRIS.

Über den spektralanalytischen Nachweis von Zinn in natürlichen Silberamalgamen s. HEIDE.

12. Nachweis in Uran. Für den Nachweis von Zinn in Uran und Uranverbindungen, die zur Darstellung von metallischem Uran dienen, verwenden SCRIBNER und MULLIN die von ihnen entwickelte „Carrier"-Destillationsmethode. Nach diesem Verfahren wird die Probe zunächst in das schwer flüchtige Oxyd U_3O_8 übergeführt. Liegt die Probe als Metall vor, erhält man das Oxyd durch Glühen der Probe bei 800 bis 900°. Mit pulverförmigem Uran muß man des pyrophoren Charakters wegen hierbei vorsichtig vorgehen. Uranverbindungen, wie Acetate und Nitrate, werden zuerst bei 350° und dann bei 800° geglüht. Zu dem Oxyd fügt man als Trägersubstanz eine kleine Menge gereinigten und geglühten Galliumoxyds (2 Teile Ga_2O_3 : 98 Teile U_3O_8) hinzu und bringt 100 mg des Gemisches in die Höhlung einer speziell angefertigten Graphitelektrode. Das Spektrum wird unter sorgfältig eingehaltenen Bedingungen mit Hilfe eines Gleichstrombogens (10 A) und eines Gitterspektrographen (Dispersion 5,6 Å per mm) aufgenommen. Der Nachweis erfolgt mit den beiden Linien $\lambda = 3262,33$ Å und $\lambda = 2863,33$ Å. Die an Hand der erstgenannten Linie bestimmte Nachweisempfindlichkeit beträgt $10^{-4}\%$.

13. Nachweis in Wolfram. Die „Carrier"-Destillationsmethode wird von GENTRY und MITCHELL benutzt, um Zinn in Wolfram nachzuweisen. Die zu untersuchenden Wolframpräparate werden in Wolframtrioxyd übergeführt. 0,2 g Trioxyd werden mit der gleichen Menge eines aus 93,9 Teilen Graphitpulver, 6 Teilen Silberchlorid und 0,1 Teil Kobaltnitrat bestehenden Grundgemisches verrieben. Das Silberchlorid dient als Trägersubstanz und Kobalt als Vergleichselement. Die Mischung wird in einem Gleichstrombogen mit Graphitelektroden angeregt. Zinn wird an Hand der Linie $\lambda = 3175,0$ Å im Konzentrationsbereich 0,001 bis 0,05% mit 10% Genauigkeit bestimmt. Die Nachweisempfindlichkeit beträgt $5 \cdot 10^{-4}\%$.

LOUNAMAA mischt das Wolframtrioxyd nur mit durch Verbrennen von Azetylen erhaltenem Kohlepulver im Verhältnis $WO_3 : C = 6 : 1$ und nimmt das Spektrum unter Verwendung sehr reiner Graphitelektroden mit einem ZEISS-Qu 24-Spektrographen auf. Die Probe wird in eine Aushöhlung der Anode eingefüllt und in einem Niederspannungsbogen angeregt. Nachweislinie $\lambda = 2840,0$ Å. Bei Verwendung der Kathodenglimmschicht beträgt die Nachweisempfindlichkeit $0,3 \cdot 10^{-4}\%$; wenn das Licht von der Mitte des Bogens verwendet wird, beträgt sie $6 \cdot 10^{-4}\%$.

14. Nachweis in Zink und Zinklegierungen. Nach GERLACH und GERLACH (a, S.181) sind die Linien $\lambda = 2840,0$ Å, die neben einem meist vorhandenen Bandenkopf gut zu erkennen ist, und $\lambda = 2863,3$ Å sehr sichere ungestörte Nachweislinien. Die gleichfalls sehr empfindlichen Zinnlinien $\lambda = 3175,0$ Å und $\lambda = 3262,3$ Å liegen meist zwischen feinen Bandenlinien; etwas weniger empfindlich, aber ungestört sind $\lambda = 3009,1$ Å und $\lambda = 3034,1$ Å.

NITCHIE tränkt die untere Elektrode mit 0,1 ml einer Lösung der zu untersuchenden Probe, trocknet die Elektrode und nimmt das Bogenspektrum zwischen Graphitelektroden unter Durchleiten eines Luftstromes auf. Durch Vergleich mit Standardlösungen wird bis zu 0,0006% Zinn nachgewiesen.

BRECKPOT und KÖRBER lösen die Zinkprobe in Salpetersäure, dampfen die Lösung zur Trockne ein und verglühen den Rückstand. Ein Teil des Rückstandes wird auf die Anode (zuweilen auch auf die Kathode) eines Lichtbogens zwischen Graphitelektroden gebracht und das Spektrum mit einem logarithmischen Stufensektor aufgenommen. Ausgewertet wird das Spektrum nach der Methode der homologen Linienpaare.

HEYNE und SCHAEFER versetzen die Lösung der zu untersuchenden Zinkprobe mit einer Nickelchloridlösung und nehmen das Spektrum im kondensierten Funken zwischen mit der Lösung getränkten Kohleelektroden mit dem „ZEISS-Spektrographen für Chemiker" auf. An Hand der Linie $\lambda = 3009,1$ Å, die allerdings mit der Eisenlinie $\lambda = 3009,1$ Å zusammenfällt, und an Hand der Linie $\lambda = 3175,0$ Å, ist es möglich, 50 bzw. 100 Teile Zinn neben 10^6 Teilen Zink nachzuweisen. Durch Erhöhung der Anregungsenergie wird die Nachweisempfindlichkeit auf das Fünffache gesteigert.

Um geringe Mengen Zinn in Feinzink und Zamaklegierungen nachzuweisen, reichern SEITH und HERRMANN das Zinn durch Eintauchen eines vollkommen reinen Zinkstabes von 6 mm Durchmesser in eine salzsaure Lösung der zu untersuchenden Probe an. Die edleren Metalle scheiden sich dann an dem Zinkstab ab. Bei der Aufnahme des Spektrums bewegt man den Zinkstab in waagerechter Lage an einer Gegenelektrode aus Reinaluminium schraubenförmig durch. Die Anregung erfolgt in einem mit Wechselstrom (2,5 A) betriebenen Bogen, der von einem hochgespannten und hochfrequenten, die Zündung bewirkenden Wechselstrom überlagert ist. Die Aufnahmen werden entweder mit solchen von Testlösungen verglichen oder photometrisch ausgewertet. Die bei 2 g Einwaage erreichte Nachweisempfindlichkeit beträgt 0,0001%. Eine Unterschreitung dieser Grenze ist immerhin möglich.

Zubereitung der Zinkstäbe. Handelt es sich um die Analyse von Feinzink, löst man 1,5 g der Probe in Salzsäure, dampft die Lösung fast bis zur Trockne ein und nimmt mit 35 ml 1 n Salzsäure, die 4 mg Nickel als Nickelsulfat gelöst enthält, auf. Nach vierstündigem Eintauchen der Zinkstäbe in die Lösung werden sie mit destilliertem Wasser abgespült und getrocknet. Verglichen werden die Zinnlinie $\lambda = 3175$ Å und die Nickellinie $\lambda = 3501$ Å.

Bei Zamaklegierungen wählt man die Einwaage so groß, daß sie gerade 5 mg Kupfer enthält, löst sie in Salzsäure unter längerem Kochen, bis alles Kupfer verschwunden ist, und dampft fast bis zur Trockne ein. Dann nimmt man mit 2 ml konzentrierter Salzsäure und destillierten Wassers auf, fügt 15 ml gesättigter Ammoniumchloridlösung, die außerdem noch 7,5 g Natriumacetat und 0,1 g salzsauren Hydroxylamins enthält, hinzu und füllt das Ganze mit destilliertem Wasser auf 35 ml auf. Die Zinkstäbe werden so in die Lösung eingeführt, daß sie 6 cm tief eintauchen. Die Lösungen werden mit einem Kohlendioxydstrom umgerührt, die Stäbe nach 7 Stunden herausgenommen, mit destilliertem Wasser abgespült und getrocknet.

Wünscht man dies Verfahren für Feinzinkanalysen zu verwenden, kann man die Einwaage beliebig wählen, nur muß man dann der Lösung 5 mg Kupfer als Kupfer(II)-chlorid zufügen.

Bei der Auswertung der Aufnahmen vergleicht man die Zinnlinie $\lambda = 2840$ Å mit den beiden Kupferlinien $\lambda = 3011$ Å und $\lambda = 3194$ Å.

HASLER und HARVEY verwenden als untere Elektrode entweder einen aus der Probe hergestellten, von einem Kohlemantel umgebenen Zinkstab, wobei der Zwischenraum zwischen beiden mit Ammoniumchlorid ausgefüllt ist, oder einen von einem Kohlemantel umgebenen Kohlestab und füllen den Zwischenraum zwischen beiden mit einer Mischung von Kohle und pulverförmigen Oxyden, welche durch sorgfältiges Eindampfen einer in Salpetersäure und Salzsäure gelösten Probe erhalten wurden. Im ersten Falle dient das Ammoniumchlorid, im zweiten Falle die den Oxyden beigemischte Kohle als Trägersubstanz, indem die bei der Zersetzung hieraus entstehenden Gase bewirken, daß ein großes Volumen der Probe in die Entladung strömt (,,high streaming velocity arc''). Die obere Elektrode besteht aus Kohle. Die Anregung erfolgt in einem Gleichstrombogen, das Spektrum wird mit einem Gitterspektrographen hoher Dispersion aufgenommen und photometrisch ausgewertet. Der bei Verwendung einer Metallelektrode untersuchte Konzentrationsbereich ist 0,0009% (Genauigkeit 0,0001%) bis 0,01% (Genauigkeit 0,0005%). Bei Verwendung von Metalloxyden wurde der Konzentrationsbereich von 0,0002 bis 0,01% untersucht. Der ,,high streaming velocity arc'' ist stabiler als der gewöhnliche Gleichstrombogen, empfindlicher als der Funken und über einen größeren Konzentrationsbereich verwendbar als der Wechselstrombogen (HASLER).

Bei Verwendung des Funkenspektrums geht LARRIEU so vor, daß er das Ammoniumchlorid in die untere ausgehöhlte Kohleelektrode einfüllt. Als obere Elektrode dient eine flache Scheibe aus dem zu untersuchenden Material. Es wird eine zusätzliche Induktion verwendet, die die gesamte Induktion auf 1,46 mH bringt. Das Spektrum wird mit einem A.R.L.-DIETERT-Gitterspektrographen mit einer Dispersion von 7 Å per mm aufgenommen. Nachweislinie $\lambda = 3175,0$ Å. Die Methode macht es möglich, Zinn in sämtlichen Zamaklegierungen im Konzentrationsbereich 0,002 bis 0,15% zu bestimmen.

S. ferner WOLBANK und LUEG sowie WOLBANK (FEUSSNER-Funke mit sehr großer Selbstinduktion (3,4 mH), Nachweislinien $\lambda = 2707$ Å oder bei höheren Eisengehalten $\lambda = 2863,3$ Å, Nachweisempfindlichkeit 0,0005%); BLUMENTHAL (Abreißbogen nach PFEILSTICKER, Kohleelektroden, Lösungen); BALZ (b) (Abreißbogen nach PFEILSTICKER, Nachweislinien $\lambda = 3175,0$ Å (Fe: 3175,5 Å) sehr empfindlich; $\lambda = 3009,1$ Å schwach (neben Cu: 3010,8 Å); $\lambda = 2863,3$ Å (Fe: 2863,4 Å) empfindlich, etwas stärkeren Untergrund; $\lambda = 2840,0$ Å (Fe: 2839,8 Å) sehr empfindlich, unmittelbar neben kürzerwelliger Bandenkante; $\lambda = 2706,5$ Å (Fe: 2706,6 Å) brauchbar, weniger empfindlich, Erfassungsgrenze unterhalb 0,001%); LUEG und WOLBANK (kondensierter Funke, das Auftreten von Zinn ist an der Nachweislinie $\lambda = 3175,0$ Å zu beobachten); SEITH (b); LAUENSTEIN (Lösungsanalyse, FEUSSNER-Funke und Abreißbogen nach PFEILSTICKER, Kohleelektroden); HASLER und KEMP (Multisource unit); DIETERT und SCHUH; CROISSANT (Zinklegierungen, Funkenspektrum, Kapazität $8 \cdot 10^{-3}$ μF, zusätzliche Selbstinduktion 3,7 mH, Analysenlinie $\lambda = 2840$ Å, nachgewiesene Zinnmenge $< 0,001\%$); SMITH und HOAGBIN (a) (automatische Schnellmethode, LITTROW-Spektrograph von BAUSCH und LOMB, gesteuerter Funke, Kapazität 0,005 μF, zusätzliche Induktion 7 mH, Zinkelektroden, Analysenlinie $\lambda = 2839$ Å (Zinklinie $\lambda = 2670$ Å), Nachweisgrenze 0,003%); HANS (photometrisches Messen der Linienbreite); WOODRUFF (Verwendung von brikettierten Proben, Multisource unit, bogenähnliche Entladungen, 940 V, 15 A Primärstrom, Kapazität 60 μF, Induktion 480 μH, Nachweislinie $\lambda = 3175,0$ Å, Bezugslinie Zn $\lambda = 3018,35$ Å, Konzentrationsbereich 0,001 bis 0,03%); BRITSKE, VARŠAVSKAJA und IVANCOV (Quarzspektrograph, Wechselstrombogen mit Stromunterbrecher in der Verbrennungskette des Generators, Zinkelektroden, Zinn wird bis hinunter zu einer Konzentration von 0,0007% an Hand der Linien Sn $\lambda = 3175,0$ Å/Zn $\lambda = 2712,5$ Å bestimmt); LOPEZ DE AZCONA und MARTIN (Beeinflussung der Zinnbestimmung durch Anwesenheit von Blei in Lösungen und in metallischen Elektroden, Anwesenheit von Blei täuscht höheren Gehalt an Zinn vor); KLIMECKI und KURYLOWICZ (von den untersuchten Wechselstrombogen ist der PFEILSTICKER-Bogen der am besten geeignete; die untere Elektrode ist aus der Probe hergestellt, die obere aus Graphit); HASLER und BOYD (Multisource unit, Kapazität 40 μF, Induktion 350 μH, Widerstand 50 Ohm, Quantometer; abgekühlte, gegossene, scheibenförmige Elektrode, Gegenelektrode aus

Graphit, $\lambda = 3175,0$ Å, Konzentrationsbereich 0,0005 bis 0,02%); SCACCIATI und D'ESTE ($\lambda = 2840,0$ Å).

Über empfohlene Methoden für die Spektralanalyse von Zink von hohem Reinheitsgrad und von Zinklegierungen s. ferner BRITISH STANDARD 1225. Zwei Methoden werden angegeben. Die eine Methode gründet sich auf die Untersuchung der Probe im Bogen in Form des Oxyds unter Hinzufügen von Wismut und in einigen Fällen von Molybdän als Bezugssubstanz (Oxyd-Bogen-Methode). 2 g der Probe werden in konzentrierter Salpetersäure im Quarztiegel gelöst; die Lösung wird unter Zusatz von Mo und Bi vorsichtig zur Trockne eingedampft und geglüht. Graphitelektroden vom Durchmesser 6,5 mm, die obere flach, die untere ausgehöhlt; Nachweislinie $\lambda = 2840$ Å. Bei der zweiten Methode verwendet man den Wechselstrom-Abreißbogen nach PFEILSTICKER und Metallelektroden. Nachweislinie $\lambda = 3175,0$ Å. Bei Verwendung eines Spektrographen mittlerer Dispersion stört eine diffuse Kupferlinie.

15. Nachweis in Zirkonium s. Hafnium, Punkt 6, S. 84.

d) Nachweis in organischer Substanz und in Nahrungsmitteln.

GERLACH und GERLACH (a, S. 166) verwenden bei der spektralanalytischen Untersuchung von Organen Organschnitte, die in dem Hochfrequenzfunken angeregt werden. Es ist besonders auf die Koinzidenz der Zinnlinie $\lambda = 3262,3$ Å mit der Cadmiumlinie $\lambda = 3261,1$ Å zu achten. Beim Vorhandensein von viel Eisen wird die Zinnlinie $\lambda = 2863,3$ Å durch die Eisenlinie $\lambda = 2863,4$ Å gestört, auf die Eisenlinie $\lambda = 2863,9$ Å ist ebenfalls zu achten.

CHOLAK und STORY veraschen entweder direkt oder mit Salpetersäure, füllen 0,2 ml der Aschelösung in einen 3 mm weiten und 10 mm tiefen Krater einer chemisch gereinigten Graphitelektrode und nehmen das Spektrum nach dem Glimmschichtverfahren auf. Die Nachweisgrenze beträgt 0,005 bis 0,0025 mg Zinn/100 g (s. ferner KEHOE, CHOLAK und STORY).

HESS, OWENS und REINHARDT veraschen die Substanz mit konzentrierter Schwefelsäure und Salpetersäure, evtl. mit Zusatz von Perchlorsäure und lösen das Residuum in einer salpetersauren Lösung von Natriumnitrat, die eine bestimmte Menge eines Vergleichselementes enthält. Die Lösung bringt man auf Graphitelektroden und nimmt nach Trocknen derselben das Spektrum im Hochspannungswechselstrombogen auf, der dem Gleichstrombogen im Hinblick auf Empfindlichkeit und Genauigkeit überlegen ist. Als Vergleichselement wird für Zinn Molybdän verwendet. Die an Hand der Linie $\lambda = 3175$ Å ermittelte Nachweisempfindlichkeit beträgt 0,0001%. Fast jeden organischen Stoff kann man nach dieser Methode auf Zinn im Bereich 0,0001 bis 0,02% analysieren.

ESSER untersucht den Nachweis von Zinn im zentralen Nervensystem und findet, daß der kondensierte Funke vorteilhafter als der Hochfrequenzfunke und der Abreißbogen ist. Allerdings sind Spuren von Zinn im organischen Material überhaupt sehr schwer festzustellen. Für den Nachweis im kondensierten Funken werden die Linien $\lambda = 2840,0$ Å; $\lambda = 2863,3$ Å; $\lambda = 3041,1$ Å und $\lambda = 3261,0$ Å; im Hochfrequenzfunken die Linien $\lambda = 3034,1$ Å und $\lambda = 3283,5$ Å verwendet.

HARPER und STRAFFORD fällen das Zinn nach Veraschen der Substanz (Arzeneien, Nahrungsmittelfarben) mit Schwefelsäure + Salpetersäure gemeinsam mit anderen Schwermetallen als Sulfid unter Verwendung von Cadmiumsulfid als Trägersubstanz. Der Niederschlag wird auf einer Unterlage von gepulvertem Graphit gesammelt, getrocknet und verrieben. Das Spektrum wird mit einem HILGER-Medium-Spektrographen unter Verwendung von Graphitelektroden mit einem Gleichstrom-Niederspannungsbogen aufgenommen. Nachweislinie $\lambda = 2706,5$ Å. Nachweisempfindlichkeit: 0,00005%.

MITCHELL und SCOTT reichern das Zinn neben anderen Spurenelementen in Bodenextrakten, Pflanzenaschen und ähnlichem Material durch Fällung mit einem Gemisch aus 8-Oxychinolin, Tanninsäure und Thionalid unter Zusatz von Aluminium als Grundsubstanz und Eisen als Leitelement an. Die bei spektrochemischen Arbeiten störenden Alkalien, Erdalkalien und Phosphate bleiben zurück. Das Präzipitat, das nach dem Glühen etwa 30 mg Al_2O_3 und 2 bis 5 mg Fe_2O_3 enthalten soll, wird in der Kathodenglimmschicht untersucht. Die feinpulverisierte Mischung wird zusammen mit Kohlepulver in eine 8 × 0,8 mm-Bohrung einer dünnen Kohleelektrode (Durchmesser 2,8 mm) gefüllt, die als Kathode in einem 9-Ampere-Gleichstrombogen geschaltet wird [s. ferner Mitchell (a)]. Heggen und Strock empfehlen Indium als Leitelement.

Pohl (a, b) erzielt eine Anreicherung der Spurenmetalle in pflanzlichem Material durch Extraktion mit Chloroform nach Zusatz komplexbildender organischer Reagenzien. Die Asche des bei 65 bis 70° getrockneten zerkleinerten Materials wird zur Entfernung der Kieselsäure zunächst mit Schwefelsäure + Flußsäure und anschließend nochmals mit Flußsäure abgeraucht. Nach Befeuchten des Rückstandes mit einigen Tropfen Salzsäure (1 : 1) und Lösen in destilliertem Wasser wird nun bei $p_H = 3$ (tropfenweiser Zusatz von Salzsäure bzw. Ammoniak) mit einer 5%igen wäßrigen Lösung von Natriumdiäthyldithiocarbamat (2 Teile) und einer 1%igen Lösung von o-Oxychinolin in Chloroform (15 Teile) ausgeschüttelt. Die Chloroformphase wird abgetrennt und der gleiche Vorgang etwa dreimal wiederholt bis zur Farblosigkeit der Chloroformschicht, danach wird bei $p_H = 5$ (Zutropfen von NH_3) in gleicher Weise ausgeschüttelt. Nach Zusatz von 10%iger wäßriger Ammoniumtartratlösung folgen weitere Extraktionen mittels Chloroform bei $p_H = 7$ und $p_H = 9$, wobei außer Natriumdiäthyldithiocarbamat (2 Teile) und o-Oxychinolin (15 Teile) auch eine 0,01%ige Lösung von Dithizon in Chloroform (5 Teile) zugesetzt wird. Das Ausschütteln ist beendet, wenn die Chloroformphase grün bleibt. Die vereinigten Chloroformextrakte werden nach Abdestillieren des Chloroforms mit 0,01 ml einer 0,1%igen Berylliumsalzlösung, welche 10% Kaliumnitrat als spektrographischen Puffer enthält, versetzt und durch langsames Erhitzen auf 350° verascht. Zu dem Rückstand fügt man einige Tropfen konzentrierter Salpetersäure hinzu und bringt die Veraschung zu Ende. Die Asche wird in einigen Tropfen Königswasser gelöst, auf dem Wasserbad zur Trockne eingedampft und in verdünnter Salzsäure gelöst. Die Spektralanalyse von 0,02 ml dieser Lösung erfolgt auf vorerhitzten Kohleelektroden im Hochspannungsfunken nach Feussner. Bei Verwendung eines Spektrographen mittlerer oder kleiner Dispersion („Zeiss-Spektrograph für Chemiker") ist es notwendig, das Eisen vor der Chloroform-Extraktion mit einem Äther-Salzsäure-Gemisch auszuschütteln. Dabei geht Zinn neben einigen anderen Elementen ebenfalls in die Ätherphase über. Um Zinn wiederzugewinnen, wird der Äther abgedampft und die Lösung mit einer 20%igen Ammoniumrhodanidlösung und festem Natriumdithionit versetzt. Zinn läßt sich jetzt mit Äther ausschütteln im Gegensatz zu dem entstandenen zweiwertigen Eisen, das als Rhodankomplex nicht ätherlöslich ist. Nach Abdampfen des Äthers wird die zinnhaltige Lösung mit der zu analysierenden Lösung vereinigt. 1 γ Zinn in 1 g Pflanzenmaterial (0,0001%) kann mit dieser Methode erfaßt werden. Siehe auch Gorbach und Pohl.

Über den Nachweis von Zinn in organischer Substanz s. ferner Fitz und Murray (in der Asche von organischer Substanz, über die Methode s. S. 80); Shipitsin (Gleichstrombogen und Dreiphasen-Wechselstrombogen); Vallee und Peattie (zeitlicher Verlauf der Verflüchtigung von Zinn in Luft- und Heliumatmosphäre).

Über den Nachweis von Zinn in *menschlichen Organen* s. ferner Dutoit und Zbinden (Bogenspektrum nach vorsichtigem Veraschen, in Blut und Organen; Zinn findet sich besonders reichlich im Gehirn, in der Milz und in der Schilddrüse); Turnwald und Haurowitz (in der Leber nach Veraschen und Lösen der Asche in 20 ml 10%iger Salzsäure, Abtrennung der Alkali- und Erdalkalimetalle durch Fällen der Schwermetalle als Sulfide, Verglühen der Sulfide und Lösen des Glührückstandes in 10%iger Salzsäure, Kohleelektroden, Funkenspektrum); Boyd und De (Veraschen im Platin- oder Quarztiegel, Graphitelektroden, Bogenspektrum; im Gehirn und Herz findet sich kein Zinn; in der Leber, Milz und Niere sowie im Pankreas konnte Zinn nachgewiesen werden); Jost (im Zahnfleisch und in den Speicheldrüsen, Hochfrequenzfunke nach Gerlach); Lewis (im Blut, Bogenspektrum); Konishi und Tsuge (Bogenspektrum); Scott und McMillen (Kohleelektroden, Bogenspektrum, in der Spinalflüssigkeit nach Eindampfen von 2 ml derselben, verwendete Linie $\lambda = 2840,0$ Å); Lowater und Murray (Kohlebogen, in Zähnen); Kehoe,

CHOLAK und STORY (im Gehirn, Blut, Urin und in Faeces); SCHAIRER (in menschlichen Kon-
krementen, FEUSSNER-Funke, Kupferelektroden, ZEISS-Quarzspektrograph Q 24, $\lambda = 3175,0$ Å,
Nachweisgrenze 0,005%); BOROVIK und VOĬNAR (in Drüsen mit innerer Sekretion nach Trocknen
und Erhitzen auf höchstens 450°, Nachweisempfindlichkeit 0,001 bis 0,01%); VOĬNAR und RU-
SANOV (im Gehirn); FIELDS und CHARLES (in Zähnen, Hochspannungswechselstrombogen, ausgehöhlte Kohleelektroden zur Aufnahme der Probe); BERTHA, MALISSA und POHL (im Gehirn);
ADDINK (b) (in der Milz, Gleichstrom-Kohlebogen); MASSLER und BARBER (in Zähnen).

Über den Nachweis von Zinn in *tierischen und pflanzlichen* Organen und Produkten sowie
Nahrungsmitteln s. ferner BERTRAND und CIUREA (in tierischen Organen nach Zerstörung mit
Schwefelsäure und Salpetersäure); NEWELL und MC COLLUM (in marinen Produkten nach Veraschen, Bogen- und Funkenspektrum zwischen Kupfer-, Kohle- und Graphitelektroden); ZBINDEN
(in Milch); DREA (a) (in Milch); DINGLE und SHELDON (Bogenspektrum zwischen Graphitelektroden, in Milch); BOYD und DE (Bogenspektrum, in indischen Vegetabilien nach Veraschung);
LEMMEL; DE RUBIES und LEMMEL (in Holz); LEWIS (die Asche wird im Quarztiegel mit Schwefelsäure abgedampft und schwach geglüht, wonach sie, mit der gleichen Menge spektralreinen Am-
moniumsulfats gemischt, im Bogen untersucht wird); BRECKPOT (c) (in Zuckerrüben); DREA (b)
(in Eiern); STAUD (in konservierten Bieren); WEBB (im pflanzlichen und tierischen Gewebe nach
Veraschen durch Glühen, Bogenspektrum, Silber- und Graphitelektroden, verwendete Linien
$\lambda = 2840,0$ Å und $\lambda = 2863,3$ Å, Nachweisempfindlichkeit 0,01%); RUSOFF und GADDUM (in der
Asche von neugeborenen Ratten, Bogenspektrum, Graphitelektroden, Nachweisempfindlichkeit
0,001 bis 0,01%); KENT (in Weizen und Weizenmahlprodukten, Veraschen bei 500° nach Zusatz
von 3 ml eines Alkohol-Glycerin-Gemisches (1:1), nach Versetzen mit einer $BiCl_3$-Lösung
(0,001% Bi) Aufnahme im Bogen zwischen Kupferelektroden mit einem HILGER-Medium-
Spektrographen, Analysenlinien Sn $\lambda = 3009$ Å/Bi $\lambda = 3067$ Å); BOROVIK, BERGMAN und
BOROVIK-ROMANOVA (in Samen von Koksaghyz, Niederspannungswechselstrombogen); BO-
ROVIK und KALININ (in Milch, 0,001%); BRODY und EWING (in Nahrungsmitteln und Faeces,
Gleichstrombogen, Analysenlinien Sn $\lambda = 2840,0$ Å/Bi $\lambda = 3024,9$ Å); THOROLD (in Kaffee-
bohnen); MC CLELLAND (in Nahrungsmitteln, Veraschen auf nassem Wege ist vorzuziehen,
10%ige Natriumnitratlösung in 2n Salpetersäure als Puffer, Bezugselement Wismut, ausgehöhlte
Graphitelektroden, in die Höhlung beider Elektroden gibt man einen Tropfen der zu analysieren-
den Lösung, Wechselstromabreißbogen, Nachweislinien Sn $\lambda = 2863,3$ Å/Bi $\lambda = 2898,0$ Å, die
Zinnlinie $\lambda = 3175,0$ Å ist etwas empfindlicher, hat aber eine weniger günstige Lage im Spektrum,
Nachweisempfindlichkeit 5 γ Sn/ml. Die Methode eignet sich für die Bestimmung geringer Mengen
Sn neben Pb (und Cr), beim Vorhandensein mehrerer Elemente in Konzentrationen von etwa 0,01
bis 2% wird Eisen als Bezugselement verwendet, Nachweislinien Sn $\lambda = 2840,0$ Å/Fe $\lambda = 2845,6$ Å);
GOLDSCHMIDT, KREJCI-GRAF und WITTE (in Harzen sowie in rezenten organischen Substan-
zen); ALEXANDER und BISKE (in Bier, Hochspannungswechselstrombogen, Nachweislinien
Sn $\lambda = 3175,0$ Å/Bi $\lambda = 2993,3$ Å); HARBAUGH (in Asche von Zweigen der Schwarzeiche (quercus
marilandica) und Prachtscharte (liatris pyenostachya)); DILANYAN und TER-MARKOSYAN (in
Hefekulturen); DEÁN GUELBENZU (in Konserven); O'CONNOR und HEINZELMAN (in Pflanzenmaterial nach Veraschen, Gleichstrombogen 230 V und 25 A, Auswertung nach dem Linien-
breiteverfahren); BLACK und MITCHELL (in Braunalgen); HEGGEN und STROCK (in Pflanzen-
asche, Rattenblut und -leber); BOROVIK und BOROVIK-ROMANOVA (in Insekten); VOĬNAR (im Zell-
kern der Gehirnnerven von Kühen und Hunden); DAVID und OERTEL (Einfluß von Kalium und
Calcium auf die Zinnemission in Verbindung mit Untersuchungen von Pflanzenaschen). S. ferner
Anhang S. 194.

e) Nachweisempfindlichkeit der spektralanalytischen Verfahren.

Zur Bestimmung der spektralanalytischen Nachweisempfindlichkeit von Zinn im
Funken tränkt SCHLIESSMANN Elektroden aus reiner, poröser Spektralkohle mit
0,1 ml der salzsauren Probelösung und nimmt das Spektrum mit einem FUESS-
Spektrographen auf Eisenberger Reformplatten bzw. im langwelligen sichtbaren Ge-
biet auf „Perutz"-Silbereosinplatten auf. Die auf die empfindlichste Nachweislinie
$\lambda = 3034,1$ Å bezogene Nachweisempfindlichkeit wird zu $2 \cdot 10^{-5}$ g/ml ermittelt. In
Anwesenheit von Eisen beträgt dieser Wert 10^{-4} g/ml, d.h. bezogen auf eine Ein-
waage von 100 mg Eisen 0,1%.

KONISHI und TSUGE bestimmen die Nachweisempfindlichkeit im Bogen zwischen
Kohleelektroden zu 10^{-3} bis $5 \cdot 10^{-3}$ mg.

Über den Einfluß von Kalium, Kobalt, Calcium und Phosphor auf die Intensität der Zinnlinien im Gleichstrombogen s. SCHRENK und CLEMENTS. Über die Änderung der Intensität der
Zinnlinien beim Vorliegen von Zinnspuren in verschiedenen Grundsubstanzen bei Verwendung
des Glimmschichtverfahrens s. SCOTT (b).

Über die Nachweisempfindlichkeit in den einzelnen Fällen s. die betreffenden Abschnitte.

f) Nachweis in besonderen Fällen.

1. Nachweis in Niob- und Tantalpräparaten s. SCHÄFER, BAYER und PIETRUCK (Verdampfen der mit Kohlepulver vermischten Substanz aus der Anode, Analysenlinie Sn $\lambda = 2863,3$ Å); HOLDT und SCHÄFER (Verdampfen aus der Kathode erhöht die Empfindlichkeit der Zinnbestimmung, die Kathode ist mit einer geschlossenen Bohrung versehen, Bezugselement Blei, Analysenlinien Sn $\lambda = 2863,32$ Å/Pb $\lambda = 2873,32$ Å, SnO_2-Gehalte von 0,001 bis 3% gut erfaßbar).

2. Nachweis in Uranverbindungen s. Punkt 12, S. 86.

3. Nachweis in Luft s. KEENAN und BYERS.

4. Nachweis in Wasser s. DE RUBIES und D'ARGENT (in medizinischem Mineralwasser); HANCE (in destilliertem Wasser); BRAIDECH und EMERY (in Leitungswasser); SCHLEICHER und KAISER (in Grubenwasser); BARDET, TCHAKIRIAN und LAGRANGE (in Meereswasser, Kohlebogen); BERGSTRÖM LOURENCO (in Mineralwasser); STROCK und DREXLER (in Quellenwasser, Kohlebogen); STROCK (b) (in Mineralwasser von Saratoga); GORBACH und POHL (s. Punkt 5, diese Seite); BLACK und MITCHELL (in Seewasser); POHL (a) (1 l Wasser wird nach der S. 90 beschriebenen Extraktionsmethode behandelt); HEGGEN und STROCK (in Wasser und Schnee).

5. Nachweis in Böden. Nach dem von GORBACH und POHL angegebenen Anreicherungsverfahren zur Bestimmung von Spurenelementen in Böden wird die Probe zunächst bei 500° verascht und dann zur Entfernung der Kieselsäure mit Flußsäure abgeraucht. Der Rückstand wird in Mineralsäure gelöst. Die Abtrennung des Eisens sowie des Zinns und einiger anderer Metalle erfolgt durch Fällung mit Ammoniumbenzoat bei $p_H = 3,8$ bis 4 (alle p_H-Werte werden durch tropfenweisen Zusatz von 5n Ammoniak eingestellt) in Gegenwart von Ammoniumacetat und anschließende Extraktion der in Salzsäure gelösten Benzoatfällung mit Diäthyläther + 6,5n Salzsäure oder Isopropyläther + 8n Salzsäure. Ein Teil des Zinns geht mit Eisen in die Ätherphase. Die zur Trockne eingedampfte salzsaure Phase und das Filtrat der Benzoatfällung werden vereinigt, mit 10%iger Ammoniumtartratlösung versetzt und zur Anreicherung der Spurenmetalle mit Dithizon (10 mg/100 ml Chloroform) bei $p_H = 7$ und $p_H = 9$ extrahiert, bis die Chloroformphase in beiden Fällen grün bleibt. Die wäßrige Phase wird mit Salzsäure angesäuert, von überschüssigem Dithizon durch Ausschütteln mit Chloroform befreit und zur Zerstörung der Tartratkomplexe mit Wasserstoffperoxyd und Kupfer(II)-ionen als Katalysator gekocht. Bei $p_H = 5$ und $p_H = 6,5$ folgen nun Extraktionen mit Oxin (0,1%ige Lösung in Chloroform). Die vereinigten Dithizonextrakte sowie die Oxinextrakte werden nach Abdestillieren des Chloroforms mit Perchlorsäure verascht, die Rückstände in Salzsäure gelöst und mit Kaliumnitrat als Puffer und Beryllium als Bezugselement spektralanalytisch untersucht.

An Stelle des Natriumdiäthyldithiocarbamates (s. S. 90) schlägt POHL (c) für die Anreicherung der Spurenmetalle in Bodenproben Ammonium-t-Carbat (über t-Carbate s. Punkt 22, S. 139) vor. Dabei erreicht man die Ausschaltung der Störungen durch Aluminium und Titan, die in mehr oder weniger großen Mengen in der Probelösung vorhanden sind. Nach Aufschluß der Probe und Abtrennung des Eisens gemäß der S. 90 gegebenen Vorschrift stellt man die Lösung nach Zusatz von 30 ml 10%iger Ammoniumtartratlösung durch Zutropfen von Ammoniak bzw. Salzsäure auf $p_H = 3,5$ bis 4,0 ein. Man fügt dann 2 ml einer 3%igen wäßrigen Lösung von Ammonium-t-Carbat hinzu, schüttelt mit etwa 20 ml Chloroform aus und trennt die Chloroformphase ab. Die Extraktion wird unter jeweils erneutem Reagenszusatz in gleicher Weise 3 bis 5mal wiederholt bis zur Farblosigkeit der Chloroformschicht. Bei $p_H = 8$ bis 9 (Zutropfen von Ammoniak) folgen dann weitere Extraktionen nach Zugabe von 2 ml Carbatreagenslösung mittels je 20 ml 0,01%iger Dithizonlösung in Chloroform, bis die Chloroformphase grün bleibt. Die vereinigten Chloroformextrakte werden, wie S. 90 beschrieben, weiterbehandelt. Bei einer Einwaage von 1 g lassen sich so 5 bis 10 γ Zinn erfassen.

Weitere Literatur s. Novák und Pelíšek; Pelíšek; Mitchell (a) [nach der Abschnitt d, S. 89, beschriebenen Methode von Mitchell und Scott soll es möglich sein, $5 \cdot 10^{-4}\%$ Zinn nachzuweisen, vgl. auch Mitchell (b)]; Goldschmidt, Krejci-Graf und Witte (in marinen, brackischen und limnischen Böden); Efendiev (Verdampfen der Lösung in einem Hochspannungsbogen); Heggen und Strock.

6. Nachweis in Kohlenaschen s. Reynolds (in englischen Kohlen); Legraye und Coheur (in belgischen Kohlen); Goldschmidt, Krejci-Graf und Witte; Mukherjee und Dutta (in indischen Kohlen); Heggen und Strock; Headlee und Hunter; Fortescue sowie Hawley und Rimsaite (in kanadischen Kohlen); Otte (in deutschen Kohlen).

7. Nachweis in Torf s. Salmi (in finnischem und norwegischem Torf).

8. Nachweis in Petroleum s. Goldschmidt, Krejci-Graf und Witte (in Petroleum und Ölen); Katchenkov; Heggen und Strock.

9. Nachweis in Bitumina s. Goldschmidt, Krejci-Graf und Witte.

10. Nachweis in Flugstaub s. Kakihana.

11. Nachweis in industriellen Abgasen s. Borovik (b).

12. Nachweis in Ölen und Fetten s. O'Connor, Heinzelman und Jefferson (Gleichstrombogen, Veraschen nach Zusatz von Magnesiumnitrat, Nachweisempfindlichkeit $10^{-5}\%$); Meeker und Pomatti (in Schmieröl, Gleichstromdauerbogen, Multisource unit, Graphitelektroden, $\lambda = 2840$ Å); Gent, Miller und Pomatti; Childs und Kanehann (in Aschen von Altölen unter Verwendung des logarithmischen Sektors).

13. Nachweis in Düngemitteln s. Hance (in Superphosphat); Breckpot (d) (in Chilesalpeter); Gaddum und Rogers (Verdampfen des getrockneten und homogenisierten Materials im Bogen zwischen Graphitelektroden, Nachweisempfindlichkeit 0,001 bis 0,1%).

14. Nachweis in anorganischen Rohstoffen s. Borovik (c).

15. Nachweis in keramischem Material s. Smith und Hoagbin (b).

16. Nachweis in Kabelmänteln s. Dreblow und Harvey; Findeisen (s. auch Punkt 2, S. 81).

17. Nachweis in Lötmitteln für Aluminium s. Balz (c).

18. Nachweis in vorgeschichtlichen Äxten s. Baudouin.

19. Nachweis in irischem Ringgeld s. Leonard und Whelan (Funkenspektrum).

20. Nachweis in chirurgischem Nahtmaterial s. Gerlach und Gerlach (b).

21. Nachweis in der Kriminologie s. Mayer (in Schlackenstaub, Anstrichfarben und Farbflecken; Abreißbogen nach Gerlach).

g) Röntgenspektrographischer Nachweis.

1. Nachweis in Meteoriten s. Goldschmidt (b).

2. Nachweis in Zink s. Eddy, Laby und Turner.

3. Nachweis in Eisen s. Eddy und Laby.

§ 2. Nachweis auf trockenem Wege.

1. Flammenfärbung. Zinn gibt unter gewöhnlichen Bedingungen keine Flammenfärbung. Über die Färbung, die man beobachtet, wenn man ein mit kaltem Wasser beschicktes Reagensglas in Anwesenheit von Zinn in die entleuchtete Bunsenflamme hält, s. Leuchtprobe, Punkt 12, S. 107.

2. Verhalten in der Boraxperle. *α) in der Oxydationsflamme:* keine Färbung.

β) in der Reduktionsflamme. Mit einer klaren Boraxperle entsteht keine Färbung. Verwendet man aber eine mit wenig Kupferoxyd (Verhältnis 1 : 1200) schwach blau gefärbte Boraxperle, erzeugen Spuren von Zinn oder zweiwertigen Zinnsalzen eine karminrote, beim Vorhandensein von viel Kupfer rotbraune oder rubinrote Färbung (Bunsen; Lutz).

Grenzkonzentration 1 : 3800 (Lutz).

Störungen. Verschiedene andere Stoffe, wie z. B. Eisensalze, geben ebenfalls beim Erhitzen in der Kupferboraxperle eine Rotfärbung. Das Verfahren ist deshalb nicht empfehlenswert (Lutz). — Zur Prüfung des Zinnsteins ist die kupferhaltige Boraxperle nicht brauchbar (Beijerinck).

Nachweis in einem Gemisch aus Zinn-, Arsen- und Antimonsulfid. Das Sulfidgemisch wird abgeröstet, und einige kaum sichtbare Stäubchen des Gemisches werden mit einer durch Kupferoxyd kaum bemerkbar gefärbten Boraxperle in der oberen Oxydationsflamme zusammengeschmolzen und dann in der Reduktionsflamme geprüft. Die Reaktion fällt auch dann positiv aus, wenn die Menge des Zinns nur einige Tausendstel des Gemisches beträgt (BUNSEN).

3. Verhalten in der Phosphorsalzperle. Wie in der Boraxperle.

4. Erhitzen im Glühröhrchen. Zinn(IV)-oxyd oder Zinnsalze färben sich beim Erhitzen gelbbraun, nach dem Erkalten erscheinen sie schmutzig hellgelb (FRESENIUS-GEHRING, S. 118).

5. Verhalten auf der Kohle. Vor dem Lötrohr auf der Kohle erhitzt, geben Zinn und Zinnsalze einen schwach gelben, beim Erkalten weißen, nicht flüchtigen Beschlag von Zinn(IV)-oxyd, der nach Befeuchten mit wenig Kobaltnitratlösung und erneutem Erhitzen sich blaugrün färbt. Mit Zinnsalzen ist der Beschlag besonders gut in der Reduktionsflamme zu erhalten. Mit Soda und Borax oder besser mit Kaliumcyanid (JOHNSTONE) gemischt und auf der Kohle in der reduzierenden Lötrohrflamme erhitzt, werden Zinnverbindungen zu Metallflittern oder zu einem glänzenden, leicht schmelzbaren und geschmeidigen Metallkorn reduziert. Bei starkem und längerem Erhitzen beschlägt sich die Kohle mit nichtflüchtigem, weißem Oxyd. Besonders leicht gelingt die Reduktion auf Kohle durch Zusatz von Natriumformiat (NELISSEN) oder einem Gemisch aus Natrium- und Kaliumoxalat [BILTZ-FISCHER (S. 42)]. — Nachweis in Mineralien s. Punkt 1, S. 187.

Um Zinn von Kupfer zu unterscheiden, zerreibt man nach Zusatz von Wasser die Probe nebst den sie umgebenden Kohlenteilchen im Achatmörser. Das Kupfer bleibt nach Abschlämmen der Kohle als rote Metallflitter zurück. Besteht der Rückstand aus weißen, dehnbaren Metallkörnern, können diese von Zinn herrühren und mit der blauen Kupferperle (s. Punkt 2β, S. 93) geprüft werden (CLASSEN, S. 148). Von Silber und Blei unterscheiden sich die Zinnkörner durch ihre Unlöslichkeit in Salpetersäure, von Silber auch durch ihre Löslichkeit in konzentrierter Salzsäure.

Beim Erhitzen auf *Aluminiumblech* geben Zinn und Zinnverbindungen erst nach langem Blasen einen schwachen, weißen Anflug (ROSS).

6. Verhalten am Kohlensodastäbchen. Am Kohlensodastäbchen werden die Zinnverbindungen leicht zu einem weißen, glänzenden Metallkorn reduziert. Die vom Papier aufgesaugte Lösung des Metallkornes in Salzsäure wird durch selenige Säure rot, durch tellurige Säure schwarz gefällt. Versetzt man die Lösung mit einer Spur gelösten Wismutnitrates, gibt ein Überschuß von Natriumhydroxyd einen schwarzen Niederschlag (BUNSEN).

7. Beschlagproben. *a) Metallbeschlag.* Eine Spur der zu untersuchenden Substanz wird an einem Asbestfaden in den oberen Reduktionsraum der Flamme hineingebracht und gleichzeitig eine möglichst dünne, außen glasierte und mit kaltem Wasser gefüllte Porzellanschale dicht über dem Asbestfaden in die Reduktionsflamme gehalten. Zinn gibt sich durch einen schwarzen, in dünnen Schichten braunen Metallbeschlag zu erkennen (BUNSEN).

Nachweis durch mikrochemische Flammenanalyse s. Punkt 10, S. 152.

β) Oxydbeschlag. Hält man die Porzellanschale in den oberen Oxydationsraum, bildet sich ein gelblichweißer Oxydbeschlag, der bei Prüfung mit Silbernitrat und Ammoniak weiß wird (BUNSEN). — Auf Glimmerblättchen erhält BRALY (a) einen undeutlichen Beschlag von Zinn(IV)-oxyd, der sich beim Erhitzen über einer Spiritusflamme nicht ändert, aber durch Behandeln mit Salzsäuredämpfen deutlicher wird. — Siehe ferner Punkt 10, S. 152.

γ) *Jodidbeschlag.* Beim Behandeln des Oxydbeschlages mit rauchender Jodwasserstoffsäure unter schwachem Erhitzen erhält man einen gelblichweißen Jodidbeschlag (BUNSEN). — Durch Erhitzen etwa gleicher Teile der zu untersuchenden Substanz und einer vorher geschmolzenen und gepulverten Mischung aus 40% Jod und 60% Schwefel auf *Gipsplättchen* mit der oxydierenden Flamme des Lötrohres entsteht ein bräunlichgelber Jodidbeschlag (WHEELER und LUEDEKING). — Der nach BRALY (a) erhaltene Sulfidbeschlag (s. unter δ) wird durch Abbrennen mit Jodtinktur in einen gelben bis rotorange Jodidbeschlag verwandelt, der beim Behandeln mit Ammoniakdämpfen verschwindet und sich beim Erhitzen über der Spiritusflamme verflüchtigt.

δ) *Sulfidbeschlag.* Ein weißer, in Ammoniumsulfid nicht verschwindender Sulfidbeschlag entsteht, wenn man auf den Jodidbeschlag unter schwachem Erhitzen einen ammoniumsulfidhaltigen Luftstrom bläst (BUNSEN). — BRALY (a) erhält beim Behandeln des auf dem Glimmerblättchen hergestellten Oxydbeschlages mit Ammoniumsulfiddämpfen einen schmutziggelben bis hellbraunen Sulfidbeschlag, der in Ammoniumsulfid löslich ist und beim Erhitzen über der Spiritusflamme in die ursprüngliche Form zurückgebildet wird.

8. Verhalten beim Erhitzen mit Kobaltnitrat. Tränkt man einen Streifen Filtrierpapier mit einer zinnhaltigen Lösung von Kobaltnitrat, entsteht nach Trocknen und Verbrennen eine blaugrüne Färbung (s. ebenfalls Punkt 5, S. 94). Das günstigste Verhältnis ist Zinn : Kobalt = 1 : 10. Schon bei einem Gehalt von 0,5 bis 1% Zinn ist jedoch die Färbung zu erkennen (MIGLIACCI und CRAPETTA).

9. Verhalten beim Erhitzen mit Chromnitrat. Mit einer Lösung von Chromnitrat erhält man in der gleichen Weise, wie im Punkt 8 beschrieben, schon bei einem Gehalt von 0,2 bis 0,5% Zinn eine blaßlila Färbung. Das günstigste Verhältnis ist Zinn : Chrom = 1 : 5 (MIGLIACCI und CRAPETTA).

10. Verhalten auf Papier. PRÖSCHOLD stellt fest, daß die Spuren, die entstehen, wenn man geschmolzenes Zinn auf ein Stück Papier fallen läßt, wenig charakteristisch sind.

11. Nachweis in Mineralien. Nach Vertreiben des Schwefels, Arsens und Antimons durch Totbrennen in der Reduktionsflamme mischt man den Rückstand mit drei Teilen Natriumcarbonat und einem Teil Borax und erhitzt das Gemisch auf Kohle mit starker Reduktionsflamme. Zink, Blei und Wismut sind an den gebildeten Beschlägen zu erkennen. Ist verhältnismäßig viel Zinn vorhanden, bildet sich ein trübes Korn, das bei Anwesenheit von genügend Blei sofort warzenartig wird, oder man erhält eine mehr oder weniger dicke Oxydschicht, die die weitere Einwirkung der Flamme verhindert. Bei Abwesenheit von Blei ist das Korn bei hohem Zinngehalt trübe, bei geringem glänzend. Durch Zugabe von etwas Blei und Erhitzen in der Reduktionsflamme wird das Korn in ein warzenartiges oder mehr oder weniger glänzendes, evtl. mit Oxyd bedecktes Blei-Zinn-Korn verwandelt und dann in der Oxydationsflamme verschlackt. Je nach der vorhandenen Zinnmenge bildet sich aufgeblähtes Oxyd, eine feine Kruste oder ein Beschlag von Zinn(IV)-oxyd, das nach den üblichen nassen Verfahren weiter untersucht werden kann [BRALY (b), s. auch BRALY (a)]. Verfahren von JOHNSTONE s. Punkt 1, S. 181.

§ 3. Nachweis auf nassem Wege.

Vorbemerkung.

Zinn läßt sich sowohl in der zweiwertigen wie in der vierwertigen Form nachweisen. Die wichtigsten Nachweisreaktionen findet man allerdings unter den Reaktionen des zweiwertigen Zinns. Meistens zieht man deshalb vor, Zinn in dieser Form nachzuweisen. Beim Vorliegen vierwertiger Zinnionen erreicht man dies durch eine vorhergehende Reduktion in salzsaurer Lösung mit Metallen wie Aluminium, Magnesium, Eisen usw. (s. S. 126).

Da sowohl die Lösungen der zweiwertigen wie der vierwertigen Zinnionen stark zu Hydrolyse neigen (s. S. 62), muß die dem Nachweis dienende Lösung stets einen hinreichenden Überschuß an Säure enthalten, um die Abscheidung eines Oxysalzes oder Hydroxyds zu verhindern.

I. Nachweisreaktionen des zweiwertigen Zinnions.

A. Analytisch wichtige Reaktionen.

Die wichtigsten Nachweisreaktionen des zweiwertigen Zinns beruhen auf den reduzierenden Eigenschaften dieses Ions. Die meisten im Abschnitt A beschriebenen Reaktionen sind deshalb Reduktions-Oxydationsreaktionen.

1a. Nachweis mit 4-Methyl-1,2-dimercaptobenzol (Toluol-3,4-dithiol oder nur „**Dithiol**"**).** Die Orthodimercaptobenzole bilden mit Zinn schwerlösliche rote Verbindungen, die nach R. E. D. CLARK (a) einen spezifischen und sehr empfindlichen Nachweis von Zinn gestatten.

Ausführung. 0,2 g Dithiol werden in 100 ml einer 1%igen Natriumhydroxydlösung gelöst, evtl. mit Zusatz von 0,3 bis 0,5 g Thioglykolsäure, um beim Vorliegen von vierwertigem Zinn die Reduktion zu zweiwertigem zu beschleunigen. Das so hergestellte Reagens ist ziemlich beständig, und es dürfte kaum notwendig sein, wie es verschiedentlich vorgeschlagen worden ist, das Reagens in einer Wasserstoffatmosphäre aufzubewahren oder kurz vor Gebrauch frisch herzustellen. Versetzt man die zu prüfende stark salzsaure Lösung, die maximal 15% HCl (nach DELABY und LOZÉ 25% HCl) enthalten darf, mit einigen Tropfen der Reagenslösung, erscheint beim Erwärmen, falls Zinn vorhanden ist, in wenigen Sekunden eine Rosa- oder Rotfärbung. Nach 10 Min. langem Kochen und Filtrieren erhält man leicht sichtbare rosa- oder rotgefärbte Flocken (vgl. auch ALLPORT).

SH

—SH

CH$_3$

4-Methyl-1,2-dimercaptobenzol
Toluol-3,4-dithiol

Empfindlichkeit. Nach CLARK beträgt die *Grenzkonzentration* 1 : 1 000 000; beim Kochen ist es sogar möglich, 0,12 γ in 50 ml Lösung, entsprechend einer Grenzkonzentration von etwa 1 : 400 000 000, nachzuweisen. Nach DELABY und LOZÉ soll die Grenzkonzentration 1 : 8 000 000 betragen, während GEUER eine Grenzkonzentration von 1 : 2 500 000 angibt.

Störungen. Das Reagens bildet mit mehreren anderen Kationen (Silber, Quecksilber, Kupfer, Wismut, Cadmium, Arsen, Antimon, Nickel, Kobalt und Blei) schwerlösliche Verbindungen; wird aber das Reagens im Überschuß verwendet, verursachen nur Kupfer, Wismut und Nickel ernsthafte Störungen. Unter diesen ist es allerdings nur Wismut, das unter vergleichbaren Bedingungen eine rote Färbung mit dem Reagens gibt. Zum Unterschied von der magentaroten Farbe der Zinnverbindung ist jedoch die Wismutverbindung ziegelsteinrot. Im allgemeinen kann deshalb das Reagens zum Nachweis von Zinn in Anwesenheit aller anderen Metalle verwendet werden bis auf den Fall, daß die Farbe der übrigen Metallverbindungen so stark ist, daß sie die rote Zinnfarbe verdeckt.

Alkalisulfide dürfen nicht in zu großer Menge vorhanden sein, und auch Phosphate bewirken eine Herabsetzung der Empfindlichkeit. Weniger als 1% Salpetersäure stört den Zinnachweis nicht, spaltet jedoch bei fortgesetztem Kochen den Zinnkomplex. Organische Säuren stören nicht, wohl aber organische Stoffe kolloidaler Struktur (z.B. Stärke).

1b. Nachweis mit 4-Chlor-1,2-dimercaptobenzol. 4-Chlor-1,2-dimercaptobenzol gibt eine völlig analoge Reaktion und läßt sich in der gleichen Weise verwenden wie 4-Methyl-1,2-dimercaptobenzol. Die Reaktion verläuft bloß etwas langsamer mit dem Chlorderivat [R.E.D.Clark (a)].

Ausführung. Wie in 1a beschrieben.

Empfindlichkeit. *Grenzkonzentration* 1 : 1000000. Beim Kochen ist es möglich, 0,01 γ/ml, entsprechend einer Grenzkonzentration von 1 : 100000000, nachzuweisen.

Störungen. Siehe 1a.

Verwendung in dem qualitativen Analysengang. Nach Ansäuern des Ammonium-sulfidfiltrates der Schwefelwasserstoffgruppe entsteht beim Zufügen des Reagenses in Anwesenheit von Zinn die rote Farbe auch bei Bedingungen, unter denen das Zinn sonst schwer oder unmöglich nachzuweisen ist. Arsen und Antimon stören dabei nicht. Es entsteht freilich dann zunächst ein gelblicher Niederschlag; beim Zufügen des Reagenses im Überschuß bildet sich jedoch die rote Farbe der Zinnverbindung.

Unter der Voraussetzung, daß das Reagens in genügender Menge vorhanden ist, lassen sich 10 γ Zinn neben 1000 γ Antimon oder Arsen nachweisen (Delaby und Lozé).

Über die Darstellung substituierter 1,2-Dimercaptobenzole s. R.E.D.Clark (b).

Tüpfelreaktion s. Punkt 2, S. 154.

Nachweis in Legierungen s. Punkt 3, S. 185.

Nachweis in Konserven s. Punkt 9, S. 192.

Nachweis in Malzgetränken s. Punkt 11, S. 193.

2. Indirekter Nachweis durch Reduktion dreiwertiger Eisenionen. Zweiwertige Zinnionen reduzieren besonders in salzsaurer Lösung dreiwertige Eisenionen zu zweiwertigen, und da der Nachweis der gebildeten zweiwertigen Eisenionen sich sehr empfindlich gestalten läßt, besteht zugleich die Möglichkeit, einen empfindlichen indirekten Nachweis der zweiwertigen Zinnionen zu erhalten.

a) Nachweis der Eisen(II)-ionen mit Dimethylglyoxim. Sehr empfindlich ist der Nachweis der gebildeten Eisen(II)-ionen mit Dimethylglyoxim $CH_3-C(NOH)-C(NOH)-CH_3$.

Ausführung. Man gießt die zinn(II)-haltige Lösung in eine verdünnte, heiße Eisen(III)-chloridlösung, fügt etwas festes Seignettesalz oder Zitronensäure hinzu, um Störungen durch das sonst aus überschüssigem Eisen(III)-salz entstehende Eisen(III)-hydroxyd zu vermeiden, und versetzt mit einer ammoniakalischen, alkoholischen Dimethylglyoximlösung (0,5 g Dimethylglyoxim, 5 ml 98%igem Alkohol und 5 ml konzentriertem Ammoniak). Die gebildeten Eisen(II)-ionen lassen eine Rotfärbung entstehen, deren Stärke durch den Gehalt an Zinn(II)-ionen bedingt ist [Feigl (c)]. Nieuwenburg (b) führt die Reaktion in einem Mikroreagensglas unter Verwendung von 0,5 ml einer 0,1n Eisen(III)-chloridlösung, 0,5 bis 1,0 ml 5%iger Weinsäurelösung, 5 Tropfen der Dimethylglyoximlösung und etwa 1 ml einer 4n Ammoniaklösung aus.

Empfindlichkeit. Es lassen sich 0,01 γ Zinn/ml, entsprechend einer *Grenzkonzentration* von 1 : 100000000, nachweisen [Feigl (c)]. Nieuwenburg (b) gibt eine Grenzkonzentration von 1 : 1000000 an. Sie wird durch die Ionen der Elemente Quecksilber, Blei, Cadmium, Arsen, Antimon und Thallium im Verhältnis 100 : 1 nicht beeinflußt. Wismut im gleichen Verhältnis erhöht die Grenzkonzentration auf 1 : 10000.

Störungen. Es versteht sich von selbst, daß die zu prüfende Lösung keine zweiwertigen Eisenionen enthalten darf. Kupfer, Chrom, Mangan, Kobalt und Nickel, die Komplexe mit Dimethylglyoxim bilden, sowie dreiwertiges Titan, das ebenfalls dreiwertiges Eisen reduziert, müssen abwesend sein. Auch nach einer Schwefelwasserstoffällung ist der Nachweis von Zinn neben Eisen nicht eindeutig, da geringe Mengen

Eisen beim längeren Einleiten von Schwefelwasserstoff in eine schwach salzsaure Lösung gefällt werden (DELABY und LOZÉ). Vanadinionen sowie das Uranylion geben eine entsprechende Reaktion. Scandium stört die Reaktion. Gold, Palladium, Platin, Selen und Tellur, die kolloidale Lösungen oder sehr feinverteilte Suspensionen bilden, stören ebenfalls. Molybdat- und Wolframationen geben eine Blaufärbung, die den Nachweis erschwert. Gold läßt sich durch Reduktion der warmen salzsauren Lösung mit Aluminium entfernen [NIEUWENBURG (b)]. Ist auch Platin anwesend, kann man es zusammen mit Gold durch Reduktion mit feinverteiltem Silber entfernen [„*Reagents for Qualitative Inorganic Analysis* (Second Report of the International Committee on New Analytical Reactions and Reagents of the International Union of Chemistry)" 1948, S. 102].

Tüpfelreaktion s. Punkt 10, S. 158.

Nachweis in Pflanzengeweben s. Punkt 4, S. 192.

β) Nachweis der Eisen(II)-ionen mit Kaliumhexacyanoferrat(III). Führt man die Reduktion der dreiwertigen Eisenionen in Anwesenheit von *Kaliumhexacyanoferrat*(III) aus, erkennt man die zweiwertigen Eisenionen an der Bildung des intensiv blau gefärbten TURNBULLS Blau [LÖWENTHAL (a)]. Zur Ausführung der Reaktion versetzt man nach BILTZ-FISCHER (S. 85) die zu prüfende Lösung mit einigen Tropfen einer stark verdünnten, hellbraun aussehenden Mischung von Eisen(III)-chlorid und Kaliumhexacyanoferrat(III).

Die *Empfindlichkeit* der Reaktion ist nicht bekannt, von FRESENIUS (a, S. 197) wird jedoch die Reaktion als äußerst empfindlich bezeichnet.

FAGÈS weist Zinn an der Bildung von TURNBULLS Blau dadurch nach, daß er die verdünnte alkalische Lösung eines Zinn(II)-salzes mit einigen Tropfen einer *Nitroprussidnatriumlösung* versetzt. Es entsteht eine beständige, graurote Färbung, die auf Zusatz von wenig Salzsäure in Blau umschlägt, bei einem Überschuß an Salzsäure verschwindet jedoch die Färbung. Fügt man jetzt eine Lösung von Kaliumhexacyanoferrat(III) hinzu, erhält man TURNBULLS Blau.

Nachweis in Dünnschliffen s. Punkt 7, S. 183.

γ) Nachweis der Eisen(II)-ionen mit Kaliumnitrat und Schwefelsäure. Nach BLUM weist man die zweiwertigen Eisenionen nach Zusatz von Schwefelsäure und Kaliumnitrat als Eisen(II)-nitrososulfat nach. Man versetzt die Lösung mit einem Tropfen einer Eisen(III)-chloridlösung, gibt konzentrierte Schwefelsäure und einen Kristall Kaliumnitrat hinzu. Vom Salpeterkristall ausgehend, zeigen sich die charakteristischen rot bis braun gefärbten Streifen des Eisen(II)-nitrososulfats.

Störungen. Der indirekte Nachweis der zweiwertigen Zinnionen durch Reduktion dreiwertiger Eisenionen wird durch alle Stoffe, die ebenfalls dreiwertige Eisenionen zu zweiwertigen reduzieren, gestört. Solche Stoffe dürfen deshalb nicht anwesend sein.

Verwendung in dem qualitativen Analysengang. Die unter 2α), β) und γ) beschriebenen Reaktionen lassen sich für den Nachweis von Zinn neben Antimon in der systematischen qualitativen Analyse verwerten.

Man löst die Antimon- und Zinnsulfide in starker, warmer Salzsäure, weist in einem Teil der Lösung das Antimon nach und fällt in einem zweiten Teil der Lösung das Antimon und Zinn durch blei- und eisenfreies Zink gemeinsam aus. Aus dem Metallschwamm wird das Zinn durch starke Salzsäure herausgelöst und die Lösung wie unter α), β) oder γ) beschrieben, auf Zinn geprüft. Etwa gleichzeitig gelöstes Antimon stört den Zinnachweis nicht.

—NH—C—CH₂SH
‖
O

Thioglykolsäure-β-aminonaphthalid

3. Nachweis mit Thioglykolsäure-β-aminonaphthalid („Thionalid"). Thionalid liefert mit Metallen, die schwerlösliche Sulfide bilden, beständige Metallkomplexe, die sich für sehr empfindliche Nachweisreaktionen verwenden lassen (BERG und ROEBLING). Der Nachweis von zweiwertigem Zinn mit Hilfe dieser Reaktion kann entweder in mineralsaurer oder in tartrathaltiger Lösung erfolgen.

α) Ausführung in mineralsaurer Lösung. Als Reagens verwendet man eine 1%ige alkoholische oder essigsaure Lösung des Thionalids. Die zu prüfende, schwach mineralsaure Lösung, die bis etwa 2n in bezug auf Mineralsäure sein darf, wird zum Sieden erhitzt und mit 1 bis 2 Tropfen des Reagenses versetzt. Bei Anwesenheit von Zinn entsteht eine weiße Fällung. Da das Reagens in verdünnten Mineralsäuren ebenfalls schwer löslich ist, empfiehlt es sich, gleichzeitig einen Blindversuch auszuführen, um eventuelle Täuschungen durch ausfallendes Reagens auszuschließen. Zum Nachweis ganz geringer Mengen Zinns kühlt man auf Zimmertemperatur ab.

Empfindlichkeit. Bei 0,5 ml 2n Mineralsäure in 5 ml Gesamtvolumen lassen sich 0,08 γ/ml, entsprechend einer *Grenzkonzentration* von 1 : 12500000, nachweisen.

Störungen. Kupfer, Silber, Gold, Quecksilber, Arsen, Antimon, Wismut, Platin und Palladium geben eine ähnliche Fällung, aber sonst läßt sich Zinn neben beliebigen Mengen sämtlicher anderer Metalle nachweisen. Oxydationsmittel, auch dreiwertiges Eisen, stören und müssen zerstört werden, am zweckmäßigsten mit Hydroxylamin. Gegenwart von Phosphorsäure verhindert die Fällung von Zinn. In essigsaurer Lösung ist das Reagens zu unspezifisch, um in diesem Medium praktisch verwendet zu werden.

β) Ausführung in tartrathaltiger Lösung in Gegenwart von Kaliumcyanid. Die zu prüfende, saure Lösung wird mit 2n Natriumcarbonatlösung bis zur alkalischen Reaktion, sowie mit einer kaltgesättigten Ammoniumtartratlösung und einer 10%igen Kaliumcyanidlösung versetzt. Dann erhitzt man und gibt die 1%ige Reagenslösung hinzu. Beim Nachweis sehr geringer Metallmengen ist es erforderlich, die Lösung nach Zusatz des Reagenses abzukühlen.

Empfindlichkeit. Bei einem Gesamtvolumen von 5 ml mit 0,5 ml der 2n Natriumcarbonatlösung und je 1 Tropfen der Ammoniumtartratlösung und der Kaliumcyanidlösung gestattet die Reaktion 4,0 γ/ml, entsprechend einer *Grenzkonzentration* von 1 : 250000, nachzuweisen.

Störungen. Gold, Thallium, Blei, Antimon und Wismut geben eine ähnliche Fällung. Größere Mengen Quecksilber (mehr als 50 mg in 5 ml einer 10%igen Kaliumcyanidlösung) stören den Zinnachweis. Sonst läßt sich Zinn neben sämtlichen anderen Metallen nachweisen (s. ebenfalls SOARES). Oxydationsmittel müssen vor dem Reagenszusatz zerstört werden. Die störende Wirkung von dreiwertigem Eisen wird dadurch verhindert, daß man die tartrat- und kaliumcyanidhaltige Lösung in der Hitze mit Reduktionsmitteln wie schwefliger Säure oder Hydroxylamin reduziert, wobei die Lösung nicht sauer werden darf.

4. Nachweis durch Reduktion von Molybdaten. Die Reduktion der Molybdate zum „Molybdänblau" durch zweiwertige Zinnionen ermöglicht ebenfalls den Nachweis geringer Mengen Zinns. Als Reagens verwendet DENIGÈS (a) eine Lösung von 10 g Ammoniummolybdat in 100 ml Wasser und 100 ml konzentrierter Schwefelsäure, HÜTTIG eine salpetersaure Lösung von Ammoniummolybdat (150 g Ammoniummolybdat werden in 160 ml konzentrierten Ammoniaks unter Zugabe von 800 ml Wasser gelöst, und die Lösung wird in kleinen Portionen unter Umschütteln in 1000 ml eines Gemisches aus gleichen Raumteilen Wasser und konzentrierter Salpetersäure eingegossen; 6 ml dieser Lösung werden sodann mit 3 ml 2n Natriumhydroxydlösung vermischt und in etwa 1000 ml Wasser gelöst) und ZENGHELIS eine salzsaure Lösung von Natriummolybdat (1 g Molybdäntrioxyd wird in verdünnter Natriumhydroxydlösung gelöst, mit verdünnter Salzsäure in geringem Überschuß versetzt und mit Wasser auf 200 ml verdünnt). GUTZEIT (a), der das Reagens von DENIGÈS (a) verwendet, empfiehlt, eine gelbe Flasche zum Aufbewahren des Reagenses zu verwenden.

Bläut sich die Lösung, wird sie mit sehr wenig Kaliumpermanganat entfärbt. Nach FEIGL (d) bietet die Verwendung salpetersaurer Lösungen keine Vorteile gegenüber der von salzsauren Lösungen.

Der Nachweis mit Molybdaten ist allerdings nicht in allen Fällen brauchbar. Bei großen Zinn(II)-ionenkonzentrationen kommt es sofort zur Bildung braungefärbter Lösungen, und bei verdünnten Zinn(II)-lösungen bleibt die Blaufärbung zuweilen aus, besonders wenn das Reagens längere Zeit stehengeblieben ist (FEIGL und NEU-BER; ZENGHELIS). FEIGL und NEUBER empfehlen deshalb, Phosphormolybdänsäure statt Molybdate zum Nachweis von Zinn(II)-ionen zu verwenden (s. Tüpfelreaktionen Punkt 1, S. 153). BAKER, MILLER und GIBBS verwenden Silicomolybdänsäure $H_4[Si(Mo_3O_{10})_4] \cdot nH_2O$ zur kolorimetrischen Bestimmung von Zinn.

Ausführung. Die zu prüfende Lösung, die nicht zu stark sauer sein darf (LONG-STAFF), wird in einer Platinschale oder auf einer Platinfolie mit einem Tropfen Schwefelsäure angesäuert und mit einem Zinkstäbchen in Berührung gebracht. Nach Erscheinen eines Fleckes auf dem Platin entfernt man das Zink, spült ab, befeuchtet den Fleck mit 4 bis 5 Tropfen Salzsäure, dampft vorsichtig vollständig zur Trockne ein, nimmt mit 3 bis 4 Tropfen Wasser auf und versetzt 2 bis 3 ml des Reagenses mit 1 oder 2 Tropfen der so erhaltenen Lösung [DENIGÈS (a)]. Beim Stehen an der Luft verschwindet die blaue Farbe langsam (LONGSTAFF).

Empfindlichkeit. Die *Erfassungsgrenze* wird von WARYNSKI und MDIVANI zu 0,3 bis 0,5 γ, von ZENGHELIS zu 1 γ und von HÜTTIG zu 10 γ Sn angegeben. Die *Grenzkonzentration* beträgt nach LONGSTAFF, vorausgesetzt, daß man eine Oxydation der Zinn(II)-ionen durch den Luftsauerstoff sorgfältig ausschließt, 1 : 1500000, nach MUNRO 1 : 1423000, nach CHARLOT (S. 213) 1 : 83500.

Störungen. Organische und anorganische Reduktionsmittel stören den Zinnnachweis. Unter den organischen Stoffen reduzieren in der Kälte nur die Hydrazine, besonders das Phenylhydrazin, sofort. Weinsäure, Äpfelsäure, Zitronensäure u. a. färben erst nach längerer Zeit blau, in der Hitze dagegen sehr schnell. Phenol, Resorcin und unter den Alkaloiden das Morphin, wirken schneller als organische Säuren. Oxalsäure und Aldehyde sind ohne Einwirkung.

Von anorganischen Verbindungen reduziert die unterphosphorige Säure in der Kälte nur langsam, schnell dagegen in der Wärme. Die Hydrogensulfite, Eisen(II)- und Kupfer(I)-salze wirken schon bei Zimmertemperatur stark reduzierend. Die Hydrogensulfite sind jedoch in Gegenwart von Säuren unbeständig, und Kupfer(I)-chlorid bleibt beim Lösen des auf dem Platin abgeschiedenen Zinns ungelöst zurück [DENIGES (a)]. Die Störungen durch einwertiges Kupfer und zweiwertiges Eisen lassen sich in der Weise vermeiden, daß die neutrale Probelösung zum Kochen gebracht und tropfenweise in das gleiche Volumen kochender 4n Natronlauge gegeben wird. Das angesäuerte Filtrat wird auf das ursprüngliche Volumen eingedampft und das Zinn nach Reduktion darin nachgewiesen. — Zweiwertiges Kupfer sollte sich im Prinzip in gleicher Weise entfernen lassen. Geringe Mengen gehen jedoch in die alkalische Lösung über und färben sie blau. In diesem Falle fügt man nach Reduktion mit Antimon einige Tropfen einer Kaliumjodidlösung hinzu, wodurch das Kupfer als Kupfer(I)-jodid gefällt wird, und prüft das Filtrat auf Zinn. — Antimon(III)-ionen rufen in Anwesenheit von Phosphationen eine gelbe Fällung hervor, die langsam blau wird (CHARLOT, S. 213). — ZENGHELIS zufolge werden die Molybdate selbst beim Erwärmen nicht durch Eisen(II)-chlorid reduziert. — In eiweißhaltigen Lösungen ist der Nachweis des Zinns mit Ammoniummolybdat unzuverlässig (RICO).

Ausführung der Molybdatreaktion im Gange der qualitativen Analyse. Ein Teil der durch Behandeln der Sulfide von Arsen, Antimon und Zinn mit konzentrierter Salzsäure erhaltenen Lösung wird durch Kochen völlig von Schwefelwasserstoff befreit, in der Siedehitze mit einem Stück Stangenzink reduziert und dann sofort unter

Umrühren langsam durch ein Filter in die Molybdatlösung eingegossen. Ist kein Zinn, sondern nur Antimon vorhanden, kann die Lösung eine ganz schwache, grüne Färbung annehmen, bei größeren Antimonmengen entsteht ein weißer oder gelblicher Niederschlag (HÜTTIG, s. ferner ARNAL).

Tüpfelreaktion s. Punkt 1, S. 153.

Nachweis in Metazinnsäure s. Punkt 2, S. 179.

Nachweis in Obsidian s. Punkt 10, S. 184.

Über die entsprechende Reaktion mit Wolframsäure bzw. Phosphorwolframsäure s. Punkt 7, S. 110.

5. Nachweis mit Kakothelin $C_{21}H_{21}O_7N_3 \cdot HNO_3$ (Nitrobrucinchinonhydrat?). Die wäßrige Lösung des Kakothelins wird durch zweiwertige Zinnionen unter Bildung einer rotvioletten Färbung reduziert [COTTON; RÖHRE; DRYER; DENIGÈS (a); s. auch LEUCHS und Mitarbeiter; GUTZEIT (a); Chem. Age 28, 411 (1933)]. Diese Reaktion, die auch die „amethystene Reaktion" genannt wird, ist eine empfindliche und oft empfohlene Reaktion für zweiwertiges Zinn. In Gegenwart von salzsaurem Hydroxylamin ist die Reaktion spezifisch für Zinn, da kein anderes *Metall* unter diesen Umständen eine rotviolette Färbung mit Kakothelin gibt („*Organic Reagents for Metals*", HOPKINS und WILLIAMS LTD. 3. Aufl., London 1938, S. 31).

Als Reagens verwendet DRYER eine Lösung von 0,1 g Brucin in 1 ml Salpetersäure und 50 ml Wasser; DENIGÈS (a) löst 0,5 g Brucin in der Kälte in 5 ml Salpetersäure, fügt 250 ml Wasser zu der Lösung, erhitzt zum Kochen 10 bis 15 Min. und füllt nach dem Erkalten auf 250 ml mit Wasser auf; GUTZEIT (a) stellt das Kakothelin durch Kochen von 4 g Brucin, 10 ml konzentrierter Salpetersäure und 100 ml Wasser dar. Das Kochen wird 15 Min. fortgesetzt, dann wird abgekühlt, filtriert, mit Wasser und Alkohol gewaschen und schließlich im Vakuumexsiccator über Schwefelsäure getrocknet. Das Reagens erhält man durch Lösen von 0,25 g Kakothelin in 100 ml Wasser als eine goldgelbe Flüssigkeit, die sich nach einiger Zeit unter Trübung tiefbraun färbt, aber selbst nach zwei Jahren kaum ihre Verwendbarkeit eingebüßt hat. Es empfiehlt sich, das Reagens in einer dunklen Flasche aufzubewahren.

GROSSET sowie NEWELL, FICKLEN und MAXFIELD verwenden ebenfalls das Reagens in Form einer 0,25%igen wäßrigen Lösung.

Ausführung. Man versetzt die zu prüfende Lösung mit 10 Tropfen einer 2%igen wäßrigen Lösung von salzsaurem Hydroxylamin, fügt so viel 5n Salzsäure hinzu, daß die Lösung in bezug auf diese Säure 1n wird, und versetzt schließlich mit 5 Tropfen einer gesättigten wäßrigen Lösung des Kakothelins („*Organic Reagents for Metals*", HOPKINS und WILLIAMS LTD. 3. Aufl., London 1938, S. 31).

DELABY und LOZÉ führen die Reaktion folgendermaßen aus: Man versetzt mit 1 Tropfen des Reagenses pro ml der zu prüfenden Lösung, die 10% Salzsäure enthalten soll. Bei geringen Zinnmengen (einigen γ) empfiehlt es sich, 1 Tropfen des Reagenses pro 5 ml Lösung zuzugeben. Die Farbintensität erreicht nach 10 Min. ein Maximum, danach verblaßt die Farbe rasch. Durch Zusatz von Hydrazinsulfat bleibt die Färbung längere Zeit stabil, besonders in Verbindung mit einer Salzsäurekonzentration von 5 Vol.-% (GEUER).

Empfindlichkeit. *Die Grenzkonzentration* beträgt in wäßriger Lösung 1 : 500 000, in salzsaurer Lösung 1 : 1 000 000, in schwefelsaurer Lösung 1 : 16 667, in salpetersaurer Lösung bleibt die Reaktion aus (NEWELL, FICKLEN und MAXFIELD; GEUER). DELABY und LOZÉ geben die gleichen Grenzkonzentrationen an; die *Erfassungsgrenze* bestimmen sie zu 2 γ Sn in neutraler Lösung und 1 γ Sn in 10%iger salzsaurer Lösung. Bei Ausführung im Mikroreagensglas findet NIEUWENBURG (b), daß die Reaktion bei einer Verdünnung von 1 : 100 000 zweifelhaft ist, und gibt eine *Grenzkonzentration* von 1 : 10 000 an. Silber, Blei und Cadmium im Verhältnis 100 : 1 ändern die Grenzkonzentration nicht, während Kupfer, Arsen und Thallium im gleichen Verhältnis sie auf 1 : 2000 heraufsetzen. Im Verhältnis 10 : 1 sind die letztgenannten Ionen ohne merklichen Einfluß.

Störungen. Dreiwertiges Antimon erzeugt nur, wenn es in genügender Konzentration ($\geq 0{,}01$ m) vorliegt, eine Färbung mit Kakothelin. Gefärbte Kationen, wie zweiwertige Kupferionen, zweiwertige Kobalt- und Nickelionen, dreiwertige Eisenionen und zwei- und dreiwertige Chromionen, stören bei genügend großen Konzentrationen die Reaktion. Zweiwertige Eisenionen reagieren in Abwesenheit von Phosphaten und Fluoriden nicht mit Kakothelin, so daß es möglich ist, vierwertiges Zinn nach Reduktion mit Eisen ebenfalls mit Kakothelin nachzuweisen. Silber und Quecksilber verhindern schon in geringen Konzentrationen die Reaktion. Wismut, Gold, Palladium, Platin sowie Zink und Mangan in größeren Konzentrationen stören. Gold kann durch Reduktion der warmen salzsauren Lösung mit Aluminium und Abfiltrieren des metallischen Goldes und Aluminiums entfernt werden. Platin läßt sich zusammen mit Gold durch Reduktion mit feinverteiltem Silber entfernen. Vanadate, Chromate und Molybdate stören bzw. verhindern ganz die Reaktion.

Weder Hydroxylamin noch Hydrazin reduziert Kakothelin zu der amethystfarbenen Verbindung. Durch Zusatz von Hydroxylamin zu der Reagenslösung läßt sich Zinn neben 5000mal soviel Antimon, Wismut, Zink, Arsen, Magnesium, Calcium, Cadmium, Aluminium, Barium und Alkalimetall, neben 1000mal soviel Mangan, Beryllium und Blei und neben 500mal so viel Titan nachweisen. Die Verwendung von Hydroxylamin verhindert ebenfalls die Störung durch freie Salpetersäure und Sulfitionen, die Störung durch Hydrogensulfite und Dithionite bleibt aber bestehen. Auch Nitrite und Selenite verhindern die Reaktion [NEWELL, FICKLEN und MAXFIELD; „*Organic Reagents for Metals*", HOPKINS und WILLIAMS LTD. 3. Aufl., London 1938, S. 37, s. auch NIEUWENBURG (a, b) sowie „*Reagents for Qualitative Inorganic Analysis* (Second Report of the International Committee on New Analytical Reactions and Reagents of the International Union of Chemistry)" 1948, S. 102]. Schwefelwasserstoff gibt die gleiche Reaktion wie Zinn. Bei Verwendung der Reaktion in dem qualitativen Analysengang müssen deshalb selbst die letzten Spuren von Schwefelwasserstoff weggekocht werden [NIEUWENBURG (a)].

Nach ALIMARIN und WESHENKOWA liefern Niob, Uran, Wolfram, Vanadin, Molybdän, Chrom und Titan nach Reduktion mit Blei in salzsaurer Lösung mit Kakothelin eine violette Färbung, die den Zinnachweis stört. Das gleiche gilt für Tantal [NIEUWENBURG (b)]. BECK (a) findet, daß dreiwertige Titan-, Uran- und Rheniumionen, sowie niedere Molybdän- und Wolframoxyde und Niob(III)-chlorid eine Reduktion des Kakothelins herbeiführen. ROSENTHALER (a) weist nach, daß die Säuren des Arsens, Antimons und Tellurs bei Gegenwart von Zink und Salzsäure sowie verschiedene organische Arsen- und Schwefelverbindungen mit Kakothelin reagieren. Eine salzsaure Lösung von Kupfer(II)-ionen gibt die gleiche Reaktion. Verschiedene reduzierend wirkende organische Stoffe stören. Triäthanolamin verhindert die Reaktion (DUMAS).

Verwendung im qualitativen Analysengang s. GROSSET sowie NIEUWENBURG (a).

Tüpfelreaktion s. Punkt 3, S. 154.

Chromatographischer Nachweis s. S. 165.

Elektrophoretischer Nachweis s. Punkt 1, S. 173, und Punkt 2, S. 174.

Nachweis in toxikologischen Fällen s. S. 178.

Nachweis von Zinn neben Molybdän s. Abschnitt a, S. 179.

Nachweis in Metazinnsäure s. Punkt 2, S. 179.

Nachweis in Erzen s. Punkt 3 und 4, S. 181.

Nachweis in Obsidian s. Punkt 10, S. 184.

Nachweis in Legierungen s. Punkt 1, S. 184, und 9, S. 186.

Nachweis in Drogen s. Punkt 6, S. 192.

6. Nachweis mit Oxydationsprodukten des o-Aminophenols. Durch Oxydation von o-Aminophenol mit verschiedenen Reagenzien erhält man rotbraune Lösungen, die durch Zinn(II)-ionen smaragdgrün gefärbt werden. Die in Äther und Essigester ausschüttelbare Verbindung entsteht nur in stark saurer Lösung und verschwindet anscheinend durch Oxydation je nach der Zinnmenge nach kürzerer oder längerer Zeit [Růžička (a)].

Ausführung. Zur Herstellung des Reagenses werden 0,5 g o-Aminophenol in 100 ml Wasser gelöst, die Lösung 1 Std. lang auf dem Wasserbad erhitzt und heiß mit einer Mischung von 15 ml Salzsäure (D = 1,18) und 35 ml Wasser versetzt. 0,2 ml dieser Reagenslösung gibt man zu 1 ml der zu untersuchenden Lösung, wobei die Farbe bei Anwesenheit von zweiwertigem Zinn rasch in smaragdgrün umschlägt. Ist weniger als 0,1 mg zweiwertigen Zinns vorhanden, wird die Lösung sofort farblos. In diesem Falle ist mit einem Blindversuch zu vergleichen.

Empfindlichkeit. Die Reaktion gestattet 10 γ Sn/ml, entsprechend einer *Grenzkonzentration* von 1 : 100000, nachzuweisen. Durch Ausschütteln in Äther kann man 1 γ/ml, entsprechend einer Grenzkonzentration von 1 : 1000000, nachweisen.

Störungen. Kupfer im Verhältnis Sn : Cu = 2 : 1 verlangsamt die Reaktion. Höhere Kupferkonzentrationen stören. Man maskiert dann das Kupfer mit Citronen- oder Weinsäure.

Unter den Oxydationsprodukten des o-Aminophenols sind das *3-Aminophenoxazon-(2)* und dessen Acetylderivat, das *3-Acetaminophenoxazon-(2)*, gesondert untersucht worden [Růžička (b)].

3-Aminophenoxazon-(2)   3-Acetaminophenoxazon-(2)

Bei Verwendung von *3-Aminophenoxazon-(2)* löst man 0,1 g hiervon in 100 ml 96%igen Äthanols. Die Lösung ist gelbbraun und wird nach Ansäuern braunrot. Zur Ausführung der Reaktion versetzt man 1 ml der zu prüfenden Lösung mit dem Reagens. Bei Anwesenheit von Zinn wird die Lösung entfärbt, bei größeren Konzentrationen tritt danach eine gelbgrüne Färbung auf, die jedoch beim Stehen völlig verschwindet. Nach einiger Zeit färbt sich die Lösung gelborange und nimmt nach 5 bis 6 Stunden die ursprüngliche rote Färbung wieder an.

Grenzkonzentration 1 : 100000.

Störungen. Um Störungen durch Titan(III)-ionen zu vermeiden, versetzt man die Lösung mit überschüssiger 30%iger Natronlauge, schüttelt stark, säuert an und fügt das Reagens hinzu. Die dabei ausgeschiedene Titansäure stört nicht. Die Empfindlichkeit wird jedoch auf ein Drittel herabgesetzt. Kleinere Mengen Kupfer(II)-ionen beeinflussen die Empfindlichkeit nicht, größere Mengen stören jedoch.

Bei Verwendung von *3-Acetaminophenoxazon-(2)* schüttelt man 0,1 g hiervon mit 100 ml 96%igen Äthanols und filtriert vom Rest ab. Die Lösung ist orange, nach Ansäuern orangerot.

1 ml der zu prüfenden Lösung wird mit 0,5 ml 25%iger Salzsäure und tropfenweise mit dem Reagens versetzt. Das Gemisch färbt sich zunächst orangerot, nach Schütteln blau, gelegentlich tritt Entfärbung ein. Die Blaufärbung verschwindet nach 3—5 Std. und geht allmählich in Orangerot über.

Grenzkonzentration 1 : 50000.

Störungen. Bei Anwesenheit von dreiwertigem Titan wird, wie oben angegeben, verfahren. Die Empfindlichkeit sinkt ebenfalls. Kupfer(II)-ionen stören in gleicher Weise.

Tüpfelreaktion s. Punkt 11, S. 158.

7. Nachweis durch Reduktion von Quecksilberionen. Zinn(II)-ionen fällen aus einer Lösung von Quecksilber(II)-chlorid $HgCl_2$ weißes, schwerlösliches Quecksilber(I)-

chlorid Hg_2Cl_2, das durch überschüssige Zinn(II)-ionen, besonders beim Erwärmen, weiter zu grauem, metallischem Quecksilber reduziert wird. Wünscht man einen quecksilber(I)-chlorid-freien Niederschlag zu erhalten, muß die Lösung wenigstens 2,5n in bezug auf Salzsäure sein [JEAN (a)].

Empfindlichkeit. Nach NOAILLON ist bei 1 mg Zinn in 50 ml Lösung, entsprechend einer *Grenzkonzentration* von 1 : 50000, die Reaktion noch sehr deutlich, nach REEDY sind sogar 100 γ Zinn in 10 ml Lösung, was einer Grenzkonzentration von 1 : 100000 entspricht, leicht nachzuweisen, und schließlich bestimmt KOLTHOFF (b) die Empfindlichkeit der Reaktion in salzsaurer Lösung zu 4 mg Zinn per Liter und in essigsaurer Lösung zu 10 mg Zinn per Liter. Die Grenzkonzentration der Reaktion ist demnach 1 : 250000 bzw. 1 : 100000. Im Gegensatz hierzu gibt CHARLOT (S. 214) als Grenzkonzentration den viel größeren Wert 1 : 8350 an.

Nach dem Verfahren von SCOTT und KOELSCHE gelingt es in dem qualitativen Analysengang mit 5 ml einer 0,2n Quecksilber(II)-chloridlösung, 1 mg Zinn in Gegenwart von 50 mg Arsen und 50 mg Antimon nachzuweisen.

In Anwesenheit von *Silberionen* verläuft die Reduktion der Hg^{2+}-ionen zum metallischen Quecksilber rascher und vollständiger als in silberfreier Lösung [TANANAEFF (a)]. Dabei scheidet sich ein Gemisch von metallischem Quecksilber und metallischem Silber als intensiv schwarzgefärbter Niederschlag ab; falls wenig Zinn vorhanden ist, bildet sich nur eine schwache Trübung.

Als Reagens verwendet TANANAEFF eine 10%ige Silbernitrat- und Quecksilber(II)-nitratlösung, die möglichst wenig freie Salpetersäure enthalten soll, da diese die Empfindlichkeit der Reaktion beeinträchtigt.

Empfindlichkeit. Die Empfindlichkeit der Reaktion ist nicht groß. Als *Grenzkonzentration* wird 1 : 1700, nach Erwärmen 1 : 3300 angegeben.

Störungen. Zweiwertige Eisenionen stören die Reaktion, falls Silber im Überschuß vorhanden ist.

Mikrochemischer Nachweis mit Quecksilber(II)-chlorid s. Punkt 7, S. 146.

Tüpfelreaktion mit Quecksilber(II)-chlorid + Anilin bzw. Pyridin s. Punkt 5, S. 156.

Nachweis in Metazinnsäure s. Punkt 2, S. 179.

Nachweis in Mischungen schwer löslicher Stoffe s. Punkt 3, S. 180.

Nachweis in Dünnschliffen s. Punkt 7, S. 183.

Nachweis mit Quecksilber(II)-jodid in metallischem Verpackungsmaterial s. Punkt 20, S. 190.

Nachweis in Wasser s. Abschnitt h, S. 191.

Nachweis in Zuckerwaren s. Punkt 10, S. 192.

8. Fällung mit Schwefelwasserstoff. Schwefelwasserstoff fällt aus neutraler oder mäßig saurer Flüssigkeit (0,4 bis 0,5n) zweiwertiges Zinn als braunschwarzes Zinn(II)-sulfid aus. Da das Sulfid in starken Säuren leicht löslich ist, erhält man aus stark sauren Lösungen nur eine unvollständige oder gar keine Fällung. Die maximale Salzsäurekonzentration, bei der noch Fällung mit Schwefelwasserstoff stattfindet, wird von LEHRMAN (b) zu 2,6n bestimmt. Über den Einfluß der Salzsäurekonzentration auf die Fällung des Zinn(II)-sulfides s. ferner REIMSCH. Vgl. hierzu auch BLANC und RACINE (b).

In basischen Lösungsmitteln ist Zinn(II)-sulfid unlöslich, falls nicht gleichzeitig eine Oxydation zum vierwertigen Zinn stattfinden kann oder die Lösung sehr stark basisch ist. In farblosem Ammoniumsulfid ist deshalb Zinn(II)-sulfid zum Unterschied von den Arsen- und Antimonsulfiden unlöslich; es löst sich auch nicht in Ammoniak oder Ammoniumcarbonat (Unterschied von Arsensulfid). Es löst sich dagegen bei lebhaftem Kochen in 10%iger Natriumhydroxydlösung zu einer beständigen Lösung, aus der man das Sulfid durch Ansäuern oder Versetzen mit Ammoniumchlorid und Fällen mit Schwefelwasserstoff in braunrot durchscheinenden Flocken wieder ab-

scheiden kann (MATERNE; über das Verhalten von Zinn(II)-sulfid gegenüber Kalium-
und Natriumhydroxyd s. ferner PERKIN). Zinn(II)-sulfid löst sich ebenfalls in Alkalipolysulfid — einschließlich Ammoniumpolysulfidlösungen. Hierbei findet gleichzeitig
eine Oxydation zu Thiostannat(IV)-ionen SnS_3^{2-} statt:

$$SnS + S_2^{2-} \rightarrow SnS_3^{2-}$$

Beim Ansäuern der Lösung fällt gelbes Zinn(IV)-sulfid aus:

$$SnS_3^{2-} + 2\,H^+ = SnS_2 + H_2S\,.$$

Weiteres über das Verhalten von Zinn(II)-sulfid gegenüber Alkalihydroxyden,
Alkalisulfiden sowie Salzsäure s. DITTE (e).

Anwesenheit von Oxalsäure [CLARKE (c), s. hierzu auch Punkt 1a, S. 69, und
Punkt 2β, S. 71] und Hexacyanoferrat(II)-ionen [WARREN (b)] verhindert die
Fällung des Zinn(II)-sulfids durch Schwefelwasserstoff.

Auf die Möglichkeit einer Störung der Fällung des Zinn(II)-sulfids durch die Anwesenheit von neutralen Chloriden weisen DEDE und BONIN hin (s. hierzu auch
Punkt 2ε, S. 72).

Empfindlichkeit. PFAFF (a) gibt eine *Grenzkonzentration* von 1 : 120000, JACKSON
von 1 : 64000 an; KOLTHOFF (b) findet, daß in essigsaurer Lösung 0,3 mg Zinn per
Liter, entsprechend einer Grenzkonzentration von etwa 1 : 3000000, an der Braunfärbung mit Schwefelwasserstoff noch zu erkennen sind.

Fällung mit Polyschwefelwasserstoff H_2S_4 s. OSSTROUMOW und MASSLENNIKOWA.

Fällung mit Thioacetamid s. Punkt 47, S. 124.

Mikrochemischer Nachweis s. Punkt 11, S. 148.

Tüpfelreaktion s. Punkt 12, S. 158.

Chromatographischer Nachweis s. S. 163, 164, 168, 169, 170.

Elektrophoretischer Nachweis s. S. 173.

Nachweis in Niobpräparaten s. Punkt 4, S. 181.

Nachweis in Eisen und Stahl s. Punkt 12$\varkappa$, S. 188.

Nachweis in Textilmaterialien s. Abschnitt j, S. 193.

Nachweis in Getreidebeizmitteln s. Abschnitt k, S. 193.

9. Nachweis mit Diazingrün S(K). Der aus Safranin und Dimethylanilin zu erhaltende Azofarbstoff Diazingrün S(K),
dessen wäßrige Lösung grünblau
bis blau ist, während die salzsaure
Lösung rein blau ist, geht durch
die Reduktion mit zweiwertigen
Zinnionen über Violett wieder in
den roten Safraninfarbstoff über
[EEGRIWE (a)]. Die Reaktion ist

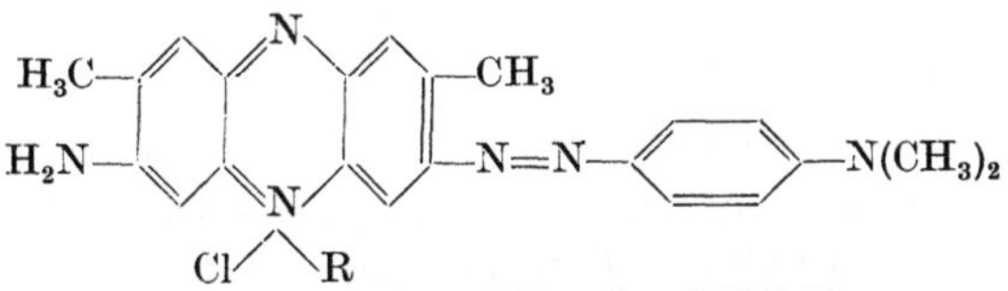

$R = C_6H_5$ oder $CH_3C_6H_4$

Diazingrün S (K)

besonders wertvoll für den Nachweis des Zinns neben Antimon in der systematischen qualitativen Analyse, da sie nicht durch die Eisenionen gestört wird, die durch
die Reduktion mit metallischem Eisen entstehen.

Nachweis neben Antimon in dem qualitativen Analysengang. Die durch Eindampfen auf ein kleines Volumen erhaltene salzsaure Lösung der Sulfide von Zinn
und Antimon wird mit konzentrierter Salzsäure versetzt und mit Eisen behandelt.
Dann säuert man 5 ml der Reagenslösung [0,01 g Diazingrün S(K) in 100 ml Wasser],
am besten in einem schmalen Reagensglas (innerer Durchmesser 1 cm) mit einigen
Tropfen Salzsäure an, bis die Lösung rein blau erscheint, und unterschichtet sie mit
einigen Tropfen der zu prüfenden, mit Eisen behandelten Lösung durch Einfließen-
lassen längs der Wandung des geneigten Gläschens. Nach einiger Zeit beobachtet man
bei Anwesenheit von Zinn eine Farbänderung der blauen Reagensschicht nach Violett
oder Rot. Ein Tropfen Lösung mit einem Zinngehalt von 2 γ erzeugt im Laufe von

5 Min. eine zwischen den beiden Flüssigkeitsschichten erscheinende Violettrosafärbung. Die Zugabe größerer, stark saurer Flüssigkeitsmengen, also mehr als einiger Tropfen, zum Farbstoffreagens muß vermieden werden, da dies die Blaufärbung zum Verschwinden bringen kann. Sind bloß geringe Mengen Zinn vorhanden, ist es ratsam, gleichzeitig eine Blindprobe auszuführen und das Gemisch etwa eine halbe Stunde stehenzulassen.

Empfindlichkeit. Nach EEGRIWE (a) lassen sich 2 γ Zinn/Tropfen, entsprechend einer *Grenzkonzentration* von etwa 1 : 15000, nach „*B.D.H. Reagents for ,Spot' Tests*“, S. 18, nur 100 γ Zinn/Tropfen, entsprechend einer Grenzkonzentration von etwa 1 : 300, nachweisen.

Störungen. Titan(II)-chlorid reduziert das Diazingrün S(K) unter Rückbildung des Safraninfarbstoffs noch leichter als zweiwertiges Zinn. Zweiwertiges Eisen und andere reduzierend wirkende Metallionen sind ohne Einfluß („*B.D.H. Reagents for ,Spot' Tests*“, S. 18).

Tüpfelreaktion s. Punkt 14, S. 159.

Nachweis in Obsidian s. Punkt 10, S. 184.

10. Nachweis mit Gold(III)-chlorid. Zweiwertige Zinnionen reduzieren Gold(III)-chloridlösungen unter Bildung von fein verteiltem metallischem Gold:

$$2\,Au^{3+} + 3\,Sn^{2+} = 3\,Sn^{4+} + 2\,Au$$

Die entstandenen vierwertigen Zinnionen werden durch Hydrolyse weitgehend in kolloidale Zinnsäure übergeführt, die mit dem Gold eine purpurrote bis braune, im durchfallenden Licht grün erscheinende kolloidale Adsorptionsverbindung, CASSIUSschen Goldpurpur, bildet (MÜLLER; E. A. SCHNEIDER). Nach längerem Stehen scheidet sich ein violettrotes Pulver ab. Wäscht man den Niederschlag durch Dekantation mit reinem Wasser und gibt dann zu der Suspension ein wenig konzentriertes Ammoniak, so geht der Niederschlag wieder mit purpurroter Farbe kolloidal in Lösung.

Als Reagens verwendet GUTZEIT (a) eine 0,01%ige Gold(III)-chloridlösung, die in bezug auf Salzsäure 0,1 n und mit 0,5% Glucose versetzt ist. Dies Reagens liefert mit zweiwertigen Zinnionen eine braune bis rotbraune Fällung. SPORCQ erhält dagegen eine schwarzblaue Färbung, die sich nach einiger Zeit in einen tiefschwarzen Niederschlag umwandelt.

Empfindlichkeit unbekannt, die Reaktion ist jedoch sehr empfindlich.

Störungen. Reduktionsmittel stören. Zweiwertige Eisenionen erzeugen eine schwarze Fällung [GUTZEIT (a)].

Mikrochemischer Nachweis s. Punkt 6, S. 146.

Tüpfelreaktion s. Punkt 6, S. 156.

Nachweis in Mineralien s. Punkt 1, S. 181.

Nachweis in technischen Produkten s. Abschnitt g, S. 191.

Nachweis in Milch s. Punkt 7, S. 192.

Über ähnliche Reaktionen mit Silbernitrat- und Platinmetallsalzlösungen s. Punkt 1 und Punkt 2, S. 109.

11. Fällung durch Reduktion mit Metallen. *a) mit Zink.* Zink reduziert in schwach salzsaurer Lösung zweiwertige und auch vierwertige Zinnionen zum Metall [N. W. FISCHER (c)], das sich in grauer, schwammiger Form abscheidet:

$$Sn^{2+} + Zn = Sn + Zn^{2+}$$

Ausführung s. Punkt 1α, S. 70. Der beim Ausführen der Reaktion auf einem Platinblech entstehende graue Fleck ist zum Unterschied von Antimon leicht löslich in überschüssiger Säure.

Durch Einhängen eines mit Golddraht umwickelten Zinkstäbchens in die Lösung weist RIDEAL 30 γ Zinn nach.

Mikrochemischer Nachweis s. Punkt 12, S. 148.

Nachweis in Extrakten s. Punkt 12, S. 193.

β) mit Cadmium. Cadmium fällt Zinn aus wäßrigen Zinn(II)- und Zinn(IV)-salzlösungen [N. W. FISCHER (c)].

γ) mit Eisen. Aus einer kochenden Lösung von Zinn(II)-chlorid vermag Eisen das Zinn nicht zu fällen, nur unter bestimmten Bedingungen tritt eine Fällung ein [N. W. FISCHER (d)]. Aus völlig neutralen und ausschließlich zweiwertiges Zinn enthaltenden Lösungen wird Zinn durch Eisen gefällt (SCHULTZE). Elektrolytisches Eisen fällt das Zinn leicht und vollständig aus, aber nicht im Wasserstoff geglühtes Eisen (THIELE). THIEL und KELLER weisen nach, daß Zinn aus schwach salzsauren Lösungen in der Tat abgeschieden wird. Nach BOUMAN scheidet Ferrum reductum aus schwach sauren zinnhaltigen Lösungen das Zinn beim Kochen ab. KOLTHOFF (a) erhält jedoch keine Fällung aus salzsauren Lösungen und behauptet, daß Zinn nur unter solchen Bedingungen, die gerade beim analytischen Nachweis des Zinns nicht erfüllt sind, durch Eisen gefällt wird.

δ) mit Kupfer. Kupfer scheidet das Zinn aus salzsauren Lösungen erst nach und nach als grauschwarzes Pulver ab (REINSCH).

ε) mit Blei. Blei vermag Zinn quantitativ aus Zinn(II)-chlorid- und -nitrat-lösungen zu fällen (PLEISCHL). Nach N. W. FISCHER (c) tritt nur eine unvollständige Fällung ein. Über das Verhalten in stark salzsauren Lösungen s. Punkt 1γ, S. 71.

ζ) mit Aluminium. Nach REEDY kann unter bestimmten Bedingungen auch Aluminium Zinnionen zu metallischem Zinn reduzieren.

η) mit Magnesium. Magnesium scheidet aus Zinnsalzlösungen Zinn ab (MOU-RAOUR).

Ausführung der Reduktion nach SERGUEEFF. Das als Reduktionsmittel zu verwendende Metall wird als Feilstaub (0,1 g) in ein Papier- (Zigarettenpapier-) Beutelchen, das mit einem Faden abgebunden ist, eingefüllt und das Ganze in die zu prüfende Lösung eingehängt. Das abgeschiedene Metall setzt sich in Form einer kristallinen Decke, bei wenig konzentrierten Lösungen als kleine, dunkle Teilchen, an der Außenseite des Beutels ab. Die Abscheidung wird durch Ionen, die das gelöste oder das als Reduktionsmittel verwendete Metall fällen, gestört.

Charakteristische Kristalle erhält man, wenn Zinnlösungen mit Silber behandelt werden. Aus Stannitlösungen wird Zinn leicht durch Zink, schwierig durch Cadmium gefällt, in sauren Lösungen ist jedoch Cadmium vorzuziehen, da der mit Zink entwickelte Wasserstoff ein Herabfallen des Niederschlages verursacht.

Gegenwart von Antimon maskiert die Zinnfällung etwas, jedoch entsteht immer ein Niederschlag, der allerdings mit einem solchen von Antimon bedeckt ist.

Über die Fällung von Zinnsalzlösungen mit Metallen s. ferner BARLOT.

12. Leuchtprobe. Taucht man ein mit kaltem Wasser beschicktes Reagensglas in eine zinn(II)-haltige Lösung und hält das Glas in eine entleuchtete Bunsenflamme, beobachtet man rings um das Glas einen gefärbten Flammenmantel. In salzsaurer Lösung ist die Farbe himmelblau, in bromwasserstoffsaurer Lösung grün, in jodwasserstoffsaurer Lösung gelb und in schwefelsäurehaltiger Lösung rotviolett [SCHMATOLLA; MEISSNER; HAHN (b); SCHRÖER und BALANDIN; STONE (a); A. R. CLARK]. Um die Reaktion auch für vierwertige Zinnverbindungen verwerten zu können, führt man die Reaktion in Anwesenheit von nascierendem Wasserstoff aus. Die Ursache der Färbung ist noch nicht bekannt. Sie beruht jedenfalls nicht auf der Bildung von Zinntetrahydrid, wie ursprünglich angenommen wurde. Der nascierende Wasserstoff hat lediglich den Zweck, evtl. vorhandenes vierwertiges Zinn zum zweiwertigen zu reduzieren.

Ausführung. Die zu prüfende Substanz oder Flüssigkeit wird in einer Porzellanschale mit 5 bis 10 ml konzentrierter Salzsäure übergossen. Falls notwendig, gibt man zur Entwicklung von Wasserstoff einige Stückchen reinen Stangenzinks hinzu, rührt die Mischung schnell und gut mit einem zu drei Viertel mit kaltem Wasser gefüllten Reagensglas [statt mit Wasser kann es zur Hälfte mit Glycerin gefüllt werden (Campbell)] durch und hält dann sofort den eingetauchten Teil des Reagensglases in die entleuchtete Bunsenflamme. Vorausgesetzt, daß die Flamme genügend reduzierend ist, ist der Zusatz von Zink nicht notwendig. In Anwesenheit von Zinn entsteht um den eingetauchten Teil des Reagensglases herum der charakteristische blaue Flammenmantel.

Empfindlichkeit. Schon sehr minimale Mengen Zinn geben die Reaktion, wenn man mit möglichst wenig Salzsäure aufnimmt und das Reagensglas wiederholt (etwa 4 bis 5mal) in die Lösung taucht und in die Flamme hält (Schmatolla). Mit Zinn(II)-ionen erhält man zwar bessere Ergebnisse als mit Zinn(IV)-ionen, jedoch läßt sich die Reaktion, wie schon beschrieben, nach vorhergehender Reduktion auch mit vierwertigen Zinnverbindungen ausführen.

Nach Meissner lassen sich $35\,\gamma$ Zinn/ml, entsprechend einer *Grenzkonzentration* von etwa 1 : 30000, nach A. R. Clark sogar $10\,\gamma$ Zinn/ml. entsprechend der Grenzkonzentration 1 : 100000, nachweisen.

Störungen. Die Reaktion ist nicht vollkommen spezifisch. Allerdings läßt sich Zinn ohne weiteres im Gemisch mit Quecksilber, Blei, Kupfer, Wismut, Cadmium, Arsen und Antimon nachweisen. Jedoch stören größere Mengen von Arsen und Antimon, so verhindert z. B. Arsen die Reaktion, wenn es in mehr als einer dem Zinn äquivalenten Menge vorhanden ist. Es ist dann zunächst notwendig, Arsen und Antimon als Hydride durch Zusatz von Zink und Salzsäure zu vertreiben. Auch in Mischung mit Silber, Antimon und Mangan oder Titan und Tellur läßt sich Zinn leicht identifizieren. Selen dagegen stört den Zinnachweis (A. R. Clark). Sulfationen, die ein blauviolettes Leuchten geben, sowie Nitrat- und Fluorionen stören ebenfalls den Zinnachweis (Balandin; Schröer und Balandin; Mehrotra). Niob gibt eine analoge Reaktion, Gold ruft eine grüne Luminescenz hervor, die die Reaktion nicht ernstlich stört [Nieuwenburg (b)].

Ausführung als Tropfenreaktion. *α) nach* Feigl (a, S. 105). Ein Tropfen der zu prüfenden Lösung wird auf ein Magnesiastäbchen gebracht und in der Weise eingedampft, daß man das Stäbchen in etwa $^{1}/_{2}$ cm Entfernung vom Tropfen in die Flamme eines kleingestellten Brenners hält. Den Trockenrückstand befeuchtet man mit einem Tropfen konzentrierter Salzsäure und hält die befeuchtete Stelle in den Reduktionsraum einer Mikroflamme. Bei Anwesenheit von Zinn beobachtet man rings um das Magnesiastäbchen den charakteristischen blauen Flammenmantel. Sind mehr als $0{,}25\,\gamma$ Zinn vorhanden, läßt sich die Reaktion durch Befeuchten des Trockenrückstandes mit konzentrierter Salzsäure mehrmals wiederholen (s. auch Engelder, Dunkelberger und Schiller, S. 139).

Erfassungsgrenze $0{,}03\,\gamma$ Sn; *Grenzkonzentration* 1 : 1660000 [Feigl (a, S. 106)].

β) nach Nieuwenburg (b). 5 Tropfen der Lösung werden in einem Porzellantiegel mit 5 ml konzentrierter Salzsäure und einem kleinen Stück Zink versetzt. Ein mit kaltem Wasser halbgefülltes Mikroreagensglas wird in die Lösung eingetaucht und in die reduzierende Zone einer Bunsenflamme gehalten. Die *Grenzkonzentration* beträgt bei dieser Ausführung 1 : 5000 und wird durch die Ionen der Elemente Silber, Quecksilber(I), Blei, Wismut, Cadmium, Antimon, Gold, Platin, Selen, Tellur und Thallium im Verhältnis 100 : 1 und durch die Ionen der Elemente Quecksilber(II), Kupfer, Arsen, Molybdän, Wolfram und Vanadin im Verhältnis 10 : 1 nicht beeinflußt. Im Verhältnis 100 : 1 erhöhen die letztgenannten Elemente die Grenzkonzentration auf 1 : 2000.

Die Reaktion läßt sich auch mit schwerlöslichen und unlöslichen Stoffen, wie mit auf nassem Wege erzeugtem und geglühtem Zinn(IV)-oxyd, Metazinnsäure und Zinn(IV)-phosphat, ausführen [Feigl (b)]. Zinnstein muß jedoch, z. B. durch Schmelzen mit einem Natriumcarbonat-Kaliumcarbonat-Gemisch in der Öse eines Platindrahtes, zunächst aufgeschlossen werden [FEIGL (a, S. 105)]. Zum Nachweis von Zinn in Gläsern ist die Reaktion ebenfalls geeignet [FEIGL (a, S. 378)]. Nach HOFFMANN gelingt es, Zinn sowohl in Gläsern wie in Zinnstein (Kassiterit) ohne Schmelzaufschluß direkt nach Behandeln mit konzentrierter Salzsäure und Zink nachzuweisen. Weiterhin ist die Reaktion zum Nachweis von Zinntetrahydrid im Wasserstoffgas empfohlen worden [HAHN (b)].

Nachweis in metallischen Überzügen s. Punkt 19, S. 190.

Nachweis in Wasser s. Abschnitt h, S. 191.

Über die Einordnung der Reaktion in den Analysengang s. STONE (a).

Färbungen der Wasserstoffflamme. Auch die Wasserstoffflamme wird in charakteristischer Weise von Zinn und Zinnverbindungen gefärbt. So beobachtet BARRETT bei Berührung von Zinn mit einer Wasserstoffflamme einen scharlachroten, grün gesäumten Lichtpunkt. Von den Zinnhalogeniden wird die Wasserstoffflamme blau gefärbt. Der Kern der Flamme ist je nach dem Halogenid verschieden gefärbt. Bei dem Chlorid ist er blau, bei dem Bromid grün und bei dem Jodid gelb. Auch ist der Kern bei allen Halogeniden von einer karminroten Zone umgeben [SALET; BANCROFT und WEISER; MEISSNER; HAHN (b)].

B. Weitere Reaktionen des Zinn(II)-ions.

I. Mit anorganischen Reagenzien.

a) Reduktionsreaktionen.

α) in saurer Lösung.

1. Reaktion mit Silbernitrat. Silbernitrat gibt mit Überschuß von Zinn(II)-ionen einen weißen Niederschlag, der beim Stehen oder durch Einwirkung von Ammoniak rot wird. Der Niederschlag löst sich in verdünnter Salpetersäure, ist aber unlöslich in Ammoniak und Kaliumhydroxyd. Mit überschüssigem Silbernitrat entsteht eine rosaweiße Trübung, die schnell rot wird und schließlich fast schwarz erscheint.

Trägt man in eine sehr verdünnte Lösung von Zinn(II)-nitrat allmählich Silbernitrat ein, entsteht ein purpurroter Niederschlag oder eine purpurrote Färbung, die den Nachweis von $1\,\gamma$ Zinn/ml, entsprechend einer *Grenzkonzentration* von $1 : 1\,000\,000$, ermöglichen soll [DITTE (b), s. ferner FRICK]. Die Reaktion bildet ein Analogon zu dem CASSIUSschen Goldpurpur (s. Punkt 10, S. 106) und beruht dementsprechend auf der Bildung einer kolloidalen Adsorptionsverbindung von metallischem Silber mit der durch Oxydation der Zinn(II)-ionen und Hydrolyse der gebildeten Zinn(IV)-ionen entstandenen Zinnsäure (WÖHLER und SPENGEL).

Siehe hierzu auch Abschnitt d, S. 184.

2. Reaktion mit Platinmetallsalzlösungen. Je nach den Konzentrationsverhältnissen und der Acidität erzeugen Zinn(II)-ionen in Lösungen der Platinmetallsalze charakteristische Färbungen bzw. Fällungen, die dem CASSIUSschen Goldpurpur entsprechen (s. Punkt 10, S. 106). In Platinsalzlösungen entstehen blutrote, braune, gelbe oder orange Färbungen bzw. dunkle Niederschläge [WOLLASTON; KANE; R. SCHNEIDER (b); DELACHANAL und MERMET; DITTE (b); STRENG; WÖHLER und SPENGEL; SPORCQ]; in Palladiumsalzlösungen rote, braune, schwarze oder grüne Färbungen bzw. Niederschläge [WOLLASTON; N. W. FISCHER (a); DITTE (b); GUTBIER und OTTENSTEIN; SPORCQ; WÖLBLING]; in Rutheniumsalzlösungen, besonders beim Kochen, entsteht eine blaßbraune Färbung (SPORCQ); in Iridiumsalzlösungen eine orangegelbe Färbung (SPORCQ) und in Rhodiumsalzlösungen beim Kochen eine Braunfärbung, die nach einiger Zeit in einen himbeerroten Farbton übergeht (W. N. IWANOW; WÖLBLING).

Mikrochemischer Nachweis s. Punkt 13, S. 148.

3. Reaktion mit Jod-Jodid-Stärkelösung s. Tüpfelreaktionen, Punkt 4, S. 155.

4. Reaktion mit Selen(IV)-salzlösungen. Zinn(II)-ionen fällen aus angesäuerten Selen(IV)-salzlösungen eine rote Adsorptionsverbindung aus kolloidalem Selen und kolloidalem Zinn(IV)-oxydhydrat (GUTBIER, OTTENSTEIN und KESSLER). Siehe ebenfalls Punkt 6, S. 94, sowie TABOURY und GRAY.

5. Reaktion mit Tellur(IV)-salzlösungen. In Tellur(IV)-salzlösungen rufen Zinn(II)-ionen eine blaue oder braune Färbung bzw. eine braune bis schwarze Fällung von „Tellurpurpur" hervor [N. W. FISCHER (b); MAC IVOR; BONZ und SOHN; GUTBIER, OTTENSTEIN und KESSLER]. Siehe ebenfalls Punkt 6, S. 94.

6. Reduktion von fünf- und dreiwertigem Arsen. Zinn(II)-ionen reduzieren in stark salzsaurer Lösung, besonders beim Erhitzen, fünf- und dreiwertiges Arsen zu einem braunen Niederschlag von freiem Arsen (BETTENDORFF; vgl. ferner Gm.-Kr., 7. Auflage (1911), Bd. IV, 1, S. 307).

7. Reaktion mit Wolframsäure bzw. Phosphorwolframsäure. In ähnlicher Weise wie die entsprechenden Molybdänverbindungen (s. Punkt 4, S. 99) wird auch Wolframsäure bzw. Phosphorwolframsäure von zweiwertigen Zinnionen unter Blaufärbung reduziert (POPESCO; LUGG; SHINOHARA). Über die Fällung als Zinn(II)-wolframat s. Punkt 29, S. 114.

8. Reaktion mit Kupfer(II)-sulfat und Schwefelsäure. Zinn(II)-chlorid und Zinn(II)-bromid geben mit einem Reagens, das aus 1 Volumen 10%iger Kupfer(II)-sulfatlösung und 10 Volumen konzentrierter Schwefelsäure besteht, gelblichweiße bzw. violettweiße Niederschläge, die fast sofort weiß werden, da das durch die Schwefelsäure ausgefällte Zinn(II)-chlorid und Zinn(II)-bromid das zuerst gebildete Kupfer(II)-chlorid und Kupfer(II)-bromid in weißes Kupfer(I)-chlorid und Kupfer(I)-bromid verwandelt (VIARD).

9. Reaktion mit Schwefeldioxyd. Zweiwertiges Zinn reduziert in salzsaurer Lösung Schwefeldioxyd unter Bildung von Schwefelwasserstoff und vierwertigem Zinn:

$$3\,Sn^{2+} + 6\,H^{+} + SO_2 = H_2S + 2\,H_2O + 3\,Sn^{4+}$$

Ist die Lösung nicht zu stark sauer, fällt gelbes Zinn(IV)-sulfid oder ein Gemisch aus Zinn(IV)-sulfid und braunem Zinn(II)-sulfid aus (HERING; RÖHRIG; DONATH; s. ferner BERTHIER).

Weitere Reduktionsreaktionen vgl. Gm.-Kr., 7. Auflage (1911), Bd. IV, 1, S. 307.

β) in basischer Lösung.

1. Reduktion von dreiwertigem Wismut. Stannitionen reduzieren dreiwertiges Wismut zum Metall, das sich als schwarzer Niederschlag abscheidet [VANINO und TREUBERT (a); R. SCHNEIDER (a)]:

$$3\,SnO_2^{2-} + 2\,Bi^{3+} + 6\,OH^{-} = 3\,SnO_3^{--} + 2\,Bi + 3\,H_2O$$

Da Natriumantimonit das Wismuthydroxyd nicht reduziert, bietet die Reaktion eine Möglichkeit, Zinn in Gegenwart von Antimon nachzuweisen (BOCK).

2. Reduktion von Bleiionen. Genau wie dreiwertiges Wismut durch Stannitionen zum Metall reduziert wird, so fällt unter gleichen Bedingungen aus Bleisalzlösungen metallisches Blei aus [VANINO und TREUBERT (b)].

3. Reduktion von Antimonitlösungen. Aus einer alkalischen Lösung von Antimontrioxyd fällen Stannitionen einen grauschwarzen Niederschlag von freiem Antimon, das sich u. U. als Metallspiegel abscheidet (HARDING).

4. Reduktion von Arsenitlösungen. Gegenüber alkalischen Lösungen von Arsentrioxyd verhalten sich Stannitionen ähnlich wie in Antimonitlösungen [REICHARD (a)].

5. Reduktion von FEHLINGscher Lösung. FEHLINGsche Lösung wird ebenfalls von

Stannitionen reduziert. Diese Eigenschaft hat TERREIL für einen sehr empfindlichen Nachweis von Zinn(II)-ionen benutzt.

Ausführung. Die zinn(II)-haltige Lösung versetzt man mit Alkalihydroxyd im Überschuß, fügt FEHLINGsche Lösung hinzu und erwärmt zum Sieden. Es bildet sich sofort ein Niederschlag von Kupfer(I)-oxyd [vgl. auch LENSSEN (b)].

Schon Spuren von Zinn(II)-ionen genügen, um einen deutlichen Niederschlag zu erhalten.

Dreiwertiges Arsen sowie andere Reduktionsmittel geben die gleiche Reaktion.

6. Reduktion von Silberdiamminionen. Silberdiamminionen werden sowohl durch Zinn(II)-ionen als auch durch Stannitionen unter Bildung von Stannationen zu metallischem Silber reduziert.

Grenzkonzentration 1 : 180000.

Die Reaktion wird durch größere Mengen von Kupfer(II)-ionen verlangsamt. Quecksilber(I)-, Quecksilber(II)- und Gold(III)-ionen stören und können durch Ansäuern mit Salzsäure, Reduktion mit Aluminium und Filtrieren entfernt werden. Eisen(II)-, Eisen(III)- und Mangan(II)-ionen, die ebenfalls stören, können mit Natrium- oder Kaliumhydroxyd gefällt werden.

Im qualitativen Analysengang läßt sich Zinn in Gegenwart von Arsen und Antimon mit dem Reagens nachweisen (BACA MENDOZA).

b) Fällungsreaktionen.

1. Fällung durch Hydrolyse. In wäßriger Lösung werden die zweiwertigen Zinnionen leicht unter Abscheidung von schwerlöslichem basischem Salz hydrolysiert:

$$Sn^{2+} + H_2O \leftrightharpoons Sn(OH)^+ + H^+$$

2. Fällung mit Alkalihydroxyd, Alkalicarbonat und Ammoniak. Alkalihydroxyd fällt zweiwertiges Zinn als weißes Zinn(II)-hydroxyd. Nach BRITTON fängt die Fällung aus Zinn(II)-chloridlösungen bei $p_H = 1,9$ an. In Säuren sowie im Überschuß von Alkalihydroxyd löst sich das Zinn(II)-hydroxyd leicht wieder. Mit Hydroxylionen bilden sich dabei Stannitionen SnO_2^{2-} (oder $HSnO_2^{-}$):

$$Sn^{2+} + 2\,OH^- = Sn(OH)_2$$
$$Sn(OH)_2 + 2\,OH^- = SnO_2^{2-} + 2\,H_2O$$

Ammoniak und Alkalicarbonate fällen ebenfalls weißes Zinn(II)-hydroxyd; der Niederschlag ist jedoch in diesen Fällungsmitteln fast unlöslich. Die Löslichkeit in Wasser beträgt $13,5 \cdot 10^{-6}$ Mol/l (GOLDSCHMIDT und ECKARDT).

Anwesenheit von Weinsäure verhindert die Fällung durch Natriumhydroxyd und Natriumcarbonat [R. SCHNEIDER (a); LENSSEN (b)].

Beim Kochen mit wenig Alkalihydroxyd geht der Zinn(II)-hydroxydniederschlag unter Dunkelfärbung in Zinn(II)-oxyd über, aus den Lösungen in Alkalihydroxyd scheidet sich beim Kochen je nach Konzentration und Temperatur Zinn(II)-oxyd oder metallisches Zinn aus [DITTE (a); s. ferner FREMY].

Die *Grenzkonzentration* beträgt bei Fällung mit Ammoniak 1 : 8000, bei Fällung mit Natriumhydroxyd 1 : 2000 (JACKSON).

Tüpfelreaktion s. Punkt 15, S. 159.

3. Fällung als Barium- bzw. Strontiumstannit. Beim Zusatz von Barium- bzw. Strontiumhydroxydlösung zu einer alkalischen Stannitlösung entsteht fast augenblicklich bei gewöhnlicher Temperatur ein weißer, bei erhöhter Temperatur ein gelber kristalliner Niederschlag von Barium- bzw. Strontiumstannit (SCHOLDER und PÄTSCH).

Fällung als Barium- bzw. Strontium-jodo-hydroxostannit s. SCHOLDER.

4. Fällung mit Hydrazin. Versetzt man eine alkoholische Lösung von Zinn(II)-chlorid mit Hydrazinhydrat, entsteht ein dicker, bräunlichweißer Niederschlag, der in Ammoniak unlöslich ist und durch Wasser leicht zersetzt wird (FRANZEN und VON MAYER).

5. Fällung mit Alkalihydroxyd und Brom. Versetzt man eine Zinn(II)-chlorid-lösung mit einer Alkalihydroxydlösung, bis der anfangs gebildete Niederschlag sich gelöst hat, und fügt dann einen Überschuß an Bromwasser hinzu, bildet sich ein Niederschlag von α-Zinnsäure. Zur Beschleunigung der Fällung erwärmt man die Lösung auf über 30° und gibt noch 1 ml einer 20%igen Ammoniumnitratlösung hinzu.

Anwesenheit von Weinsäure und Citronensäure verhindert die Fällung, kleinere Mengen Oxalsäure sind dagegen ohne Einfluß (KROKOWSKI).

6. Fällung mit Bromionen. Beim Mischen gleicher Volumina $^1/_2$n Lösungen von Zinn(II)-ionen und Bromionen entsteht ein weißer Niederschlag, der sich im Überschuß von Wasser löst (WHITE).

7. Fällung mit Bromationen. Kaliumbromat gibt mit zweiwertigem Zinn einen gelbweißen Niederschlag (SIMON).

8. Fällung als Zinn(II)-jodid. Eine Lösung von Kaliumjodid erzeugt in Zinn(II)-chloridlösungen einen gelben oder gelbroten Niederschlag von Zinn(II)-jodid (BOUL-LAY; WHITE). Zinn(II)-jodid ist wenig löslich in Wasser, löst sich aber in Zinn(II)-chloridlösung. Mit wenig Kaliumjodid erhält man deshalb keine Fällung (BOULLAY). Über die Löslichkeit des Zinn(II)-jodids in Wasser s. YOUNG. Verdünnte Salzsäure, Chloroform und Alkohol lösen den Niederschlag; mit Äther tritt Zersetzung unter Abscheidung von freiem Jod ein (MAZUIR). Die Fällung von Zinn(II)-jodid tritt auch in Gegenwart von konzentrierter Schwefelsäure ein. Die Reaktion wird deshalb am besten in stark schwefelsaurer Lösung ausgeführt (BRESSANIN; MAZUIR; HELLER). Zur Vermeidung der durch die konzentrierte Schwefelsäure bedingten Zersetzung des Zinn(II)-jodids, die zur Jodabscheidung und Braunfärbung des Niederschlages führt, muß man die Säure langsam ohne Umschütteln in nicht zu großem Überschuß zu-fließen lassen (HELLER).

Ausführung der Reaktion nach HELLER. 1 ml der zu prüfenden Lösung wird mit 0,5 ml 5%iger Kaliumjodidlösung versetzt und vorsichtig mit 0,5 ml konzentrierter Schwefelsäure unterschichtet, so daß die einlaufende Säure nicht schon im oberen Teil des Reagensglases mit Jodidtropfen in Berührung kommt. Bei Anwesenheit von Zinn scheidet sich auf der Grenzfläche zwischen der wäßrigen Schicht und der Säure sofort leuchtend gelbes Zinn(II)-jodid aus. Auf Zusatz von konzentrierter Salzsäure löst sich das Jodid, und es tritt allmählich Jodabscheidung und Braunfärbung ein (s. auch MAZUIR).

Die **Empfindlichkeit** der Reaktion entspricht derjenigen mit Quecksilberchlorid (s. Punkt 7, S. 103) und ist bei sehr starken Verdünnungen infolge des leuchtenden Gelbs des Zinn(II)-jodids sogar noch größer (HELLER; BRESSANIN).

Anwesenheit von viel Salzsäure sowie Arsen und Antimon stören die Reaktion.

Über die Farbe der mit Kaliumjodid bzw. Natriumjodid erhaltenen Fällungen s. ferner FREUNDLER und LAURENT.

Über die Fällung mit Kaliumjodid und organischen Reagenzien s. S. 120ff.

Mikrochemischer Nachweis s. Punkt 8, S. 147.

9. Fällung mit Jodationen. Eine Lösung von Natriumjodat erzeugt in salzsauren oder salpetersauren Lösungen von Zinn(II)-chlorid eine weiße Fällung, die sich aber schnell mit gelber Farbe wieder löst. Bei mehr Jodat scheidet sich Jod aus (RAMMELS-BERG; vgl. ferner Gm.-Kr. 7. Auflage (1911), Bd. IV, 1, S. 332).

10. Fällung mit Alkalisulfiden. Alkalimonosulfide, einschließlich Ammoniummmono-sulfid, erzeugen in Lösungen von Zinn(II)-salzen eine Fällung von hydratisiertem Zinn(II)-sulfid. Alkalipolysulfide fällen gelbes, im Überschuß des Fällungsmittels lösliches Zinn(IV)-sulfid. — Aus einer angesäuerten zinnhaltigen Lösung scheidet sich nach Zusatz von 2 bis 5 ml Formalinlösung und einer mäßig konzentrierten Natriumsulfidlösung sofort das entsprechende Zinnsulfid ab (DUCOMMUN).

Chromatographischer Nachweis s. S. 169.

Elektrophoretischer Nachweis s. Punkt 1, S. 173.

11. Fällung mit Sulfationen. Beim Mischen gleicher Volumina $^{1}/_{2}$n Lösungen von Zinn(II)-ionen und Sulfationen entsteht ein weißer Niederschlag, unlöslich in Wasser, löslich in verdünnten Säuren (WHITE).

12. Fällung mit Sulfitionen. Zinn(II)-chlorid gibt mit Überschuß von Alkali- oder Ammoniumsulfit einen weißen oder grauweißen Niederschlag eines basischen Sulfits. Bei einem Überschuß von Zinn(II)-chlorid löst sich der Niederschlag unter Bildung von Zinn(IV)-sulfid (BERTHIER; RÖHRIG; s. auch Punkt 9, S. 110). WHITE erhält einen weißen Niederschlag, der in Wasser unlöslich, in verdünnten Säuren jedoch löslich ist. — Über die Trennung von Antimon und Zinn mit Hilfe von Ammoniumsulfit s. BERTHIER.

13. Fällung mit Natriumthiosulfat. Eine schwach salzsaure zinn(II)-haltige Lösung gibt beim Kochen mit einer Natriumthiosulfatlösung einen gelblichweißen Niederschlag von Zinn(IV)-sulfid und Zinn(IV)-hydroxyd (VOHL; ORLOWSKI; CARNOT; VORTMANN; KOMARETZKYJ). Nach WHITE erhält man einen weißen Niederschlag, der sich in verdünnten Säuren und im Überschuß des Fällungsmittels wieder löst.

In Anwesenheit von Oxalsäure fällt nur Schwefel aus (CARNOT).

Aus Stannitlösungen scheidet sich schon bei gewöhnlicher Temperatur durch Einwirkung von Thiosulfat Zinn(II)-sulfid aus (WEINLAND und GUTMANN).

14. Fällung mit Natriumdithionit. Natriumdithionit fällt aus schwach sauren Zinn(II)-lösungen einen weißen Niederschlag, der sich im überschüssigen Dithionit löst und wahrscheinlich Zinn(II)-dithionit ist. Bei Gegenwart von mehr Säure fällt Zinn(II)-sulfid aus (BRUNCK).

15. Fällung mit Polythionaten. Tetrathionsäure erzeugt in Zinn(II)-chloridlösungen eine weiße Fällung (FORDOS und GÉLIS). Aus alkalischen Natriumstannitlösungen fällen Natriumtrithionat und -tetrathionat Zinn(II)-sulfid aus (GUTMANN).

16. Fällung mit Selenwasserstoff. Durch Fällen einer zinn(II)-haltigen Lösung mit Selenwasserstoff entsteht ein dunkelbrauner Niederschlag von Zinn(II)-selenid, leicht löslich in Alkalien und Alkalisulfiden oder -seleniden (UELSMANN; s. ebenfalls MOSER und ATYNSKI).

17. Fällung mit Natriumtetraborat. Beim Mischen gleicher Volumina von $^{1}/_{2}$n Lösungen von Zinn(II)-ionen und Natriumtetraborat erhält man einen weißen Niederschlag, unlöslich in Wasser, aber löslich in verdünnten Säuren [WHITE; vgl. ferner Gm.-Kr. 7. Auflage (1911), Bd. IV, 1, S. 339].

18. Fällung mit Ammoniumdithiocarbonat. Ammoniumdithiocarbonat $CO(SNH_4)_2$ fällt aus sauren Zinn(II)-lösungen braunes Zinn(II)-sulfid. Ein Überschuß des Reagenses löst den Niederschlag erst in der Hitze (VOGTHERR; COHN).

19. Fällung mit Cyanidionen. Beim Mischen gleicher Volumina $^{1}/_{2}$n Lösungen von Zinn(II)-ionen und Cyanidionen entsteht ein weißer Niederschlag, der in Wasser unlöslich, in verdünnten Säuren aber löslich ist [WHITE; vgl. ferner VARENNE sowie Gm.-Kr. 7. Auflage (1911), Bd. IV, 1, S. 342].

20. Fällung mit Kaliumcyanat. Das bei der Zersetzung von Kaliumcyanat in Wasser nach der Gleichung

$$KCNO + 2 H_2O = KHCO_3 + NH_3$$

entstehende Ammoniak fällt Zinn(II)-hydroxyd aus Lösungen des zweiwertigen Zinns, und zwar bildet sich dabei ein feinkörniger, leicht filtrierbarer und gut auszuwaschender Niederschlag. Durch Einwirkung eines Überschusses an festem Kaliumcyanat scheidet sich allmählich Zinn als graues Metall ab.

Dreiwertiges Antimon wird unter ähnlichen Bedingungen ebenfalls gefällt, der Niederschlag wird jedoch nicht durch einen Überschuß des Fällungsmittels reduziert; dreiwertiges Arsen gibt keine Fällung [DALIÉTOS (a) und (b)].

21. Fällung mit Thiocyanationen. Beim Mischen gleicher Volumina $^1/_2$ n Lösungen von Zinn(II)-ionen und Thiocyanationen entsteht ein weißer Niederschlag, der in Wasser unlöslich, in verdünnten Säuren jedoch löslich ist (WHITE).

22. Fällung mit Nitritionen. Beim Mischen gleicher Volumina $^1/_2$ n Lösungen von Zinn(II)-ionen und Nitritionen entsteht ein weißer Niederschlag, unlöslich in Wasser, aber löslich in verdünnten Säuren (WHITE).

23. Fällung mit Aziden. Zweiwertiges Zinn wird durch lösliche Azide aus seinen Salzlösungen in der Kälte schon nahezu vollständig gefällt (CURTIUS und RISSOM).

24. Fällung als Zinn(II)-phosphat. Beim Fällen schwach saurer Lösungen des zweiwertigen Zinns mit Natriumphosphat bildet sich ein weißer Niederschlag von Zinn(II)-phosphat. An der Luft ist der Niederschlag beständig, in Wasser ist er unlöslich, löst sich aber leicht in verdünnten Mineralsäuren und Alkalihydroxydlösungen [LENSSEN (a); SCHIFF (b); JABLCZYŃSKI und WIĘCKOWSKI; KRÜGER; WHITE].

25. Fällung als Zinn(II)-phosphit. Versetzt man eine Lösung von Zinn(II)-chlorid mit Ammoniumphosphit, erhält man einen weißen Niederschlag von Zinn(II)-phosphit [ROSE (c)].

26. Fällung als Zinn(II)-arsenat bzw. Zinn(II)-arsenit. Kaliumarsenat bzw. Kaliumarsenit fällt aus essigsaurer Lösung das zweiwertige Zinn als Arsenat bzw. Arsenit [LENSSEN (a); SCHIFF (b); REICHARD (b); WHITE].

27. Fällung als Zinn(II)-antimonat. Kaliumantimonat fällt aus essigsaurer Lösung das zweiwertige Zinn als weißen Niederschlag [LENSSEN (a)].

28. Fällung mit Chromationen. Zinn(II)-chlorid erzeugt in überschüssiger Kaliumdichromatlösung eine gelbe Fällung [Gm.-Kr. 7. Auflage (1911), Bd. IV, 1, S. 373; s. ebenfalls WITT). Mit Chromationen erzeugen Zinn(II)-ionen einen braunen Niederschlag, der beim Stehen grün wird. Der Niederschlag ist unlöslich in Wasser, aber löslich in verdünnten Säuren (WHITE).

29. Fällung als Zinn(II)-wolframat. Aus neutralen Zinn(II)-lösungen fällt Natriumwolframat einen gelben Niederschlag, unlöslich in Wasser, löslich in Kaliumhydroxydlösungen. Beim Übergießen mit Salzsäure entsteht die blaue Färbung des Wolframblaus (ANTHON; s. Punkt 7, S. 110).

30. Fällung mit Kaliumhexacyanoferrat(II). Kaliumhexacyanoferrat(II) gibt mit zweiwertigen Zinnionen einen weißen Niederschlag, löslich in konzentrierter Salzsäure [WHITE; s. ferner LÖWENTHAL (b)], unlöslich in Ammoniak und Ammoniumsalzlösungen (WITTSTEIN). Nach KOLTHOFF (b) reagiert Zinn mit Kaliumhexacyanoferrat(II) in Hydrogencarbonatlösung, dagegen nicht in oxalsaurer Lösung. In essigsaurer Lösung können noch 3 mg Sn^{2+} per Liter, entsprechend einer *Grenzkonzentration* von 1 : 333 333, nachgewiesen werden.

31. Fällung mit Kaliumhexacyanoferrat(III). Auch mit Kaliumhexacyanoferrat(III) liefert zweiwertiges Zinn einen weißen Niederschlag, löslich in konzentrierter Salzsäure [WHITE; s. ferner LÖWENTHAL (b)], unlöslich in Ammoniak und Ammoniumsalzlösungen (WITTSTEIN).

32. Nachweis mit Kaliumhexacyanokobaltat(III) s. mikrochemischer Nachweis, Punkt 15, S. 148, sowie Punkt 9 γ, S. 187, Punkt 14 α, S. 188, und Punkt 18, S. 189.

33. Fällung mit Kaliumhexathiocyanatochromat(III). Zweiwertige Zinnionen geben in Gegenwart von Schwefelsäure (D = 1,3) mit Kaliumhexathiocyanatochromat(III) $K_3[Cr(CNS)_6]$ eine rotbraune Fällung von $Sn_3[Cr(CNS)_6]_2 \cdot 2\,H_2O$, leicht löslich in Salzsäure und zersetzlich in Wasser. Wismut und Antimon geben ähnliche Reaktionen (Tsamados).

34. Fällung mit Dihydroxotetrachloroplatin(IV)-säure. Dihydroxotetrachloroplatin(IV)-säure $H_2[PtCl_4(OH)_2]$ ist ein empfindliches und spezifisches Reagens auf zweiwertiges Zinn. Das Salz $Sn[PtCl_4(OH)_2]$ ist intensiv rot, in Wasser schwer löslich, in Äther jedoch löslich. Bei Ausführung der Reaktion entsteht je nach der Konzentration eine gelbe, orangerote oder tiefrote Färbung. Eisen, Kobalt, Nickel und Chrom stören die Reaktion nicht (Chotulew). Nach Fessenko besteht jedoch der Niederschlag aus kolloidalem Platin und Zinn(IV)-hydrolyseprodukten. Die Reaktion ist somit mit der im Punkt 2, S. 109, beschriebenen identisch.

35. Nachweis mit Aluminiumcarbid. Beim Eintragen von wenig Aluminiumcarbid in eine salzsaure Lösung von Zinn bildet sich Methylzinntrichlorid, das sich wegen seines intensiven und charakteristischen Geruches als Reagens auf Zinn eignet (Hilpert und Ditmar).

Zur Ausführung der Reaktion löst man in verdünnter Salzsäure, versetzt mit wenig Aluminiumcarbid und erhitzt. Im Moment des Aufbrausens nimmt man den charakteristischen Geruch des Methylzinntrichlorides wahr.

Grenzkonzentration 1 : 20 000.

36. Fällung durch Reduktion mit aktiver Kohle. Aktive Kohle reduziert Zinnsalzlösungen, wobei das Metall auf der Kohle niedergeschlagen wird (Lazowsky).

c) Fluorescenzreaktionen.

1. Glühen mit Calciumoxyd. Mehrere Ionen der ersten und zweiten analytischen Gruppe geben beim Glühen mit Calciumoxyd eine fluorescierende Masse (Gotô).

Ausführung. Reines Calciumcarbonat wird mit Wasser geknetet, etwas davon in eine Platindrahtöse gebracht und zum Oxyd verglüht. Nach dem Abkühlen taucht man die Calciumoxydperle in die zinnhaltige Lösung und verglüht nochmals, wobei eine gelbgrüne Fluorescenz erscheint. Bei zu starkem Glühen verschwindet die Fluorescenz. Man darf deshalb nicht zur Rotglut erhitzen.

Erfassungsgrenze: $0{,}02\ \gamma$ Zinn.

Grenzkonzentration: 1 : 1 000 000.

Störungen. Antimon, Arsen und mehrere andere Elemente stören die Reaktion.

II. Mit organischen Reagenzien.

a) Farbreaktionen.

1. Nachweis mit p-Dimethylaminostyryl-β-naphthothiazol. p-Dimethylaminostyryl-β-naphthothiazol bzw. dessen Jodmethylat gibt sowohl mit zwei- wie mit vierwertigem Zinn eine empfindliche Farbreaktion (Krumholz und Krumholz).

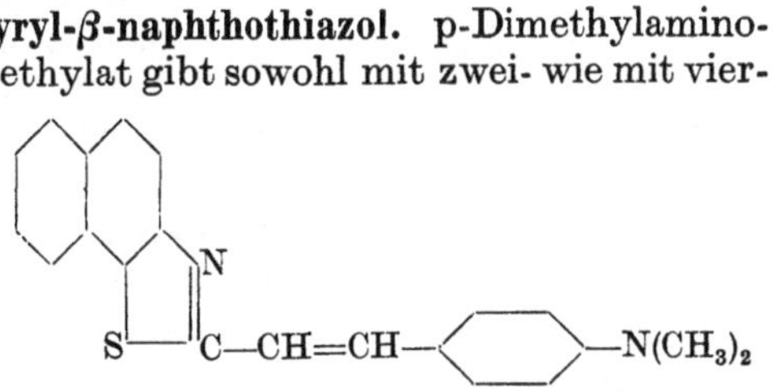

Ausführung. 0,5 ml der neutralen oder schwach salzsauren (tunlichst nicht über 0,5 n) Probelösung werden mit 3 Tropfen einer oxalsäurehaltigen Salzsäure versetzt, durch Einstellen in Wasser von 18° abgekühlt und hierauf mit 2 Tropfen der 0,1%igen alkoholischen Lösung des Reagenses und 3 Tropfen 20%iger Kaliumrhodanidlösung versetzt. Bei Anwesenheit von Zinn entsteht eine Rosafärbung.

p-Dimethylaminostyryl-β-naphthothiazol.

Grenzkonzentration 1 : 200 000.

Störungen. Viele Kationen (Zink, Silber, Gold, Palladium, Platin, Kupfer(II), Quecksilber(II), Cadmium, Kobalt, Eisen(II), Wismut, Mangan) reagieren ebenfalls mit dem Reagens.

2. Nachweis mit 2,7-Dinitro-diphenylaminsulfoxyd. 2,7-Dinitro-diphenylaminsulfoxyd wird durch Reduktion mit Zinn(II)-chlorid und anschließende Oxydation mit wenig Eisen(III)-chlorid in LAUTHS Violett oder Thionin übergeführt (BUCHANAN und SCHRYVER). Es ist möglich, daß das Reagens nicht das Sulfoxyd, sondern die Sulfonsäure $C_6H_5 \cdot NH \cdot C_6H_2(NO_2)_2 \cdot SO_3H$ ist (YOE und SARVER).

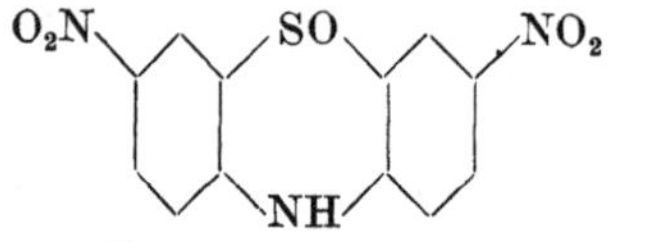

2,7-Dinitro-diphenylaminsulfoxyd.

Ausführung. Als Reagens verwendet man eine 0,2%ige Lösung des 2,7-Dinitrodiphenylaminsulfoxyds in 0,1 n Natriumhydroxydlösung. 1 ml der zu prüfenden Lösung wird mit 5 ml Salzsäure (D = 1,16) und etwas Zinkstaub versetzt. Nach Lösen des Zinks fügt man 2 ml des alkalischen Reagenses hinzu und kocht 2 Min. Beim Vorhandensein von 1 mg Zinn oder mehr färbt sich die Lösung während des Kochens dunkelblau. Man kühlt sodann die Lösung ab, verdünnt mit 25 ml Wasser, fügt einige Tropfen einer 50%igen Eisen(III)-chloridlösung hinzu, filtriert den sich beim erneuten Kochen ausscheidenden roten Niederschlag ab und wäscht mit 15 ml Wasser. Bei Anwesenheit von 250 γ Zinn oder mehr färbt sich das Filtrat strohgelb bis blau, im reflektierten Licht erscheint es rot. Die Farbe ändert sich allerdings mit der Zinnkonzentration (*„Organic Reagents for Metals"*, HOPKIN und WILLIAMS LTD. 3. Aufl., London 1938, S. 47).

Störungen. Arsen und Antimon geben ebenfalls Farbreaktionen mit dem Reagens. Bei Anwesenheit von 1 mg Arsen oder mehr entsteht eine grüngelbe Färbung, die nach Verdünnung blau wird. Antimon stört, wenn 10 mg oder mehr vorhanden sind. Beim Kochen erhält man dann eine Blaufärbung, die auf Zusatz von Eisen(III)-chlorid in die Farbe des Thionins übergeht.

Nachweis in organischen Stoffen s. Abschnitt i, S. 191.

3. Nachweis mit Naphtholgelb S. In alkalischer Lösung liefert zweiwertiges Zinn mit Naphtholgelb S eine hellrote oder rosa Färbung (TENNEY und LONG; SMITH und ROGERS).

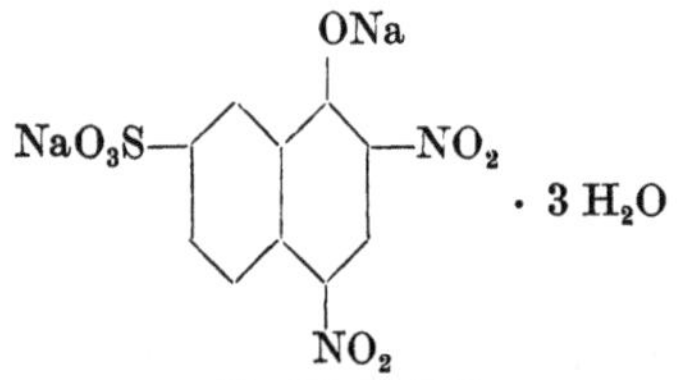

Naphtholgelb S.

Ausführung. Man versetzt die zu prüfende Lösung mit 2 bis 3 Tropfen einer 2%igen Lösung von Naphtholgelb S und fügt tropfenweise Natriumhydroxydlösung hinzu. Die Lösung kann auch mit Ammoniak oder Natriumcarbonat alkalisch gemacht werden, die Reaktion ist jedoch empfindlicher mit Natriumhydroxyd.

Bei stark verdünnten Lösungen ist es ratsam, die Lösung mit einer Blindprobe zu vergleichen; denn sonst läßt sich die schwache Farbänderung nicht beobachten.

Empfindlichkeit. Bei Abwesenheit anderer Kationen beträgt die *Grenzkonzentration* 1 : 2000 (TENNEY und LONG).

Störungen. Gefärbte Ionen sowie Silber, Quecksilber (Hg_2^{2+} und Hg^{2+}) und Wismut stören die Reaktion. Blei stört nicht. Bei Anwesenheit von zweiwertigen Manganionen ist die Farbe mehr violett, in Anwesenheit von Magnesiumionen orchideenähnlich. Bei Gegenwart von zweiwertigen Kupferionen entsteht eine deutlich orangerote Färbung.

4. Nachweis mit Indigocarmin und Kupfer(II)-lösung. Versetzt man eine wäßrige Lösung von Indigocarmin mit einer salzsauren Zinn(II)-lösung und erhitzt bis zum schwachen Kochen, verschwindet die blaue Farbe vollständig, und es entsteht je nach der Konzentration eine farblose oder gelblich gefärbte Flüssigkeit. Fügt man nach Abkühlen ein paar Tropfen einer Kupfer(II)-salzlösung hinzu und erhitzt wiederum, erhält man eine Flüssigkeit, die beim Schütteln durch Lufteinwirkung blau wird, nach wenigen Stunden jedoch farblos oder gelblich erscheint (BRAUN).

$$NaO_3S-\text{C}_6\text{H}_4\begin{smallmatrix}-OC\\-HN\end{smallmatrix}C=C\begin{smallmatrix}CO-\\NH-\end{smallmatrix}\text{C}_6\text{H}_4-SO_3Na$$

Indigocarmin.

Ausführung. Beim Nachweis geringer Mengen Zinns empfiehlt es sich, die Probe mit einer Kapillarpipette auszuführen. Die Pipette fertigt man sich dadurch an, daß man ein Glasrohr (etwa 4 mm $\varnothing$) an beiden Seiten zu Kapillaren so auszieht, daß in der Mitte ein kleiner, etwas weiterer, zylinderförmiger Raum übrigbleibt. Man versetzt einen Tropfen der Indigocarminlösung in einem kleinen Reagensglas mit ein paar Tropfen der zu prüfenden, salzsauren Lösung, fügt noch einen Tropfen der Kupfer(II)-salzlösung hinzu, erwärmt einen Augenblick und saugt die Flüssigkeit mit der Kapillarpipette hoch. Hält man nun die kleine Pipette senkrecht und verschließt mit dem Finger die obere Öffnung, erscheint die fast farblose Flüssigkeitssäule, besonders am unteren Rande, blau gefärbt. Dreht man die Pipette in waagerechte Lage, so daß Luft von der offenen Seite her eindringen kann, färbt sich die Lösung augenblicklich schön blau.

Die Empfindlichkeit der Reaktion steht derjenigen mit Kaliumhexacyanoferrat(III) und Eisen(III)-chloridlösung (s. Punkt 2β, S. 98) nicht nach.

5. Nachweis mit Diphenylthiocarbazon ("Dithizon"). Zweiwertiges Zinn reagiert in annähernd neutraler Lösung mit Dithizon unter Bildung einer rotgefärbten Komplexverbindung. Als Reagens verwendet man eine grüne Lösung von Dithizon in reinem Tetrachlorkohlenstoff (10 mg Dithizon in 250 ml Tetrachlorkohlenstoff). Die Reaktion ist nicht spezifisch. Durch Einstellung bestimmter Wasserstoffionenkonzentrationen, der günstigste p_H-Bereich liegt zwischen etwa 6 und 9, und durch Maskierung anwesender

$$S=C\begin{smallmatrix}NH\cdot NH\cdot C_6H_5\\N=N\cdot C_6H_5\end{smallmatrix}$$

Diphenylthiocarbazon
(Ketoform).

Metallionen als Cyanidkomplexe kann die Störung durch andere Kationen weitgehend unterbunden werden [H. FISCHER (a); FISCHER und WEYL].

Ausführung nach FISCHER und LEOPOLDI. 5 ml der zu untersuchenden, schwach sauren Lösung werden in einem Erlenmeyerkölbchen (50 ml) mit verdünnter Ammoniaklösung (z. B. 1 : 5) neutralisiert (Lackmuspapier gerade blau). Falls Hydroxyde ausfallen, fügt man vorher so viel Kaliumnatriumtartrat hinzu, daß die Fällung verhindert wird. Nun versetzt man mit 10 ml einer 10%igen Kaliumcyanidlösung (Abzug!) und einigen Kriställchen Hydroxylaminhydrochlorids, kocht kurz auf, kühlt unter der Wasserleitung ab, gibt die Lösung in einen 100 ml Scheidetrichter, fügt 5 ml Dithizonlösung hinzu, schüttelt einige Male kräftig durch und beobachtet die nach der Trennung der Schichten erkennbare Färbung der Tetrachlorkohlenstoffschicht. Rotfärbung zeigt Zinn an.

Zur Prüfung des roten Extraktes wäscht man ihn mit 1%iger Kaliumcyanidlösung. Verschwindet die Rotfärbung (u. U. erst nach 2- bis 3maligem Waschen), ist zweiwertiges Zinn oder einwertiges Thallium vorhanden. Größere oder etwa gleichgroße Bleimengen sind jedoch dann abwesend. Bleibt die Rotfärbung bestehen, ist Zinn abwesend, Blei dagegen anwesend.

Störungen. Die Reaktion ist für Spurensuche wenig geeignet. Sie wird zwar oberhalb $p_H = 7$ in Gegenwart von Cyanionen nur durch Wismut, einwertiges Thallium und Blei gestört. Die Empfindlichkeit der Reaktion wird jedoch leicht durch Hydrolyse der Zinn(II)-salzlösung sowie infolge Oxydation des zweiwertigen Zinns an der

Luft zum vierwertigen stark verringert. In stärker saurer Lösung ($p_H \sim 4$) stören selbst in Gegenwart von Cyanionen auch noch Silber, Kupfer, Quecksilber und Zink.

Oxydationsmittel dürfen nicht anwesend sein; Salpetersäure stört jedoch nicht. Chromatographischer Nachweis s. S. 164, 166 und 169.

6. Reaktion mit Hämatoxylin $C_{16}H_{14}O_6$ **bzw. Hämatein** $C_{16}H_{12}O_6$ (sowie mit **Blauholztinktur**). Sowohl Hämatoxylin als Hämatein gibt mit Zinn(II)-chlorid eine violette Färbung. Als Reagens verwenden MOFFATT und SPIRO eine Lösung von 0,5 g Hämatein in 1 l heißen Wassers.

Mit einer 0,01n Lösung von Hämatoxylin, die gerade soviel Ammoniak enthält, daß sie kirschrot gefärbt ist, erhält man eine ziegelrote Färbung [DUBSKÝ und CHODAK (b)]. Nach 12 Std. entsteht eine geringfügige Fällung.

Ausführung mit Blauholztinktur. Statt die Reaktion mit reinem, kristallinem Hämatoxylin auszuführen, kann man einen wäßrigen oder alkoholischen Auszug von Blauholz (Hämatoxylin campechianum L.) verwenden (WILDENSTEIN).

Zur Darstellung des Reagenses werden feine Späne des Holzes entweder mit Wasser ausgekocht oder in einer verschlossenen Flasche mit Alkohol extrahiert. Nach 24 Std. gießt man die erhaltene schwache Tinktur auf eine gleiche Menge frischer Späne und wiederholt, wenn notwendig, die Extraktion nochmals, bis die Tinktur eine gelbrötliche Färbung angenommen hat. Beim Verdünnen mit viel Wasser wird die Lösung citronengelb. Die alkoholische Tinktur ist beständiger als die wäßrige Abkochung.

Empfindlichkeit. Mit dieser Tinktur ist zweiwertiges Zinn bei einer *Grenzkonzentration* von 1 : 500000 noch zu erkennen, vorausgesetzt, daß keine störenden Stoffe vorhanden sind. Bei einer Verdünnung von 1 : 10000 erhält man eine intensive Färbung.

Reaktion mit vierwertigem Zinn s. Punkt 3, S. 135.

Tüpfelreaktion s. Punkt 17, S. 159.

7. Reaktion mit Methylenblau. Wäßrige Lösungen von Methylenblau (0,24 bis 0,5%) werden in stark saurer Lösung durch Zinn(II)-chlorid entfärbt (ATACK; PASSERINI und MICHELOTTI; LEUTWEIN; WOHLMANN).

CHARLOT (S. 214) verwendet als Reagens eine 0,01%ige Lösung von Methylenblau in 1n Salzsäure und versetzt 0,5 ml des Reagenses mit einigen Tropfen der zu prüfenden Lösung. Unter den gewöhnlich vorhandenen Bedingungen ist die Reaktion spezifisch für zweiwertiges Zinn und zu seinem Nachweis zu Beginn der Analyse geeignet.

Methylenblau.

Grenzkonzentration 1 : 835.

Tüpfelreaktion s. Punkt 7, S. 156, wo sich auch Angaben über Störungen finden. Siehe auch Punkt 9, S. 157.

8. Reaktion mit Diphenylcarbazon. Eine Lösung von Diphenylcarbazon in Chloroform bildet mit zweiwertigem Zinn eine rotviolette, sehr unbeständige Farbe [H. FISCHER (b)]. Der günstigste p_H-Bereich beträgt 9 bis 10.

Diphenylcarbazon.

9. Nachweis mit Fluoronen. 9-Methyl-2,3,7-trioxy-6-fluoron und 9-m,p-Dioxyphenyl-2,3,7-trioxy-6-fluoron rufen mit zweiwertigen Zinnionen eine gelbe Färbung hervor. 9-o- (bzw. -m- bzw. -p-)-Oxyphenyl-2,3,7-trioxy-6-fluoron läßt eine orange Färbung entstehen. 9-Phenyl-2,3,7-trioxy-6-fluoron gibt eine orange Fällung (GILLIS). Siehe hierzu auch Punkt 14, S. 119.

9-Methyl-2,3,7-trioxy-6-fluoron.

10. Reaktion mit Gallocyanin. Die violette Lösung von Gallocyanin wird durch Zinn(II)-ionen entfärbt [DUBSKÝ; DUBSKÝ und CHODAK (a)].

11. Reaktion mit Hofmann Violett 3R. Hofmann Violett 3R erzeugt in Zinn(II)-salzlösungen, die mit 5n Ammoniaklösung versetzt sind, eine hellbraune Färbung (SMITH und ROGERS).

12. Nachweis mit 2-Benzylpyridin s. Tüpfelreaktionen, Punkt 8, S. 157.

13. Reaktion mit Thiosalicylaldehydäthylendiimin. Aus o-Chlorbenzaldehyd, Äthylendiamin und Natriumhydrogensulfid läßt sich Thiosalicylaldehydäthylendiimin darstellen, das, in Chloroform gelöst, eine gelbliche, wenig empfindliche Färbung mit zweiwertigem Zinn gibt [BECK (c)].

Mehrere andere Metalle geben ähnliche Färbungen mit dem Reagens.

14. Reaktion mit Thiogallein [3-Oxy-4,5-dimercapto-9-(2-carboxy-phenyl)-6-fluoron]. Zweiwertiges Zinn gibt in salzsaurer Lösung mit Thiogallein eine rote Färbung (NAITO).

Chromatographischer Nachweis s. S. 170.

S. ferner Anhang, S. 194.

b) Fällungsreaktionen.

1. Fällung mit Acetationen. Beim Mischen gleicher Volumina $^1/_2$n Lösungen von Zinn(II)-ionen und Acetationen entsteht ein weißer Niederschlag, unlöslich in Wasser, aber löslich in verdünnten Säuren (WHITE).

2. Fällung mit Acetondicarbonsäure $HOOC \cdot CH_2 \cdot CO \cdot CH_2 \cdot COOH$. Zinn(II)-chlorid liefert in Gegenwart von Natriumacetat mit einer wäßrigen Lösung von Acetondicarbonsäure einen weißen Niederschlag (DUBSKÝ, BRYCHTA und KURAŠ).

3. Fällung mit Alkalibenzoat bzw. Ammoniumbenzoat. Zinn(II)-lösungen geben schon bei einer Verdünnung von 1 : 10000 einen weißen Niederschlag mit Alkalibenzoat [PFAFF (b)]. SUZUKI und YOSHIMURA bestimmen als Fällungsbereich für Ammoniumbenzoat $p_H = 4{,}1$ bis 5,0. Weinsäure und Natriumtartrat sowie Natriumoxalat verhindern die Fällung. JEWSBURY und OSBORN finden, daß die Fällung von zweiwertigem Zinn aus einer heißen Lösung, die 0,5 g eines zweiwertigen Zinnsalzes, 20 ml konzentrierter Salzsäure und 20 ml einer 10%igen Ammoniumacetatlösung in etwa 100 ml Wasser enthält, mit 20 ml 10%iger Ammoniumbenzoatlösung bei einem p_H-Wert von etwa 3,0 anfängt und bis zu $p_\Pi = 7$ fortsetzt. Thioglykolsäure verhindert die Fällung, Salicylsäure dagegen nicht.

4. Fällung mit N-Allyl-N′,N′-oxy-phenyl-thioharnstoff $C_6H_5N(OH) \cdot CS \cdot NH \cdot CH_2 \cdot CH = CH_2$. Da die Fällung mit Kupferron (s. Punkt 30, S. 122) mit verschiedenen Mängeln behaftet ist, hat SHOME die Brauchbarkeit einer Reihe anderer Phenylhydroxylaminderivate als Fällungsreagens untersucht und dabei gefunden, daß N-Allyl-N′,N′-oxyphenyl-thioharnstoff eine Fällung mit zweiwertigem Zinn gibt (s. auch Punkt 8, S. 120).

5. Fällung mit Ammoniumthioacetat CH_3COSNH_4. Fügt man zu salzsauren Lösungen von Zinn(II)-salzen eine schwach ammoniakalische Lösung von Ammoniumthioacetat, erfolgt in der Kälte eine unvollständige, in der Wärme eine vollständige Fällung von Zinn(II)-sulfid (SCHIFF und TARUGI).

6. Fällung mit Anilinhydrochlorid bzw. -bromid s. SLAGLE sowie RICHARDSON und ADAMS.

$$CH_3-C-N(CH_3)$$
$$CH-CO$$
$$N-C_6H_5$$

Antipyrin.

7. Fällung mit Antipyrin und Kaliumjodid. Antipyrin und Kaliumjodid (2 g Kaliumjodid, 1 g Antipyrin, 30 ml Wasser) erzeugen in schwach salzsauren Lösungen von Zinn(II)-chlorid eine weiße, mitunter auch eine gelbe Fällung [GAUTIER (a)].

8. Fällung mit N-Benzoylphenylhydroxylamin $C_6H_5 \cdot CO \cdot N(OH) \cdot C_6H_5$. Zinn(II)-ionen werden aus salzsauren Lösungen (1 bis 8%) durch N-Benzoylphenylhydroxylamin als die Additionsverbindung $(C_{13}H_{11}O_2N)_2 \cdot SnCl_2$ gefällt (RYAN und LUTWICK). Mit dem O-Methyläther des N-Benzoylphenylhydroxylamins entsteht ebenfalls eine Fällung. Siehe auch Punkt 13, S. 138.

9. Fällung mit Bernsteinsäure $HOOC \cdot (CH_2)_2 \cdot COOH$. Mit Bernsteinsäure reagieren Zinn(II)-salze wie mit Alkalibenzoaten (s. Punkt 3, S. 119) [PFAFF (b)].

10. Fällung mit Bordeauxrot. Zweiwertiges Zinn entfärbt eine salzsaure Lösung von Bordeauxrot und läßt nach Zufügen einer 5 n Ammoniaklösung eine weiße Fällung entstehen. Dreiwertiges Antimon gibt eine rosa Färbung und stört die Reaktion. Salzsaure Lösungen von vierwertigem Zinn und von dreiwertigem Antimon üben keinen Einfluß auf den Farbstoff aus. Es ist deshalb möglich, mit dieser Reaktion zwischen Zinn und Antimon sowie zwischen zwei- und vierwertigem Zinn zu unterscheiden (SMITH und ROGERS).

Bordeauxrot.

11. Fällung mit Brillantviolett $CH_3(C_6H_5CH_2)N-C_6H_4-C(C_6H_4N(CH_3)_2)=C_6H_4=$ $=N(CH_3)_2 \cdot HCl$. Mit Brillantviolett liefert zweiwertiges Zinn unter den gleichen Bedingungen wie mit Bordeauxrot (s. Punkt 10, diese Seite) einen blaßblauen Niederschlag (SMITH und ROGERS).

12. Reaktionen mit 5-Bromo-carvacrylazo-naphtholsulfonsäuren. Zinn(II)-chlorid gibt mit 4(5-Bromo-carvacrylazo)-1-naphthol-2-sulfonsäure eine rote Fällung, mit 1(5-Bromo-carvacrylazo)-2-naphthol-6-sulfonsäure eine orange Fällung, mit 2(5-Bromocarvacrylazo)-1,8-dioxynaphthalin-3,6-disulfonsäure eine rosa Lösung und entfärbt 2(5-Bromo-carvacrylazo)-1-naphthol-4-sulfonsäure sowie 1(5-Bromo-carvacrylazo)-2-naphthol-7-sulfonsäure (WHEELER und TAYLOR).

13. Fällung mit Brucin $C_{23}H_{26}O_4N_2$. Eine schwefelsaure Lösung von Brucin erzeugt in Zinn(II)-salzlösungen einen amorphen Niederschlag [KORENMAN (g)]. Eine amorphe Fällung entsteht auch, wenn die Reaktion in Anwesenheit von Kaliumbromid ausgeführt wird.

14. Fällung mit Chininchlorid und Kaliumjodid. Chininchlorid $C_{20}H_{24}O_2N_2 \cdot HCl$ und Kaliumjodid (2 g Kaliumjodid, 3 g Chininchlorid, 30 ml Wasser) lassen in schwach salzsauren Zinn(II)-lösungen eine orangefarbene Fällung entstehen. Dreiwertiges Antimon gibt einen ähnlich gefärbten Niederschlag [GAUTIER (a)].

15. Fällung mit Chinolin. Konzentrierte Lösungen von Zinn(II)-chlorid in Salzsäure geben mit Chinolin einen kristallinen Niederschlag. In alkoholischer Lösung entsteht ein dicker, weißer, amorpher Niederschlag, der sich leicht in verdünnten Säuren löst. Beim Stehen scheiden sich lange, dünne Nadeln aus den Lösungen ab (BORSBACH).

Chinolin.

Mikrochemischer Nachweis s. Punkt 5, S. 146.

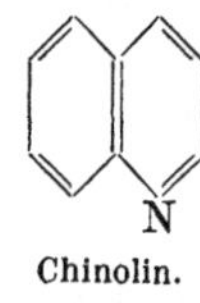

Citarin.

16. Fällung mit Citarin (Natriumsalz der Anhydromethylen-citronensäure). Konzentrierte wäßrige Lösungen von Citarin geben mit zweiwertigen Zinnionen eine weiße amorphe Fällung (VANINO und GUYOT).

17. Fällung mit Cyclohexyläthylamin-dithiocarbamat ("Dimin"). Die als "Vulcacit 774" im Handel befindliche, als Vulkanisationsbeschleuniger verwendete Verbindung bildet mit zweiwertigen Zinnionen in neutralen Lösungen einen weißen, in sauren Lösungen einen gelben Niederschlag. Das Reagens wird durch Lösen von 5 g der Verbindung in 1 l Wasser von höchstens 90° dargestellt. Mehrere andere Kationen werden ebenfalls durch das Reagens gefällt (HERRMANN-GURFINKEL).

18. Fällung mit Diäthylamin $(C_2H_5)_2NH$. Diäthylamin erzeugt in Zinn(II)-chloridlösungen eine weiße Fällung, unlöslich im Überschuß des Fällungsmittels [LEA (a)]. In Gegenwart von Kaliumjodid (2 g Kaliumjodid, 1 g Diäthylamin, 30 ml Wasser) entsteht in schwach salzsauren Zinn(II)-lösungen eine weiße, mitunter auch eine schwefelgelbe Fällung [GAUTIER (a)].

19. Fällung mit 2,5-Dimercapto-1,3,4-thiodiazol (Thiodiazol-1,4-dithiol = "Wismutiol II"). 2,5-Dimercapto-1,3,4-thiodiazol (0,7 g in 35 ml 0,1 n Kaliumhydroxydlösung) gibt mit zweiwertigem Zinn einen ockergelben Niederschlag (DUBSKÝ und OKÁČ; RÂY und GUPTA). Blei, Arsen und Antimon geben ähnliche Fällungen. Siehe ferner Punkt 31, S. 122.

20. Fällung mit Dimethylanilin $C_6H_5N(CH_3)_2$. Dimethylanilin erzeugt in Zinn(II)-salzlösungen einen weißen Niederschlag, unlöslich im Überschuß des Fällungsmittels. Viele andere Kationen geben eine ähnliche Reaktion [VINCENT (a)].

21. Fällung mit disubstituierten Dithiocarbamaten. Disubstituierte Dithiocarbamate ("Carbate"), die man aus sekundären Aminen mit Schwefelkohlenstoff und Alkali in alkoholischer Lösung darstellen kann,

$$R_2NH + CS_2 + NaOH = R_2N-\overset{\overset{\displaystyle S}{\|}}{C}-SNa + H_2O$$

erzeugen in Gegenwart von Seignettesalz in heißen ammoniakalischen zinn(II)-haltigen Lösungen Fällungen von Zinn(II)-dithiocarbamaten. Am günstigsten erfolgt die Fällung mit den mit Piperazin oder Piperidin erhaltenen Dithiocarbamaten, Na-n-Carbat bzw. Na-p-Carbat (GLEU und SCHWAB). Zusatz von Alkalicyanid verhindert die Fällung (BREMANIS, SCHAIBLE und BERGNER).

Na-n-Carbat.   Na-p-Carbat.

Mit Diäthylamin erhält man Natriumdiäthyldithiocarbamat (I), mit dem Dinatriumsalz der Diphenylamin-4,4'-disulfonsäure die Verbindung (II), mit Indol die Verbindung (III) und mit dem Natriumsalz der p-Aminosalicylsäure die Verbindung (IV).

(I)   (II)

(III)   (IV)

Mit (I) entsteht eine weiße Fällung, mit (II) eine voluminöse rotorange Fällung, mit (III) und (IV) entstehen gelbe Fällungen. Bei Ausführung im Mikroreagensglas [0,5 ml einer 0,1%igen Zinnionenlösung, die eine geringe Menge Ammoniumtartrat enthält, 0,5 ml einer Pufferlösung ($p_H = 2$; 4; 6; 8 und etwa 14) und 0,5 ml einer 3%igen Reagenslösung] beträgt die *Grenzkonzentration* für (I) 1 : 1000000; für (II) 1 : 200000; für (III) und (IV) 1 : 2000000 (MALISSA und MILLER). Vgl. ferner CALLAN und HENDERSON.

Tüpfelreaktion s. Punkt 16, S. 159. S. auch Anhang, S. 195.

22. Fällung mit Eisen(II)-tridipyridylsulfat s. mikrochemischer Nachweis, Punkt 4, S. 146.

23. Fällung mit Formamidinsulfinsäure (Aminoiminomethansulfinsäure) $H_2NC(:NH)SO_2H$. Formamidinsulfinsäure fällt in ammoniakalischer Lösung zweiwertiges Zinn als Metall aus (BÖESEKEN).

24. Fällung mit Gerbsäure s. Tannin, Punkt 45, S. 124.

25. Fällung mit Harnstoff und Kaliumjodid. Zinn(II)-chlorid gibt mit Harnstoff $CO(NH_2)_2$ und Kaliumjodid (2 g Kaliumjodid, 1 g Harnstoff, 30 ml Wasser) eine weiße, mitunter auch eine schwefelgelbe Fällung [GAUTIER (a)].

26. Fällung mit Hexamethylentetramin s. Urotropin, Punkt 55, S. 125.

27. Fällung mit Isonitrosoaceton $CH_3 \cdot CO \cdot CH : NOH$. Isonitrosoaceton gibt mit Zinn(II)-chlorid in Gegenwart von Natriumacetat einen weißen Niederschlag (DUBSKÝ, BRYCHTA und KURAŠ).

28. Nachweis mit Isopropylantipyrin s. mikrochemischer Nachweis, Punkt 3, S. 145.

29. Fällung mit Kaliumtartrat. Durch Fällen von Zinn(II)-salzlösungen mit Kaliumtartrat entsteht ein weißgelber, in heißem Wasser unlöslicher, in Alkalihydroxyd und verdünnten Säuren aber löslicher Niederschlag [SCHIFF (a); WHITE; vgl. ferner Gm.-Kr. 7. Auflage (1911), Bd. IV, 1, S. 341].

30. Fällung mit Kupferron (Ammoniumsalz des Nitrosophenylhydroxylamins). Durch Kupferron wird zweiwertiges Zinn auch in Gegenwart verdünnter starker Säuren vollständig gefällt (AUGER, LAFONTAINE und CASPAR; PINKUS und MARTIN; PINKUS und CLAESSENS; GRANGER; TSCHERWIAKOW und OSTROUMOW). Bei Konzentrationen kleiner als 0,1 n erhält man bloß eine milchartige Trübung. Die Löslichkeit des Niederschlages in Wasser beträgt 4,7 mg/l. Der Niederschlag ist in Kaliumhydroxydlösung löslich, aber nicht in Säuren (PINKUS und MARTIN). Siehe ferner Punkt 4, S. 119.

$C_6H_5N\diagdown\diagup\begin{smallmatrix}NO\\ONH_4\end{smallmatrix}$
Kupferron.

31. Fällung mit 5-Mercapto-3-R-1,2,4-thiodiazolen. 5-Mercapto-3-p-tolyl-1,2,4-thiodiazol, 5-Mercapto-3-o-tolyl-1,2,4-thiodiazol und 5-Mercapto-3-phenyl-1,2,4-thiodiazol geben mit zweiwertigem Zinn Fällungen. Zur Verwendung kamen eine n/10 Metallsalzlösung und eine 1%ige alkoholische Lösung des Reagenses. Viele andere Kationen geben ebenfalls Fällungen mit den genannten Mercaptothiodiazolen (KURAŠ). Siehe ferner Punkt 19, S. 121.

R·C—N
‖ ‖
N C·SH
\/
S
5-Mercapto-3-R-
1,2,4-thiodiazol.

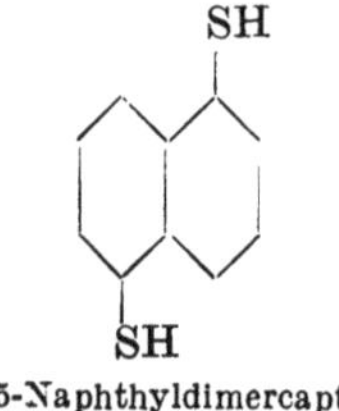

1,5-Naphthyldimercaptan.

32. Fällung mit 1,5-Naphthyldimercaptan. Eine alkoholische Lösung von Zinn(II)-chlorid gibt mit alkoholischem 1,5-Naphthyldimercaptan eine gelbe Fällung von dem entsprechenden Zinn(II)-mercaptid (CORBELLINI und ALBENGA).

33. Fällung mit Naphthazarin (5,6-Dioxy-α-naphthochinon). Zweiwertiges Zinn erzeugt in einer alkoholischen Lösung von Naphthazarin (2 mg Naphthazarin in

2,5 ml Alkohol) nach 24 Stunden eine rotbraune Fällung. Durch Behandeln mit 1 ml Ammoniak färbt sich der Niederschlag dunkelviolett. Viele Kationen verhalten sich dem Reagens gegenüber wie Zinn (DUBSKÝ, LANGER und WAGNER).

34. Fällung mit Natriumalizarinsulfonat-(3). Eine 0,5%ige Lösung von Natriumalizarinsulfonat-(3) gibt mit einer wäßrigen 1%igen Lösung von Zinn(II)-chlorid einen blaßroten Niederschlag. Bei sehr verdünnten Lösungen beschleunigt eine Zugabe von Ammoniak die Bildung des Niederschlages außerordentlich (GERMUTH und MITCHELL; ONO und YOKOYAMA). — Histologischer Nachweis in der Niere s. Punkt 2, S. 192.

Naphthazarin.

Natriumalizarinsulfonat-(3).

35. Fällung mit Nitrosofluorenylhydroxylamin. Das Ammoniumsalz des Nitrosofluorenylhydroxylamins, das Fluorenanaloge des Kupferrons, läßt mit zweiwertigen Zinnionen eine weiße Fällung entstehen (OESPER und FULMER).

Nitrosofluorenylhydroxylamin.

36. Fällung mit Oxalsäure $H_2C_2O_4$. Zweiwertiges Zinn wird aus schwach salzsauren Lösungen durch Oxalsäure in Form einer weißen, kristallinen Fällung abgeschieden. In Anwesenheit eines Ammoniumsalzes bildet sich ein Doppeloxalat, das sehr viel leichter löslich ist (HAUSMANN und LÖWENTHAL; LUCKOW; CARNOT). Der Niederschlag löst sich im Überschuß von Oxalationen (WHITE).

Über die Trennung des zweiwertigen Zinns von vierwertigem in absolutem Äthylalkohol als Zinn(II)-oxalat s. MEYER und KAHN.

Mikrochemischer Nachweis s. Punkt 2, S. 145.

37. Fällung mit 8-Oxychinolinkaliumhydrogensulfat s. mikrochemischer Nachweis, Punkt 10, S. 147.

38. Fällung mit Phenyldithiobiazolonsulfhydrat (3-Phenyl-5-mercapto-2-thion-1,3,4-thiodiazol = „Wismutid II"). Das Kaliumsalz des Phenyldithiobiazolonsulfhydrates (1,3 g in 50 ml Wasser) gibt mit Zinn(II)-chlorid einen braungelben Niederschlag [DUBSKÝ und TRTILEK (a)].

Phenyldithiobiazolonsulfhydrat.

39. Reaktion mit Phloroglucin. Alkalische Lösungen von zweiwertigem Zinn erzeugen in 1%igen Phloroglucinlösungen eine rosa Färbung, die sich in Gelb verwandelt; in konzentrierten Lösungen entsteht ein Niederschlag (WENGER, DUCKERT und BLANCPAIN).

40. Fällung mit Piperazin und Kaliumjodid. Piperazin liefert mit Zinn(II)-chlorid in Gegenwart von Kaliumjodid (2 g Kaliumjodid, 1,5 g Piperazin, 30 ml Wasser) in schwach salzsaurer Lösung eine schwefelgelbe Fällung [GAUTIER (a)].

Phloroglucin.

Piperazin.

41. Nachweis mit Pyramidon s. mikrochemischer Nachweis, Punkt 9, S. 147.

42. Fällung mit Pyridin. Pyridin fällt aus salzsauren Zinn(II)-salzlösungen einen weißen Niederschlag [HAYES; GAUTIER (a)]; beim Zusatz von Kaliumjodid erhält man eine gelbe, in Salpetersäure unlösliche Trübung [KORENMAN (c); GAUTIER (a)]. Die *Grenzkonzentration* der Reaktion wird von KORENMAN zu 1 : 12000 angegeben. — In Gegenwart von Kaliumcyanat entsteht ein Niederschlag der Zusammensetzung $(SnPy_6)\,(CNO)_2$ [DALIÉTOS (b)].

Pyridin.

43. Fällung mit Pyronin. Pyronin liefert mit zweiwertigem Zinn nach Zusatz einer 5n Ammoniaklösung eine hellblaue Fällung (SMITH und ROGERS).

$(CH_3)_2N$—⟨⟩—$=N \cdot (CH_3)_2Cl$

Pyronin.

Natriumrhodizonat.

44. Fällung als Rhodizonat. Wird eine Zinn(II)-lösung mit einer Weinsäurelösung ($p_H \sim 3$) und einer Natriumrhodizonatlösung versetzt, entsteht zunächst Zinn(II)-tartrat, das dann weiter mit dem Reagens dunkelviolettes Zinn(II)-rhodizonat bildet. Diese Reaktion wird von FEIGL und BRAILE als Tüpfelreaktion verwendet, s. Punkt 13, S. 159.

45. Fällung mit Tannin. Zinn(II)-salze bilden mit Tannin einen gelben Niederschlag (MELLOR, S. 338). Die Reaktion wird von HOLNESS (c) zur Identifikation von zweiwertigem Zinn in der Schwefelwasserstoffgruppe nach Abtrennung von Antimon(III)-sulfid in Anwesenheit von Oxalat verwendet.

46. Fällung mit Tartrationen s. Punkt 29, S. 122.

47. Fällung mit Thioacetamid CH_3CSNH_2. Aus ammoniakalischer, tartrathaltiger Lösung fällt Thioacetamid beim Kochen langsam zweiwertiges Zinn als braunes Sulfid. Die Fällung wird durch Komplexon II (Äthylendiamintetraessigsäure) verhindert; die Maskierung läßt sich durch Calciumionen wieder aufheben (FLASCHKA).

48. Fällung mit Thiodiazol-1,4-dithiol s. Punkt 19, S. 121.

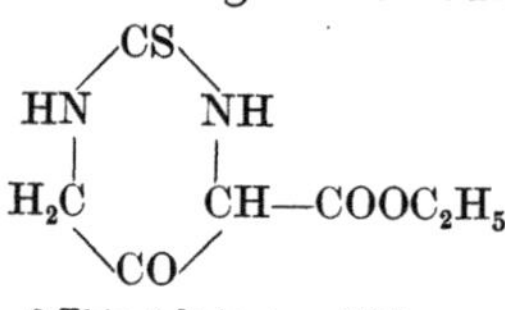

2-Thio-5-keto-4-carbäthoxy-
1,3-dihydropyrimidin.

49. Fällung mit 2-Thio-5-keto-4-carbäthoxy-1,3-dihydropyrimidin. Eine 0,03%ige acetonische Lösung von 2-Thio-5-keto-4-carbäthoxy-1,3-dihydropyrimidin, das man durch Behandeln von Diäthylaminoacetatdithiocarbamat mit wasserfreiem Alkohol und Schwefelkohlenstoff am Rückflußkühler erhält, bildet mit Zinn in neutraler oder saurer Lösung einen weißen Niederschlag (SHEPPARD und BRIGHAM). Mangan gibt eine ähnliche Fällung.

50. Fällung mit o-, m- und p-Toluidinhydrochlorid bzw. -bromid s. SLAGLE sowie RICHARDSON und ADAMS.

51. Fällung mit Triäthanolamin $(C_2H_4OH)_3N$. Zweiwertiges Zinn liefert mit Triäthanolamin (20%iger Lösung) einen weißen, flockigen, im Überschuß des Fällungsmittels unlöslichen Niederschlag. Mehrere Kationen geben eine ähnliche Reaktion (JAFFE; s. ferner RAYMOND).

52. Fällung mit Triäthylamin $(C_2H_5)_3N$. Eine gesättigte, wäßrige Lösung von Triäthylamin erzeugt in Zinn(II)-chloridlösungen eine weiße Fällung, unlöslich im Überschuß des Fällungsmittels [LEA (b)].

53. Fällung mit Trimethylamin $(CH_3)_3N$. Eine wäßrige Lösung von Trimethylamin erzeugt in Zinn(II)-salzlösungen einen weißen Niederschlag, unlöslich im Überschuß des Fällungsmittels [VINCENT (b)].

Über weitere Fällungen mit aliphatischen Aminen sowie Tetramethylammoniumsalzen s. COOK.

54. Fällung mit Tropasäure. Zweiwertiges Zinn bildet mit dem Ammoniumsalz der Tropasäure einen Niederschlag (WAKSMUNDZKI und PEKSA).

Tropasäure.

55. Fällung mit Urotropin (Hexamethylentetramin) $(CH_2)_6N_4$. Versetzt man eine salzsaure Lösung von Zinn(II)-chlorid mit einer Lösung von Urotropin, erhält man eine weiße Fällung (RÂY und SARKAR). In Gegenwart von Kaliumjodid (2 g Kaliumjodid, 1,5 g Urotropin, 30 ml Wasser) wird die Fällung citronengelb [GAUTIER (a)].

Dreiwertiges Antimon gibt eine ähnliche Fällung.

Nach DALIÉTOS (b) liefert eine alkoholische Lösung von Urotropin mit Zinn(II)-chlorid in Gegenwart von Kaliumcyanat einen Niederschlag der Zusammensetzung

$$Sn \begin{bmatrix} \text{Urotropin} \\ C_2H_5OH \end{bmatrix} (CNO)_2 .$$

Mikrochemischer Nachweis s. Punkt 1, S. 144.

56. Fällung mit Xanthogenat. Eine konzentrierte wäßrige Lösung von Kaliumäthylxanthogenat erzeugt in schwach saurer Zinn(II)-lösung eine gelbe Fällung von Zinn(II)-äthylxanthogenat. Das Reagens kann auch in fester Form verwendet werden. Der Niederschlag löst sich in Alkalien oder unter Bildung von Zinn(II)-hydroxyd in konzentriertem Ammoniak. Auf Zusatz von Säuren zu der alkalischen Lösung fällt das Sulfid aus [WENGER, DUCKERT und ANKADJI (a)].

$$SC\begin{smallmatrix}\diagup SK \\ \diagdown OC_2H_5\end{smallmatrix}$$
Kaliumäthyl-
xanthogenat.

c) Fluorescenzreaktionen.

1. Nachweis mit Coerulein. Eine verdünnte alkoholische Suspension von Coerulein, einem aus Gallein herstellbaren Anthraoxyphthaleinfarbstoff, ruft in stark salzsauren Zinn(II)-salzlösungen eine gelbgrüne Fluorescenz hervor.

Ausführung. Das Reagens wird mit einigen Tropfen konzentrierter Salzsäure versetzt und in einem schmalen Reagensgläschen mit der zu prüfenden Lösung unterschichtet [EEGRIWE (a)].

Empfindlichkeit. In einem Tropfen Zinn(II)-chloridlösung lassen sich noch $10\,\gamma$ Zinn, entsprechend einer *Grenzkonzentration* von etwa 1 : 3000, deutlich nachweisen; es soll jedoch möglich sein, noch geringere Zinnmengen nachzuweisen.

Tüpfelreaktion s. Punkt 1, S. 159.

Coerulein.

2. Nachweis mit Morin (3,5,7,2′,4′-Pentaoxyflavon). Wie viele andere Elemente zeigt sowohl zwei- wie vierwertiges Zinn (s. Punkt 1, S. 143) im ultravioletten Licht eine stark gelbgrüne Fluorescenz mit Morin. Die Fluorescenz verschwindet weder durch Zusatz von Natriumfluorid noch durch Zusatz von 2 bis 3 Tropfen 10%iger Schwefelsäure [BECK (b)]. Mit ammoniakalischer Morinlösung entstehen hellgelbe Niederschläge, die gegenüber verdünnter Essigsäure resistent sind und eine intensive blaugrüne Fluorescenz zeigen. Die Fluorescenz tritt auch auf, wenn das Zinn als unlösliches Zinn(II)-hydroxyd oder Zinn(IV)-hydroxyd vorliegt. Alkalistannite und -stannate reagieren ebenfalls. Das Morin wird entweder in alkoholischer oder acetonischer Lösung verwendet [FEIGL und GENTIL (a)].

Morin.

Über eine spektrographische Untersuchung der Fluorescenz s. GOTÔ.

Tüpfelreaktion s. Punkt 2, S. 159.

3. Nachweis mit 8-Oxychinolin („Oxin"). Zwei- und vierwertiges Zinn geben mit Oxin in neutraler und ammoniakalischer Lösung ein gelbgrün gefärbtes Oxinat, das

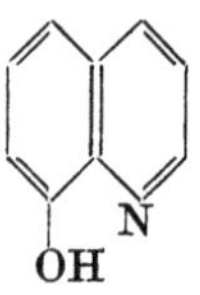
8-Oxychinolin.

im ultravioletten Licht nach Behandlung mit Ammoniak goldgelb fluoresciert. Als Reagens benutzt man 0,5 g 8-Oxychinolin in 100 ml 60%igem Äthylalkohol. Mehrere Kationen geben ebenfalls gefärbte Oxinate, die im ultravioletten Licht nach Behandlung mit Ammoniak fluorescieren. Zusatz von Eisessig bringt die Fluorescenz zum Verschwinden, ausgenommen die des zwei- und vierwertigen Zinns und Zinks. Dieses Verhalten wird noch deutlicher, wenn die Fluorescenz nach nochmaligem Behandeln mit Ammoniak und Eisessig beobachtet wird (POLLARD und McOMIE, S. 102). Siehe auch FEIGL, TOROK und ZOCHER.

Über Fluorescenz mit Kojisäure und Oxinlösung s. S. 167.

4. Nachweis mit Quercetin s. Tüpfelreaktionen, Punkt 3, S. 160.

5. Nachweis mit 6-nitro-2-naphthylamin-8-sulfonsaurem Ammonium s. Tüpfelreaktionen, Punkt 4, S. 160.

II. Nachweisreaktionen des vierwertigen Zinns.

Der Nachweis des vierwertigen Zinns erfolgt meistens erst nach vorhergehender Reduktion zu der zweiwertigen Oxydationsstufe, bei der man über die empfindlichsten und sichersten Nachweisreaktionen verfügt. Die Reduktion führt man gewöhnlich in salzsaurer Lösung mit Metallen wie Zink, Aluminium, Antimon, Magnesium, Eisen und Blei als Reduktionsmittel aus, besonders hat sich Aluminium APPLING und REEDY zufolge als Reduktionsmittel ausgezeichnet bewährt.

Mit dem als Nachweisreagens für Zinn viel gebrauchten Quecksilber(II)-chlorid erreicht REEDY eine besonders hohe Nachweisempfindlichkeit bei Verwendung eines mit Blei beschickten Reduktionsapparates (s. ebenfalls TREADWELL und EDELMANN).

Der Reduktor ist ein etwa 20 cm langes Glasrohr mit einem Durchmesser von 1 bis 2 cm, ein Calciumchloridröhrchen kann u. U. ebenfalls benutzt werden. Die untere Öffnung des Rohres versperrt man mit Baumwolle oder Glaswolle und bringt darauf eine 10 cm hohe Schicht von pulverisiertem Blei. Die zu reduzierende Lösung säuert man mit $^1/_{10}$ ihres Volumens an verdünnter Salzsäure an, so daß sie etwa 0,5 bis 0,6 n wird, erhitzt sie zum Kochen und läßt sie durch den Reduktor in ein Reagensgläschen mit 3 oder 4 ml Quecksilber(II)-chloridlösung einfließen.

Während nach der gewöhnlichen Methode mit Zink oder Aluminium als Reduktionsmittel die zu erreichende Nachweisempfindlichkeit 80 bis 100 γ/ml bzw. 60 bis 80 γ/ml beträgt, gelingt es nach Behandeln der Lösung in dem Bleireduktor, 20 bis 10 γ/ml nachzuweisen.

Zink, Aluminium oder Eisen lassen sich nicht in dem Reduktor verwenden.

Unter den Kationen ist nur seitens der dreiwertigen Chrom- und der zweiwertigen Nickelionen eine Störung dadurch zu befürchten, daß die Farbe dieser Ionen eine schwache Reaktion mit dem Quecksilber(II)-chlorid zu tarnen scheint. Die Metalle, die edler sind als Blei, werden in den oberen Schichten der Bleisäule ausgefällt. Aus dem Grunde ist es leicht, 1 mg Zinn in Anwesenheit von mehreren Hunderten Milligrammen Kupfer, Silber usw. nachzuweisen.

Unter den Anionen stören z. B. Nitrate, Chromate, Chlorate und andere Anionen oxydierender Säuren, ferner Jodide, Hexacyanoferrate(II) und Hexacyanoferrate(III). Oxalate, Phosphate und auch Sulfate und Sulfide stören dagegen nicht. Die störenden Anionen werden durch Eindampfen der Lösung zur Trockne mit Salzsäure entfernt.

Wenn man auch meistens vorziehen wird, das vierwertige Zinn vor dem Nachweis zum zweiwertigen zu reduzieren, kennt man jedoch eine Reihe Reaktionen, die einen direkten Nachweis des vierwertigen Zinns ermöglichen. Wünscht man umgekehrt eine dieser Reaktionen zum Nachweis von zweiwertigen Zinnionen zu verwenden, ist dies ohne weiteres möglich, da sich das zweiwertige Zinn durch Oxydation mit Kaliumchlorat oder Bromwasser leicht in die höhere Oxydationsstufe überführen läßt.

A. Analytisch wichtige Reaktionen.

1. Nachweis mit 4-Methyl- bzw. 4-Chlor-1,2-dimercaptobenzol und Thioglykolsäure. Liegt Zinn in der vierwertigen Oxydationsstufe vor, erfolgt die Reaktion mit 4-Methyl- bzw. 4-Chlor-1,2-dimercaptobenzol langsamer als mit zweiwertigem Zinn. Durch Zusatz einer Spur Thioglykolsäure kann jedoch die Reaktion beschleunigt werden. Siehe im übrigen Punkt 1a, S. 96, und Punkt 1b, S. 97.

Tüpfelreaktion s. Punkt 1, S. 161.

2. Nachweis mit Anthrachinon-1-azo-4-dimethylanilin-hydrochlorid ("Anthrazo-Reagens"). Die rotgefärbte Lösung des Anthrachinon-1-azo-4-dimethylanilin-hydrochlorids bildet mit vierwertigem Zinn einen blauvioletten Niederschlag der Zusammensetzung $(C_{22}H_{17}O_2N_3)_2 \cdot H_2SnCl_6$, der in Flußsäure löslich ist. Die Reaktion ist am empfindlichsten in einer mit Natriumchlorid gesättigten Lösung und wird in saurer Lösung ausgeführt [Kusnetzow (a)]. Allerdings sind es nur die α-Verbindungen des vierwertigen Zinns, die die Reaktion zeigen; das Chlorid der Metazinnsäure (β-Verbindungen) reagiert nicht mit dem Reagens (Kusnetzow und Bender).

Grenzkonzentration 1 : 500000.

Über die Darstellung des Reagenses s. Kusnetzow (a).

Tüpfelreaktion s. Punkt 2, S. 161.

Anthrachinon-1-azo-4-dimethylanilin.

3. Nachweis mit 1,2,7-Trioxyanthrachinon (Anthrapurpurin). Oxyanthrachinone, die zwei Hydroxylgruppen in Orthostellung zueinander haben, wie z.B. Alizarin, Chinalizarin, Rufigallussäure, geben mit vierwertigem Zinn empfindliche Farbreaktionen. Mit 1,2-, 1,2,6- und 1,2,7-Oxyanthrachinon erhält man in schwach saurer Lösung einander ähnliche Orangefärbungen, mit Purpurin und Chinalizarin Rosafärbungen, während Anthragallol und Rufigallussäure nur unreine Farbtöne geben. Als Reagens für vierwertiges Zinn wird unter den untersuchten Oxyanthrachinonen dem 1,2,7-Trioxyanthrachinon der Vorzug gegeben [Eegriwe (b)].

Ausführung. Das Reagens wird durch Lösen von 0,1 g 1,2,7-Trioxyanthrachinon in 100 ml Methanol zubereitet. Das Reagens löst sich nicht klar. Man verwendet die abgestandene, klare, gelbgefärbte Lösung. Zu einem Tropfen der auf Zinn zu prüfenden salzsauren Lösung gibt man einen Tropfen Reagenslösung, dann tropfenweise Ammoniumcarbonatlösung (15 g reinstes käufliches Ammoniumcarbonat in 200 ml Wasser gelöst) bis zur basischen Reaktion (Rotfärbung), darauf, in möglichst kleinen Tropfen, Essigsäure (aus 30 Raumteilen Eisessig und 60 Raumteilen Wasser zubereitet) bis zur sauren Reaktion. Orange bis orangerote Färbung oder Fällung zeigt Zinn an.

1,2,7-Trioxyanthrachinon.

Empfindlichkeit. Mit $5\,\gamma$ Zinn und einem Tropfen Reagenslösung erhält man beim Stehen noch einen orangefarbenen Niederschlag. Bei Anwesenheit von $0,2\,\gamma$ Zinn in einem Tropfen (0,04 ml) Lösung ist mit einem Tropfen Reagenslösung noch eine orange bis orangegelbe Färbung festzustellen. Die *Grenzkonzentration* beträgt demnach 1 : 200000.

Störungen. Vierwertiges Titan reagiert mit dem Reagens unter Rotfärbung, Zirkonium unter Violettfärbung, Thorium reagiert überhaupt nicht. Aluminiumsalze erzeugen eine carmin- bis orangerote Färbung und stören, wenn sie in mehr als der 100fachen Menge zugegen sind. Molybdationen (MoO_4^{2-}) färben bräunlichgelb und lassen einen braunen Niederschlag entstehen. Jedoch gelingt es, Zinn neben geringen Mengen Molybdationen nachzuweisen. Die Salze des dreiwertigen Eisens färben braun; die des Chroms schmutzigrötlich; mit dreiwertigem Wismut erhält man einen rosa Niederschlag. Die Mehrzahl der übrigen Kationen weist keine Eigenreaktion mit 1,2,7-Trioxyanthrachinon auf. Sind $0,5\,\gamma$ Zinn neben der 1000fachen Menge zweiwertigen Quecksilbers und dreiwertigen Arsens vorhanden, erhält man statt einer reinen Orangefärbung eine orangegelbe Färbung. $0,2\,\gamma$ Zinn neben der 1000fachen Menge dreiwertigen Arsens zeigen immer noch die Reaktion, desgleichen neben der 100fachen Menge Quecksilbers. Neben der 1000fachen Menge Quecksilbers ist die Reaktion noch positiv unter Zuhilfenahme einer Vergleichslösung. Neben geringen Mengen zweiwertigen Kupfers läßt sich Zinn in dieser Weise ebenfalls nachweisen.

Kleinere Mengen Antimons zeigen keine Reaktion mit dem Reagens; größere Mengen stören jedoch den Zinnachweis, weil das voluminös ausfallende Antimonhydroxyd das Reagens stark adsorbiert. Dabei können Färbungen auftreten, die denen des Zinns ähnlich sind. Handelt es sich deshalb darum, Zinn neben Antimon, z.B. im Gange der qualitativen Analyse, nachzuweisen, verfährt man folgendermaßen:

Nachweis neben Antimon. Ein Tropfen der konzentrierten salzsauren Lösung wird in einem Reagensglase tropfenweise unter Umschwenken mit der obenerwähnten Ammoniumcarbonatlösung bis zur basischen Reaktion (Lackmuspapier) versetzt. Dann schüttelt man noch einmal gut um und läßt, falls ein Niederschlag vorhanden ist, absitzen. Anschließend gibt man einen Tropfen Reagenslösung und vorsichtig (gegebenenfalls an den Wänden entlang) die obengenannte Essigsäure in möglichst kleinen Tropfen bis zur sauren Reaktion hinzu. Gelbfärbung deutet auf Abwesenheit, Orange- oder Orangegelbfärbung deutet auf Anwesenheit von Zinn.

Nach diesem Verfahren gelingt es, noch in einem Tropfen der Lösung $0,3\,\gamma$ Zinn neben 14 mg Antimon (Sn : Sb = 1 : 47000), d.h. wenig Zinn in einer konzentrierten Antimontrichloridlösung nachzuweisen.

Wird von einer Kaliumantimonat und -stannat enthaltenden Lösung ausgegangen, kann der Zinnachweis direkt, ohne Anwendung von Salzsäure und Ammoniumcarbonat, durch Zugabe von Reagens und Essigsäure ausgeführt werden. Wegen der großen Fällung und der großen Mengen Alkalisalze ist die Empfindlichkeit des Zinnnachweises hier geringer. Es lassen sich nunmehr in einem Tropfen Lösung nur $0,3\,\gamma$ Zinn neben etwa 1,5 mg Antimon (Sn : Sb = 1 : 5000) nachweisen.

4. Nachweis mit Gossypol. Gossypol, der gelbe Farbstoff des Baumwollsamens, bildet mit Zinn(IV)-chlorid eine purpurrote Verbindung (CAMPBELL, MORRIS und ADAMS). Diese Reaktion wird von VIOQUE PIZARRO (a) zum Nachweis von Zinn verwendet.

Das Reagens ist eine 0,1%ige Lösung von Gossypol in Äthanol oder Aceton. Bei Aufbewahrung in einer dunklen Flasche hält sich Gossypol sowohl in festem Zustand als auch in Lösung mehrere Monate lang.

Gossypol.

Ausführung. Zu 1 bis 5 Tropfen der 0,4 bis 1n, am günstigsten 0,7n salzsauren Lösung des Zinn(IV)-chlorids in einem Mikroreagensglas wird tropfenweise Reagenslösung hinzugefügt, bis sich das Reagens, das in der wäßrig-alkoholischen Mischung zunächst unlöslich ist, bei Erhöhung der Alkoholkonzentration wieder auflöst. Die

Mischung wird langsam bis zum Sieden erwärmt. Beim Abkühlen geht die für die Reagenslösung typische gelbe Färbung in Rot oder Orange über. Jetzt gibt man tropfenweise destilliertes Wasser zu, bis ein purpurroter Niederschlag entsteht, der sich bei langsamem Erwärmen zusammenballt und einige sehr gut wahrnehmbare Flocken bildet, welche an den Lack des Aluminiums mit Aluminon erinnern.

Beim Vorhandensein stark gefärbter Ionen kann es vorteilhaft sein, eine 0,1%ige Lösung des Reagenses in Amylalkohol zu verwenden. Nach vorheriger Bestimmung des für den vorliegenden Fall vorteilhaften Säuregrades gibt man 1 bis 10 Tropfen der Probelösung in ein Mikroreagensglas, erwärmt sehr langsam und vorsichtig, fügt 5 bis 10 Tropfen des Reagenses hinzu und schüttelt etwa 15 sec. Entsprechend der Konzentration des vierwertigen Zinns nimmt die Amylalkoholschicht eine purpur- oder orangerote Färbung an.

Empfindlichkeit. *Erfassungsgrenze 0,3 γ; Grenzkonzentration 1 : 100000.*

Störungen. Dreiwertiges Antimon stört in allen Konzentrationsverhältnissen, fünfwertiges Antimon, wenn es in einem Konzentrationsverhältnis Sb : Sn > 20 : 1 vorliegt, und dreiwertiges Eisen bei Fe : Sn > 10 : 1. Zur Vermeidung der Störung durch Antimon wird das Antimon in 1 ml der Probelösung durch metallisches Zink + Platin (Verwendung einer kleinen Platinkapsel) zum Metall reduziert. Sobald das Antimon niedergeschlagen ist, entfernt man das kleine Zinkblech und gibt einige Tropfen konzentrierter Salzsäure zu, um etwa in metallischer Form abgeschiedenes Zinn zu lösen. In einem Mikroreagensglas wird dann das zweiwertige Zinn in der stark salzsauren Lösung mit Nitrit oxidiert. Einen Tropfen dieser Lösung gibt man in annähernd 0,7 n Salzsäure und führt nun die Reaktion mit Gossypol aus.

Die Störung durch dreiwertiges Eisen wird durch Extraktion mit Äthyläther entfernt. Das gleiche Verfahren kann man auch' für Antimon nach Überführen in die fünfwertige Oxydationsstufe verwenden. Bei der Extraktion mit Äthyläther muß die Probelösung 5 bis 6 n an Salzsäure sein. Unter dieser Bedingung werden 99% des Eisen(III)-chlorids extrahiert, jedoch nur 17% des Zinn(IV)-chlorids. Die Salzsäurekonzentration muß genau eingehalten werden, denn bei niedrigeren Konzentrationen extrahiert man bis zu 28% des Zinn(IV)-chlorids. Im Anschluß an die Extraktion wird der Nachweis nach vorheriger Säuregehaltbestimmung in einem Tropfen der Lösung durchgeführt.

Von den Anionen stören vor allem Phosphate (> 10 : 1); Hexacyanoferrat(II) (> 1 : 1), Hexacyanoferrat(III) (> 100 : 1) und Tartrate (> 1000 : 1). Fluoride, Jodate, Bromate, Dichromate, Permanganate, Vanadate, Oxalate und Molybdate stören auch. Die Störungen durch die letztgenannten Anionen lassen sich aber ausschalten. Die Fluoride, die im Konzentrationsverhältnis > 1 : 1 stören,, werden durch Zusatz von Borsäure beseitigt. Die Jodate und Bromate (Grenzverhältnis 1 : 1) werden im Mikroreagensglas durch Natriumsulfit in Gegenwart von genügend Salzsäure zu Jodid und Bromid reduziert. Der Überschuß an Sulfit wird weggekocht. Hierauf wird Natriumnitrit zugesetzt, wodurch Jodid und Bromid in Jod und Brom, Zinn(II) in Zinn(IV) übergehen. Man extrahiert Jod und Brom durch Äther, Chloroform u. dgl. und führt die Reaktion in der erhaltenen Lösung nach vorheriger Verminderung des Säuregehaltes aus.

Dichromate, welche schon im Verhältnis 1 : 1 stören, reduziert man mit einigen Tropfen Äthanol zum dreiwertigen Chrom, das nicht stört. Permanganate reduziert man mit einigen Tropfen Wasserstoffperoxyd zu zweiwertigem Mangan, sofern die Konzentration größer als 0,2% ist, anderenfalls werden die Permanganationen schon allein durch Hinzufügen einer größeren Menge des Reagenses reduziert. Vanadate verhalten sich ähnlich, falls die Konzentration der Vanadationen nicht größer als 1% ist.

Die Oxalate (Grenzverhältnis 10 : 1) können durch einen kleinen Überschuß an Permanganat reduziert werden, welcher dann mit Wasserstoffperoxyd zerstört wird.

Die Störung durch Molybdate, die sich bei allen Konzentrationsverhältnissen bemerkbar macht, läßt sich durch Zusatz von Wasserstoffperoxyd ausschalten [VIOQUE PIZARRO (b)].

Tüpfelreaktion s. Punkt 3, S. 161.

5. Nachweis mit Resorcin. In ammoniakalischer Lösung gibt vierwertiges Zinn mit Resorcin je nach der Einwirkungszeit und der Konzentration eine gelbe bis blaue Färbung (BEY; BEY und FAILLEBIN).

Ausführung. Man versetzt die zinnhaltige Lösung mit 1 bis 3 ml Ammoniak (D = 0,925), schüttelt einige Minuten und fügt 2 bis 3 ml 5%iger wäßriger Resorcinlösung hinzu. Die über dem Niederschlag stehende Flüssigkeit wird im Laufe von 2 bis 20 Min. blau. Sind nur geringe Mengen Zinn vorhanden, verwendet man besser 2 bis 3 ml einer Ammoniaklösung, die 5 ml konzentrierten Ammoniaks in 100 ml Wasser enthält.

Empfindlichkeit. Nach Oxydation mit Brom lassen sich in dieser Weise 0,0015% $SnCl_2 \cdot 2 H_2O$, entsprechend einer *Grenzkonzentration* von etwa 1 : 125000, nachweisen. Bei geringeren Konzentrationen entsteht eine wenig charakteristische grüne Färbung, die bald grau wird (BEY). — In den *Tabellen der Reagenzien für anorganische Analyse I. Bericht* 1938, S. 63 wird die Empfindlichkeit der Reaktion zu 150 γ in 5 ml, entsprechend einer *Grenzkonzentration* von 1 : 33300, angegeben. WENGER, DUCKERT und RENARD finden, daß die Reaktion nicht besonders empfindlich sei.

Störungen. Cadmium, Kupfer, Zink und Blei geben eine ähnliche Reaktion. Antimon stört erst, wenn es in 400facher Menge vorhanden ist.

Versetzt man eine Spur Resorcin (etwas mehr als $^1/_4$ mg) mit 8 Tropfen Schwefelsäure und etwas fester Zinnsäure oder mit etwas festem, vierwertigem Zinnsalz, entsteht nach Befeuchten mit Wasser eine orange Färbung (LÉVY). Siehe ferner Punkt 7, S. 135.

6. Fällung mit Schwefelwasserstoff. Schwefelwasserstoff fällt in schwach saurer Lösung (0,4 bis 0,5 n) vierwertiges Zinn als gelbes Zinn(IV)-sulfid. Allerdings enthält der Niederschlag auch stets wechselnde Mengen Zinndioxydhydrats (BARFOED; JÖRGENSEN). Der Niederschlag ist leicht löslich in starker Salzsäure und in basischen Lösungsmitteln wie Alkalihydroxyden, Alkalisulfiden, Natrium- und Kaliumcarbonat, gut löslich in Ammoniak, aber wenig löslich in Ammoniumcarbonat (Unterschied von Arsen)[1]. Nach EPIK beträgt die Löslichkeit des Zinn(IV)-sulfids in gesättigter Ammoniumcarbonatlösung beim Erwärmen 0,17 g/100 ml. In verdünnter Ammoniumcarbonatlösung ist das Zinn(IV)-sulfid unlöslich (s. ferner SCHMIDT). Die maximale Salzsäurekonzentration, bei der noch Fällung mit Schwefelwasserstoff eintritt, wird von LEHRMAN (b) zu 3,3 n bestimmt; DEDE und BECKER finden beim Arbeiten in 0,001 m Zinn(IV)-chloridlösung 2,28 n (s. ebenfalls SCHARRER).

Beim Lösen des Zinn(IV)-sulfids in basischen Lösungsmitteln bilden sich Thiostannat(IV)-ionen $SnS_3{}^{2-}$. Zusatz von Säuren bewirkt Rückbildung des Zinn(IV)-sulfids.

Größere Mengen Neutralsalze beeinflussen die Fällung des Sulfids [DEDE und BECKER, s. auch LEHRMAN (b)]; Anwesenheit von Oxalsäure [CLARKE (b), s. Punkt 1α, S. 69, und Punkt 2β, S. 71], Fluorwasserstoffsäure (FISCHER und THIELE, s. Punkt 3, S. 70), Phosphorsäure (VORTMANN und METZL, s. Punkt 2γ, S. 71) und Hexacyanoferrat(II)-ionen [WARREN (b)], verhindert die Fällung. Nach DEY und BHATTACHARYA verhindert Oxalsäure die Fällung von Zinn(IV)-sulfid nur, wenn sie in hoher Konzentration vorliegt. Andere Dicarbonsäuren verhalten sich ähnlich. Die Ursache der Fällungsverhinderung soll eine Komplexbildung zwischen dem vierwertigen Zinn und den Dicarbonsäuren sein. Die fällungsverhindernde Wirkung nimmt in der Reihenfolge Oxalsäure-Malonsäure-Bernsteinsäure ab. Die Salze sind — wahrscheinlich ihrer

---

[1] Zum Unterschied von dem durch Fällung erhaltenen Sulfid ist das auf trockenem Wege gewonnene Zinn(IV)-sulfid (Musivgold) weder in Salzsäure noch in Salpetersäure oder Alkalisulfiden löslich, es löst sich jedoch unter Abscheidung von Schwefel in Königswasser.

größeren Dissoziation wegen — wirksamer als die Säuren. KARSTEN und KIES untersuchen die Stabilität der Oxalatkomplexe in bezug auf Schwefelwasserstoff in Abhängigkeit von dem p_H-Wert der Lösung. Ein Minimum der Fällung wird im Gebiet um $p_H = 3$ erreicht. Aus einer oxalsäurehaltigen Lösung läßt sich Zinn(IV)-sulfid nach Zerstörung der Oxalsäure mit Wasserstoffperoxyd vollständig ausfällen [FOSCHINI (b)].

Um die Mitfällung des Eisens beim Fällen des Zinns in saurer Lösung mit Schwefelwasserstoff zu verhindern, empfiehlt es sich, der Lösung vorher Ammoniumtartrat zuzufügen. Außerdem läßt sich durch Zusatz von etwas stark verdünnter schwefeliger Säure kurz vor Beendigung des Einleitens die Bildung eines voluminösen, schwer zu behandelnden Niederschlages vermeiden (WHEELER).

Grenzkonzentration 1 : 32000 (JACKSON).

Fällung mit Polyschwefelwasserstoff (H_2S_4) s. OSSTROUMOW und MASSLENNIKOWA.

Fällung mit Thioacetamid s. Punkt 46, S. 143.

Fällung mit Thioformamid s. Punkt 47, S. 143.

Tüpfelreaktion s. Punkt 5, S. 162.

7. Leuchtprobe s. Punkt 12, S. 107.

B. Weitere Reaktionen des Zinn(IV)-ions.

I. Mit anorganischen Reagenzien.

1. Fällung durch Hydrolyse. Aus verdünnten wäßrigen oder schwach sauren Lösungen des vierwertigen Zinns scheidet sich, besonders beim Erwärmen, Zinndioxydhydrat aus. Die Bildung des Zinndioxydhydrates wird durch Zusatz gewisser Salze wie Natriumsulfat (s. Punkt 11, S. 133) und Ammoniumnitrat (s. Punkt 21, S. 133) erleichtert. Durch Ansäuern einer Lösung von Natriumstannat oder durch Kochen der Lösung mit Natriumhydrogencarbonat scheidet sich ebenfalls Zinndioxydhydrat aus [AUSTEN, s. ferner DITTE (d)].

2. Reduktion mit Metallen. Metallisches *Zink* und *Cadmium* reduzieren in schwach salzsaurer Lösung vierwertige Zinnionen zum Metall. Ausführung der Reduktion s. Punkt 1 α, S. 70. Metallisches *Eisen* reduziert vierwertiges Zinn bis zum zweiwertigen; nur unter bestimmten Bedingungen kann eine weitere Reduktion des zweiwertigen Zinns bis zum Metall erfolgen (s. Punkt 11 γ, S. 107). Andere häufig gebrauchte Reduktionsmittel sind Aluminium, Magnesium und Blei (s. S. 126).

Siehe auch Punkt 1, S. 70, sowie Punkt 11, S. 106.

3. Fällung mit Alkalihydroxyd, Alkalicarbonat und Ammoniak. Vierwertige Zinnionen werden durch Alkalihydroxyd, Alkalicarbonat und Ammoniak als weißes Zinn(IV)-hydroxyd oder Zinnsäure (Zinndioxydhydrat) von wechselnder Zusammensetzung gefällt. Anwesenheit von Weinsäure kann allerdings die Fällung durch Ammoniak verhindern [H. ROSE (b)]. In starken Basen löst sich der Niederschlag unter Bildung von Stannationen SnO_3^{2-} oder $[Sn(OH)_6]^{2-}$. Im Überschuß von Ammoniak ist der Niederschlag wenig, im Überschuß von Kaliumcarbonat leichter löslich als in Natriumcarbonat. In Säuren ist das frisch gefällte Zinn(IV)-hydroxyd ebenfalls leicht löslich. In Salzsäure bilden sich dabei Hexachlorostannat(IV)-ionen $[SnCl_6]^{2-}$. Bei längerem Stehen oder besser bei fortgesetztem Kochen geht das frisch gefällte Zinndioxydhydrat (α- oder a-Zinnsäure) in eine weniger lösliche Form (β- oder b-Zinnsäure) über, die durch Peptisation allerdings leicht kolloidal in Lösung zu bringen ist.

Aus der mit konzentrierter Salzsäure und vielem Wasser erhaltenen kolloidalen Lösung der β-Zinnsäure schlägt wenig Kaliumhydroxyd die Säure nieder, in geringem Überschuß des Fällungsmittels löst sich der Niederschlag wiederum. Bei größerem Überschuß scheidet sich in Kaliumhydroxyd schwer lösliches, in Wasser aber wieder lösliches Kalium-β-stannat ab. Natriumhydroxyd fällt aus salzsauren β-Zinnsäurelösungen weißes Natrium-β-stannat aus, das sich im Überschuß des Fällungsmittels nicht löst. Alkalicarbonate, Ammoniak, Säuren und Salze, wie Kalium- und Natriumsulfat, bewirken ebenfalls Fällung der Zinnsäure. Die Fällung mit Ammoniak wird hier durch Weinsäure nicht verhindert [H. ROSE (b), vgl. ferner LÖWENTHAL (b); BARFOED].

Grenzkonzentration bei Fällung mit Ammoniak 1 : 4000, bei Fällung mit Natriumhydroxyd 1 : 2000 (JACKSON).

4. Fällung als Stannat. Aus Kaliumstannatlösungen fällen Magnesium-, Calcium-, Strontium-, Barium-, Zink-, Blei- und mehrere andere Schwermetallionen schwer lösliches Stannat aus [MOBERG; DITTE (c); BELLUCCI und PARRAVANO; ZOCHER]. Fällung als Perstannat s. TANATAR.

5. Fällung mit Bromwasser. Vierwertiges Zinn läßt sich aus stark alkalischen Lösungen mit Bromwasser fällen (KROKOWSKI). Ausführung s. Punkt 5, S. 112.

6. Fällung als Zinn(IV)-jodid. Gegenüber Kaliumjodid und Schwefelsäure verhalten sich Zinn(IV)-ionen wie Zinn(II)-ionen, s. Punkt 8, S. 112 (MAZUIR; HELLER).— Beim Mischen gleicher Volumina $^1/_2$n Lösungen von Zinn(IV)-ionen und Jodionen erhält man keine Fällung (WHITE).

CALEY sowie CALEY und BURFORD (a) verwenden Zinn(IV)-jodid, um·Zinn in Zinn(IV)-oxyd und anderen unlöslichen Stoffen nachzuweisen. Das von ihnen verwendete Reagens ist eine konzentrierte Jodwasserstoffsäure (D = 1,7), die zur Stabilisierung mit 1 bis 2% einer 50%igen unterphosphorigen Säure versetzt ist. Siehe Punkt 1, S. 179, und Punkt 3, S. 180.

DELABY und LOZÉ entfärben die Jodwasserstoffsäure durch Schütteln mit Quecksilber und fügen 1 bis 2% einer 35%igen unterphosphorigen Säure hinzu.

Ausführung. Nach DELABY und LOZÉ versetzt man eine Spur der zinnhaltigen Probe mit 0,5 ml des Reagenses. Nach kurzer Zeit entsteht eine mahagoniähnliche Färbung. Ist diese sehr schwach, so erhitzt man 1 bis 2 Min. auf dem Wasserbad. Falls genügend Zinn vorhanden ist, erhält man einen Niederschlag.

Empfindlichkeit. Die Reaktion ist noch beim Vorhandensein von 25 γ Zinn deutlich. In der Zinn-Antimon-Arsengruppe wird diese Nachweisempfindlichkeit durch 500 γ Antimon(III) oder 100 γ Antimon(V) nicht beeinflußt, jedoch durch 100 γ Arsen oder 10 γ Platin.

Störungen. Zahlreiche Kationen geben gefärbte Jodidniederschläge, während Oxydationsmittel Jod in Freiheit setzen.

Über die Fällung mit organischen Reagenzien und Kaliumjodid s. S. 137 ff.

Mikrochemischer Nachweis s. Punkt 4, S. 151.

Tüpfelreaktion s. Punkt 5, S. 162.

Nachweis in metallischen Überzügen s. Punkt 19, S. 190.

7. Fällung als Cäsiumpentajodostannat(IV). Eine Cäsiumsalzlösung und Kaliumjodidkristalle im Überschuß geben mit Zinn(IV)-ionen einen schwarzen Niederschlag der Zusammensetzung $CsSnJ_5$. In gesättigter Kaliumjodidlösung und in Alkohol ist der Niederschlag unlöslich, mit Wasser tritt Zersetzung unter Entfärbung ein [TANANAEFF (b)].

Ausführung. Die Lösung eines Cäsiumsalzes versetzt man auf einem Uhrglas mit so vielen Kaliumjodidkristallen, daß ein Teil ungelöst bleibt, und gibt sodann die Zinn(IV)-ionen enthaltende Lösung hinzu. Nach dem Durchmischen bildet sich der schwarze Niederschlag von $CsSnJ_5$.

Mikrochemischer Nachweis s. Punkt 4, S. 151.

Tüpfelreaktion s. Punkt 4, S. 162.

8. Fällung als Alkalisalz der Hexajodatozinnsäure $H_2[Sn(JO_3)_6]$ s. RÂY und RÂY.

9. Fällung mit Cyanidionen. Beim Mischen gleicher Volumina $^1/_2$ n Lösungen von Zinn(IV)-ionen und Cyanidionen entsteht ein weißer Niederschlag, unlöslich in

Wasser, löslich in verdünnten Säuren (WHITE; vgl. ferner Gm.-Kr. 7. Aufl. (1911), Bd. IV, 1, S. 342).

10. Fällung mit Alkalisulfiden. Aus Lösungen von Zinn(IV)-salzen fällen Alkalisulfide, einschließlich Ammoniumsulfid, hydratisiertes Zinn(IV)-sulfid, löslich im Überschuß des Fällungsmittels. Fällung mit Alkalisulfid in Gegenwart von Formalin s. Punkt 10, S. 112.

11. Fällung mit Sulfationen. Beim Mischen gleicher Volumina $^{1}/_{2}$n Lösungen von Zinn(IV)-ionen und Sulfationen entsteht ein weißer Niederschlag, der in Wasser unlöslich, in verdünnten Säuren aber löslich ist [WHITE; vgl. ferner LÖWENTHAL (c); WEBER; sowie Punkt 1, S. 131].

12. Fällung mit Sulfitionen. Wie mit Sulfationen bilden Zinn(IV)-ionen auch mit Sulfitionen einen weißen Niederschlag, der in Wasser unlöslich, in verdünnten Säuren jedoch löslich ist (WHITE).

13. Fällung mit Natriumthiosulfat. Thiosulfationen erzeugen in salzsauren Lösungen des Zinn(IV)-ions beim Kochen einen reinweißen Niederschlag von Zinn(IV)-sulfid und Zinn(IV)-hydroxyd (CARNOT; VORTMANN). Beim Mischen gleicher Volumina $^{1}/_{2}$n Lösungen von Zinn(IV)-ionen und Thiosulfationen entsteht keine Fällung (WHITE). Siehe auch Punkt 7, S. 72.

14. Fällung mit Natriumdithionit. Aus den Lösungen der Zinn(IV)-salze fällt Natriumdithionit in der Kälte langsam, beim Erwärmen rasch gelbes Zinn(IV)-sulfid (BRUNCK).

15. Fällung mit Selenwasserstoff. Zinn(IV)-ionen bilden mit Selenwasserstoff einen dunkelrotbraunen, in Alkalien und Alkalisulfiden löslichen Niederschlag von Zinn(IV)-selenid (UELSMANN; MOSER und ATYNSKI).

16. Fällung mit Selenitionen. Durch Fällen einer Zinn(IV)-chloridlösung mit Natriumselenit entsteht ein voluminöser Niederschlag (NILSON).

17. Fällung mit Natriumtetraborat. Beim Mischen gleicher Volumina $^{1}/_{2}$n Lösungen von Zinn(IV)-ionen und Natriumtetraborat entsteht ein weißer, in Wasser unlöslicher, in verdünnten Säuren jedoch löslicher Niederschlag (WHITE).

18. Fällung mit Natriumthiocarbonat. Zinn(IV)-chlorid gibt mit einer Lösung von Natriumthiocarbonat einen braunen Niederschlag (HAZARD).

19. Fällung mit Ammoniumdithiocarbonat. Ammoniumdithiocarbonat $CO(SNH_4)_2$ erzeugt in Lösungen von Zinn(IV)-salzen einen gelben Niederschlag von Zinn(IV)-sulfid. Ein Überschuß des Reagenses löst den Niederschlag erst in der Hitze (VOGTHERR; COHN).

20. Fällung mit Metasilicationen. Beim Mischen gleicher Volumina $^{1}/_{2}$n Lösungen von Zinn(IV)-ionen und Metasilicationen bildet sich ein weißer Niederschlag, unlöslich in Wasser, aber löslich in verdünnten Säuren [WHITE; vgl. ferner Gm.-Kr. 7. Auflage (1911), Bd. IV, 1, S. 372].

21. Fällung mit Nitrationen. Lösungen von Nitraten bewirken Fällung von Zinnsäure [LÖWENTHAL (c); s. ferner Punkt 1, S. 131].

22. Fällung mit Nitritionen. Beim Mischen gleicher Volumina $^{1}/_{2}$n Lösungen von Zinn(IV)-ionen und Nitritionen entsteht ein weißer Niederschlag, unlöslich in Wasser, aber löslich in verdünnten Säuren (WHITE).

23. Fällung als Zinn(IV)-phosphat. Natriumphosphat fällt in schwach salpetersaurer Lösung vierwertiges Zinn als Zinn(IV)-phosphat, unlöslich in Salpetersäure, aber löslich in Salzsäure [REYNOSO; HAEFFELY; SCHIFF (b); CL. WINKLER; BORNEMANN; CZERWEK; JILEK; KRÜGER]. Nach GATTERMANN und SCHINDHELM entsteht die Fällung auch in Gegenwart von Salzsäure (vgl. ferner WHITE).

24. Fällung mit Ammoniumphosphit. Die wäßrige Lösung von Zinn(IV)-chlorid gibt mit Ammoniumphosphit einen weißen Niederschlag [H. ROSE (c)].

25. Fällung mit Natriumhypophosphit. Bei der Einwirkung einer konzentrierten Lösung von Natriumhypophosphit auf Zinn(IV)-chloridlösungen entsteht eine weiße Fällung, unlöslich in den gewöhnlichen Lösungsmitteln (TERNI und PADOVANI).

26. Fällung mit Natriumarsenat. Natriumarsenat bildet in einer salpetersauren Natriumstannatlösung beim Kochen einen weißen Niederschlag [LEVOL; HAEFFELY; SCHIFF (b)]. Beim Mischen gleicher Volumina $^{1}/_{2}$n Lösungen von Zinn(IV)-ionen und Arsenationen erhält WHITE einen weißen Niederschlag, unlöslich in Wasser, löslich in verdünnten Säuren.

27. Fällung mit Alkaliarsenit. Alkaliarsenite erzeugen in Zinn(IV)-salzlösungen weiße Fällungen, die in Wasser unlöslich, aber in verdünnten Säuren löslich sind [LEVOL; REICHARD (b); WHITE].

28. Fällung mit Kaliumdichromat. Vierwertiges Zinn gibt mit Kaliumdichromat einen gelben Niederschlag, unlöslich in Wasser, aber löslich in verdünnten Säuren (LEYKAUF; WHITE).

29. Fällung mit Kaliumhexacyanoferrat(II). Versetzt man eine schwach salzsaure Lösung von Zinn(IV)-ionen mit Kaliumhexacyanoferrat(II), fällt beim Kochen Zinn(IV)-hexacyanoferrat(II) als ein gelber, in Säuren unlöslicher Niederschlag aus [LÖWENTHAL (b); WARREN (a); WHITE]. Über Trennung mit Kaliumhexacyanoferrat(II) s. Punkt 6, S. 72.

30. Fällung mit Kaliumhexacyanoferrat(III). Beim Mischen gleicher Volumina $^{1}/_{2}$n Lösungen von Zinn(IV)-ionen und Hexacyanoferrat(III)-ionen entsteht ein grüner, in Säuren unlöslicher Niederschlag (WITTSTEIN; WHITE).

31. Fällung als Natriumzinn(IV)-vanadat. Die farblose Lösung von Natrium-orthovanadat wird durch Zusatz von Zinn(IV)-chlorid gelb, scheidet aber keinen Niederschlag ab. Neutralisiert man sie aber vorsichtig mit Salzsäure oder Natriumhydroxyd, fällt ein flockiger, gelber Niederschlag aus. Derselbe entsteht auch, wenn man eine Lösung von Natriumstannat und Natriumvanadat durch Zusatz von Säure neutralisiert (PRANDTL).

32. Fällung mit Silico- bzw. Phosphorwolframsäure und Hexamethylentetramin. Zinn(IV)-ionen geben in schwach saurer Lösung ($p_\mathrm{H} = 1$ bis 3) in Anwesenheit von Hexamethylentetramin mit Silico- bzw. Phosphorwolframsäure eine weiße Fällung von Zinn(IV)-silico- bzw. -phosphorwolframat und der Base. Die Fällung ist vollständig in dem angegebenen p_H-Bereich. Die Zusammensetzung des Niederschlages ist jedoch nicht ganz konstant. Nickel, Kobalt, Kupfer, Chrom, Aluminium, Mangan und Blei werden bei den angegebenen Bedingungen nicht gefällt, ferner auch Eisen und Titan nicht, wenn sie in kleinen Mengen vorliegen. Antimon sowie Vanadate und Molybdate werden mehr oder weniger mitgefällt. Die Reaktion ist geeignet, kleine Mengen Zinn von anderen Metallen, insbesondere bei Stahlanalysen, zu trennen [JEAN (b)]. Über die Fällung mit Hexamethylentetramin s. Punkt 24, S. 139.

33. Nachweis mit Aluminiumcarbid. Zinn(IV)-chlorid verhält sich Aluminiumcarbid gegenüber genau wie Zinn(II)-chlorid, s. Punkt 35, S. 115.

34. Fällung durch Reduktion mit aktiver Kohle s. Punkt 36, S. 115.

35. Nachweis durch Fluorescenz mit Calciumoxyd s. Punkt 1, S. 115.

II. Mit organischen Reagenzien.

a) Farbreaktionen.

1. Nachweis mit p-Dimethylaminostyryl-β-naphthothiazol s. Punkt 1, S. 115. **Grenzkonzentration** 1 : 500 000 (KRUMHOLZ und KRUMHOLZ).

2. Nachweis mit Harnsäure. Wird eine kleine Menge feinpulverisierter Harnsäure mit einem Tropfen Zinn(IV)-chloridlösung durchtränkt und unter Umrühren tropfenweise mit konzentrierter Natriumhydroxydlösung versetzt, so erscheint nach Erhitzen je nach der vorhandenen Zinnmenge ein grau- bis schwarzgefärbter Fleck [REICHARD (c)].

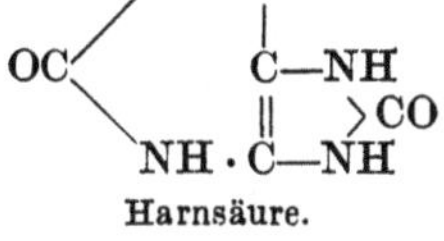

Erfassungsgrenze. Es soll noch möglich sein, 100 γ Zinn in dieser Weise nachzuweisen.

Störungen. Zinn(II)-ionen, Arsen- und Antimonsäure sowie Blei und Cadmium geben die Reaktion nicht, Kupfer(II)-hydroxyd wird beim Erhitzen auch ohne Zusatz von Harnsäure wegen Bildung von Kupfer(II)-oxyd geschwärzt. Wismut verhält sich wie vierwertiges Zinn, jedoch ist eine Verwechslung wegen der Unlöslichkeit des Wismuthydroxyds in Natriumhydroxyd ausgeschlossen.

Salpetersäure und Salzsäure zerstören den schwarzen Rückstand nur langsam und unvollständig; konzentrierte Schwefelsäure bringt die schwarze Farbe schon in der Kälte zum Verschwinden.

3. Nachweis mit Blauholztinktur. Während WILDENSTEIN sowie GUTZEIT (a) die Reaktion mit Blauholztinktur für den Nachweis von zweiwertigem Zinn beschreiben (s. Punkt 6, S. 118, und Punkt 17, S. 159), verwendet VASSALLO die Reaktion zum Nachweis von vierwertigem Zinn. Von VASSALLO wird die Reaktion dem in der Blauholztinktur vorhandenen Hämatein zugeschrieben, von WILDENSTEIN sowie WELCHER dem Hämatoxylin.

Zur Darstellung des Reagenses erhitzt VASSALLO 50 g zerkleinerten Blauholzes mit 100 g Alkohol 3 Std. am Rückflußkühler, filtriert und taucht in das Filtrat Papierstreifen ein, die anschließend in einer völlig ammoniakfreien Atmosphäre getrocknet werden. Dann werden die Papierstreifen in kleine quadratische Stücke geschnitten und in einem dunklen Glas aufbewahrt.

Da die dunkelrotbraune Färbung des imprägnierten Papiers die Reaktion oft schlecht erkennen läßt, empfiehlt VASSALLO, das Papierstück nach dem Aufbringen eines Tropfens der Probelösung in eine kleine, mit schwach angesäuertem Wasser gefüllte Kristallisationsschale fallen zu lassen.

Nachweis in Erzen s. Punkt 5, S. 182, in Legierungen s. Punkt 4, S. 185. — Nach dem dort beschriebenen Verfahren soll es möglich sein, in dem üblichen Analysengang direkt auf Zinn zu prüfen. Die durch Ansäuern der Thiosalzlösung erhaltenen Sulfide werden mit Salpetersäure behandelt, wobei Arsen und Molybdän in Lösung gehen, während Zinn und Antimon als Oxydhydrate ungelöst zurückbleiben.

4. Reaktion mit Cholesterin $C_{27}H_{46}O$. Zinn(IV)-chlorid ruft in einer Lösung von Cholesterin in Chloroform eine gelbe Färbung hervor, die nach Zusatz eines Tropfens Alkohol sofort in Rot übergeht (v. EULER und HELLSTRÖM).

5. Reaktion mit Di-Ergosterylphosphat. Zinn(IV)-chlorid erzeugt in einer Lösung von Di-Ergosterylphosphat in Chloroform (4 mg des Reagenses per ml Chloroform) eine starke Rotfärbung. Die Lösung fluoresciert grün. Bei größerer Verdünnung geht die Farbe in Violett und dann in Grün über (v. EULER und HELLSTRÖM).

6. Reaktion mit Stilben $C_6H_5 \cdot CH = CH \cdot C_6H_5$. Eine 2%ige Lösung von Stilben in Chloroform gibt mit einer Lösung von Zinn(IV)-chlorid eine gelbe Färbung (v. EULER und HELLSTRÖM).

7. Reaktionen mit Phenolen. Nach LÉVY geben außer Resorcin auch mehrere andere Phenole Farbreaktionen mit fester Zinnsäure oder einem festen Zinn(IV)-salz. Ausführung s. Punkt 5, S. 130.

Mit *Brenzcatechin* und *Hydrochinon* entstehen blaßgelbe Färbungen, mit *Pyrogallol* entsteht eine teerosenartige Färbung,

mit *Thymol* eine hellrosa Färbung,
mit *α-Naphthol* eine amethystrote Färbung,
mit *β-Naphthol* eine apfelgrüne Färbung.

Für diese Reaktionen sowie für die Reaktion mit Resorcin ist gemeinsam, 1. daß die Substanz frei von Salpetersäure und salpetriger Säure sein muß, 2. daß Siliciumdioxyd, Aluminiumoxyd, Zirkonium(IV)-oxyd und gelbes Uranoxyd unter den genannten Bedingungen keine Färbung erzeugen, während dagegen Titan-, Niob- und Tantalsäure Farbreaktionen zeigen. Mit α-Naphthol läßt sich jedoch das Zinn auch in Gegenwart von Titan, Niob und Tantal erkennen. Hierzu wird das Gemisch der Salze, um jede Spur von Salpetersäure zu zerstören, mit Ammoniumcarbonat erhitzt, und dann ein Teil des Gemisches mit α-Naphthol auf Zinn geprüft.

WENGER, DUCKERT und RENARD haben ebenfalls die Reaktionen des vierwertigen Zinns mit einer Reihe von Phenolderivaten untersucht. *Monophenole* geben in salzsaurer Lösung keine Reaktion; mehrere *Diphenole* geben Reaktionen, von denen aber nur einige deutlich sind wie z.B. die Reaktionen mit Guajacol und Resorcin. Mit *Triphenolen* sind die Reaktionen wenig charakteristisch. *Oxyhydrochinon* bietet vielleicht ein gewisses analytisches Interesse. *Oxyaldehyde* geben wenig charakteristische Reaktionen. *Chinone*, *Phenolcarbonsäuren* und *Naphthole* geben keine Reaktion.

Vierwertiges Zinn gibt Farbreaktionen mit organischen Reagenzien, die entweder gleichzeitig oder infolge Prototropie zwei Hydroxylgruppen in Orthostellung und chinoide Struktur aufweisen, oder mit Gemischen eines Chinons mit einem o-Diphenol (TCHAKIRIAN und BÉVILLARD).

KUSNETZOW (d) beschreibt Farbreaktionen des vierwertigen Zinns mit 4-Nitrobrenzcatechin, mit 4-Nitrosobrenzcatechin, mit der p-Diazoniumverbindung der Phenolsulfonsäure und des Brenzcatechins, mit Alizarin und mit der p-Diazoniumverbindung der Phenolsulfonsäure und des o-Dioxynaphthalins.

Chromatographischer Nachweis mit Alizarin s. S. 171.

8. Reaktion mit 8-Oxychinolin. Vierwertiges Zinn läßt sich mit einer 1%igen Lösung von 8-Oxychinolin in Chloroform bei einem p_H-Wert von 2,5 bis 5,5 unter Gelbfärbung der Chloroformschicht extrahieren (GENTRY und SHERRINGTON). Über Fluorescenz mit 8-Oxychinolin s. Punkt 3, S. 126.

9. Reaktionen mit o-Arsonophenylazoverbindungen. In neutraler oder salzsaurer Lösung gibt 2-(o-Arsonophenylazo)-p-kresol eine gelbe Färbung, 1-(o-Arsonophenylazo)-2-naphthol-3,6-disulfonsäure eine orangegelbe Färbung, 1-(o-Arsonophenylazo)-2-naphthol-6,8-disulfonsäure eine gelbe Färbung und 3-(o-Arsonophenylazo)-4,5-dioxy-2,7-naphthalindisulfonsäure eine orangerote Färbung mit vierwertigem Zinn [KUSNETZOW (e)].

10. Reaktion mit Oxyglutaconaldehyddianil-o,o'-diarsonsäure (Stenhouse-Farbstoff). Diese Verbindung läßt sich als Farbreagens für vierwertiges Zinn und viele andere Metallionen verwenden, wenn die Lösung mehr als 0,1 mg Metall per ml enthält (KUSNETZOW und WASSJUNINA).

$$CH \cdot NH \cdot C_6H_4 \cdot AsO_3H_2$$
$$|$$
$$CH$$
$$|$$
$$C(OH) \cdot CH:N \cdot C_6H_4 \cdot AsO_3H_2$$

Oxyglutaconaldehyddianil-
o,o'-diarsonsäure.

Phenolrot.

11. Reaktion mit Phenolrot und anderen Phthaleinen. Zinn(IV)-hydroxyd wird durch Phenolrot gelb gefärbt (SACHS). Über weitere gefärbte Additionsverbindungen mit Phthaleinen s. SACHS und RYFFEL-NEUMANN.

12. Reaktionen mit Fluoronen. Vierwertiges Zinn gibt mit Fluoronen die gleichen Reaktionen wie zweiwertiges Zinn, s. Punkt 9, S. 118.

13. Reaktion mit Thioharnstoff. Zinn(IV)-verbindungen geben mit Thioharnstoff gelb gefärbte Anlagerungsverbindungen (NIELSCH und BÖLTZ).

$$S=C\underset{\textstyle NH_2}{\overset{\textstyle NH_2}{<}}$$

Thioharnstoff.

14. Reaktion mit Hämatoxylin $C_{16}H_{14}O_6$ **bzw. Hämatein** $C_{16}H_{12}O_6$ s. Punkt 3, S. 135.

15. Reaktion mit Gallein bzw. Thiogallein s. chromatographischer Nachweis, S. 170.

b) Fällungsreaktionen.

1. Fällung mit Acetationen. Beim Mischen gleicher Volumina $^1/_2$n Lösungen von Zinn(IV)-ionen und Acetationen entsteht ein weißer Niederschlag, der in Wasser unlöslich, in verdünnten Säuren löslich ist (WHITE).

2. Reaktion mit Acetylaminochalkonen. Beim Zugeben einer Lösung von Zinn(IV)-chlorid in Eisessig zu einer ebensolchen des *p-Acetylaminobenzalacetophenons* tritt sofort Rotorangefärbung ein, und nach und nach fallen gelbe Kristalle aus.

$$CH_3CONH-\langle\ \rangle-CH:CH\cdot CO-\langle\ \rangle$$

p-Acetylaminobenzalacetophenon.

Mit *p-Acetylaminobenzal-p-methoxyacetophenon* erhält man eine rote Verbindung (DILTHEY und BERRES).

3. Fällung mit Äthylamin $(C_2H_5)NH_2$. Äthylamin ruft in Zinn(IV)-chloridlösungen eine weiße Fällung hervor, die zum Unterschied von der mit Ammoniak erhaltenen im Überschuß des Fällungsmittels sehr leicht löslich ist [LEA (a)].

4. Fällung mit N-Allyl-N′,N′-oxy-phenyl-thioharnstoff $C_6H_5N(OH)\cdot CS\cdot NH\cdot CH_2\cdot$ $\cdot CH = CH_2$. N-Allyl-N′,N′-oxy-phenyl-thioharnstoff gibt mit vierwertigem Zinn eine Fällung (SHOME). Siehe dazu Punkt 4, S. 119, und Punkt 13, S. 138, sowie Punkt 26, S. 139.

5. Fällung mit organischen Ammoniumbasen. Über die Fällung des Zinns als Hexachloro- und Hexabromostannat verschiedener organischer Ammoniumbasen s. SLAGLE; COOK; RICHARDSON und ADAMS; GUTBIER, KUNZE und GÜHRING.

6. Fällung mit Ammoniumbenzoat. Vierwertiges Zinn läßt sich bei $p_H = 2,5$ bis 3,0 durch Ammoniumbenzoat + Ammoniumacetat vollständig fällen (JEWSBURY und OSBORN). Siehe dazu Punkt 3, S. 119. Thioglykolsäure verhindert die Fällung. Bei Anwesenheit von Salicylsäure fängt die Fällung erst bei $p_H = 7$ an. Über Störungen s. Original.

7. Fällung mit Ammoniumdithiocarbamat $H_2NCS_2NH_4$. Ammoniumdithiocarbamat gibt mit vierwertigem Zinn einen orangeroten Niederschlag.

Eine recht beständige Lösung des Reagenses erhält man durch Schütteln von Schwefelkohlenstoff mit einer konzentrierten Ammoniaklösung. Die Reaktion ist in neutraler oder schwach basischer Lösung auszuführen (PARRI). Siehe ferner GUTZEIT (a).

8. Fällung mit Ammoniumsuccinat. Vierwertiges Zinn wird durch Ammoniumsuccinat vollständig gefällt (BERZELIUS).

9. Fällung mit Ammoniumthioacetat CH_3COSNH_4. Aus salzsauren zinn(IV)-haltigen Lösungen fällt eine schwach ammoniakalische Lösung von Ammoniumthioacetat das Zinn als Zinn(IV)-sulfid aus (SCHIFF und TARUGI).

10. Fällung mit Antipyrin und Kaliumjodid. Vierwertiges Zinn liefert mit Antipyrin und Kaliumjodid (1 g Antipyrin, 2 g Kaliumjodid und 30 ml Wasser) in schwach salzsaurer Lösung einen weißen Niederschlag. Dreiwertiges Antimon gibt unter den gleichen Bedingungen einen orangefarbenen Niederschlag [GAUTIER (a)].

$$\begin{array}{l}CH_3C\cdot N(CH_3)\\ \ \ \|\hspace{2.2em}\diagdown\\ \ \ \ \ \ \ \ \ \ \ \ N\cdot C_6H_5\\ CH\cdot CO\diagup\end{array}$$

Antipyrin.

Nachweis neben Antimon. Das Antipyrinreagens wird von GAUTIER (a) zum direkten Nachweis von Antimon neben Zinn verwendet. Die salzsaure Lösung der Sulfide wird in zwei Teile geteilt, den einen versetzt man mit dem Antipyrinreagens; eine dunkelorange Fällung zeigt Antimon an; ist bloß Zinn vorhanden, entsteht eine weiße Fällung. In der zweiten Hälfte der Lösung weist man nach vorhergehender Reduktion das Zinn mit Quecksilber(II)-chlorid nach. — Ist Kupfer beim Behandeln der Sulfide mit gelbem Schwefelammonium mit in Lösung gegangen, ist es notwendig, das durch Zersetzen der Thiosalzlösung mit Essigsäure ausgefällte Sulfidgemisch mit Salzsäure (1 Volumen Salzsäure [D = 1,17] und 2 Volumina Wasser) zwei Minuten auf 80° zu erhitzen. Dabei geht das Antimonsulfid in Lösung, während fast das gesamte Zinn- und alles Kupfersulfid ungelöst zurückbleiben. Das Filtrat wird mit dem Antipyrinreagens geprüft und Zinn nach Lösen des Rückstandes durch Kochen mit konzentrierter Salzsäure und vorhergehender Reduktion nachgewiesen (s. auch Punkt 3, S. 72).

11. Fällung mit Benzolarsonsäure $C_6H_5 \cdot AsO(OH)_2$. Eine heiße, angesäuerte Lösung von vierwertigem Zinn wird durch eine gesättigte, wäßrige Lösung der Benzolarsonsäure quantitativ gefällt [KNAPPER, CRAIG und CHANDLEE; SSYROKOMSKI und PILNIK; BULLARD; KUSNETZOW (b); PORTNOV (a)]. Die Reaktion ist nicht sehr empfindlich.

Nachweis neben Antimon. BULLARD verwendet die Fällung mit Benzolarsonsäure, um Zinn neben Antimon in dem systematischen Analysengang nachzuweisen. Nach Lösen der Zinn- und Antimonsulfide in 12n Salzsäure verdünnt man mit Wasser, erhitzt 5 ml der Lösung zum Kochen und fügt 10 ml einer kochend heißen Lösung von Benzolarsonsäure (40 g/l) hinzu. Bei Anwesenheit von Zinn entsteht eine wolkig weiße Fällung. In der Kälte würde sich auch Antimonoxychlorid abscheiden, in der Hitze bleibt aber Antimon in Lösung.

12. Fällung mit substituierten Benzolarsonsäuren. 1%ige Lösungen der Natriumsalze folgender Verbindungen geben unlösliche Salze mit vierwertigem Zinn [PORTNOV (a)]:

p-Phenolarsonsäure	$p\text{-}HO \cdot C_6H_4 \cdot AsO(OH)_2$
p-Toluolarsonsäure	$p\text{-}CH_3 \cdot C_6H_4 \cdot AsO(OH)_2$
p-Anilinarsonsäure	$p\text{-}H_2N \cdot C_6H_4 \cdot AsO(OH)_2$
p-Acetylaminobenzolarsonsäure	$p\text{-}CH_3 \cdot CO \cdot NH \cdot C_6H_4 \cdot AsO(OH)_2$.

Fällung mit Benzolarsonsäure s. oben Punkt 11, mit m-Nitro-p-phenolarsonsäure s. Punkt 33 a, S. 140, mit m-Nitrobenzolarsonsäure s. Punkt 33 b, S. 141, mit p-Dimethylaminoazobenzolarsonsäure s. Punkt 19, S. 139. S ferner Anhang, S. 195.

13. Reaktion mit N-Benzoylphenylhydroxylamin $C_6H_5 \cdot CO \cdot N(OH) \cdot C_6H_5$. Zum Unterschied von zweiwertigem Zinn geben Zinn(IV)-chloridlösungen keine Fällung mit dem O-Methyläther. Vierwertiges Zinn wird in salzsaurer Lösung durch N-Benzoylphenylhydroxylamin zum zweiwertigen Zinn reduziert und als die Additionsverbindung $(C_{13}H_{11}O_2N)_2 \cdot SnCl_2$ gefällt (RYAN und LUTWICK). Siehe ferner Punkt 8, S. 120.

14. Fällung mit Chininchlorid und Kaliumjodid. Zinn(IV)-chlorid bildet mit Chininchlorid $C_{20}H_{24}O_2N_2 \cdot HCl$ und Kaliumjodid (3 g Chininchlorid, 2 g Kaliumjodid und 30 ml Wasser) in schwach salzsaurer Lösung eine schwefelgelbe Fällung [GAUTIER (a)].

15a. Fällung mit Chinolin. Wie Zinn(II)-chlorid (s. Punkt 15, S. 120) gibt auch Zinn(IV)-chlorid mit Chinolin einen Niederschlag, der sich leicht in Säuren löst. Aus den Lösungen scheiden sich beim Stehen wieder lange, glänzende Nadeln ab (BORSBACH).

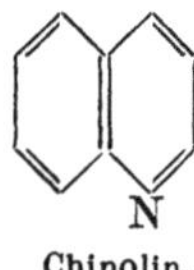
Chinolin.

15b. Fällung mit Chinolin und Natriumthiocyanat. Eine Lösung von Chinolin in mäßigem Überschuß von Salpetersäure fällt aus einer Lösung

von Natriumchlorostannat in konzentrierter überschüssiger Natriumthiocyanatlösung das entsprechende Thiocyanatostannat als in Wasser schwerlösliches, kristalli-
nisches Pulver aus. Das Salz ist so schwer löslich, daß man das Zinn aus der Lösung
eines Chlorostannates in überschüssiger Natriumthiocyanatlösung durch Chinolin-
nitrat vollständig ausfällen kann (WEINLAND und BAMES).

16. Fällung mit Chromanon. Beim Versetzen einer benzolischen
Lösung von Chromanon mit einer solchen von Zinn(IV)-chlorid bildet
sich ein schwach gelblicher Niederschlag (ARNDT und PUSCH).

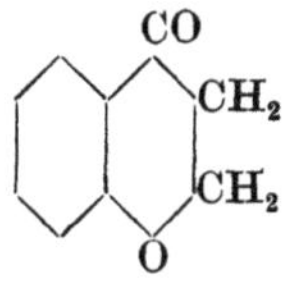

17. Fällung mit Cyclohexyläthylamin-dithiocarbamat („Dimin").
Cyclohexyläthylamin-dithiocarbamat (s. Punkt 17, S. 121) erzeugt in
neutralen zinn(IV)-haltigen Lösungen einen gelben Niederschlag
(HERRMANN-GURFINKEL).

Chromanon.

18. Fällung mit Diäthylamin $(C_2H_5)_2NH$. Diäthylamin verhält sich Zinn(IV)-
chlorid gegenüber genau wie Äthylamin (s. Punkt 3, S. 137). Es entsteht eine weiße
Fällung, die zum Unterschied von der mit zweiwertigem Zinn erhaltenen (s. Punkt 18,
S. 121) im Überschuß des Fällungsmittels löslich ist [LEA (a)]. — Mit Diäthylamin und
Kaliumjodid (1 g Diäthylamin, 2 g Kaliumjodid und 30 ml Wasser) erhält man in
schwach salzsauren Zinn(IV)-chloridlösungen einen weißen Niederschlag [GAUTIER(a)].

**19. Fällung mit p-Dimethylamino-
azobenzolarsonsäure.** Vierwertige Zinnsalze geben mit p-Dimethylaminoazobenzolarsonsäure eine braune Fällung.

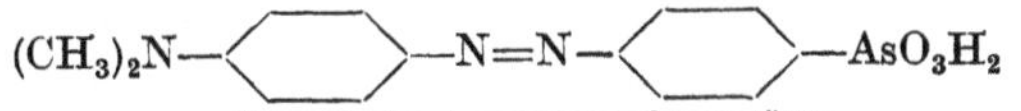

$(CH_3)_2N$——⟨ ⟩——$N=N$——⟨ ⟩——AsO_3H_2

p-Dimethylaminoazobenzolarsonsäure.

Diese entsteht jedoch nicht in stark sauren Lösungen und bei geringen Konzentrationen von Zinn (FEIGL, KRUMHOLZ und RAJMANN).

20a. Fällung mit Dimethylanilin $C_6H_5N(CH_3)_2$. Dimethylanilin gibt mit Zinn(IV)-
chloridlösungen einen weißen Niederschlag, der zum Unterschied von dem des zweiwertigen Zinns (s. Punkt 20, S. 121) im Überschuß des Fällungsmittels löslich ist.
Mehrere Kationen zeigen eine ähnliche Reaktion [VINCENT (a)].

20b. Fällung mit Dimethylanilin und Natriumthiocyanat. Wie Chinolin (s.
Punkt 15b, S. 138) bildet auch eine Lösung von Dimethylanilin in
mäßigem Überschuß von Salpetersäure eine schwerlösliche, kristalline
Fällung mit einer Lösung von Natriumchlorostannat in konzentrierter
überschüssiger Natriumthiocyanatlösung (WEINLAND und BAMES).

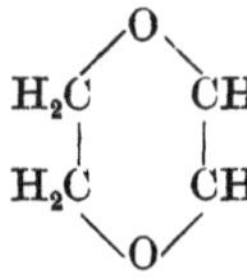

1,4-Dioxan.

21. Fällung mit 1,4-Dioxan. Fügt man Zinn(IV)-chlorid zu
überschüssigem 1,4-Dioxan, scheidet sich sofort ein weißer Niederschlag ab (RHEINBOLDT und BOY).

22. Fällung mit disubstituierten Dithiocarbamaten. Disubstituierte Dithiocarbamate (Darstellung s. Punkt 21, S. 121) erzeugen in essigsaurer Lösung ($p_H \sim 5$) in
Gegenwart von Seignettesalz orangefarbene Fällungen von Zinn(IV)-
dithiocarbamaten. Am günstigsten erfolgt die Fällung bei etwa 70°
mit dem mit Pyrrolidin erhaltenen Dithiocarbamat (Na-t-Carbat)
(GLEU und SCHWAB). Siehe ferner MALISSA und MILLER.

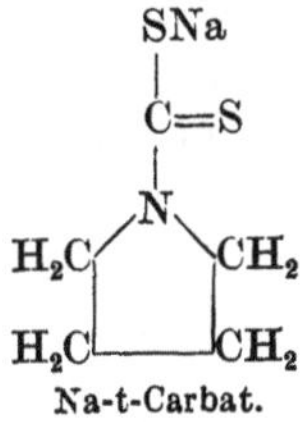

23. Fällung mit Eisen(II)-tridipyridylsulfat s. mikrochemischer
Nachweis, Punkt 1, S. 149.

24. Fällung mit Hexamethylentetramin s. Urotropin, Punkt 52,
S. 143.

Na-t-Carbat.

25. Fällung mit Kautschuk. In chloroformischer Lösung bildet Kautschuk mit
Zinn(IV)-chlorid einen safrangelben Niederschlag (PAULY).

26. Fällung mit Kupferron (Ammoniumsalz des Nitrosophenylhydroxylamins).
Kupferron erzeugt in neutralen und sauren Zinn(IV)-lösungen eine weiße Fällung,

wahrscheinlich der Zusammensetzung $Sn(C_6H_5N_2O_2)_4$ [AUGER; KLING und LASSIEUR; MOURET und BARLOT; FURMAN (b); AUGER, LAFONTAINE und CASPAR; PINKUS und MARTIN; PINKUS und CLAESSENS; AGOSTINI; GRANGER; TSCHERWIAKOW und OSTROUMOW; MACK und HECHT]. Siehe ferner Punkt 4, S. 137, sowie Punkt 4, S. 119. Wenn die Konzentration geringer als 0,1 n ist, erhält man nach PINKUS und MARTIN nur eine milchartige Trübung. Die Löslichkeit des Niederschlages in Wasser beträgt 2,4 mg/l. In Kaliumhydroxydlösung löst sich der Niederschlag, nicht aber in Säuren.

$$C_6H_5N\langle\begin{matrix}NO\\ONH_4\end{matrix}$$
Kupferron.

Mehrere Kationen geben eine ähnliche Fällung. Die Reaktion ist besonders wertvoll für die Trennung des Zinns von anderen Elementen, wie z. B. von Arsen und Antimon, da weder fünf- noch dreiwertiges Arsen oder fünfwertiges Antimon durch Kupferron gefällt wird (s. Punkt 4, S. 70).

Polarographische Bestimmung in Zink s. Punkt 2ι, S. 176.

Nachweis in beschwerter Seide s. Abschnitt 1, S. 194.

27. Fällung mit Methylenblau. Eine wäßrige Lösung von Methylenblau (0,25 bis 0,5%) gibt mit neutralen Zinn(IV)-chloridlösungen erst nach 12 Std. einen violetten Niederschlag (PASSERINI und MICHELOTTI).

Methylenblau.

28. Fällung mit Morin. Zinn(IV)-ionen bilden ein wenig lösliches Morinsalz (SCHANTL). Nachweis durch Fluorescenz s. Punkt 1, S. 143, sowie Punkt 2, S. 125.

29. Fällung mit 1,5-Naphthyldimercaptan. Wie Zinn(II)-chlorid (s. Punkt 32, S. 122) liefert eine alkoholische Lösung von Zinn(IV)-chlorid mit alkoholischem 1,5-Naphthyldimercaptan eine gelbe Fällung des entsprechenden Zinn(IV)-mercaptids (CORBELLINI und ALBENGA).

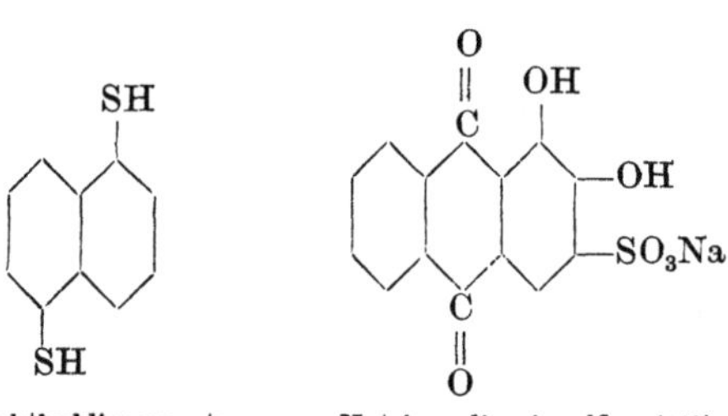

1,5-Naphthyldimercaptan.   Natriumalizarinsulfonat-(3).

30. Fällung mit Natriumalizarinsulfonat-(3). Eine 0,5%ige wäßrige Lösung von Natriumalizarinsulfonat-(3) erzeugt in einer 1%igen wäßrigen Zinn(IV)-chloridlösung einen orangefarbenen Niederschlag. Wie bei der Reaktion mit Zinn(II)-chlorid (s. Punkt 34, S. 123), beschleunigt auch hier eine Zugabe von Ammoniak die Bildung des Niederschlages (GERMUTH und MITCHELL; ONO und YOKOYAMA). — Über die Zusammensetzung, Stabilität und Extinktion des Farblackes, den vierwertiges Zinn in verdünnter, schwach saurer Lösung mit *Alizarinsulfonsäure* bildet s. DORTA-SCHAEPPI, HÜRZELER und TREADWELL.

31. Fällung mit Natriumformiat. Eine Lösung von Natriumformiat gibt mit Zinn(IV)-chlorid beim Erhitzen einen weißen, gallertartigen Niederschlag, der nach einiger Zeit kristallin wird [Liebigs Annalen 17, 75 (1836)].

32. Fällung mit Natriummercaptobenzthiazolat. Durch Versetzen einer Lösung von Zinn(IV)-chlorid mit einer solchen von Natriummercaptobenzthiazolat entsteht ein schwach gelblicher, in kaltem Wasser, Alkohol und Äther schwerlöslicher Niederschlag der Zusammensetzung $(C_7H_4NS_2)_4Sn \cdot H_2O$ (SPACU und MACAROVICI).

2-Mercaptobenzthiazol.

33a. Fällung mit m-Nitro-p-phenolarsonsäure $O_2NC_6H_3 \cdot OH \cdot AsO(OH)_2$. Versetzt man eine stark salzsaure Lösung (15 bis 20% HCl) von Zinn(IV)-chlorid, wie man sie

durch Behandeln von Zinn mit konzentrierter Salpetersäure und Lösen des Trocken-
rückstandes in konzentrierter Salzsäure erhält, mit 10 ml einer 0,8%igen wäßrigen
Lösung von Nitrophenolarsonsäure, entsteht beim Aufkochen ein weißer, flockiger
Niederschlag, der noch in Gegenwart von 100 γ Zinn in etwa 30 ml Lösung als Trübung
und in Gegenwart von 50 γ Zinn in 30 ml Lösung beim Absitzen zu sehen ist
(TOUGARINOFF).

KARSTEN, KIES und WALRAVEN finden, daß eine große Chloridkonzentration der
Bildung der Trübung entgegenwirkt, und ziehen vor, das Zinn aus einer schwefel-
säure- und weinsäurehaltigen Lösung abzuscheiden. Als Reagens verwenden sie eine
frisch zubereitete Lösung von 1 g Nitrophenolarsonsäure in 15 ml Methanol, die mit
Wasser auf 50 ml verdünnt ist.

Störungen. TOUGARINOFF gibt an, daß von Fremdmetallen nur Wismut (über
500 γ) und Antimon stören, jedoch gelingt es, noch 100 γ Zinn neben 0,25 g Wismut
und 50 γ Zinn neben 0,2 g Antimon nachzuweisen. Quecksilber(II), Kupfer, Nickel,
Kobalt, Mangan, Eisen, Chrom, Zink, Barium, Strontium, Calcium und Magnesium
stören nicht.

Nach KARSTEN, KIES und WALRAVEN reagieren Zirkonium und Titan wie Zinn.
Silber, Arsen, Wismut, Kupfer, Cadmium, Molybdän, Zink, Nickel, Kobalt, Mangan,
Aluminium, Chrom, Eisen(III), Uran, Cerium(III), Magnesium und Kalium sowie
Ammoniumionen stören nicht. Blei und Quecksilber(I und II) wurden in salpeter-
saurer Lösung gleicher Acidität geprüft. Es entstand keinerlei Trübung mit dem
Reagens.

Über die Fällung des vierwertigen Zinns mit 5%iger wäßriger Lösung von Na-
trium-m-nitro-p-phenolarsonat s. PORTNOV (b).

Nachweis in Legierungen s. Punkt 2, S. 184.

33b. Fällung mit m-Nitrobenzolarsonsäure. Als Reagens
auf vierwertiges Zinn im qualitativen Analysengang wird
von BARBER und TAYLOR m-Nitrobenzolarsonsäure vorgeschlagen. Die entstehende weiße Fällung erzeugt mit Malachitgrün einen grünen Farblack. S. ferner Anhang, S. 195.

m-Nitrobenzolarsonsäure.

34. Fällung mit Nitrosobenzol C_6H_5NO. Nitrosobenzol und Zinn(IV)-chlorid bilden
in Tetrachlorkohlenstofflösung einen gelben Niederschlag
(REIHLEN und HAKE).

35. Fällung mit Nitrosofluorenylhydroxylamin. Wie zweiwertiges Zinn bildet auch vierwertiges eine weiße Fällung
mit dem Ammoniumsalz des Nitrosofluorenylhydroxylamins
(OESPER und FULMER, s. Punkt 35, S. 123).

Nitrosofluorenylhydroxylamin.

36. Fällung mit 8-Oxychinolinkaliumhydrogensulfat s. mikrochemischer Nachweis, Punkt 10, S. 147.

37. Reaktion mit 2-Oxy-5-methylazobenzol-4′-sulfonsäure s. KUSNETZOW (c).

2-Oxy-5-methylazobenzol-4′-sulfonsäure.

Piperazin.

38. Fällung mit Piperazin und Kaliumjodid. Piperazin und Kaliumjodid (1,5 g
Piperazin, 2 g Kaliumjodid und 30 ml Wasser) erzeugen in schwach salzsauren
Zinn(IV)-chloridlösungen einen weißen Niederschlag [GAUTIER (a)].

39. Nachweis mit Piperidin und Kaliumthioyanat s. mikrochemischer Nachweis,
Punkt 5, S. 152.

40a. Fällung mit Pyridin C_5H_5N. Pyridin fällt mit oder ohne Zusatz von Kaliumjodid in einer schwach salzsauren Lösung von Zinn(IV)-chlorid einen weißen Niederschlag [GAUTIER (a)].

40b. Fällung mit Pyridin und Natriumthiocyanat. Eine Lösung von Pyridin in mäßigem Überschuß von Salpetersäure verhält sich einer Lösung von Natriumchlorostannat in konzentrierter überschüssiger Natriumthiocyanatlösung gegenüber genau wie eine salpetersaure Lösung von Chinolin (s. Punkt 15b, S. 138) (WEINLAND und BAMES).

41. Fällung mit Tannin. Vierwertiges Zinn wird aus salzsaurer, schwefelsaurer, essigsaurer sowie oxalsaurer Lösung durch Tannin als ein weißer Niederschlag gefällt [MOSER und LIST; Moser; HOLNESS und SCHOELLER; HOLNESS (b)]. Als Reagens verwendet HOLNESS (b) eine 1%ige wäßrige Lösung von Tannin, der ein Tropfen verdünnter Salzsäure und einige Tropfen Chloroform zugesetzt sind.

Nachweis neben Antimon. Die Zinn(IV)-chlorid und Antimon(III)-chlorid enthaltende Lösung wird mit Ammoniak neutralisiert, mit 5 g kristallisierter Oxalsäure versetzt und gekocht. Dann läßt man die Lösung durch ein mit Schwefelwasserstoffwasser befeuchtetes Filtrierpapier fließen. Ein orangeroter Niederschlag zeigt Antimon(III)-sulfid an. Das Filtrat kocht man, um Schwefelwasserstoff zu verjagen, und fügt einen Tropfen einer 1%igen Lösung von Eisen(III)-chlorid als Indicator zu, sowie 2 bis 3 g festen Ammoniumchlorids und 10 ml 1%iger Tanninlösung. Man erhitzt zum Sieden und fügt tropfenweise 1n Ammoniaklösung hinzu, bis die Purpurfärbung des Eisen-Tannin-Komplexes eben nicht auftritt. Sollte sie auftreten, kann sie leicht durch Hinzufügen eines Tropfens 1n Salzsäure wieder zum Verschwinden gebracht werden. Ein beim Kochen sich bildender weißer oder kremfarbener Niederschlag zeigt Zinn an [HOLNESS (b)].

42. Fällung mit Tartrationen. Beim Mischen gleicher Volumina $^1/_2$n Lösungen von Zinn(IV)-ionen und Tartrationen entsteht ein weißer Niederschlag, unlöslich in Wasser, löslich in verdünnten Säuren (WHITE).

43. Fällung mit Tetraphenylarsoniumchlorid $(C_6H_5)_4AsCl$. Vierwertiges Zinn wird aus schwach salzsaurer Lösung durch Tetraphenylarsoniumchlorid als ein weißer, kristalliner Niederschlag der Zusammensetzung $[(C_6H_5)_4As]_2 \cdot SnCl_6$ gefällt. Der Niederschlag ist löslich in Wasser und Alkalien, unlöslich in konzentrierten Chloridlösungen. In sehr schwach sauren Lösungen ist die Fällung unvollständig. Mehrere Anionen und Kationen geben eine ähnliche Fällung: Perrhenat, Permanganat, Perjodat, Perchlorat, Jodid, Bromid, Fluorid, Wolframat, Chromat, Thiocyanat, Platin, dreiwertiges Eisen, Wismut, dreiwertiges Thallium, Quecksilber(II), Cadmium, Zink und dreiwertiges Gold (WILLARD und SMITH).

44. Fällung mit Tetraphenylphosphoniumchlorid $(C_6H_5)_4PCl$. Vierwertiges Zinn wird durch Tetraphenylphosphoniumchlorid als das Chlorostannat $[(C_6H_5)_4P]_2 \cdot SnCl_6$ gefällt. Als Reagens wird eine 0,01 m Lösung verwendet. Um vollständige Fällung zu erhalten, müssen erhebliche Mengen Natriumchlorid vorhanden sein. Die günstigste Konzentration ist 3 bis 3,5 molar. Der Überschuß des Reagenses soll nicht viel mehr als 10 ml betragen, die Salzsäurekonzentration soll 0,1 bis 1,0 molar sein. Die Fällung entsteht auch in der Kälte. Außer den bei Tetraphenylarsoniumchlorid (s. oben Punkt 43) erwähnten Ionen stören ebenfalls Peroxysulfat, Fluoborat, Molybdat, Antimon, Titan, Tellurid, Uranyl. Die Störung durch dreiwertiges Eisen kann durch Komplexbildung mit Phosphat und Phosphorsäure vermieden werden, die Störung durch Titan durch Komplexbildung mit Metaphosphorsäure. Die Alkali- und Erdalkalimetalle, Aluminium, zweiwertiges Mangan, dreiwertiges Chrom, Nickel, Kobalt, Zirkonium, Sulfat, Borat, Phosphat, Carbonat, Acetat, Tartrat und Citrat stören nicht (WILLARD und PERKINS).

45. Fällung mit Tetraphenylstiboniumchlorid $(C_6H_5)_4SbCl$. Das Tetraphenylstiboniumchlorid verhält sich vierwertigem Zinn gegenüber ähnlich wie Tetraphenylarsonium- und -phosphoniumchlorid, s. Punkt 43 und 44, S. 142 (WILLARD und PERKINS).

46. Fällung mit Thioacetamid $CH_3 \cdot CS \cdot NH_2$. Vierwertige Zinnionen werden aus 1 n salzsaurer Lösung durch Thioacetamid quantitativ als Sulfid gefällt, insbesondere, wenn nach der Fällung etwas Quecksilber(II)-chlorid hinzugefügt wird. In ammoniakalischer, tartrathaltiger Lösung fällt erst beim Erwärmen ein gelber Niederschlag aus (FLASCHKA und JAKOBLJEWICH; FLASCHKA).

Über die Verwendung von Thioacetamid als Gruppenreagens s. S. 68.

47. Fällung mit Thioformamid $HCSNH_2$. Eine 10%ige wäßrige Lösung von Thioformamid fällt vierwertige Zinnionen quantitativ als Sulfid aus einer 0,1 n bis 0,2 n Lösung zwischen 60 und 70°. Die Fällung ist auch bei Anwesenheit großer Mengen Ammoniumchlorids vollständig [MUSIL, GAGLIARDI und REISCHL (a)]. — Siehe auch Punkt 1b, S. 70.

Über die Verwendung von Thioformamid als Gruppenreagens s. S. 68.

48. Fällung mit Triäthanolamin s. Punkt 8, S. 72.

49. Fällung mit Triäthylamin $(C_2H_5)_3N$. Zinn(IV)-chlorid gibt mit einer gesättigten wäßrigen Lösung von Triäthylamin einen weißen Niederschlag, der zum Unterschied von dem mit zweiwertigem Zinn erhaltenen Niederschlag (s. Punkt 52, S. 124) im Überschuß der Base löslich ist [LEA (b)].

50. Fällung mit p-Trijod-triphenylmethylchlorid. Zinn(IV)-chlorid fällt in chloroformischer oder benzolischer Lösung des p-Trijod-triphenylmethylchlorids ein rotes Kristallpulver, das grünen Metallglanz zeigt. Die Flüssigkeit färbt sich dabei fuchsinrot (BAEYER).

Nachweis in Thionylchlorid s. Abschn. m, S. 194.

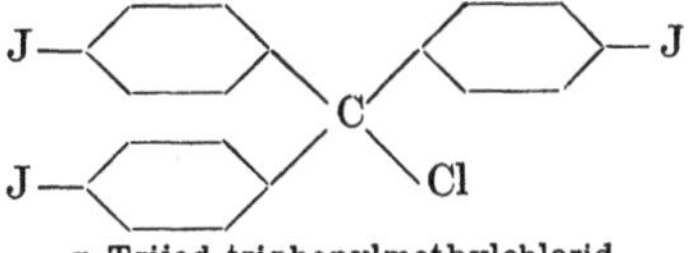

p-Trijod-triphenylmethylchlorid.

51. Fällung mit Trimethylamin $(CH_3)_3N$. Eine wäßrige Lösung von Trimethylamin fällt in Zinn(IV)-lösungen einen weißen Niederschlag, der zum Unterschied von der entsprechenden Fällung mit Zinn(II)-salzlösungen (s. Punkt 53, S. 124) im Überschuß des Fällungsmittels löslich ist [VINCENT (b)].

52. Fällung mit Urotropin (Hexamethylentetramin) $(CH_2)_6N_4$. Urotropin und Kaliumjodid (1,5 g Urotropin, 2 g Kaliumjodid und 30 ml Wasser) geben mit vierwertigem Zinn in schwach salzsaurer Lösung einen weißen Niederschlag [GAUTIER (a)].

Mikrochemischer Nachweis s. Punkt 1, S. 144.

Über die Fällung mit Urotropin in Anwesenheit von Silico- bzw. Phosphorwolframsäure s. Punkt 32, S. 134.

53. Fällung mit Xanthogenat. Eine konzentrierte wäßrige Lösung von Kaliumäthylxanthogenat erzeugt in schwach saurer Zinn(IV)-lösung eine gelbe Fällung von Zinn(IV)-äthylxanthogenat. Das Reagens kann auch in fester Form zugesetzt werden. Der Niederschlag löst sich in Alkalien oder unter Bildung von Zinn(IV)-hydroxyd in konzentriertem Ammoniak. Auf Zusatz von Säuren zu der alkalischen Lösung fällt das Sulfid aus [WENGER, DUCKERT und ANKADJI (a)].

c) Fluorescenzreaktionen.

1. Reaktion mit Morin s. Punkt 2, S. 125. — Zinn und Antimon zeigen in salzsaurer Lösung noch bei einer Konzentration von 1 : 1 000 000 grüne Fluorescenz, wobei diejenige von Antimon zum Unterschied von Zinn noch in 3 n Salzsäure bestehenbleibt (PATROVSKÝ). — Fällung mit Morin s. Punkt 28, S. 140.

Tüpfelreaktion s. Punkt 1, S. 162.

2. Reaktion mit Quercetin s. Punkt 2, S. 162.

3. Reaktion mit 8-Oxychinolin s. Punkt 3, S. 126.

Über Fluorescenz mit Kojisäure und Oxinlösung s. S. 167.

4. Reaktion mit 6-nitro-2-naphthylamin-8-sulfonsaurem Ammonium s. Tüpfelreaktionen, Punkt 3, S. 163.

5. Fluorescenz mit Di-Ergosterylphosphat s. Punkt 5, S. 135.

III. Weitere Reaktionen des Zinns.

Bei den folgenden Reaktionen enthalten die benutzten Literaturquellen keine Angaben über die Oxydationsstufe des Zinns.

A. Mit anorganischen Reagenzien.

1. Fällung mit Kaliumselenocyanat. Kaliumselenocyanat fällt Zinn aus neutralen oder fast neutralen Lösungen (Vořišek und Vejdělek).

B. Mit organischen Reagenzien.

a) Farbreaktionen.

1. Reaktion mit Natriumamylxanthogenat $CS{\scriptstyle<}^{OC_5H_{11}}_{\ SNa}$. Die gelb gefärbte Lösung gleicher Volumina 50%igen Natriumhydroxyds, reinen Amylalkohols und Schwefelkohlenstoffs gibt mit Zinn in saurer Lösung eine braune Färbung (Grassini). Mehrere andere Kationen reagieren ebenfalls mit dem Reagens. Verwendung der Reaktion im qualitativen Analysengang s. Original.

2. Reaktion mit Rhodamin B. Rhodamin B färbt die durch Extraktion der salzsauren Lösung eines Zinnsalzes mit Äther gewonnene Ätherphase rot. Die gleiche Reaktion geben Gold, Antimon, Beryllium, Jod und Rhodanid (Heinrich).

Rhodamin B.

b) Fällungsreaktionen.

1. Reaktion mit Aminobenzoesäure $C_6H_4(NH_2)COOH$ s. Dubský und Trtilek (b).

2. Fällung als 4′-Dimethylamino-azobenzol-sulfonat-(4) s. mikrochemischer Nachweis, Punkt 1, S. 153.

3. Fällung mit Penicillin G. Das Natrium- oder Kaliumsalz des *Penicillin G* gibt mit Zinn in Konzentrationen von 0,1% bei $p_H = 1$ eine weiße Fällung (Malissa).

Tüpfelreaktion s. S. 163.

Penicillin G.

§ 4. Mikrochemische Nachweisreaktionen.

I. Für das Zinn(II)-ion.

1. Fällung mit Urotropin (Hexamethylentetramin) $(CH_2)_6N_4$. Der Niederschlag, den Urotropin mit zwei- und vierwertigen Zinnionen (s. Punkt 55, S. 125, und Punkt 52, S. 143) bildet, besteht aus gut ausgebildeten Oktaedern und ist von Vivario und Wagenaar zum mikrochemischen Nachweis von Zinn vorgeschlagen worden. Die Reaktion führt man in stark salzsaurer Lösung aus. In neutraler oder schwach saurer Lösung erhält man keine gut ausgebildeten Kristalle [Cole; s. auch Korenman (a und c), der findet, daß sich der Niederschlag erst nach Ansäuern mit Salpetersäure oder Salzsäure ausscheidet]. Zusatz von Kaliumjodid bewirkt Fällung von außerordentlich feinen gelben Oktaedern (COLE).

Als Reagens verwendet KORENMAN eine 2%ige bzw. gesättigte wäßrige Urotropinlösung oder auch eine 10%ige wäßrige Urotropinlösung mit Zusatz von äquimolekularen Mengen Kaliumbromid oder Kaliumjodid und erhält so mit zweiwertigen Zinnionen eine gelbe, aus Nadeln in Form von Rosetten, Sechsecken oder Oktaedern bestehende, in Salpetersäure unlösliche Fällung (Abb. 1).

Empfindlichkeit. Nach VIVARIO und WAGENAAR beträgt die *Erfassungsgrenze* 2γ Zinn, nach KORENMAN (a) bei Verwendung einer 10%igen Urotropinlösung 3γ, in Gegenwart von Kaliumbromid 4γ, in Gegenwart von Kalium-

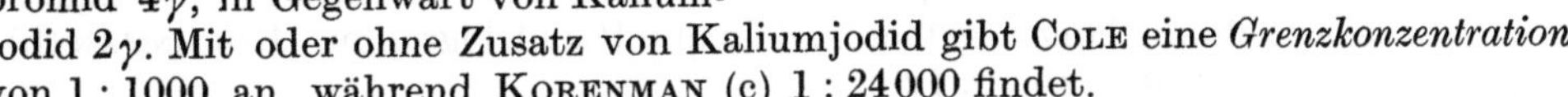

Abb. 1. Durch Fällung mit Urotropin und Kaliumbromid bzw. -jodid erhältliche Kristallformen nach I. M. KORENMAN, Pharmazeutische Zentralhalle **70** (1929), S. 2, Abb. 7.

jodid 2γ. Mit oder ohne Zusatz von Kaliumjodid gibt COLE eine *Grenzkonzentration* von 1 : 1000 an, während KORENMAN (c) 1 : 24000 findet.

Störungen. Antimon und Wismut, die ebenfalls von Urotropin in Form von Oktaedern gefällt werden, unterscheiden sich von Zinn dadurch, daß sie in Anwesenheit von Cäsiumchlorid und Kaliumjodid mit Urotropin rote Kristalle bilden. Erhält man somit bei der Fällung mit Urotropin Oktaeder und verläuft die Reaktion mit Cäsiumchlorid und Kaliumjodid negativ, liegt Zinn vor (VIVARIO und WAGENAAR).

2. Fällung mit Oxalsäure. Auf Zusatz von Oxalsäure oder Kaliumoxalat zu schwach salzsauren Lösungen des zweiwertigen Zinnions scheiden sich H-förmige Kristallskelette und rudimentäre, prismatische Kristalle von Zinn(II)-oxalat ab (Abb. 2). Die Kristalle zeigen starke Lichtbrechung und Polarisation [BEHRENS; GEILMANN (a)]. Siehe hierzu auch Punkt 36, S. 123.

Grenzkonzentration 1 : 10000 [BEHRENS; BEHRENS und KLEY (S. 100)].

Störungen. Anwesenheit von Arsensäure stört die Reaktion. Über den Ausfall der Reaktion bei gleichzeitigem Vorhandensein von Cadmium und Mangan s. WHITMORE und SCHNEIDER (a).

Nachweis in Legierungen s. Punkt 5, S. 185.

Nachweis in Harn s. Punkt 1, S. 192.

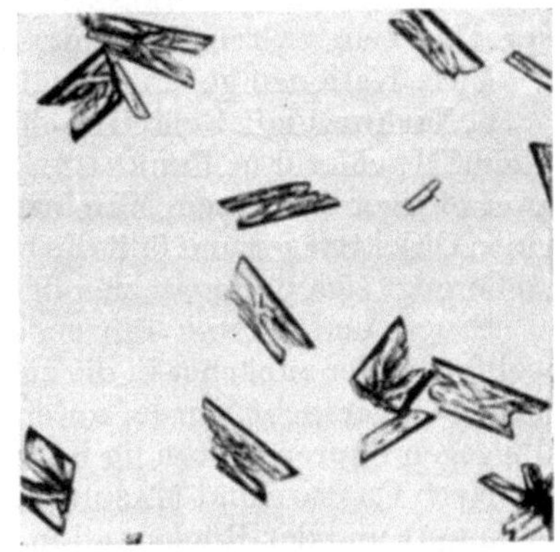

Abb. 2. Zinn(II)-oxalat nach W. GEILMANN, Bilder zur qualitativen Mikroanalyse anorganischer Stoffe, Leipzig 1934, Tafel 22, Abb. 6.

3. Fällung mit Isopropylantipyrin. Versetzt man eine Lösung von wenig Isopropylantipyrin in verdünnter Salzsäure mit einem Tropfen einer Zinn(II)-chloridlösung, bilden sich nach Reiben rasch farblose Spindeln, Doppelpyramiden, Sterne, Drusen und dergleichen. Die Reaktion ist allerdings nicht sehr empfindlich, mit einer 1%igen Zinn(II)-chloridlösung tritt sie zwar noch ein, nicht aber mehr mit einer 0,1%igen Lösung.

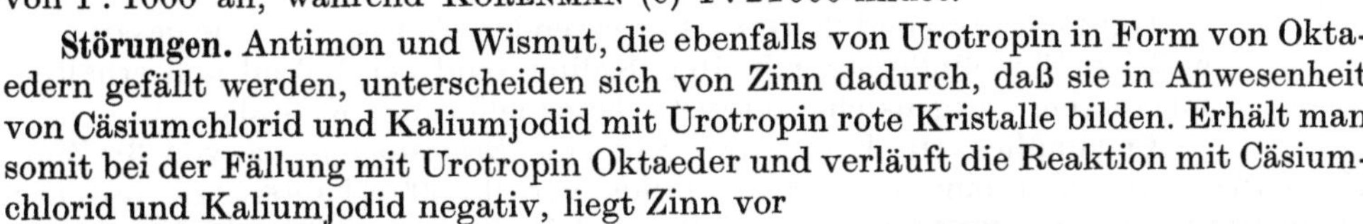

Isopropylantipyrin.

Empfindlicher und außerdem sehr charakteristisch wird die Reaktion, wenn man Kaliumjodid hinzufügt. Man erhält zuerst Tropfen, die bei Zusatz von viel Kaliumjodid orangeviolett gefärbt sind, dann scheiden sich dunkelorange Drusen aus, die zu Rosetten aus kleinen Spießen auswachsen können (nicht mit den farblosen, aus Isopropylantipyrin und Kaliumjodid ohne Zinn entstehenden Kristallen zu verwechseln) [ROSENTHALER (c)].

Grenzkonzentration 1 : 5000.

Störungen. Wismut und Antimon, die für sich allein nur amorphe Niederschläge liefern, verhindern die Reaktion.

4. Fällung mit Eisen(II)-tridipyridylsulfat $Fe(C_{10}H_8N_2)_3SO_4$. Die wäßrige Lösung des Eisen(II)-tridipyridylsulfats, die man durch Lösen von 0,196 g MOHRschen Salzes und 0,234 g $\alpha\alpha'$-Dipyridyls in 5 ml heißem Wasser erhält, erzeugt in der salzsauren Lösung von Zinn(II)-ionen eine charakteristische kristalline Fällung, die für den mikroanalytischen Nachweis geeignet sein dürfte (POLUEKTOFF und NASARENKO).

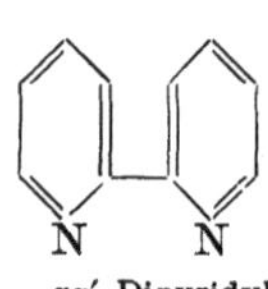

$\alpha\alpha'$-Dipyridyl.

Grenzkonzentration 1 : 2000.

Störungen. Mehrere Anionen sowie Wismut(III)-chlorid und Quecksilber(II)-chlorid geben ebenfalls Fällungen mit dem Reagens.

5. Nachweis mit Chinolin. Verhältnismäßig konzentrierte Lösungen (1 : 300 bis 1 : 500) von Zinn(II)-ionen in verdünnter Salzsäure liefern mit salzsaurem Chinolin in Gegenwart von Kaliumjodid eine Trübung mit darauffolgender allmählicher Bildung langer, gelber Nadeln und Parallelogramme [KORENMAN (b), s. ferner Punkt 15, S. 120).

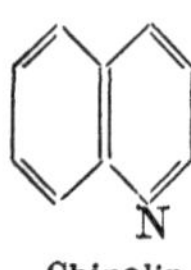

Chinolin.

GAPTSCHENKO und SCHEINZISS verwenden als Reagens eine gesättigte, wäßrige Chinolinlösung mit 10 g Kaliumjodid per 100 ml und erhalten mit diesem Reagens charakteristische nadelförmige Kristalle.

Empfindlichkeit. KORENMAN gibt eine *Erfassungsgrenze* von 3 γ Zinn [KORENMAN (b)] und eine *Grenzkonzentration* von 1 : 300 [KORENMAN (c)] an; GAPTSCHENKO und SCHEINZISS finden, daß sich 1,5 γ Zinn in 0,001 ml Lösung, entsprechend einer Grenzkonzentration von 1 : 666, nachweisen lassen.

Viele Kationen geben eine ähnliche Fällung.

6. Nachweis mit Gold(III)-chlorid. Nach BEHRENS eignet sich die Reaktion mit Gold(III)-chlorid (s. Punkt 10, S. 106) recht gut für den mikroanalytischen Nachweis zweiwertiger Zinnionen. Man bringt am besten Probe und Reagens nebeneinander auf einen Objektträger und läßt die beiden Tropfen zusammenfließen. An der Berührungsstelle zeigt sich dann ein ziemlich scharf begrenzter, roter Streifen.

EMICH und DONAU führen die Reaktion in der Weise aus, daß sie einen Baumwollfaden, der zunächst in die zu prüfende Lösung und dann in die Gold(III)-chloridlösung eingetaucht wurde, unter dem Mikroskop betrachten. Eine violette Färbung, die gegen Säuren beständig ist und in Chlorwasser verschwindet, deutet auf Zinn.

Nach CHAMOT und MASON (S. 203) wird die zu prüfende Lösung zur Trockne eingedampft und der Rückstand in einigen Tropfen mit Salzsäure angesäuertem Wasser gelöst. Nach Dekantieren oder Filtrieren fügt man zu der klaren Lösung eine solche Menge Pyrogallol hinzu, daß sie dem vermutlichen Zinn(II)-chloridgehalt gleichkommt. In die Lösung legt man einen etwa 5 mm langen Kunstseidefaden, erwärmt leicht und verdampft zur Trockne. Nach Lösen in Wasser erwärmt man und dampft wieder zur Trockne ein. Schließlich wird das eine Ende des Fadens in einen sehr kleinen Tropfen einer verdünnten Lösung von Gold(III)-chlorid eingelegt und unter dem Mikroskop betrachtet. Bei Anwesenheit von Zinn(II)-chlorid färbt sich der in den Tropfen eingelegte Teil des Fadens rot, violett oder blau.

Die Reaktion ist nicht ganz zuverlässig, weil es bei kleinen Zinnmengen schwierig ist, beinahe völlige Oxydation des zweiwertigen Zinns zu vermeiden.

Empfindlichkeit. Die *Erfassungsgrenze* beträgt nach EMICH und DONAU 0,003 γ Zinn, die *Grenzkonzentration* nach BEHRENS 1 : 14286.

Nachweis in kriminologischen Fällen s. § 10, S. 178.

Nachweis in Legierungen s. Punkt 5, S. 185.

7. Nachweis mit Quecksilber(II)-chlorid. Die Reduktion des Quecksilber(II)-

chlorids durch Zinn(II)-ionen (s. Punkt 7, S. 103) wird von BEHRENS ebenfalls zum mikroanalytischen Nachweis von Zinn verwendet.

Grenzkonzentration 1 : 14286.

8. Nachweis mit Alkalihalogeniden. Aus nicht zu verdünnten salzsauren Zinn(II)-lösungen scheidet sich auf Zusatz von Alkalihalogeniden (NaCl, KCl usw.) eine weiße, kristalline Fällung der Zusammensetzung $Me_2[SnHal_4]$ ab (STRENG). Nach GEIL-MANN (b) bilden sich mit Rubidiumchlorid schlanke Prismen mit schrägen oder zugespitzten Endflächen (Abb. 3a), mit Kaliumchlorid derbe flächenreiche prismatische Kristalle (Abb. 3 b), nach ORTODOCSU und RESSY sechsstrahlige Sternchen. Als Reagens verwenden die letztgenannten Autoren eine etwa 1,7%ige Natriumchloridlösung. Gut ausgebildete Kristalle entstehen nur in Lösungen, die weniger als 200 g Zinn(II)-chlorid per Liter enthalten.

Kaliumjodid bildet mit Zinn(II)-salzen einen gelben Niederschlag (s. Punkt 8, S. 112). Mit Überschuß von Kaliumjodid entsteht ein Doppelsalz, das sich in orangefarbenen, nadelförmigen Kristallen abscheidet (CHAMOT und MASON, S. 203).

Empfindlichkeit. Nach ORTODOCSU und RESSY beträgt die *Erfassungsgrenze* mit Natriumchlorid als Reagens 0,08 γ; für den Nachweis mit Cäsiumchlorid gibt SHORT eine Nachweisempfindlichkeit von 62 γ Sn/ml an, entsprechend einer *Grenzkonzentration* von 1 : 16130. GEIL-MANN (b) bezeichnet die Reaktion als für den Nachweis bedeutungslos

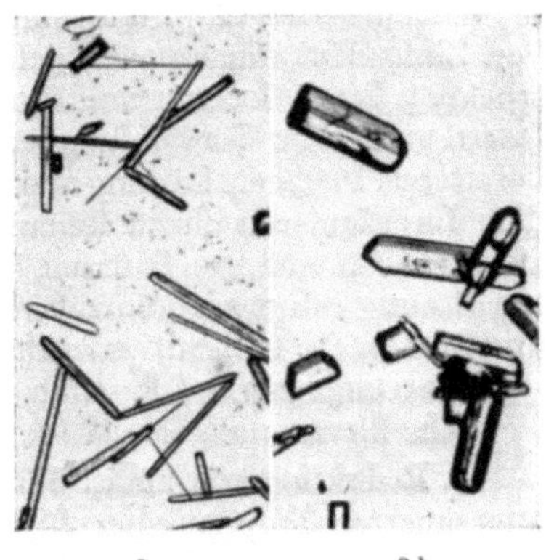

Abb. 3 a. Rubidiumtetrachlorostannat(II)
(V = 70)
Abb. 3 b. Kaliumtetrachlorostannat(II)
(V = 70)
nach W. GEILMANN, Bilder zur qualitativen Mikroanalyse anorganischer Stoffe, 2. Aufl., Weinheim/Bergstraße 1954, Tafel 25, Abb. 1 a und 1 b.

Störungen. Mehrere Kationen geben eine ähnliche Reaktion, mit keinem anderen Metall erhält man jedoch gleich aussehende Kristalle (ORTODOCSU und RESSY). Mit Antimon z. B. entstehen Kreuze. Es ist deshalb möglich, Zinn und Antimon in der gleichen Lösung zu unterscheiden.

9. Nachweis mit Pyramidon (4-Dimethyl-aminoantipyrin). Bringt man auf einen Objektträger einen Tropfen Zinn(II)-chloridlösung und dann nacheinander je einen Tropfen kaltgesättigter Ammoniumthiocyanatlösung, konzentrierter Salpetersäure und kaltgesättigter Pyramidonlösung, entsteht eine charakteristische, kristallinische Fällung (Abb. 4). Die Reaktion ist empfindlicher und spezifischer als andere mikrochemische Zinnreaktionen [MARTINI (a)].

Abb. 4. Mit Pyramidon und Ammoniumthiocyanat erhältliche Kristalle nach A. MARTINI, Mikrochemie 16 (1935), S.233, Tafel IV, Abb.4.

10. Fällung mit 8-Oxychinolinkaliumhydrogensulfat („Chinosol"). Sowohl zwei- wie vierwertiges Zinn gibt mit einer 0,2%igen Lösung von 8-Oxychinolinkaliumhydrogensulfat ($C_9H_7ON \cdot HSO_4K$) anisotrope gelbe Häutchen, die allerdings nicht deutlich kristallin sind. Die Fällung entsteht erst nach einiger Zeit und ist in Säuren unlöslich [SCHOORL (a)].

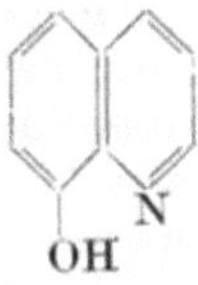

8-Oxychinolin.

Mehrere andere Metalle [Arsen, Barium, Kupfer, Quecksilber(I), Blei, Strontium, Eisen, Silber] werden ebenfalls durch das Reagens gefällt.

11. Nachweis als Sulfid. EMICH und DONAU beschreiben den mikrochemischen Nachweis des Zinns mittels einer mit Zinksulfid imprägnierten Faser aus Schießbaumwolle. Dieser „Sulfidfaden" färbt sich beim Einlegen in eine zinn(II)-haltige Lösung braun. Vgl. hierzu auch EMICH (S. 77).

Zur Herstellung des Sulfidfadens wird Schießbaumwolle mehrere Male abwechselnd in eine etwa 15%ige Lösung von Natriumsulfid und dann in eine 15%ige Lösung von Zinksulfat eingetaucht, jedesmal gut abgepreßt und zuletzt abgespült und getrocknet. Nach CHAMOT und COLE lassen sich die Sulfidfäden viel leichter aus Wollfasern und unter Verwendung einer 10%igen Lösung von Zinkacetat und einer frisch bereiteten 10%igen Lösung von Natriumsulfid herstellen. Die Wollfäden werden vor dem Imprägnieren durch Behandlung mit einem Äther-Alkohol-Gemisch entfettet, zum Quellen mehrere Stunden bei Zimmertemperatur in eine 1%ige Natriumhydroxydlösung gelegt und danach gewaschen. Mit einem solchen Faden erhalten CHAMOT und MASON (S. 404) mit salzsauren zinnhaltigen Lösungen eine strohgelbe Färbung.

Erfassungsgrenze 0,1 γ Zinn (EMICH und DONAU).

Siehe hierzu auch Punkt 12, S. 158.

12. Reduktion mit Zink. Wird ein Zinkspänchen in einen schwach mit Salzsäure angesäuerten Tropfen einer 2%igen Lösung von Zinn(II)-chlorid eingelegt, scheidet sich das Zinn oft in charakteristischen baumartigen Kristalliten aus (Abb. 5) [GEILMANN (b)]. Siehe auch Punkt 11 α, S. 106.

13. Nachweis mit Platin(IV)-chlorid. Die braune Färbung, die zweiwertige Zinnionen in Platin(IV)-salzlösungen hervorrufen (s. Punkt 2, S. 109), ist sehr gut auf einem mit Papier unterlegten Objektträger zu sehen und kann als eine sehr scharfe Reaktion auf Zinn verwertet werden (STRENG).

14. Reaktion mit Silbernitrat s. Abschn. d, S. 184.

15. Fällung mit Kaliumhexacyanokobaltat(III). Eine 1%ige salpetersaure Zinn(II)-nitratlösung gibt auf dem Objektträger keine Fällung mit Kaliumhexacyanokobaltat(III). Eine 5%ige Zinn(II)-nitratlösung liefert sechsseitige Blättchen, die sich rasch mit einer Kristallausscheidung bedecken und dadurch unter dem Mikroskop auf

Abb. 5. Zinnbaum nach W. GEILMANN, Bilder zur qualitativen Mikroanalyse anorganischer Stoffe, 2. Aufl., Weinheim/Bergstraße 1954, Tafel 47, Abb. 5.

schwarzer Unterlage das Aussehen von Schneebällen erhalten. Die Kristalle lösen sich sofort in Kaliumhydroxydlösung. In salpetersauren Lösungen mit z. B. 0,5% Wismut und 0,5% zweiwertigem Zinn oder 0,5% Wismut und 2,5% zweiwertigem Zinn erscheinen auf Zugabe von Kaliumhexacyanokobaltat(III) sofort elliptische Scheiben, die je nach dem Zinngehalt sich rasch, langsam oder auch z.T. nicht mit Ausblühungen (Schneebällen) überziehen. Salzsaure Zinnlösungen werden durch Kaliumhexacyanokobaltat(III) nicht gefällt [BENEDETTI-PICHLER (a), s. auch MILLER und MATHEWS].

16. Nachweis durch Elektrolyse. Die Elektrolyse wird mit einer geeigneten Spannung zwischen 1 bis 8 V in einem Mikrotiegel, der einige Tropfen der Lösung enthält, ausgeführt. Als Elektroden verwendet man feine Platindrähte, die evtl. goldplattiert sein können. Zinn läßt sich unter dem Mikroskop als metallischer Überzug nachweisen (JUNG).

17. Nachweis durch mikrochemische Flammenanalyse s. Punkt 10, S. 152.

II. Für das Zinn(IV)-ion.

1. Fällung mit Eisen(II)-tridipyridylsulfat. Eine Eisen(II)-tridipyridylsulfat-lösung (s. Punkt 4, S. 146) hat sich sehr gut als Reagens für den mikrochemischen Nachweis des vierwertigen Zinnions bewährt (NASARENKO). Die entstehende Verbindung hat wahrscheinlich die Formel [Fe(Dip)$_3$]SnCl$_6$. Die Anwesenheit eines Überschusses von Chloriden (z. B. Natriumchlorid) erhöht die Empfindlichkeit der Reaktion.

Ausführung. Man bringt 0,0005 ml einer 0,1 n Lösung des Eisen(II)-tridipyridyl-sulfats auf einen Objektträger neben 0,001 ml einer Zinn(IV)-lösung, die mit gleichen Volumina einer 0,1 n Salzsäure und einer gesättigten Natriumchloridlösung gemischt ist. Bei Anwesenheit von Zinn entstehen dunkelrote, sternförmige Kristalle.

Es lassen sich 0,001 γ Zinn in 0,001 ml, entsprechend einer *Grenzkonzentration* von 1 : 1 000 000, nachweisen.

Fünfwertiges Arsen und Antimon geben die Reaktion nicht. Zink, Eisen und Cadmium reagieren.

2. Fällung mit Urotropin (Hexamethylentetramin) s. Punkt 1, S. 144.

3. Nachweis als Alkalihexachlorostannat(IV). Kalium-, Rubidium- und Cäsium-hexachlorostannat(IV) sind isomorph und kristallisieren in farblosen, stark licht-

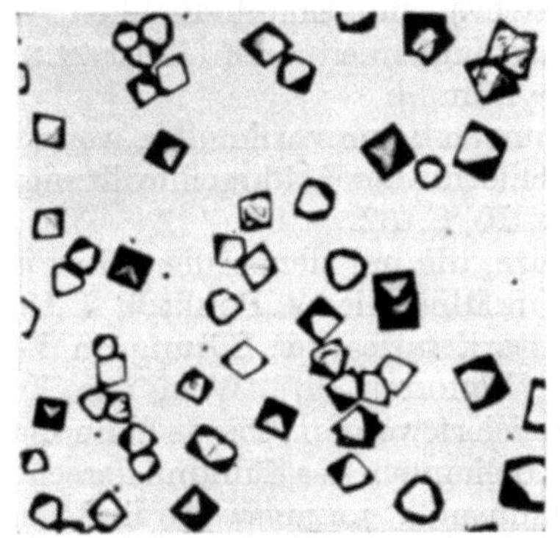 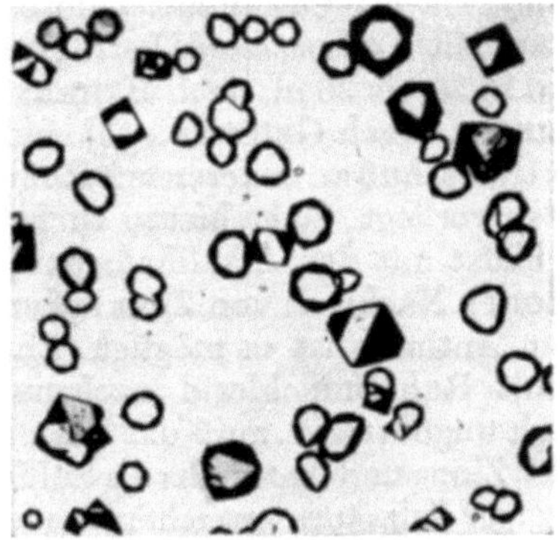

Abb. 6 a. Rubidiumhexachlorostannat (IV)　　　　Abb. 6 b. Kaliumhexachlorostannat(IV)
(V = 110)　　　　　　　　　　　　　　　　　　(V = 70)
nach W. GEILMANN, Bilder zur qualitativen Mikroanalyse, 2. Aufl., Weinheim/Bergstraße
1954, Tafel 24, Abb. 5 und 6.

brechenden Oktaedern, die für den mikrochemischen Nachweis des Zinns geeignet sind [GODEFFROY; STRENG; BEHRENS; SCHOORL (b); WAGENAAR; VERMANDE; DUCLOUX; GARNER; YAGODA]. Um eine zu schnelle Kristallisation zu verhindern, führt man die Reaktion in stark salzsaurer Lösung aus [SCHOORL (b)].

Ausführung. Die verdünnte zinnhaltige Lösung wird, falls zweiwertiges Zinn vorhanden ist, zunächst oxydiert, am besten in der Weise, daß der Objektträger mit dem nach unten hängenden Tropfen einige Minuten über die Öffnung einer Brom enthaltenden Flasche gelegt wird. Man fügt sodann konzentrierte Salzsäure hinzu und versetzt den stark salzsauren Probetropfen mit einem Körnchen Kalium-, Rubidium- oder Cäsiumchlorids, worauf sich die Kristalle des entsprechenden Alkalihexachloro-stannats(IV) abscheiden (Abb. 6). In konzentrierten Lösungen können sternenartige Wachstumsformen entstehen [GEILMANN (b)]. Eventuell werden die Oktaeder erst nach Eintrocknen und darauffolgendem Anhauchen sichtbar. Durch Zusatz von Kaliumjodid tritt in schwach saurer Lösung eine Gelbfärbung auf, die jedoch in stark saurer Lösung unterbleibt [SCHOORL (b)].

Die Prüfung mit Rubidiumchlorid ist vorzuziehen, weil damit infolge der größeren Löslichkeit des Rubidiumhexachlorostannats(IV) leichter größere Kristalle als mit Cäsiumchlorid erhalten werden können [SCHOORL (b)]. Noch leichter lösliche und noch größere Kristalle erhält man mit Kaliumchlorid oder Ammoniumchlorid, jedoch ist die Nachweisempfindlichkeit mit diesen Reagenzien nicht so groß wie mit Rubidiumchlorid [GEILMANN (a); STAPLES]. Ammoniumchlorid läßt sich z. B. nur für Lösungen verwenden, die etwa 0,5% oder mehr Zinn(IV)-chlorid enthalten.

Rubidiumchlorid verdient auch deshalb den Vorzug vor Cäsiumchlorid, weil weniger leicht eine Störung durch Antimon zu befürchten ist. In stark salzsaurer Lösung kristallisiert nämlich das Rubidiumhexachlorostannat(IV) leichter als das entsprechende Antimonsalz [SCHOORL (b)].

Empfindlichkeit. Nach BEHRENS läßt sich mit *Rubidiumchlorid* 1 γ Zinn/μl, nach GEILMANN (b) 0,2 bis 0,5 γ Zinn in 20 bis 30 μl und nach KRAMER 0,1 γ Zinn in 30 μl nachweisen. Nach SCHOORL (b) kann man sogar noch weniger als 0,01 γ Zinn nachweisen, vorausgesetzt, daß man einen möglichst kleinen Tropfen und ein Minimum an Rubidiumchlorid verwendet. Bei der von BENEDETTI-PICHLER und CEFOLA beschriebenen Technik wird es erst bei einem Zinngehalt von 0,001 γ schwierig, die Form der Kristalle zu erkennen. Mit *Cäsiumchlorid* lassen sich nach BEHRENS 0,45 γ Zinn/μl nachweisen, während SHORT 60 γ/ml, entsprechend einer *Grenzkonzentration* von 1 : 16666, findet. BEHRENS und KLEY (S. 99) geben sowohl für den Nachweis als Rubidium- wie als Cäsiumhexachlorostannat(IV) eine Empfindlichkeit von 0,2 γ Zinn/μl an. Mit *Kaliumchlorid* beträgt die Empfindlichkeit nach GEILMANN (b) 5 bis 10 γ Zinn in 20 bis 30 μl, nach BEHRENS 2,5 γ Zinn/μl.

Störungen. Nach GEILMANN (b) sind Störungen kaum vorhanden, wenn nicht ein zu hoher Überschuß an anderen mit Rubidiumchlorid oder Kaliumchlorid reagierenden Elementen vorliegt. Siehe hierzu auch Punkt 10, S. 152.

Blei bildet mit den Alkalihalogeniden Salze, die mit denen des Zinns isomorph sind (SHORT). Nachweis von Zinn neben Blei in Mineralien s. Punkt 6, S. 182.

Neben Antimon ist es möglich, Zinn in stark salzsaurer Lösung im Verhältnis 100 : 1 mit Rubidiumchlorid nachzuweisen [SCHOORL (b)]. Wird das Verhältnis wesentlich ungünstiger, muß das Zinn angereichert werden. Dieses kann man durch Fällen des Zinns und Antimons als Sulfid und Behandeln des Sulfidniederschlages mit 3- bis 4%iger Salzsäure erreichen, wodurch Zinnsulfid vorzugsweise in Lösung geht.

Wegen der vielen leicht kristallisierenden Doppelchloride, die insbesondere Cäsiumchlorid bildet, empfehlen CHAMOT und MASON (S. 201), das Zinn zuerst als Metazinnsäure abzutrennen. Hierfür behandelt man wasser- und säurelösliche Substanzen wiederholt mit starker Salpetersäure (1 : 1) mit anschließendem Eindampfen zur Trockne bei 100°. Die sich bildende Metazinnsäure adsorbiert ganz oder teilweise etwa vorhandenes Antimon, Wismut, Kupfer, Blei, Eisen und Zink. Durch mehrmalige Extraktion mit verdünnter Salpetersäure entfernt man die löslichen Substanzen, löst danach den Rückstand in Salzsäure (1 : 4) und führt die Reaktion mit Cäsiumchlorid, wie oben beschrieben, aus.

Wasser- und säureunlösliche Substanzen schließt man mit Soda-Pottasche oder Kaliumhydrogensulfat auf und behandelt dann die Schmelze entsprechend der vorangehenden Vorschrift für wasser- und säurelösliche Substanzen.

Anwesende Phosphate und Arsenate werden von der Metazinnsäure vollständig mitgefällt.

Ist viel Kupfer, Gold, Selen und Tellur vorhanden, kann die Reaktion des Zinns weitgehend getarnt sein. Wird vorhandenes Silber durch die obige Behandlung nicht entfernt, können winzige Oktaeder des Silberchlorids auftreten.

Durch die Überführung des Zinns in Metazinnsäure erfolgt gleichzeitig die Ausschaltung etwaiger Störungen durch Cäsiumalaune, die entstehen können, sobald sich viele Sulfationen neben einem Alaun bildenden Element in der Lösung befinden.

Nachweis neben Arsen und Antimon im Gange der qualitativen Analyse. Um Zinn neben Antimon und Arsen im Gange der qualitativen Analyse nachzuweisen, kann man das Zinn- und Antimonsulfid durch Behandeln mit starker Salzsäure herauslösen und die beiden Metalle direkt nebeneinander nachweisen. Man verfährt dabei wie folgt:

10 mg des Sulfidgemisches werden mit einigen Millilitern 25%iger Salzsäure in einem Reagensglas oder in einem kleinen Kochkölbchen erhitzt, bis die Schwefelwasserstoffentwicklung aufgehört hat. Dann wird durch ein kleines Filter filtriert, ein kleiner Tropfen des Filtrates zum Nachweis von Zinn mit einem Körnchen Rubidiumchlorid versetzt und kurze Zeit in Ruhe gelassen. Entsteht sofort ein dicker, sehr feinkristallinischer Niederschlag, war die Lösung zu konzentriert, und ein zweiter, kleinerer Tropfen wird nach Verdünnen mit starker Salzsäure aufs neue mit Rubidiumchlorid versetzt. Entsteht dagegen fast kein Niederschlag, so wird ein größerer Tropfen oder werden sogar einige Tropfen nacheinander auf ein kleines Volumen, aber nicht bis zur Trockne eingedampft und nach Abkühlung mit Rubidiumchlorid versetzt. Tritt auch dann keine sichtbare Kristallisation ein, überläßt man den Tropfen sich selbst, um nach dem Eintrocknen zu prüfen, ob nach Befeuchten mit wenig Wasser sich doch noch Oktaeder von Rubidiumhexachlorostannat(IV) zeigen.

Man kann aber auch die Sulfide durch wiederholtes Abdampfen mit Salpetersäure oxydieren und die verschiedene Löslichkeit der Oxyde zur Trennung derselben heranziehen. Nach Vertreiben der entstandenen Schwefelsäure durch Erhitzen in einem kleinen Porzellantiegelchen zieht man zunächst die Arsensäure mit Wasser aus und erhitzt sodann die restlichen Oxyde bis zur Rotglut. Dabei werden die Oxyde weniger löslich, Zinnoxyd aber verliert seine Löslichkeit schneller als das Antimonoxyd. Befeuchtet man deshalb den Rückstand nach der Abkühlung mit einigen Tropfen 25%iger Salzsäure, erhält man eine Lösung, die auf Antimon geprüft werden kann. Der Nachweis des Zinns erfolgt sodann nach Lösen des Rückstandes in siedender Salzsäure [SCHOORL (b)].

Toxikologischer Nachweis s. § 9, S. 178.

Nachweis in kriminologischen Fällen s. § 10, S. 178.

Nachweis in Zinn(IV)-oxyd s. Punkt 1, S. 179.

Nachweis in Mineralien s. Punkt 6, S. 182, und Punkt 8, S. 183.

Nachweis von Zinn neben Antimon s. ferner Punkt 6, S. 182.

Nachweis in Legierungen und Folien s. Punkt 5, S. 185.

Nachweis in Harn s. Punkt 1, S. 192.

4. Nachweis als Zinn(IV)-jodid bzw. Cäsiumpentajodostannat(IV). Das Zinn(IV)-jodid (s. Punkt 6, S. 132) läßt sich in Form gelber Kristalle erhalten, die zum mikrochemischen Nachweis von Zinn geeignet sind (JURÁNY).

Ausführung. Ein Tropfen der durch Kochen mit konzentrierter Salzsäure und etwas Kaliumchlorat oxydierten Lösung wird auf einem Objektträger zur Trockne eingedampft und in einem Tropfen 10%iger Salzsäure wieder gelöst. Nach Zusatz eines Tropfens gesättigter Natriumjodidlösung tritt bei Gegenwart von Zinn zunächst eine zitronengelbe Trübung auf, die sich beim Umrühren mit einem spitzen Glasstäbchen wieder farblos löst. Bei weiterem Zusatz von Natriumjodid auftretende Trübungen lösen sich mit gelber Farbe wieder auf. Die Reaktion ist als gelungen anzusehen, wenn bei weiterem Zusatz des Reagenses und Umrühren bleibende gelbe Impfstreifen am Glas auftreten. Am besten bilden sich die Kristalle aus, wenn man den Zusatz des Reagenses sofort beim Erscheinen der ersten Impfstreifen abbricht. Die Kristalle haben würflige und quadratische Formen, bestehen aber auch oft aus spießigen Nadeln. Zur Bestätigung des Nachweises bringt man in den Rand des Tropfens ein Mikrokörnchen Cäsiumchlorids oder -sulfats, wonach rings um das

Cäsiumsalz die Bildung kleiner schwarzer Punkte zu beobachten ist (s. Punkt 7, S. 132).

Beim Nachweis als Zinn(IV)-jodid beträgt die *Erfassungsgrenze* 0,02 γ Zinn.

Störungen. Von den in Betracht kommenden Ionen stören nur Arsen, das einen eigelben Niederschlag bildet, und Platin, das eine tief weinrote Färbung verursacht. Die anfangs ausfallenden Jodide von Gold, Silber, Blei, Quecksilber(II), Kupfer(I), Wismut, Antimon und Thallium(III) sind im Überschuß an hochkonzentrierter Natriumjodidlösung als Komplexsalze löslich. Der Nachweis als Cäsiumjodostannat(IV) wird durch Gold, Thallium(III), Wismut, Antimon sowie Arsen und Platin gestört.

Nachweis in Mischungen schwerlöslicher Stoffe s. Punkt 3, S. 180.

5. Nachweis mit Piperidin und Kaliumthiocyanat. Eine 10%ige Lösung von Piperidin und eine konzentrierte Kaliumthiocyanatlösung geben mit vierwertigem Zinn weiße Streifen, die im Mikroskop farblose vierkantige Prismen (Abb. 7) zeigen [MARTINI (b)].

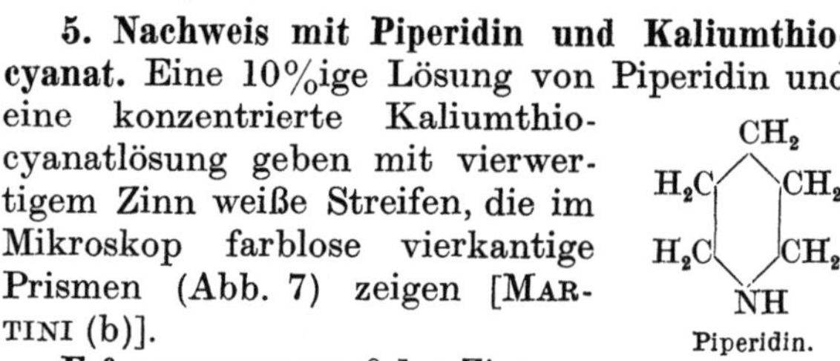

Erfassungsgrenze 0,1 γ Zinn.

6. Nachweis mit Acridin und Ammoniumthiocyanat + Kaliumjodid s. MARTINI (c).

7. Fällung mit Oxalsäure in Anwesenheit von Strontium- oder Bariumsalzen. Versetzt man eine saure Lösung von Strontiumsalzen mit Zinn(IV)-chlorid und fügt Oxalsäure hinzu, fällt Strontium

Abb. 7. Mit Piperidin und Kaliumthiocyanat erhältliche Kristalle nach A. MARTINI, Mikrochemie 30 (1942), S. 198, Abb. 5.

als Oxalat nicht wie gewöhnlich in rhombischen Kristallen von oktaedrischem Habitus, sondern in Form tetragonaler, schwach polarisierender Pyramiden aus; Barium fällt erst aus annähernd neutraler Lösung in Form sechsstrahliger Sterne aus (BEHRENS).

Nachweisempfindlichkeit in sauren Lösungen mit Strontium 0,2 γ Zinn/μl.

8. Fällung mit 8-Oxychinolinkaliumhydrogensulfat s. Punkt 10, S. 147.

9. Nachweis durch Elektrolyse s. Punkt 16, S. 148.

10. Nachweis durch mikrochemische Flammenanalyse. Bei der von GEILMANN und ISERMEYER angegebenen mikrochemischen Flammenanalyse (Näheres hierüber s. auch bei *Germanium*, § 4, Punkt 3, S. 32) erhält man Zinn als einen schwarzen Metallbeschlag mit braunem Anflug. Zum Zinnachweis ist längeres Erhitzen auf höchste Temperatur erforderlich. Der Metallbeschlag tritt bei mehr als 30 γ Zinn auf. Der Oxydbeschlag ist weiß und schlecht zu erhalten. Halogenidbeschläge bilden sich aus der Borsäureperle nicht.

Zum mikrochemischen Nachweis löst man den Beschlag in einem Tropfen eines Gemisches aus 20%iger Salzsäure und 20%iger Salpetersäure und bringt den Tropfen auf einen Objektträger. Der Nachweis erfolgt mit Rubidium- oder Cäsiumchlorid, s. Punkt 3, S. 149, wobei Rubidiumchlorid die größeren Kristalle liefert.

Empfindlichkeit. Es lassen sich so 1 bis 2 γ Zinn erfassen.

Störungen. Störend wirken größere Mengen aller Elemente, die schwerlösliche Doppelsalze mit dem Reagens liefern, vor allem Indium (bei fünffachem Überschuß), Thallium (bei 77fachem Überschuß) und Eisen (bei fünffachem Überschuß).

Zu empfehlen ist auch die Farbreaktion mit Kakothelin (s. Punkt 5, S. 101, und Punkt 3, S. 154), jedoch ist beim Vorliegen von vierwertigem Zinn eine Reduktion durch Einlegen eines Eisendrahtes in die Lösung erforderlich, ehe der Reagenszusatz erfolgt. Die an und für sich wenig spezifische Reaktion ist hier brauchbar, da die störenden Stoffe infolge der Sublimation ausgeschaltet sind.

Über den mikrochemischen Nachweis von Zinn vgl. ferner KRAMER.

Nachweis in besonderen Fällen s. § 11, S. 179 ff.

Bei der folgenden Reaktion enthält die benutzte Literaturquelle keine Angabe über die Oxydationsstufe des Zinns.

Fällung als 4'-Dimethylamino-azobenzol-sulfonat-(4). 4'-Dimethylamino-azobenzol-sulfonsäure-(4) oder ihr Natriumsalz (Helianthin = Methylorange) gibt mit Zinnsalzen einen charakteristischen, zum mikrochemischen Nachweis von Zinn geeigneten Niederschlag. Mit mehreren anderen Kationen entstehen ebenfalls charakteristische Niederschläge (POZZI-ESCOT).

$$(CH_3)_2N-\langle\ \rangle-N{=}N-\langle\ \rangle-S_3OH$$

4'-Dimethylamino-azobenzol-sulfonsäure-(4).

§ 5. Nachweis durch Tüpfelreaktionen.

I. Für das Zinn(II)-ion.

a) Farb- und Fällungsreaktionen.

1. Nachweis mit Phosphormolybdänsäure bzw. Ammoniummolybdat. Zweiwertiges Zinn reduziert nicht nur Molybdänsäure (s. Punkt 4, S. 99), sondern auch komplex gebundenes Molybdän, wie es in der Phosphormolybdänsäure und ihren Salzen vorliegt, unter Bildung von „Molybdänblau" (ZENGHELIS; VAN ECK; ROSSI). Nach FEIGL und NEUBER ist der Nachweis mit Phosphormolybdänsäure sogar empfindlicher und eindeutiger als mit Molybdänsäure.

Ausführung. Ein Stück Filtrierpapier wird mit einer 2,5%igen wäßrigen Lösung von Phosphormolybdänsäure getränkt, zur Bildung von Ammoniumphosphormolybdat kurze Zeit über Ammoniak gehalten und getrocknet. Das Papier soll in dunklen, gut verschlossenen Flaschen aufbewahrt werden. Bringt man einen Tropfen der zu prüfenden Lösung auf das Papier, entsteht je nach der Zinnmenge eine mehr oder weniger starke Blaufärbung (FEIGL und NEUBER).

Erfassungsgrenze 0,03 γ Zinn.

Grenzkonzentration 1 : 1 670 000.

Führt man die Reaktion mit Ammoniummolybdat aus, beträgt die Grenzkonzentration nur 1 : 1250 (TANANAEFF und ROMANJUK, vgl. ebenfalls FEDOROWA).

Zum Unterschied von zweiwertigem Zinn vermag dreiwertiges Antimon nur die freie Phosphormolybdänsäure bzw. lösliche Phosphormolybdate, nicht aber unlösliche Phosphormolybdate zu reduzieren. Die oben beschriebene Reaktion ist deshalb unabhängig von der Anwesenheit von Antimonsalzen (FEIGL und NEUBER).

Liegt vierwertiges Zinn vor, werden 1 bis 2 Tropfen der Probelösung in einem kleinen Porzellantiegelchen mit einigen Tropfen konzentrierter Salzsäure und einem Streifchen Magnesiumband oder einem Zinkstäbchen reduziert. Etwa in Form eines schwarzen Pulvers abgeschiedenes, metallisches Antimon stört den Zinnachweis nicht. Eisen darf nicht als Reduktionsmittel für das vierwertige Zinn verwendet werden, da es mit dem Reagens reagiert (WINKLEY, YANOWSKI und HYNES).

In Zinnlösungen, die mit Magnesium behandelt worden sind, reduzieren Arsen, Antimon und Quecksilber Ammoniummolybdat nicht zum Molybdänblau. Anwesenheit von Kupfer verursacht ein allmähliches Verblassen des blauen Tüpfelflecks, wenn das Verhältnis Zinn : Kupfer nicht mindestens 4 : 1 ist [BENEDETTI-PICHLER (b), S. 54]. — Siehe auch SMITH und WEST.

Chromatographischer Nachweis s. S. 167.

Nachweis in Legierungen s. Punkt 6 δ, S. 186, und Punkt 16, S. 189.

Nachweis in Nahrungsmitteln s. Abschnitt i, S. 191, in Käse s. Punkt 8, S. 192, in Malzgetränken s. Punkt 11, S. 193.

Nachweis in Harn s. Punkt 1, S. 192.

2. Nachweis mit 4-Methyl- bzw. 4-Chlor-1,2-dimercaptobenzol („Dithiol"). Wegen seiner Empfindlichkeit ist Dithiol (s. Punkt 1, S. 96) als Tüpfelreagens sehr geeignet. Die Reaktion wird entweder in der Kälte auf der Tüpfelplatte (1 bis 11 Tropfen der Lösung, 1 Tropfen 5%iger Salzsäure, 11 Tropfen des Reagenses) oder in der Wärme in einem Mikrotiegel ausgeführt. In letzterem Falle verdampft man fast bis zur Troekne. Bei Anwesenheit von Spuren Zinn beobachtet man konzentrische rosagefärbte Zonen (MELLAN, S. 583; DELABY und LOZÉ; ROSSI).

Mit 4-Methyl-1,2-dimercaptobenzol als Reagens beträgt die *Erfassungsgrenze* bei Ausführung der Reaktion auf der Tüpfelplatte 0,05 γ Zinn, die *Grenzkonzentration* 1 : 1 100 000; bei Ausführung im Mikrotiegel ist die *Erfassungsgrenze* 0,02 γ Zinn.

Mit 4-Chlor-1,2-dimercaptobenzol als Reagens beträgt die *Erfassungsgrenze* bei Ausführung auf der Tüpfelplatte 0,1 γ Zinn und die *Grenzkonzentration* 1 : 500 000; bei Ausführung im Mikrotiegel ist die *Erfassungsgrenze* 0,02 γ Zinn (DELABY und LOZÉ).

Nachweis in Legierungen s. Punkt 10, S. 187, Punkt 14α, S. 188, und Punkt 18, S. 189.

3. Nachweis mit Kakothelin $C_{21}H_{21}O_7N_3 \cdot HNO_3$. Um den Nachweis mit Kakothelin (s. Punkt 5, S. 101) als Tüpfelreaktion zu verwerten, behandelt man Filtrierpapier mit einer gesättigten wäßrigen Lösung von Kakothelin und bringt einen Tropfen der zu prüfenden 3%igen salzsauren Lösung auf das noch nicht völlig getrocknete Papier. Bei Anwesenheit von Zinn entsteht auf dem gelben Papier ein violetter oder rosa Fleck, der von einer schwächer gefärbten Zone umgeben ist und sich deutlich von dem gelbgefärbten Reagenspapier abhebt [GUTZEIT (a); NIEUWENBURG (a); Chem. Age **28**, 411 (1933); ROSSI]. KISSER und LETTMAYR finden, daß das Reagenspapier ebensogut in getrocknetem Zustande verwendet werden kann, und daß es sich in einem verschlossenen Glas monatelang aufbewahren läßt. Die Farbe des Reaktionsflecks verbleicht rasch und verschwindet bei geringen Zinnmengen schon nach 5 bis 10 Min. vollständig.

Wenn das Zinn in alkalischer (nicht ammoniakalischer) Lösung als Komplexsalz der Weinsäure vorliegt, erzeugt Kakothelin eine intensiv blaue Färbung, die nach einiger Zeit rosa wird und beim Erhitzen verschwindet (DUMAS).

Empfindlichkeit. Nach FEIGL (a, S. 105) beträgt die *Erfassungsgrenze* 0,2 γ Zinn, die *Grenzkonzentration* 1 : 250 000. Bei Ausführung auf der Tüpfelplatte geben DELABY und LOZÉ für neutrale Lösungen eine *Erfassungsgrenze* von 2 γ und eine *Grenzkonzentration* von 1 : 25 000 und für saure Lösungen (10% HCl) 0,5 γ und 1 : 100 000 an. Bei Ausführung auf Papier beträgt die *Erfassungsgrenze* 0,5 γ und die *Grenzkonzentration* 1 : 5000 in neutraler Lösung, die entsprechenden Werte in saurer Lösung sind 0,25 γ und 1 : 10 000.

Störungen s. Punkt 5, S. 101.

Über die Ausführung der Reaktion zum direkten Nachweis von Zinn neben anderen Elementen mit Hilfe von Tüpfelreaktionen s. KRUMHOLZ.

Nachweis in Metazinnsäure oder Zinn(IV)-phosphat s. Punkt 2, S. 179.

Nachweis in Legierungen s. Punkt 6α, S. 185.

Nachweis in metallischen Überzügen s. Punkt 19, S. 190.

Nachweis in ätherischen Ölen usw. s. Punkt 13, S. 193.

4. Reaktion mit Jod-Jodid-Stärkelösung. Zweiwertige Zinnionen entfärben eine Jod-Jodid-Stärkelösung. Diese Reaktion ist von BÉZIER als Tüpfelreaktion für Zinn vorgeschlagen worden.

Als Reagens werden zwei Lösungen verschiedener Konzentration verwendet:

a) 0,001 n Lösung. Zur Darstellung der Lösung wird 1 ml einer 0,1 n Jodlösung (12,7 g Jod + 40 g KJ in 1 l) mit Stärkelösung bis zur maximalen Blaufärbung versetzt. Dann fügt man einige ml Stärkelösung im Überschuß hinzu und verdünnt auf 100 ml.

b) 0,00025 n Lösung, aus einem Teil der Lösung (a) und 3 Teilen Wasser hergestellt.

Die Reagenzien halten sich einige Tage. Ein Tropfen davon darf bei Zusatz von 1 Tropfen 6 n Salzsäure nicht entfärbt werden. Das Reagens (a) wird verwendet, wenn keine allzu große Empfindlichkeit erforderlich ist. Andererseits erhält man damit auch dann eine deutliche Reaktion, wenn die Lösung Ionen enthält, die durch ihre Farbe stören können.

Ausführung. Auf eine Tüpfelplatte bringt man einen Tropfen des Reagenses und einen Tropfen der zu untersuchenden Lösung, die 1 bis 6 n an Salzsäure sein soll. Bei Anwesenheit von Zinn findet eine sofortige Entfärbung statt.

Liegt vierwertiges Zinn vor, werden einige Tropfen der zu prüfenden salzsauren Lösung in einem kleinen Reagensglas mit Eisenpulver reduziert. Es wird eine Minute gekocht und filtriert, oder man läßt absetzen, entnimmt mit einer Pipette einen Tropfen der klaren Lösung und verfährt wie oben beschrieben.

Empfindlichkeit. Mit Reagens (a) beträgt die *Grenzkonzentration* 1 : 20000, mit Reagens (b) 1 : 100000.

Störungen. Die Reaktion wird durch eine Anzahl von Reduktionsmitteln gestört. Eisen(II), auch in Anwesenheit von Phosphationen, Vanadin(IV), Antimon(III) und Arsen(III) stören nicht. Starke Oxydationsmittel, wie Cerium(IV) und Permanganationen, entfärben ebenfalls das Reagens und müssen vor Ausführung der Reaktion durch Kochen mit einem sehr schwachen Reduktionsmittel, wie z. B. Natriumazid, zerstört werden.

Bei der Reduktion mit Eisen in salzsaurer Lösung können einige Metalle in niedrigere Oxydationsstufen übergeführt werden und evtl. reduzierend wirken. Chrom(III) wird nicht reduziert und stört nicht. Kupfer(II) und Quecksilber(II) werden bei genügend langem Kochen zum Metall reduziert und stören nicht. Bei unvollständiger Reduktion entstehen Kupfer(I) und Quecksilber(I), die beide stören. Uran(VI) wird zum grünen Uran(IV) reduziert, das in genügend stark saurer Lösung nicht stört. In diesem Falle wird ein Tropfen der mit Eisen reduzierten Lösung mit einem Tropfen konzentrierter Salzsäure (12 n) gemischt und die Reaktion dann ausgeführt. Titan(IV) wird teilweise zum violetten Titan(III) reduziert. Zur Vermeidung der Störung durch Titan(III) verfährt man wie bei Uran.

Wolframate geben bei der Reduktion eine intensiv blaue Farbe und stören deshalb die Reaktion. Sie müssen im voraus mit Cinchonin entfernt werden. Dafür verwendet man ein Reagens, das aus 12,5 g Cinchonin, 50 ml konzentrierter Salzsäure und 50 ml Wasser besteht. 5 Tropfen der zu prüfenden Lösung werden mit einem Tropfen des Reagenses versetzt und gekocht. Ohne zu filtrieren, fügt man Eisenpulver hinzu und führt die Reaktion wie gewöhnlich aus. Mit Reagens (a) beträgt die *Grenzkonzentration* 1 : 10000.

Molybdate, Vanadate und Vanadin(IV) werden zu Molybdän(III) bzw. Vanadin(II) oder Vanadin(III) reduziert. In Anwesenheit von Phosphaten wird Molybdän zu Molybdänblau reduziert. In allen diesen Fällen findet eine langsame Entfärbung des Reagenses statt, so daß die Reaktion unsicher wird. Es ist deshalb vorzuziehen, eine Trennung auszuführen. Bei Bildung von Molybdänblau ist die Trennung unerläßlich. Als Reagens verwendet man dabei eine 2%ige Lösung von α-Benzoinoxim. Liegt eine durch Vanadin(IV.) blaugefärbte Lösung vor, oxydiert man zunächst durch Kochen mit einem Peroxysulfatkristall. Dann fügt man 2 Tropfen des Reagenses zu 5 Tropfen der Lösung, wartet einige Minuten und zentrifugiert. Man vergewissert sich, daß die Fällung vollständig ist, trennt die klare Lösung ab und führt die Reaktion wie gewöhnlich aus. *Grenzkonzentration* 1 : 5000 mit Reagens (a).

Nachweis in Legierungen s. Punkt 9 β, S. 187, und Punkt 15, S. 189.

5. Nachweis mit Quecksilber(II)-chlorid und Anilin bzw. Pyridin. Das bei der Reduktion der Quecksilber(II)-ionen durch Zinn(II)-ionen zunächst entstehende Kalomel (s. Punkt 7, S. 103) ist wegen der weißen Farbe für eine Tüpfelreaktion wenig geeignet. Führt man dagegen die Reaktion in schwach basischer Lösung aus, verläuft die Reduktion glatt weiter bis zum metallischen Quecksilber, das sich als ein schwarzer, leicht erkennbarer Fleck auf dem Papier abscheidet. Als besonders günstig hat es sich erwiesen, die Reaktion in Anwesenheit von Anilin, o-Toluidin oder Pyridin auszuführen, weil eine Störung durch Antimon(III)-ionen dann nicht zu befürchten ist. Am besten geeignet ist Pyridin. Piperidin und Benzylamin wie auch Ammoniak sind nicht verwendbar [TANANAEFF (a); DELABY und LOZÉ].

Ausführung. Ein Tropfen der zu prüfenden Lösung wird auf ein mit Quecksilber(II)-chloridlösung getränktes und getrocknetes Stück Filtrierpapier gebracht und dann mit einem Tropfen Anilins getüpfelt. Bei Anwesenheit von Zinn erscheint je nach der Menge ein tiefschwarzer bzw. brauner Fleck [FEIGL (a), S. 107; s. ferner ROSSI].

DELABY und LOZÉ verwenden Filtrierpapier, das mit einer 0,4%igen wäßrigen Lösung von Quecksilber(II)-chlorid getränkt und an der Luft getrocknet worden ist, und bringen auf das Papier einen Tropfen völlig farblosen Anilins (Pyridins). Nach vollständiger Absorption berührt man den Rand des entstandenen Fleckchens mit einer in die zinnhaltige Lösung eingetauchten Kapillarpipette. Der günstigste p_H-Bereich ist 0 bis 3.

Empfindlichkeit. Nach FEIGL (a, S. 107) beträgt die *Erfassungsgrenze* 0,6 γ Zinn und die *Grenzkonzentration* 1 : 83000, während DELABY und LOZÉ bei Verwendung von Anilin 0,35 γ bzw. 1 : 11000, bei Verwendung von Pyridin 0,2 γ bzw. 1 : 20000 angeben.

Störungen. Keins der üblichen Kationen der fünf analytischen Gruppen stört die Reaktion [TANANAEFF (c)]. In Anwesenheit von Anilin bzw. Pyridin gibt jedoch dreiwertiges Titan die gleiche Reaktion (DELABY und LOZÉ).

Nachweis in Obsidian s. Punkt 10, S. 184.

6. Nachweis mit Gold(III)-chlorid. Auf einem mit 1%iger Gold(III)-chloridlösung getränkten Photopapier [KORENMAN (e)] erzeugen zweiwertige Zinnionen eine violette, grünlichviolette oder rosaviolette, bei sehr geringen Zinnmengen bläuliche Färbung. Siehe hierzu auch Punkt 10, S. 106. Zur Ausführung der Reaktion wird ein Tröpfchen (0,25 μl) der zu untersuchenden Lösung auf das Papier gebracht. Das Photopapier ist ein Silberbromidphotopapier, das man zur Entfernung der Silbersalze mit einer 10%igen Natriumthiosulfatlösung behandelt und mit Wasser wiederholte Male gewaschen hat.

GUTZEIT (a und b) führt die Reaktion auf Filtrierpapier mit einer 0,01%igen Gold(III)-chloridlösung aus, die mit 0,5% Glucose versetzt ist, und erhält so einen schwarzen Fleck.

Empfindlichkeit. Nach KORENMAN beträgt die *Erfassungsgrenze* 0,007 γ Zinn und die *Grenzkonzentration* 1 : 36000.

Nachweis in Goldlegierungen s. Punkt 13, S. 188.

7. Nachweis mit Methylenblau $C_{16}H_{18}N_3SCl$. Die Entfärbung von Methylenblau durch Zinn(II)-ionen (s. Punkt 7, S. 118) wird von CHARLOT und BÉZIER als Tüpfelreaktion verwendet.

Ausführung. Ein Tropfen des Reagenses (eine 0,01%ige Lösung von Methylenblau in 1 n HCl) wird auf einer Tüpfelplatte mit einem Tropfen der zu untersuchenden Lösung versetzt. Bei Anwesenheit von Zinn(II)-ionen wird die Lösung nach einiger Zeit entfärbt. Es wird empfohlen, eine Blindprobe mit einem Tropfen Wasser und einem Tropfen des Reagenses auszuführen.

Empfindlichkeit. Bei Verwendung einer Blindprobe beträgt die *Grenzkonzentration* 1 : 25000. Eine Farbänderung wird bei dieser Konzentration nach 6 Min. sichtbar. Gefärbte Ionen setzen die Empfindlichkeit herab. Chrom(III)-ionen in einer Konzentration von $5 \cdot 10^{-3}$ g/ml erhöhen z. B. die Grenzkonzentration auf 1 : 3333.

Störungen. Mehrere Ionen reduzieren ebenfalls das Methylenblau, wie z.B. Titan(III)-, Chrom(II)- und Vanadin(II)-ionen. Bei Luftzutritt zu der Lösung können von reduzierenden Ionen nur VO^{++}, Fe^{++} und U^{4+} anwesend sein, die jedoch alle schwächere Reduktionsmittel sind als zweiwertiges Zinn und Methylenblau nicht entfärben. Die Reaktion ist somit spezifisch für Zinn. Siehe auch CHARLOT, BÉZIER und GAUGUIN (S. 2) sowie KUTZELNIGG (b).

Siehe hierzu auch Punkt 9, diese Seite.

8. Nachweis mit 2-Benzylpyridin. Bei der Einwirkung einer salzsauren Lösung von Zinn(II)-chlorid auf Papier, das mit dem grünen Photoprodukt des 2-Benzylpyridins imprägniert ist, schlägt die Farbe von Grün nach Rot um [FREYTAG (a)]. Über die Herstellung des Papiers s. FREYTAG (b).

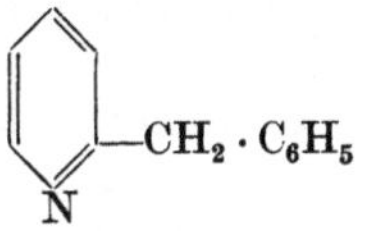

Ausführung. In dem Augenblick, in dem der zu prüfende Tropfen von dem Reagenspapier aufgesaugt ist, fügt man einen kleinen Tropfen konzentrierter Salzsäure hinzu. Eine binnen 15 bis 20 Min. auftretende Rötung, die bei niedrigen Konzentrationen schwach, aber deutlich sichtbar ist, zeigt Zinn an.

2-Benzylpyridin.

Es gelingt so, 1,3 γ Zinn in 0,01 ml Lösung, entsprechend einer *Grenzkonzentration* von 1 : 7700, nachzuweisen.

Dreiwertiges Arsen und Antimon stören nicht. Sulfite sowie dreiwertiges Titan geben die gleiche Reaktion [FREYTAG (b)].

9. Nachweis mit dem Polyjodid der Methylenblaubase. Läßt man Jod in Gegenwart von Kaliumjodid auf das Methylenblau einwirken, entsteht eine Verbindung mit Polyjodidion, die auf Grund der Anwesenheit des Polyjodidions durch Reduktionsmittel in das Methylenblau umgebildet wird (KUHLBERG). Wird das Polyjodid durch Einwirkung von 100 ml 0,1 n Jodlösung auf 0,5 g offizinelles Methylenblau in 500 ml Wasser dargestellt, so hat es folgende Zusammensetzung:

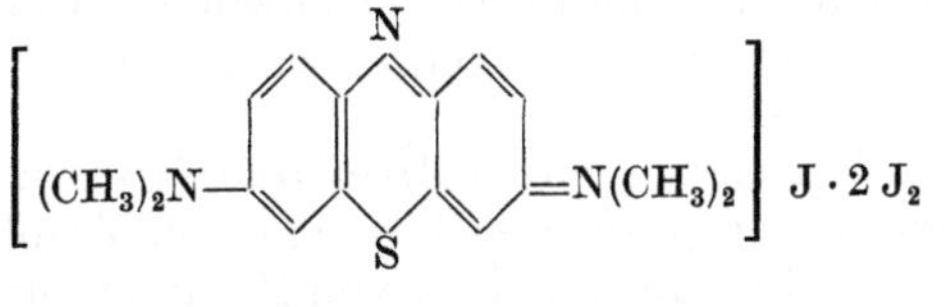

$$\left[(CH_3)_2N - = N(CH_3)_2 \right] J \cdot 2 J_2$$

Ausführung. Man verrührt eine 1%ige Methylenblaulösung 20 Min. lang mit einem Überschuß von 0,1 n Jodlösung und Kaliumjodid und wäscht den schwarzbraunen Niederschlag zuerst mit Kaliumjodidlösung und dann mit 0,01%iger Schwefelsäure aus. Das Reagens hebt man unter 0,01%iger Schwefelsäure auf.

Zur Ausführung der Reaktion bringt man einen Tropfen der Reagenssuspension auf ein Stück Filtrierpapier, wodurch ein schwarzgrauer Fleck entsteht, und fügt mit einer Kapillare einen Tropfen der mäßig sauren Probelösung hinzu. Blaufärbung zeigt die Anwesenheit von Zinn an (KUHLBERG). — GAUTIER (b) benutzt als Reagens eine 0,01%ige Methylenblaulösung und eine 0,01 n Jodlösung. Ein großer Überschuß an Zinn(II)-ionen bringt die zuerst auftretende Blaufärbung wieder zum Verschwinden, s. Punkt 7, S. 156.

Empfindlichkeit. KUHLBERG gibt als *Erfassungsgrenze* 0,6 γ Zinn an, GAUTIER (b) 1 γ. Die *Grenzkonzentration* beträgt nach KUHLBERG 1 : 3000, nach GAUTIER (b) 1 : 100000.

Störungen. Silber-, Quecksilber- (Hg^{2+} - sowie Hg_2^{2+} -), Schwefel-, Sulfit- und Thiosulfationen, überhaupt alle Reduktionsmittel, die imstande sind, Jod in saurer Lösung zu reduzieren, sowie alle Ionen, die Jodide mit einem Löslichkeitsprodukt kleiner als 10^{-15} bilden oder das Jod in einem Komplex bestimmter Beständigkeit binden, geben die gleiche Reaktion (KUHLBERG).

10. Nachweis mit Dimethylglyoxim und Eisen(III)-chlorid. Bei Ausführung der Reaktion mit Dimethylglyoxim und Eisen(III)-chlorid (s. Punkt 2α, S. 97) als Tüpfelreaktion versetzt man einen Tropfen der stark sauren zinn(II)-haltigen Lösung auf der Tüpfelplatte mit einem Tropfen verdünnter Eisen(III)-chloridlösung. Nach 1 Min. fügt man einen kleinen Weinsäurekristall hinzu, neutralisiert nach dem Lösen des Kristalls mit verdünntem Ammoniak und tüpfelt mit ammoniakalischer Dimethylglyoximlösung. Rote Färbung zeigt Zinn an (ENGELDER, DUNKELBERGER und SCHILLER, S. 139; ROSSI). — DELABY und LOZÉ führen die Reaktion mit je einem Tropfen 0,1 molarer Eisen(III)-chloridlösung, 5%iger Weinsäurelösung, konzentrierter Ammoniaklösung und 1%iger Dimethylglyoximlösung aus. Die Eisen(III)-chloridlösung ist mit Dimethylglyoxim auf Eisen(II)-ionen zu prüfen.

Erfassungsgrenze nach FEIGL [(a), S. 107] 0,04 γ, nach DELABY und LOZÉ 0,05 γ Zinn.

Grenzkonzentration 1 : 1000000 (DELABY und LOZÉ).

Störungen s. Punkt 2α, S. 97.

11. Nachweis mit Oxydationsprodukten des o-Aminophenols. Die Punkt 6, S. 102, angegebenen Reaktionen mit den Oxydationsprodukten des o-Aminophenols lassen sich auch als Tüpfelreaktionen ausführen.

Bei Verwendung des von RŮŽIČKA (a) angegebenen Reagenses bringt man einen Tropfen der Probelösung und einen Tropfen der Reagenslösung auf Filtrierpapier zusammen. Sind Zinn(II)-ionen vorhanden, beobachtet man um die rotbraune Innenfläche herum einen rasch sich erweiternden blaßblauen Rand, der nach 1 bis 2 Std. verschwindet.

Grenzkonzentration 1 : 500000.

Störungen. Kupfer stört wie Punkt 6, S. 102, angegeben. Vorher zugesetztes Chromat bildet mit dem Reagens eine braune Lösung, die sich wie das Reagens allein verhält [RŮŽIČKA (a)].

Mit *3-Aminophenoxazon-(2)* erhält man auch bei der Ausführung als Tüpfelreaktion eine grünliche Färbung, die rasch verschwindet. Binnen 2 bis 3 Std. tritt die rote Farbe infolge Oxydation des Reagenses wieder auf.

Grenzkonzentration 1 : 250000.

Führt man den Tüpfelnachweis mit *3-Acetaminophenoxazon-(2)* aus, muß man außer dem Reagens und der zu prüfenden Lösung einen Tropfen 25%iger Salzsäure auf das Papier aufbringen. Bei Anwesenheit von Zinn(II)-ionen ist die Tüpfelstelle blau, bei sehr verdünnten Lösungen farblos. Nach einigen Stunden kehrt die orangerote Färbung des Reagenses wieder zurück.

Grenzkonzentration 1 : 100000 [RŮŽIČKA (b)].

12. Nachweis mit Zinksulfidpapier. Der von EMICH und DONAU angegebene Nachweis von Zinn durch Fällung als Sulfid auf einem „Sulfidfaden" (s. Punkt 11, S. 148) wird von KORENMAN (f) auf Papier ausgeführt. Das Papier ist entweder ein mit 10%iger Natriumthiosulfatlösung und Wasser behandeltes Glanz- oder Halbmattsilberbromidphotopapier oder ein aschefreies Filtrierpapier. Das nach dem Behandeln mit Natriumthiosulfatlösung und Wasser noch feuchte Papier wird 10 bis 15 Min. lang in 10%ige Zinksulfatlösung, dann ebenfalls 10 bis 15 Min. lang in 10%ige Natriumsulfidlösung und schließlich nochmals in Zinksulfatlösung gebracht. Das Papier wird sodann einige Male abgespült und getrocknet. Mit photographischem Papier erreicht man im allgemeinen eine größere Empfindlichkeit als mit Filtrierpapier.

Zur Ausführung der Reaktion trägt man ein Tröpfchen (0,25 μl) der sauren Lösung mit einem feinen Kapillarröhrchen auf das Reagenspapier auf. Bei Anwesenheit von Zinn entsteht eine gelbe Färbung.

Erfassungsgrenze 0,08 γ Zinn.

Mehrere Kationen (dreiwertiges Antimon, dreiwertiges Arsen, Cadmium usw.) geben eine ähnliche Reaktion.

13. Fällung als Rhodizonat. Die Punkt 44, S. 124 angegebene Reaktion mit Natriumrhodizonat wird von FEIGL und BRAILE als Tüpfelreaktion verwendet, um Zinn in Legierungen oder zinnplattierten Metallen nachzuweisen. Ausführung s. Punkt 6 β, S. 185.

14. Nachweis mit Diazingrün S(K). Bei Ausführung der Reaktion mit Diazingrün S(K) (s. Punkt 9, S. 105) als Tüpfelreaktion beträgt die *Erfassungsgrenze* 2 γ Zinn [FEIGL (a), S. 107]. Siehe ferner ROSSI.

15. Nachweis als metallisches Zinn. Beim Kochen von 1 bis 2 Tropfen einer Stannitlösung in einem kleinen Tiegel scheidet sich metallisches Zinn als schwarzer Niederschlag aus [FEIGL (e)]. Siehe Punkt 2, S. 111.

16. Fällung mit disubstituierten Dithiocarbamaten. Unter Verwendung der Punkt 21, S. 121 beschriebenen disubstituierten Dithiocarbamate (I), (II), (III) und (IV) finden MALISSA und MILLER folgende *Grenzkonzentrationen*: Für (I) bei Ausführung auf der Porzellantüpfelplatte 1 : 1, auf der Glastüpfelplatte 1 : 200000; für (II) auf der Porzellan- sowie Glastüpfelplatte 1 : 20000; für (III) und (IV) 1 : 200000. Verwendet wurden dabei 0,02 ml einer 0,1%igen Zinnionenlösung, 0,02 ml einer Pufferlösung (p_H = 2, 4, 6, 8 und etwa 14) und 0,02 ml der 3%igen Reagenslösung. Bei Ausführung auf Tüpfelpapier wurden folgende Grenzkonzentrationen erhalten: für (I) 1 : 1; für (II) 1 : 20000; für (III) und (IV) 1 : 200000. S. ferner Anhang, S. 195.

17. Nachweis mit Blauholztinktur. Nach GUTZEIT (a) ruft ein Tropfen einer Zinn(II)-lösung auf einem mit Blauholztinktur imprägnierten Filtrierpapier nach dem Trocknen eine violettrote Färbung hervor. Zur Darstellung des Papiers tränkt man reines Filtrierpapier mit frisch hergestellter Blauholzabkochung oder -tinktur (s. Punkt 6, S. 118) und trocknet das Papier möglichst rasch in einer ammoniakfreien Atmosphäre (WILDENSTEIN).

b) Fluorescenzreaktionen.

1. Nachweis mit Coerulein. Die von EEGRIWE (a) angegebene Fluorescenzreaktion mit Coerulein (s. Punkt 1, S. 125) wird von GOTÔ als Tüpfelreaktion verwertet (s. auch ROSSI). Die Beobachtung der Fluorescenz erfolgt dabei im ultravioletten Licht.

Ausführung. Ein Tropfen der zu prüfenden Lösung wird auf der Tüpfelplatte mit 2 bis 3 Tropfen Alkohol und 1 Tropfen einer 0,5%igen alkoholischen Suspension von Coerulein versetzt. Eine gelbe Fluorescenz zeigt Anwesenheit von Zinn(II)-ionen an. Vierwertiges Zinn muß zunächst zu zweiwertigem reduziert werden. Beim Stehen an der Luft nimmt die Stärke der Fluorescenz ab. Anwesenheit von zu viel starker Salzsäure vermindert die Empfindlichkeit der Reaktion.

Erfassungsgrenze 0,02 γ Zinn.

Grenzkonzentration 1 : 2500000.

2. Nachweis mit Morin. Die Punkt 2, S. 125 angegebene Fluorescenzreaktion mit Morin wird von GOTÔ sowie von FEIGL und GENTIL (a) als Tüpfelreaktion verwertet. Sind nur Spuren Zinns vorhanden, ist die Reaktion in alkoholischer Lösung auszuführen (GOTÔ). Die Reaktion ist äußerst empfindlich. Während das Hinzufügen von

Ammoniak zu 100 ml einer Lösung von Zinn(II)-chlorid oder Zinn(IV)-chlorid in einer Verdünnung von 1:500000 selbst beim Erwärmen keine sichtbare Trübung hervorruft, gibt ein Tropfen dieser verdünnten Lösung auf einem Stück Filtrierpapier nach Tüpfeln mit einer Lösung von Morin in Aceton und Behandeln mit verdünnter Essigsäure einen schwach blaugrün fluorescierenden Fleck.

Ausführung. Ein Tropfen der sauren Probelösung wird auf Filtrierpapier gebracht, der Tüpfelfleck über Ammoniak gedämpft und mit einer 0,02%igen Lösung von Morin in Aceton angetüpfelt. Das Filtrierpapier wird kurze Zeit in verdünnte Essigsäure (Mischung von 100 ml Äthanol und 5 ml Eisessig) gelegt und im UV-Licht betrachtet.

Bei Anwesenheit von Aluminium, Antimon(III) und Zirkonium, deren Hydroxyde sich analog verhalten wie Zinn(II)-hydroxyd, muß zur Prüfung auf Zinn von einer sulfalkalischen Lösung ausgegangen werden, s. Punkt 1, S. 162 [FEIGL und GENTIL (a)].

3. Nachweis mit Quercetin. Der Blütenfarbstoff Quercetin gibt mit den meisten Metallionen gelbe, grüne oder braune Salze, die im ultravioletten Licht starke, untereinander sehr verschiedene Fluorescenzfarben zeigen. Besprühen mit konzentrierter Ammoniaklösung führt in vielen Fällen zu Farbvertiefung oder Farbänderung. Mit zweiwertigem Zinn bildet Quercetin ein gelbgrünes Salz, das im ultravioletten Licht grün fluoresciert. Nach Besprühen mit Ammoniak ist die Farbe im Tageslicht gelborange, im ultravioletten Licht orange (WEISS u. FALLAB).

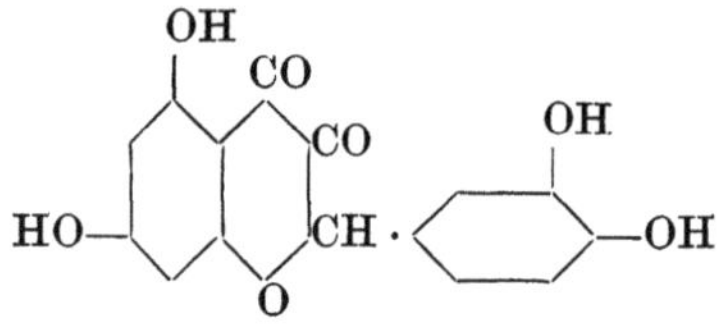

Quercetin.

Ausführung. Man trägt 0,05 ml der zu prüfenden Lösung auf Filtrierpapier auf, besprüht mit 2 n Salpetersäure, trocknet bei 60°, besprüht mit 0,2%iger alkoholischer Quercetinlösung, trocknet und besprüht daraufhin mit konzentriertem Ammoniak.

Empfindlichkeit. Es lassen sich 2,5 γ Zinn in 0,05 ml Lösung, einer *Grenzkonzentration* von 1 : 20000 entsprechend, nachweisen.

Chromatographischer Nachweis s. S. 171.

4. Nachweis mit 6-Nitro-2-naphthylamin-8-sulfonsäure. Das Ammoniumsalz der 6-Nitro-2-naphthylamin-8-sulfonsäure gibt mit einer Anzahl Kationen im ultravioletten Licht eine intensiv blaue Fluorescenz. Diese verschwindet bei den meisten Kationen nach Behandlung mit Ammoniak, bleibt jedoch bei zweiwertigem Zinn bestehen.

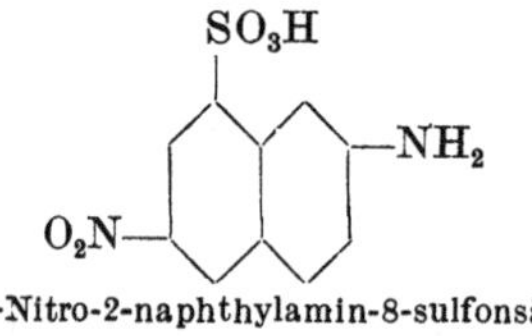

6-Nitro-2-naphthylamin-8-sulfonsäure.

Die Fluorescenz des zweiwertigen Zinns beruht auf der Bildung eines stabilen Chlorostannatkomplexes der durch Reduktion entstandenen 2,6-Diaminonaphthalin-8-sulfonsäure, der sich in saurer Lösung in Form von weißen Schuppen abscheidet und in basischer Lösung eine intensiv blaue Fluorescenz zeigt (ANDERSON und GARNETT).

Als Reagens verwendet man eine 2%ige wäßrige Lösung des Ammoniumsalzes der 6-Nitro-2-naphthylamin-8-sulfonsäure (1). Eine 2%ige wäßrige Lösung des Pyridinsalzes (2) sowie eine 2%ige wäßrige Lösung des Ammoniumsalzes, die mit 1% Äthylendiamin versetzt ist (3), lassen sich ebenfalls verwenden.

Ausführung. Einige Tropfen der Lösung, die ungefähr 0,2 mg des Metalls enthalten sollen, werden auf Filtrierpapier aufgebracht und mit dem Reagens besprüht. Das Papier wird 15 Min. lang an der Luft getrocknet und eine etwaige Fluorescenz im ultravioletten Licht festgestellt. Danach wird das Papier mit 15 n Ammoniak behandelt, an der Luft getrocknet und nochmals im ultravioletten Licht betrachtet.

Empfindlichkeit. Das Reagens (3) ist am wenigsten empfindlich, jedoch ist es mit allen drei Reagenzien möglich, noch 1 γ Zinn nachzuweisen.

Störungen. Reduzierende Reagenzien, wie Natriumsulfid, Natriumpyrosulfit, Hydroxylamin und unterphosphorige Säure geben keine Fluorescenz. Nach Behandlung mit Ammoniak zeigen von 47 untersuchten Metallionen außer Zinn nur dreiwertiges Titan sowie sechswertiges Wolfram und vierwertiges Titan eine Fluorescenz, die bei den beiden letztgenannten jedoch nur schwach ist. Die Fluorescenz des zweiwertigen Zinns kann durch Oxydation mit Wasserstoffperoxyd ausgelöscht werden (ANDERSON und GARNETT).

II. Für das Zinn(IV)-ion.

Beim Vorliegen vierwertiger Zinnionen kann man in der Weise vorgehen, daß man 1 bis 2 Tropfen der Probelösung in einem kleinen Porzellantiegelchen oder auf einem Uhrglas mit einigen Tropfen konzentrierter Salzsäure und einem Streifen Magnesiumband oder einem Zinkstäbchen so lange erwärmt, bis das Magnesium bzw. Zink in Lösung gegangen ist. Metallisches Zinn fällt dabei nicht aus, falls Salzsäure in genügendem Überschuß vorhanden ist. Sodann prüft man einen Tropfen der erhaltenen Lösung mit z.B. Phosphormolybdatpapier (s. Punkt 1, S. 153) oder Quecksilberchlorid und Anilin (s. Punkt 5, S. 156) auf Zinn. Etwa in Form schwarzer Flocken metallisch abgeschiedenes Antimon stört den Zinnachweis nicht [FEIGL und NEUBER; TANANAEFF (c)]. Über die Reduktion beim Nachweis mit Jod-Jodid-Stärkelösung s. Punkt 4, S. 155.

Wünscht man das vierwertige Zinn direkt ohne vorherige Reduktion nachzuweisen, kann man eine der folgenden Reaktionen verwenden.

a) Farb- und Fällungsreaktionen.

1. Nachweis mit 4-Methyl- bzw. 4-Chlor-1,2-dimercaptobenzol („Dithiol") s. Punkt 2, S. 154, sowie Punkt 1, S. 127.

2. Nachweis mit Anthrachinon-1-azo-4-dimethylanilin-hydrochlorid („Anthrazo-Reagens"). Um die Reaktion mit Anthrachinon-1-azo-4-dimethylanilin-hydrochlorid (s. Punkt 2, S. 127) als Tüpfelreaktion zu verwenden, tränkt man ein Stück Filtrierpapier mit einer warmen Lösung der Zusammensetzung: 0,2 g Reagens, 4 ml Salzsäure (D = 1,12), 30 g Ammoniumchlorid, 135 ml Wasser und 60 ml Äthylalkohol. Das Papier wird an der Luft getrocknet und ist rosarot gefärbt. Beim Befeuchten des Filtrierpapiers mit einem Tropfen einer salzsauren (2 bis 3% HCl) zinn(IV)-haltigen Lösung entsteht ein blauvioletter Fleck. Bei Behandlung mit verdünnter Flußsäure verschwindet der Fleck [KUSNETZOW (a); KUSNETZOW und BENDER].

Erfassungsgrenze 0,01 γ Zinn.

Grenzkonzentration 1 : 100000.

Störungen. Zink, Cadmium, Quecksilber und Platin geben die gleiche Reaktion. Antimon(III), Uran, Molybdän, Gold, Iridium, Tellur(IV), Gallium und Aluminium in höheren Konzentrationen geben eine blaßviolette Färbung. In sehr verdünnten Lösungen stören die meisten dieser Ionen nicht. So ist der direkte Nachweis von Zinn in Gegenwart der 2500fachen Menge Aluminium und der 100fachen Menge Zink, Molybdän oder Uran möglich.

3. Nachweis mit Gossypol. Die Reaktion mit Gossypol (Punkt 4, S. 128) wird als Tüpfelreaktion wie folgt ausgeführt: Man gibt auf den Boden eines Mikrotiegels einen Tropfen der Probelösung und verdampft langsam und vorsichtig beinahe zur Trockne. Ohne abkühlen zu lassen, versetzt man mit einem Tropfen der äthylalkoholischen oder acetonischen Reagenslösung. Bei Anwesenheit von Zinn bilden sich sofort purpurrote Flecke. Für Verdünnungen bis zu 1:1000 erstreckt sich die Färbung über den ganzen Bereich. Bei Verdünnungen von ungefähr 1:10000 bildet sich am Rande des verdampften Tropfens ein Ring, der die gleiche Färbung aufweist. Im letztgenannten Fall kann man die Reaktion dadurch noch empfindlicher machen, daß man einen weiteren Tropfen der Reagenslösung zufügt, sobald der erste getrocknet ist.

Empfindlichkeit. *Erfassungsgrenze* 3 γ Zinn, *Grenzkonzentration* 1:10000. Bei Ausführung auf der Tüpfelplatte oder auf Filtrierpapier ist die Empfindlichkeit bedeutend geringer [VIOQUE PIZARRO (a)].

Störungen s. Punkt 4, S. 128.

4. Nachweis als Cäsiumpentajodostannat(IV). Bei der Ausführung der Reaktion mit einem Cäsiumsalz und Kaliumjodid (s. Punkt 7, S. 132) als Tüpfelreaktion bringt man der Reihe nach einen Tropfen der zu prüfenden Lösung, einen Tropfen Kaliumjodidlösung, einen Tropfen Cäsiumchloridlösung und noch einen Tropfen Kaliumjodidlösung auf ein Stück Filtrierpapier. Bei Anwesenheit von vierwertigem Zinn entsteht ein schwarzer Fleck (TANANAEFF und ROMANJUK).

Grenzkonzentration in Gegenwart von Zinn(II)-ionen 1 : 5000.

5. Nachweis mit Schwefelwasserstoff und Jod. Beim Schütteln einer Suspension von Zinn(IV)-sulfid mit einer Lösung von Jod in Schwefelkohlenstoff bildet sich leicht Zinn(IV)-jodid (s. Punkt 6, S. 132). Dieses wird von FEIGL und MIRANDA als Tüpfelreaktion verwertet. Man imprägniert ein Stück Papier mit Sulfid durch Eintauchen in die zinnhaltige Lösung und Einwirkung von gasförmigem Schwefelwasserstoff oder Ammoniumsulfidlösung. Ein Tropfen einer Lösung von Jod in Schwefelkohlenstoff ruft nach Verdampfen des überschüssigen Jods eine charakteristische Farbänderung hervor.

b) Fluorescenzreaktionen.

1. Nachweis mit Morin (s. Punkt 1, S. 143). — Durch Fällung mit Schwefelwasserstoff in saurer Lösung und Lösen der Sulfide in gelbem Ammoniumsulfid werden mit Ausnahme von Antimon und Zinn sämtliche Metallionen entfernt, deren Hydroxyde fluorescierende Adsorptionsverbindungen mit Morin bilden. Die sulfalkalische Lösung wird durch Wasserstoffperoxyd leicht zersetzt, wobei etwa vorhandenes Antimon zur fünfwertigen Stufe oxydiert und gemeinsam mit Zinn als Oxydhydrat abgeschieden wird (s. Punkt 2, S. 159).

Ausführung. Nach Versetzen der sulfalkalischen Lösung mit Wasserstoffperoxyd wird ein Tropfen der Suspension der Oxydhydrate oder bei kleinen Zinnmengen und in Abwesenheit von Antimon ein Tropfen der klaren Lösung auf Filtrierpapier gebracht und weiter behandelt, wie Punkt 2, S. 159, beschrieben [FEIGL und GENTIL (a)].

Nach GOTÔ wird ein Tropfen der salzsauren Lösung auf der Tüpfelplatte mit einem Tropfen 0,2%iger Morinlösung und einigen Tropfen Alkohols versetzt.

Empfindlichkeit. Nach FEIGL und GENTIL (a) beträgt die *Erfassungsgrenze* 0,05 γ Zinn; die *Grenzkonzentration* 1 : 1000000; nach GOTÔ 0,25 γ bzw. 1 : 200000.

Störungen. Antimon(V)-oxydhydrat und die bei diesem Verfahren aus Thiomolybdat-, Thiowolframat-, Thiovanadat- und Thioarsenationen entstehenden Molybdat-, Wolframat-, Vanadat- und Arsenationen reagieren nicht mit Morin.

Über einen Trennungsgang zum Nachweis von Zinn mit Morin in Anwesenheit von Pb, Bi, Cu, Cd, Sb, Fe, Ni, Co, Mn, Cr, Al, Zn und Ti, wobei ein Tropfen von 1,5 μl für die Analyse verwendet wird, s. WEISZ.

Nachweis in Mineralien s. Punkt 4, S. 181.

Nachweis in Legierungen s. Punkt 6 γ, S. 185.

Nachweis in beschwerter Seide s. Abschnitt 1, S. 194.

2. Nachweis mit Quercetin. Zinn(IV)-ionen geben mit Quercetin ein blaßgelbes Salz, das in ultraviolettem Licht blaßgrün fluoresciert. Nach Besprühen mit Am-

moniak sind die Farben gelb bzw. violett (WEISS und FALLAB). Bei der Ausführung
der Reaktion verfährt man, wie Punkt 3, S. 160, beschrieben.

Empfindlichkeit. Es lassen sich 6 γ Zinn in 0,05 ml Lösung, einer *Grenzkonzen-*
tration von 1 : 8333 entsprechend, nachweisen.

3. Nachweis mit 6-nitro-2-naphthylamin-8-sulfonsaurem Ammonium. Ähnlich wie
zweiwertiges Zinn (s. Punkt 4, S. 160) erzeugt auch vierwertiges Zinn eine Fluorescenz
mit 6-nitro-2-naphthylamin-8-sulfonsaurem Ammonium. Die Fluorescenz verschwindet jedoch nach Behandlung mit Ammoniak. Unterphosphorige Säure ruft die
Fluorescenz wieder hervor (ANDERSON und GARNETT).

Reaktion mit Penicillin G. Ohne Angabe der Oxydationsstufe erwähnt MALISSA
die Verwendung der Fällungsreaktion mit dem Natrium- bzw. Kaliumsalz des
Penicillin G (s. Punkt 3, S. 144) als Tüpfelreaktion. Zur Ausführung der Reaktion
wird ein Tropfen der Zinnlösung auf der Tüpfelplatte mit 2 Tropfen der 2%igen
Kalium- bzw. Natrium-Penicillin G-Lösung versetzt.

§ 6. Chromatographischer Nachweis.

A. Säulenchromatographie.

Bei den ersten qualitativ analytischen Arbeiten über die chromatographische
Trennung anorganischer Ionen gelang es SCHWAB und GHOSH nicht, Zinn an der
Aluminiumoxydsäule chromatographisch zu erfassen. VENTURELLO und AGLIARDI
sowie VENTURELLO zeigten jedoch, daß es möglich war, Zinn von anderen Ionen
chromatographisch zu trennen. Die von ihnen erreichten Trennungen sind in Tab. 2
enthalten.

Tabelle 2. *Chromatographische Trennung des Zinn(II)-ions von anderen Ionen.*

Ionen	Entwickler	Obere Zone	Untere Zone
As $^{+++}$—Sn $^{++}$	H_2S	As	Sn
Cd $^{++}$—Sn $^{++}$	Dithizon in NH_3 u. NH_3	Sn	Cd
Co $^{++}$—Sn $^{++}$	$(NH_4)_2S$	Sn	Co
Cr $^{+++}$—Sn $^{++}$	$AgNO_3$ und $NaOH$	Sn	Cr
Cu $^{++}$—Sn $^{++}$	H_2S	Sn	Cu
Mn $^{++}$—Sn $^{++}$	$(NH_4)_2S$	Sn	Mn
Ni $^{++}$—Sn $^{++}$	$(NH_4)_2S$	Sn	Ni
Pb $^{++}$—Sn $^{++}$	KJ und $(NH_4)_2S$	Sn	Pb
Sn $^{++}$—Tl $^{+}$	$(NH_4)_2S$	Sn	Tl
Sn $^{++}$—UO_2 $^{++}$	$(NH_4)_2S$	Sn	U
Sn $^{++}$—Zn $^{++}$	H_2S und K_2CrO_4	Sn	Zn

BISHOP beschreibt die Trennung von Antimon und Zinn in der qualitativen
Analyse mit Hilfe von BAKERS aktiviertem Aluminiumoxyd. Die saure Lösung wird
zum Vertreiben des Schwefelwasserstoffs gekocht, mit metallischem Magnesium
reduziert und mit Ammoniak versetzt, bis eine Ausfällung eben beginnt. Die Fällung
wird in möglichst wenig Salzsäure gelöst und die Lösung in einer TSWETT-Kolonne
mit Schwefelwasserstoff entwickelt. Am oberen Ende der Kolonne entsteht ein
orangefarbenes Band aus Sb_2S_3 und am Boden ein schokoladebraunes aus SnS.

KARSCHULIN und SVARC verwenden Aluminiumoxyd, das durch Erhitzen von
Aluminiumhydroxyd aus Lozovac (Kroatien) bei 600° hergestellt wurde, um Arsen,
Antimon und Zinn zu trennen. 30 bis 40 g des Aluminiumoxydes werden mit Wasser
verrührt und in ein 7 mm weites Rohr eingefüllt. Das Wasser wird durch Absaugen
entfernt und die Kolonne mit 2 ml einer 10%igen Weinsäurelösung behandelt. Die

Mischung von je 0,3 ml der 0,1 n Lösungen von $AsCl_3$, $SnCl_2$ und $SbCl_3$ wird in die Kolonne gebracht und mit Schwefelwasserstoff entwickelt. Nach Behandeln mit einer 5%igen Gelatinelösung beobachtet man in einem Längsschnitt von oben nach unten folgende Zonen: Sn(IV), Sb(III), As(III) (gelb) und Sn(II) (braun). Das vierwertige Zinn ist durch Oxydation entstanden. Das Sn(II)-Band befindet sich 6,3 cm unter dem Sn(IV)-Band, wodurch es möglich ist, zwei- und vierwertiges Zinn in einer Mischung der Ionen nachzuweisen. Zufügen von Cadmium(II)- oder Mangan(II)-ionen zu der Lösung verschiebt die Zone der Zinn(II)-ionen 2 cm aufwärts.

Durch Verwendung einer genügend stark sauren Lösung läßt sich das Zinnband auch an der Oberfläche der Aluminiumoxydsäule beobachten (PINTEROVIC). Mit zwei-wertigem Zinn erhält man die besten Chromatogramme bei Verwendung einer Lösung, die einen Überschuß an 0,375 n Salzsäure enthält, und Waschen mit Wasser. Mit mineralsaurer Lösung ist es jedoch schwierig, eine gute Trennung des Zinns von den anderen Elementen zu erreichen. In 10%iger weinsaurer Lösung ist die Reihen-folge der Adsorption von oben nach unten: Bi(III), Sb(III), Sn(IV), Sn(II), As(III).

Die in Tetrachlorkohlenstoff gelösten Dithizonate (s. Punkt 5, S. 117) von Zinn(II), Antimon(III) und Mangan(II) lassen sich an einer gewöhnlichen Aluminiumoxydsäule chromatographisch nicht trennen (ERÄMETSÄ).

KOMLEV und TSIMBALISTA haben die Verwendbarkeit von Aluminiumoxyd, Silica-Gel, Quarz, Asbest, Anionen- und Kationenaustauschern als Säulenmaterial untersucht. Die besten Ergebnisse wurden mit Aluminiumoxyd und den Anionen-austauschern erhalten. Als Entwicklerreagens für Zinn wurde eine gesättigte Schwe-felionenlösung verwendet.

SEN (a) führt die chromatographische Trennung mit besonders hergestellten Calciumsulfatstäbchen aus. Die Stäbchen sind 15 bis 20 cm lang und 6 bis 8 mm dick. Zu ihrer Herstellung wird Calciumsulfat mit 55 bis 60% gebrannten Gipses gemischt, mit Wasser angefeuchtet, in stabförmige dichte Papierformen gefüllt und getrocknet. An Stelle der Calciumsulfatstäbchen läßt sich auch Schreibkreide verwenden.

Zur Ausführung der Analyse bringt man einige Tropfen der zu untersuchenden Lösung auf das Stäbchen, das man dann an einem durchbohrten Korkstopfen oder Pappdeckel befestigt und in ein Reagensglas hängt, welches 3 bis 4 ml mit verdünnter Salzsäure angesäuerten Wassers enthält, bzw. in ein Becherglas mit 10 ml mit konzen-trierter Salzsäure angesäuerten Wassers. Die Auftropfstelle befindet sich dabei 2 bis 4 cm oberhalb der Wasseroberfläche. Das Wasser steigt allmählich empor. Nachdem es nicht mehr ansteigt, bringt man das Stäbchen noch feucht in einen Schwefel-wasserstoffstrom.

Bei der Chromatographie von Arsen-Antimon-Zinn-Lösungen bilden sich drei deutliche Zonen. Zuunterst, ein wenig oberhalb der Auftropfstelle, erscheint das orangefarbene Antimonsulfid, an der Spitze das gelbe Arsensulfid und dazwischen das braune Zinnsulfid.

Beim Vorliegen von Cadmium und Zinn entstehen eine gelbe und eine braune Zone mit einer deutlichen Trennlinie. Die gelbe Zone befindet sich über der braunen.

Die Zonen können herausgeschnitten und die betreffenden Ionen im Filtrat nach Lösen der Sulfide bestätigt werden. S. ferner Anhang, S. 195.

Ein praktisch verwendbarer Analysengang auf chromatographischer Grundlage ist von O. C. SMITH beschrieben worden. Nach Abtrennung des säureunlöslichen Rück-standes, der Salzsäuregruppe, der unlöslichen Oxalate und der durch Ammoniak ge-fällten und in Salzsäure nicht löslichen Niederschläge von Zirkonium, Titan, Antimon und Wismut fällt man im Filtrat mit Schwefelwasserstoff in einer Lösung, die etwa 0,3 n an Salzsäure ist. Der Niederschlag wird mit Natriumsulfidlösung behandelt, wo-bei Zinnsulfid neben anderen Sulfiden in Lösung geht.

Zur Chromatographie der Thiosalzlösung gibt man 2 ml konzentrierte Salzsäure in die trockene Säule, danach 3 ml Wasser, einen Teil der Thiosalzlösung, 3 ml Wasser und 10 ml Salzsäure (etwa 0,5 n), wobei man jedes Reagens und Waschmittel in die Säule eintreten läßt, bevor Zugabe des nächsten erfolgt.

Die in der Thiosalzlösung vorhandenen Elemente werden in folgender Reihe von oben nach unten getrennt: Quecksilber, Selen, Platin, Arsen, Antimon, Zinn, Tellur, Molybdän. Zinn gibt ein orange bis schwarzbraunes Band.

Nach Beobachtung der entstandenen Zonen löst man zunächst Arsen durch Zugabe von 2 ml gesättigter wäßriger Natriumhydrogencarbonatlösung und 2 ml Wasser aus der Säule und dann Antimon durch Zugabe von 2 ml konzentrierten Ammoniaks und danach 2 ml Wasser. Zinn, Tellur und Molybdän werden teilweise gelöst. Man fügt 2 ml Ammoniumsulfid und dann 2 ml Wasser hinzu, wobei Selen, Zinn, Tellur und Molybdän gelöst werden. Es bleiben hellbraune Zonen dort, wo die ursprünglichen Zinn-, Tellur- und Molybdänzonen waren.

Beim Chromatographieren von Lösungen, die Gruppen von je drei Elementen enthalten, und zwar von jedem Element 1 mg, ergibt sich folgendes:

Arsen-Antimon-Zinn. Die Trennung zwischen diesen ist nur mittelmäßig, zwischen Antimon und Zinn schlecht. Arsen ist deutlich an einer citronengelben Zone zu erkennen, Antimon und Zinn bilden eine etwa 2 bis 5 mm breite Mischzone, in der Zinn als ein dunkelgrauer Ring am unteren Rande zu erkennen ist.

Antimon-Zinn-Tellur. Antimon und Zinn bilden auch hier eine Mischzone, bei der Zinn wiederum als ein dunkler Ring am unteren Rande zu erkennen ist.

Zinn-Tellur-Molybdän. Die Trennung zwischen diesen drei Elementen ist nur mittelmäßig. Zinn bildet eine graue, etwa 2 cm breite Zone. Die Farbe ist nicht in einem scharfen Ring konzentriert, sondern verteilt sich schwach über die ganze Zone mit einem dunklen Band am oberen Rande.

Nachweis in Malzgetränken s. Punkt 11, S. 193.

B. Papierchromatographie.

FLOOD und SMEDSAAS weisen Zinn durch Einsaugen der zinnhaltigen Lösung in einen mit Aluminiumhydroxyd imprägnierten Papierstreifen aus dickem Löschkarton mit Kakothelin (s. Punkt 5, S. 101) als Entwicklerreagens nach. Das zweiwertige Zinn wird allerdings während des Einsaugens in das Papier durch den Luftsauerstoff stark oxydiert. Chromatographiert man z. B. ein Gemisch aus zweiwertigem Zinn und dreiwertigem Antimon, beobachtet man dicht an der Einsaugstelle eine breite, weiße „Säure"-Zone, die vierwertiges Zinn zu enthalten scheint, dann folgt eine Zone von dreiwertigem Antimon und schließlich eine schmale Zone von zweiwertigem Zinn. — Da zweiwertiges Zinn das dreiwertige Arsen reduziert, läßt sich die Reihenfolge dieser beiden Ionen nicht direkt bestimmen. — Zinn wird deutlich vor dreiwertigem Eisen adsorbiert.

Vierwertiges Zinn ist schwer zu entwickeln. Der Nachweis gelingt jedoch, wenn man die Zone stark mit Salzsäure ansäuert, mit Eisenpulver bestreut und nach der Reduktion das zweiwertige Zinn mit Kakothelin nachweist.

Ausführung. Dicker Löschkarton wird in eine Natriumaluminatlösung (0,1 bis 1 molar) eingetaucht, an der Luft getrocknet, mit gesättigter Natriumhydrogencarbonatlösung getränkt, im Laufe mehrerer Tage gründlich mit Wasser gewaschen und zwecks Trocknen und Altern einige Tage der freien Luft ausgesetzt. Schließlich schneidet man das Papier in schmale Streifen (0,5 bis 1 cm breit) und hebt es unter Luftabschluß auf. Zur Ausführung der Reaktion saugt man zunächst an dem einen Ende des Papierstreifens etwas destilliertes Wasser, dann die zu untersuchende Lösung und zum Schluß nochmals destilliertes Wasser ein, trocknet zwischen Filtrierpapier und gibt mit einem Pinsel das Entwicklerreagens auf. Das zweiwertige Zinn ist an einer stark blauvioletten Färbung zu erkennen (FLOOD).

BURSTALL, DAVIES, LINSTEAD und WELLS verwenden organische Lösungsmittel,

um die Trennungen herbeizuführen. Zinn, Arsen und Antimon in verdünnter salzsaurer Lösung ihrer niedrigsten Chloride lassen sich in einer Stunde mit Acetylaceton,
das mit Wasser gesättigt ist und 25 Vol.-% Aceton und 0,5 Vol.-% Salzsäure
D = 1,18) enthält, trennen.

Ausführung. Es wird der in Abb. 8 wiedergegebene Apparat verwendet. Er besteht aus einem hohen, mit Kork- oder Gummistopfen luftdicht abgeschlossenen
Zylinder. Durch den Stopfen ist ein Glasstab geführt, an dem ein kleines Gefäß zur

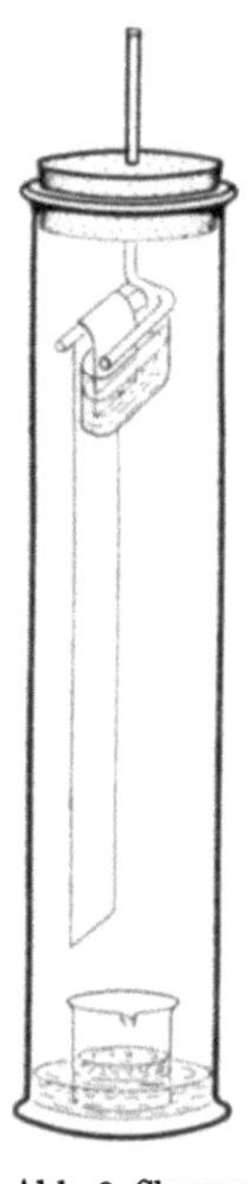

Aufnahme des organischen Lösungsmittels befestigt ist. Damit die
Luft im Zylinder in bezug auf mit Wasser gesättigtes Acetylaceton gesättigt wird, enthält er eine kleine Menge dieser Lösung[1]. Ein nahe
dem einen Ende mit der zu untersuchenden Lösung (0,05 ml) be-
feuchteter und getrockneter Papierstreifen wird vertikal so in den
Zylinder eingehängt, daß das Ende, auf welches die Probelösung aufgebracht worden ist, in das Lösungsmittel eintaucht. Nachdem die
organische Flüssigkeit weit genug in das Papier hineindiffundiert ist,
wird der Streifen aus dem Zylinder herausgenommen und mehrere
Minuten getrocknet. Ehe er ganz trocken ist, wird er mit einer
Lösung von Dithizon in Chloroform (s. Punkt 5, S. 117) besprüht und
dann sorgfältig getrocknet. Arsen bildet eine wenig verschobene
scharfe Zone ($R_f = 0,2$)[2], Antimon eine breitere, darunterliegende
Zone ($R_f = 0,5$) und Zinn eine Zone mit einer unregelmäßigen dif-
fusen Begrenzung an der Lösungsmittelfront. Es wurden auch eine
Reihe anderer Lösungsmittel, z.B. Äthylacetat, auf ihre Verwendbarkeit für die Trennung von Arsen, Antimon und Zinn untersucht. Die
besten Resultate wurden mit Acetylaceton erzielt.

POLLARD, McOMIE und ELBEIH haben die Wanderung des Zinns in
verschiedenen organischen Lösungsmitteln, die gleichzeitig ein kom-
plexbildendes Reagens enthalten, untersucht. Die Lösungsmittelgemische (2, 3, 4, 5, 7, 8), mit denen man die besten Trennungen
des Zinns von anderen Ionen erzielte, sind mit den dazugehörigen
R_f-Werten in Tab. 3 enthalten. Die Tabelle enthält auch die R_f-Werte
für einige andere Lösungsmittelgemische (1, 6, 9, 10), die von POL-
LARD und Mitarbeitern untersucht worden sind. Zur Feststellung der
Werte wurden gewöhnlich 0,02 ml von 0,2 n Zinnchloridlösungen verwendet.

Abb. 8. Chroma-
tographiergefäß
nach F. H. BUR-
STALL, G. R. DA-
VIES, R. P. LIN-
STEAD und R. A.
WELLS, Journal
of the Chemical
Society, London
1950, 517.

Zur eindimensionalen Trennung von Arsen, Antimon und Zinn
verwenden POLLARD, McOMIE und ELBEIH ein n-Butanol-Salpeter-
säure-Benzoylaceton-Gemisch, das man durch Lösen von 0,5 g Benzoylaceton (im
Original sind — wohl irrtümlicherweise — 5 g angegeben) in 50 ml n-Butanol, Schütteln mit 50 ml 0,1 n Salpetersäure und Abtrennen der wäßrigen Schicht nach Erreichung des Gleichgewichtes herstellt. Mit diesem Gemisch stellte es sich heraus,
daß die R_f-Werte für Arsen, Antimon und Zinn in einer Mischung der drei Elemente
nicht mit den für die reinen Lösungen gefundenen (0,43; 0,0; 0,55) übereinstimmten.
In der Mischung ergaben sich vielmehr folgende Werte: für Arsen 0,40, für Antimon 0,53 und für Zinn 0,63. Die Untersuchungen werden auf Papierstreifen in
einem luftdicht abgeschlossenen Behälter ausgeführt, welcher ein in geeigneter
Weise befestigtes Gefäß zur Aufnahme der abgetrennten organischen Phase des

---

[1] Das in der Abbildung im Zylinder stehende Becherglas dient zur Aufnahme von Wasser, gesättigten Salzlösungen oder verdünnten, mit dem Lösungsmittel gesättigten Säuren, wenn ein
bestimmter Gehalt der Atmosphäre an Wasserdampf oder Säuredämpfen notwendig ist. Bei der
Trennung von Zinn, Arsen und Antimon ist dies nicht der Fall.

[2] $$R_f = \frac{\text{Entfernung, die das Ion zurücklegt}}{\text{Entfernung, die das Lösungsmittel zurücklegt}}$$

n-Butanol-Salpetersäure-Benzoylaceton-Gemisches enthält. Die wäßrige Schicht wird auf den Boden des Behälters gegeben.

Eine gute Trennung von Arsen, Antimon und Zinn erreicht man auch bei Verwendung von sym.-Collidin, das mit 0,4n Salpetersäure gesättigt ist. Die R_f-Werte sind: für As(III) 0,65; für Sb(III) 0,38; für Sn(II) und Sn(IV) 0 (ELBEIH, McOMIE und POLLARD).

Tabelle 3. *R_f-Werte der Zinnionen in verschiedenen Lösungsmittelgemischen.*

Nr.	Lösungsmittelgemische	Sn(II)	Sn(IV)
1	n-Butanol/2n Salpetersäure (1 : 1)	0,77	0,70
2	n-Butanol/2n Salpetersäure (1 : 1)— 0,1% Dibenzoylmethan	0,73	0,65
3	n-Butanol/0,1n Salpetersäure (1 : 1)— 0,5% Benzoylaceton[1]	0,58	0,55
4	n-Butanol/2n Salpetersäure (1 : 1)— 1% Acetylaceton	0,82	0,81
5	n-Butanol/1n Salpetersäure (1 : 1)— 5% Acetessigester	0,70	0,65
6	n-Butanol (50 ml)—Eisessig (10 ml)— Acetessigester (5 ml)—Wasser (35 ml)	0,13	0,15
7	n-Butanol/1n Salpetersäure (1 : 1)— 1% Antipyrin	0,73	0,68
8	Dioxan (100 ml)—Antipyrin (1 g)—konz. Salpetersäure (1 ml)—Wasser (2,5 ml)	0,77	0,58
9	Pyridin/Wasser (3 : 2)	0	0
10	Collidin/0,4n Salpetersäure (1 : 1)	0	0

POLLARD, McOMIE und STEVENS verwenden das n-Butanol-Benzoylaceton-Gemisch, um auf chromatographischem Wege eine vollständige qualitative Analyse ohne vorhergehende chemische Trennung auszuführen. Zwei Proben von je 0,1 g Substanz werden in (a) 2 ml 2n Salpetersäure und (b) 2 ml 2n Salzsäure gelöst. Etwa vorhandenes Dichromat, Chromat oder Permanganat müssen zunächst durch Wasserstoffperoxyd reduziert werden. Auf einen Bogen Filtrierpapier bringt man längs einer horizontalen Geraden, die vom oberen Rande 8 cm entfernt ist, im Abstand von je 2 cm zweimal einen Tropfen der Lösung (a) und zehnmal einen Tropfen der Lösung (b). Das Filtrierpapier wird dann in das das n-Butanol-Benzoylaceton enthaltende Chromatographiergefäß gebracht und dort gelassen, bis die Lösungsmittelfront etwa 5 cm vom unteren Rande des Papiers entfernt ist. Der Papierbogen wird getrocknet, und nach Abschneiden des mit der Lösung (a) behandelten Teiles werden die übrigen Chromatogramme durch Besprühen mit 2n Salzsäure angefeuchtet, bei 50 bis 60° getrocknet und in Streifen, entsprechend den einzelnen Chromatogrammen, zerschnitten.

Die Identifizierung der Kationen erfolgt in Gruppen. Zinn, Strontium, Barium, Cadmium, Zink, Aluminium, Magnesium und Calcium bilden eine gemeinsame Gruppe, die durch Besprühen mit einem Gemisch aus 0,1 g *5-Oxy-2-oxymethyl-pyron (Kojisäure)* und 0,5 g *Oxin* in 100 ml 60%igen Alkohols entwickelt und nach Behandeln mit Ammoniak im ultravioletten Licht untersucht wird. Zwei- und vierwertige Zinnionen, die sich von den anderen Ionen der Gruppe durch einen größeren R_f-Wert ($R_f > 0,5$) unterscheiden, erzeugen eine gelbe Fluorescenz (s. Punkt 3, S. 126). Um die Anwesenheit des Zinns zu bestätigen, wird der Streifen oberhalb des Flecks mit Pappe abgeschirmt. Dann wird er mit 2n Salzsäure besprüht, getrocknet, mit 5%iger Phosphormolybdän-

---

[1] Das Gemisch wird durch Lösen von 0,5 g Benzoylaceton in 100 ml n-Butanol, Schütteln mit 100 ml 0,1n Salpetersäure und Abtrennen der wäßrigen Schicht nach Erreichung des Gleichgewichtes hergestellt (POLLARD und McOMIE, S. 73).

säure besprüht und wieder getrocknet. Ein blauer Fleck zeigt zweiwertiges Zinn an (s. Punkt 1, S. 153). Erscheint die blaue Farbe nicht, liegt vierwertiges Zinn vor. Siehe ferner ELBEIH, McOMIE und POLLARD.

POLLARD und McOMIE (S. 102) weisen Zinn ohne Verwendung von Kojisäure nach. Nach der Behandlung mit Oxin wird das Chromatogramm leicht mit Eisessig besprüht, wobei die vom Zinn herrührende Fluorescenz nicht verschwindet (s. dazu Punkt 3, S. 126). Ein weiterer Nachweis von Zinn erübrigt sich, da Zinnionen die einzigen Ionen der obengenannten Gruppe sind, die einen R_f-Wert $> 0{,}5$ haben, und bei denen die Fluorescenz nach Behandeln mit Eisessig erhalten bleibt. Als R_f-Wert geben POLLARD und McOMIE (S. 109) etwa 0,7 an.

POLLARD und McOMIE (S. 107) haben ferner ein Verfahren ausgearbeitet, das auf der Verwendung von drei Lösungsmittelgemischen beruht und bei dem die in jedem der Lösungsmittelgemische erhaltenen R_f-Werte der Kationen mit den im voraus festgestellten R_f-Werten in den gleichen Lösungsmittelgemischen verglichen werden. Die drei verwendeten Lösungsmittelgemische sind: 1. n-Butanol-Salpetersäure-Benzoylaceton, 2. Collidin-Salpetersäure (100 Vol. sym.-Collidin und 100 Vol. 0,4n Salpetersäure), 3. Dioxan-Antipyrin (100 Vol. Dioxan, 2,5 Vol. Wasser, 1 Vol. konzentrierte Salpetersäure und 1 g Antipyrin).

Die zu chromatographierenden Lösungen werden, wie oben beschrieben, vorbereitet und die Chromatogramme in drei verschiedenen Behältern, die je eins der Lösungsmittelgemische enthalten, hergestellt. Zur Sichtbarmachung der Zonen behandelt man die Chromatogramme erstens mit Ammoniumsulfid und zweitens mit Oxin mit anschließender Beobachtung im ultravioletten Licht.

Die so erhaltenen Chromatogramme werden nebeneinander gelegt und die Ergebnisse mit den bekannten R_f-Werten oder mit der von POLLARD und McOMIE (S. 112) angegebenen Tabelle verglichen. Für Zinn, das nur in n-Butanol-Salpetersäure-Benzoylaceton und in Dioxan-Antipyrin wandert, wird für das erste Gemisch sowohl für Zinn(II) wie Zinn(IV) ein R_f-Wert $> 0{,}7$ angegeben. Für das zweite Gemisch beträgt der R_f-Wert für Zinn(IV) 0,5 bis 0,6, für Zinn(II) 0,7 bis 0,8. Gegebenenfalls werden auch spezielle Identifikationsreaktionen ausgeführt.

M. LEDERER (a) trennt die Kupfer- und Zinngruppe mit n-Butanol, das mit 1n Salzsäure gesättigt ist, nach der aufsteigenden Methode unter Verwendung eines Papierzylinders, der in einer das Lösungsmittelgemisch enthaltenden Schale steht. Die Entwicklung dauert etwa 30 Std. Die auf den Papierzylinder aufgebrachten Tropfen der zu analysierenden Lösung sind etwa 0,01 ml und enthalten etwa 0,1 mg des Ions. In Gemischen sind die Trennungen noch mit 0,05 mg der Ionen gut erkennbar. Die Flecken der Zinngruppe lassen sich durch einfaches Begasen des Chromatogramms mit Schwefelwasserstoff hervorrufen. Zweiwertiges Zinn wandert mit der Lösungsmittelfront ($R_f = 0{,}96$ bis 0,99). Da diese selbst einen braunen Rand bildet, ist Zinn in kleinen Mengen schwer zu erkennen. Zinn läßt sich in dieser Weise von Arsen und Antimon trennen. Das Verfahren wird von ROMANO zum toxikologischen Nachweis von Zinn verwendet (s. § 9, S. 178).

M. LEDERER (c) sowie WALKER und LEDERER haben R_f-Werte für zweiwertiges Zinn in salzsäurehaltigem Äthyl-, Isopropyl-, Butyl- und Amylalkohol sowie in Mischungen dieser Alkohole bestimmt. Die Werte sind in Tab. 4 enthalten.

Tabelle 4. *R_f-Werte des zweiwertigen Zinnions in salzsäurehaltigen Alkoholgemischen.*

	90 ml Äthanol + 10 ml 5n Salzsäure	90 ml Äthanol + 90 ml Isopropanol + 20 ml 5n Salzsäure	90 ml Isopropanol + 20 ml 5n Salzsäure	90 ml Isopropanol + 90 ml Butanol + 20 ml 5n Salzsäure	100 ml Butanol geschüttelt mit 100 ml 1n Salzsäure und obere Schicht abgetrennt	100 ml Butanol + 100 ml Pentanol + 200 ml 1n Salzsäure geschüttelt und obere Schicht abgetrennt	100 ml Pentanol + 100 ml 2n Salzsäure geschüttelt und obere Schicht abgetrennt
Sn^{++}	0,97	0,86	0,88	0,82	0,55	0,42	0,52

FRIERSON und AMMONS beschreiben die chromatographische Trennung von Zinn in der Schwefelwasserstoffgruppe durch Verwendung von Butanol mit einem kleinen Zusatz von Salzsäure als Lösungsmittel. Blei(II), Kupfer(II), Cadmium(II), Wismut(III), Arsen(III), Antimon(III), Zinn(IV) wandern in dieser Reihenfolge.

SEN (b) beschreibt die qualitative Trennung von Arsen, Antimon und Zinn durch aufsteigende Entwicklung einer wäßrigen Lösung in Streifen von Asbestpappe (*Asbest-Chromatographie*).

HARASAWA trennt fünfwertiges Antimon und vierwertiges Zinn vollständig mit einem Gemisch aus 100 Teilen Butanol, 4 bis 7 Teilen konzentrierter Salzsäure und 20 Teilen Wasser. Die Trennung von dreiwertigem Antimon und zweiwertigem Zinn ist unvollständig. Die zu analysierende Lösung wird deshalb zunächst dadurch oxydiert, daß man die 20 Teile Wasser durch das gleiche Volumen 3%igen Wasserstoffperoxyds ersetzt. Fünfwertiges Antimon entfernt sich fast nicht von der angefeuchteten Stelle, während der R_f-Wert des vierwertigen Zinns etwa 0,7 beträgt. Dieses Ergebnis konnte von E. LEDERER nicht bestätigt werden.

Über die chromatographische Trennung des Zinns mit Methylpropylketon s. BISHOP und LIEBMANN.

Im Zusammenhang mit der chromatographischen Trennung des Goldes mit Äthylacetat und Salpetersäure finden KEMBER und WELLS, daß zwei- und vierwertiges Zinn zusammen mit Gold mit der Lösungsmittelfront wandern.

ANDERSON und WHITLEY haben die R_f-Werte des Zinns in Äther, der mit 1 n Salzsäure, Bromwasserstoffsäure, Schwefelsäure oder Salpetersäure gesättigt ist, bestimmt. Die Versuche wurden mit 0,02 ml Lösung, die 0,02 mg des Metallsalzes (Chlorids) enthielten, nach dem aufsteigenden Verfahren unter Verwendung von Papierzylindern mit einer Entwicklungszeit von einer Stunde ausgeführt. Entwickelt wurde mit Schwefelwasserstoff, obwohl sich eine Lösung von Dithizon in Chloroform (s. Punkt 5, S. 117) als ein empfindlicheres Reagens erwies. Die für zweiwertiges Zinn gefundenen R_f-Werte sind in Tab. 5 enthalten. Zum Vergleich sind auch die Werte für dreiwertiges Antimon angegeben.

Alle Chromatogramme wiesen einen „Tailing"-

Tabelle 5. *R_f-Werte in mit Mineralsäure gesättigtem Äther.*

	HCl	HBr	H_2SO_4	HNO_3
Antimon(III)	0,45	0,43	0,43	0,63
Zinn(II)	0,52	0,65	0,63	0,80

Effekt auf. Arsen, Blei und Zinn sind in Mengen unter 0,1 mg aus ihren Gemischen noch qualitativ trennbar. Der „Tailing"-Effekt wurde durch Verwendung von Kurzchromatogrammen verringert.

NAKANO untersucht die chromatographische Trennung und den Nachweis von 24 üblichen Ionen, darunter auch von vierwertigem Zinn. Die verwendeten Lösungsmittel waren: Salzsäure, Essigsäure, Butylalkohol, Isoamylalkohol, Aceton, Äther und ihre Mischungen. Die Ergebnisse wurden zur Analyse von Messing- und Zinklegierungen verwendet.

OKÁČ und ČERNÝ geben ein Verfahren zur chromatographischen Trennung und zum Nachweis von Wismut, Antimon(III) und Zinn(II) an. Sie gehen so vor, daß sie eine einen Tropfen der zu prüfenden Lösung enthaltende Kapillare senkrecht auf ein Stück Filtrierpapier stellen. In die Mitte des auf dem Papier entstandenen Tüpfels bringen sie einen Tropfen einer Ammoniumpolysulfidlösung. Zinn(II)-chloridlösungen geben mit Ammoniumpolysulfid zuerst einen schwarzen Zinn(II)-sulfidtüpfel. Auf weitere Zugabe von Ammoniumpolysulfid bildet sich ein zentraler gelber Zinn(IV)-sulfidring (s. Punkt 10, S. 112). Bei Anwesenheit von Antimon ist er an der inneren Peripherie hellgelb, an der äußeren orange, wenn neben einer Konzentration von 0,5 n Zinn(II) mindestens 0,01 n Antimon(III) zugegen ist. Auch eine Maskierung der Antimon(III)-ionen mit Weinsäure verbessert nicht die Nachweismöglichkeit. Erst die Umwandlung von Zinn(IV)-sulfid in Quecksilber(II)-sulfid gibt einen empfindlichen Nachweis. Der Zinn(IV)-sulfidring wird dann schwarz, während die Antimon(V)-sulfidfärbung 20 Min. lang unverändert bleibt. Man verwendet hierbei eine wäßrige Lösung von $K_2[Hg(CNS)_4]$, die aus gleichen Volumteilen einer 0,1n Lösung von Quecksilber(II)-chlorid und einer 1n Lösung von Kaliumthiocyanat hergestellt wird. Diese Lösung bringt man auf die Mitte des Tüpfels, nachdem man das Papier zwecks Zersetzung des Ammoniumpolysulfids 5 bis 10 Min. lang bei 70 bis 90° getrocknet hat. In Gegenwart von dreiwertigem Wismut erhält man einen zentralen schwarzen Wismutsulfidtüpfel, das Zinn(IV)-sulfid zeigt sich als deutlicher schwarzer Quecksilbersulfidring an und Antimon als äußerer orangegelber Saum. In Anwesenheit von Wismut beträgt die *Grenzkonzentration* für Zinn(II) 1 : 16667; bei einem Verhältnis Antimon : Zinn = 100 : 1 beträgt sie 1 : 4000.

Über den Nachweis des Zinns durch Umwandlung in Silbersulfid s. KODERA und ONISHI.

SURAK und SCHLUETER verwenden für die Trennung von Arsen, Antimon und Zinn ein Gemisch aus 80% tertiärem Butylalkohol, 10% Wasser mit genügend Eisessig zur Erreichung eines p_H-Wertes von 3,5 bis 4,0 und 10% Acetessigester. Die Reihenfolge der getrennten Ionen ist As^{3+}, Sb^{3+}, Sn^{2+}, Sn^{4+}. Die Ionen werden durch Schwefelwasserstoff identifiziert.

NAITO und TAKAHASHI finden, daß sich bei der chromatographischen Trennung mit Essigsäure und Salpetersäure zweiwertiges Zinn mit Thiogallein (s. Punkt 14, S. 119), vierwertiges Zinn mit Gallein nachweisen läßt. Verwendet man Essigsäure und Salzsäure als Lösungsmittel, kann vierwertiges Zinn sowohl mit Gallein als auch mit Thiogallein nachgewiesen werden.

TAMURA untersucht die qualitative Trennung sämtlicher Kationen nach der absteigenden Methode. Quecksilber, Zinn, Antimon, Wismut, Arsen, Zink und Cadmium werden mittels Butanol, welches mit einem Gemisch aus 2,5n Salpetersäure und 1,5n Salzsäure gesättigt ist, getrennt.

TEWARI schlägt vor, die Trennung nach der aufsteigenden Methode mittels eines Papierstreifens, der in gleichen Abständen mit horizontalen Streifen versehen ist, auszuführen. Nachdem die Lösungsmittelfront sämtliche horizontalen Streifen passiert hat, werden diese getrocknet und mit einem geeigneten Reagens entwickelt. Im ersten horizontalen Streifen findet man sämtliche vorhandenen Ionen, im nächsten bereits weniger und im letzten nur noch ein Ion. Der Vorteil dieser Anordnung besteht darin, daß die Zonen sich nicht überschneiden und scharfe Banden mit guter Reproduzierbarkeit erhalten werden. Für Arsen, Antimon und Zinn werden folgende R_f-Werte angegeben: $As^{3+} = 0,64$; $Sb^{3+} = 0,80$; $Sn^{2+} = 0,98$.

PFEIL, PLOSS und SARAN trennen die Elemente der Schwefelwasserstoffgruppe nach der aufsteigenden Methode unter Verwendung von mit 3,4 bis 3,5n Salzsäure gesättigtem Butanol als Lösungsmittel. Zinn muß in der vierwertigen Oxydationsstufe vorliegen und hat mit 3 bis 4n Salzsäure einen R_f-Wert von 0,83. Es wird durch Besprühen mit einer 0,1%igen, alkoholischen Quercetinlösung entwickelt (s. Punkt 2, S. 162). Nach dem Verfahren lassen sich $10\,\gamma$ Zinn neben je $100\,\gamma$ der übrigen Elemente der Schwefelwasserstoffgruppe nachweisen.

SOMMER hat als Vorarbeit zu einem papierchromatographischen Analysengang die R_f-Werte einer Anzahl von Kationen, darunter auch Zinn, in verschiedenen Säure-Alkohol- und Säure-Keton-Gemischen bestimmt.

VAN ERKELENS gibt ein Verfahren zur Bestimmung geringer Mengen Zinns, besonders in biologischem Material, durch Behandlung der Chromatogramme mit radioaktivem Schwefelwasserstoff an. Als Lösungsmittel wird ein Gemisch aus 90 Teilen n-Butanol und 10 Teilen Acetessigester, gesättigt mit 0,1n Salpetersäure, verwendet.

WEISS und FALLAB erreichen eine Trennung von Aluminium(III)- und Zinn(II)-

ionen mit Alkohol + 4n Salzsäure (60 : 40) als Lösungsmittel und Quercetin (s. Punkt 3, S. 160) als Entwicklerreagens.

KOLIER und RIBAUDO haben ein Verfahren ausgearbeitet, um Spuren von Zinn, Eisen und Molybdän in Titan chromatographisch voneinander zu trennen. Nach Lösen des Titanmetalls in Salzsäure wird mit Wasserstoffperoxyd oxydiert und die Lösung mit n-Butanol, das mit 3n Salzsäure gesättigt ist, nach der absteigenden Methode chromatographiert. Das Zinn wandert mit der Lösungsmittelfront ($R_f = 0{,}95$ bis $1{,}00$) und wird durch Besprühen mit einer Alizarin-Ammoniak-Lösung entwickelt. Zur Darstellung des Reagenses wird eine 0,5%ige Lösung von Alizarin eine Stunde lang der Einwirkung von Ammoniakdämpfen ausgesetzt, wobei die bernsteinfarbene Lösung violett wird. Mit Zinn entsteht ein hellorangerotes Band. Mehrmaliges Besprühen kann u. U. notwendig sein, um die Farbe hervorzurufen. Für Titan beträgt der R_f-Wert in dem angegebenen Lösungsmittel 0,0 bis 0,10, für dreiwertiges Eisen 0,50 bis 0,60 und für Molybdän als Molybdat 0,45 bis 0,55. Auch andere Metalle, die als Spuren in Titan vorhanden sein können, haben einen viel geringeren R_f-Wert als Zinn.

Über die chromatographische Trennung des zweiwertigen Zinns von Ascorbinsäure mit einem Lösungsmittelgemisch aus Butanol und Wasser im Verhältnis 4 : 6 s. STROHECKER, HEIMANN und MATT.

Über die chromatographische Trennung von Germanium und Zinn s. *Germanium*, § 6, S. 38. S. ferner Anhang, S. 195.

§ 7. Elektrophoretischer Nachweis.

(Papier-Elektrochromatographie.)

A. Allgemeines.

Trennung und Nachweis anorganischer Ionen mit Hilfe von Elektromigration sind in neuerer Zeit verschiedentlich untersucht worden. DJATSCHKOWSKI und ORLENKO, die das Verfahren als Elektrokapillarmethode bezeichnen, gehen so vor, daß ein Tropfen der zu untersuchenden Lösung auf die Mitte eines mit destilliertem Wasser angefeuchteten Filtrierpapieres gebracht wird, an dessen Rändern sich Elektroden aus Aluminium befinden. Bei Einschaltung des Netzstromes wandern die Ionen nach den entsprechenden Polen, wo man sie durch die üblichen empfindlichen und charakteristischen Reaktionen nachweisen kann.

M. LEDERER (b) untersucht die Verwendbarkeit der elektrophoretischen Verfahren für die Trennung der Metallionen. Für den Versuch werden zwei U-Rohre verwendet, die zur Hälfte mit Salzsäure als Elektrolyt aufgefüllt werden (Abb. 9a). In dem einen Arm der U-Rohre befindet sich eine Kohleelektrode. Ein Streifen Filtrierpapier (1 × 20 cm) wird so über einen T-förmigen Glasständer gehängt, daß die Enden in die beiden anderen Arme der U-Rohre eintauchen. Ein Tropfen der zu prüfenden Lösung wird auf die Mitte des Streifens gebracht, d. h. dorthin, wo das Papier auf dem T-förmigen Glasständer aufliegt. Der übrige Papierstreifen wird sorgfältig mit dem Elektrolyten befeuchtet. Der Glasständer mit dem Papier wird in einen Stopfen mit Durchbohrungen für die U-Rohre gesteckt und ein Glaszylinder auf den Stopfen aufgesetzt. Unter Verwendung einer Spannung von 70 bis 150 V Gleichstrom und einer Stromstärke von 4 bis 5 mA gelingt es mit 0,5n Salzsäure als Elektrolyt, Antimon und Zinn in etwa 2 Stunden voneinander zu trennen. Zinn wandert dabei zur Kathode, Antimon dagegen zur Anode [s. auch LEDERER und WARD (a)].

In einer späteren Arbeit beschreiben LEDERER und WARD (b) eine Verbesserung des benutzten Apparates. Das Papier wird zur Vermeidung des Austrocknens zwischen zwei Glasplatten angebracht, und an Stelle der U-Rohre werden zwei

Bechergläser verwendet (Abb. 9b). Die Verfasser schlagen vor, die Methode als „Papier-Elektrochromatographie" zu bezeichnen, da die Erscheinungen größere Verwandtschaft mit denen der Papierchromatographie als mit denen der Elektrophorese haben.

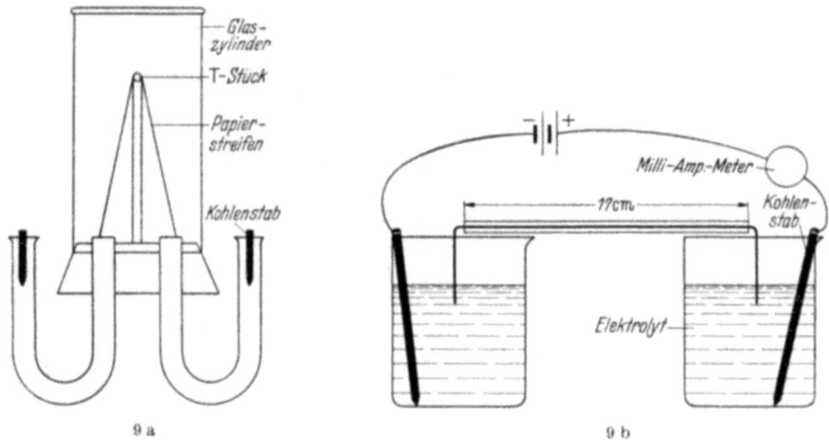

Abb. 9. Elektrochromatographischer Apparat nach M. LEDERER und F. L. WARD, Anal. Chim. Acta 6 (1952), S. 355, Fig. 1 und S. 356, Fig. 2.

POLLARD und McOMIE (S. 171) bezeichnen mit „Elektrochromatographie" Analysen, die unter gleichzeitiger Verwendung von Chromatographie und einem elektrischen Feld ausgeführt werden. Ein solches Verfahren ist von STRAIN und SULLIVAN zwecks Trennung von Arsen(III), Antimon(III) und Zinn(II) mit dem Ergebnis untersucht worden, daß sich diese Elemente in schwach saurer Lösung einwandfrei trennen lassen. Die hierbei benutzte elektrochromatographische Zelle (Abb. 10) besteht aus einem zwischen zwei senkrecht aufgestellten Glasplatten eingespannten Bogen Filtrierpapier (A), dessen seitliche Randstreifen (B) mit Paraffin imprägniert sind. Längs diesen liegen in einer Vertiefung der einen Glasplatte die als Elektroden dienenden Platindrähte (G). In der Mitte des oberen Randes ist eine kleine Fläche ebenfalls paraffiniert. Durch Herausschneiden des mittleren Teiles dieser Fläche sowie des oberen Randstreifens, soweit er nicht paraffiniert ist, entstehen zwischen den Glasplatten Behälter zur Aufnahme der Analysenlösung (E) und des Waschmittels (D). Ein schmaler Streifen Filtrierpapier (F), der ein vorher herausgeschnittenes Stück der paraffinierten Fläche ersetzt, verbindet den Behälter E mit dem Papier A. Sowohl die zu analysierende Lösung als auch das Waschmittel werden kontinuierlich in den Behälter gegeben und fließen das Papier hinab, während gleichzeitig die Elektromigration in horizontaler Rich-

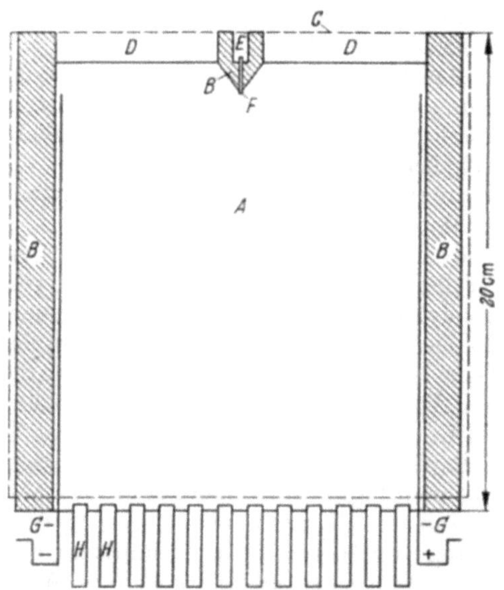

Abb. 10. Elektrochromatographische Zelle für kontinuierliche Lösungs- u. Waschmittelzuführung nach H. H. STRAIN und J. C. SULLIVAN, Anal. Chem. 23 (1951), S. 816, Fig. 2.

tung stattfindet. Am unteren Rande der Zelle wird die abfließende Lösung, um die getrennten Ionen einzeln aufzufangen, von kleinen, an geeigneter Stelle angebrachten Filtrierpapierstreifen (*H*) aufgesogen. *C* bezeichnet die Grenzlinien der Platten. — Die untersuchten Lösungen waren 0,005 molar, das Waschmittel bestand aus einem Gemisch von 0,02 m Milchsäure, 0,02 m Weinsäure und 0,04 m d,1-Alanin. Die Stromspannung betrug 300 V, die Stromstärke 95 mA. Als Reagens wurde Schwefelwasserstoff verwendet. Beim diskontinuierlichen Betrieb der Zelle, wobei der Behälter *E* wegfällt, läßt sich Zinn nicht als Sulfid lokalisieren.

Über ein weiteres Verfahren zur Trennung von Arsen, Antimon und Zinn s. Ohara und Nagai.

B. Spezielles.

1. Nachweis in Metallen, Legierungen und Gegenständen mit metallischer Oberfläche. Um Zinn in Metallen, Legierungen und Gegenständen mit metallischer Oberfläche durch Elektromigration nachzuweisen, geht E. Arnold folgendermaßen vor: Der zu prüfende Gegenstand wird auf eine kleine Aluminiumplatte gelegt, die man mit der Anode einer Taschenlampenbatterie verbindet. Auf den Gegenstand selbst legt man zunächst ein mit dem betreffenden Reagens befeuchtetes Filtrierpapier und dann eine zweite Aluminiumelektrode, die mit der Kathode der Taschenlampenbatterie verbunden ist. Das nachzuweisende Zinn geht anodisch in Lösung, und nach einer Minute beobachtet man auf einem mit 1%iger Natriumsulfidlösung (s. Punkt 10, S. 112) getränkten Filtrierpapier einen braunen Fleck, auf einem mit einer 1%igen Lösung von Benzidin in 10%iger Natriumchloridlösung getränkten Filtrierpapier einen grauen Fleck und auf Benzidinpapier nach Zusatz von Natriumsulfidlösung ebenfalls einen braunen Fleck. Arnold bezeichnet das Verfahren als elektrographischen Nachweis.

Calamari feuchtet das Filtrierpapier mit einem Elektrolyten aus 30 g Natriumnitrat in 100 ml Wasser unter Hinzufügen einer gesättigten, wäßrigen Lösung von Kakothelin an und elektrolysiert mit einer Spannung von 9 V mit einer Graphitkathode. Nach 2 sec entsteht ein violetter Fleck auf dem Papier (s. Punkt 5, S. 101).

Mit Ammoniumchlorid als Leitsalz und Kaliumhexacyanoferrat(III) als Reagens ist es mit Hilfe des elektrographischen Verfahrens möglich, Zinn und Kupfer in einer Operation nachzuweisen [Fritz (a), der das Verfahren Elektrotüpfelanalyse nennt].

Zur Ausführung werden ein Metallstreifen und ein Celluloidstreifen von passender Länge und Breite (2 cm lang und 1 cm breit) nebeneinander gelegt und auf den beiden Streifen ein mit der Reagenslösung sowie mit einer Lösung des als Elektrolyt dienenden Leitsalzes getränkter Tüpfelpapierstreifen angebracht. Auf den über dem Celluloidstreifen sich befindenden Teil des Tüpfelpapieres legt man das zu untersuchende Material und setzt auf dieses den Kontaktstift des positiven Pols der Stromquelle auf. Die Kontaktstelle für den negativen Pol befindet sich auf oder zweckmäßiger unter dem Metallstreifen [Fritz (b)].

Wird nun eine Zinn und Kupfer enthaltende Legierung — Fritz verwendete bei seinen Versuchen eine Legierung mit 76% Zinn und 8% Kupfer — 30 sec mit 4 V unter Verwendung einer 10%igen Ammoniumchloridlösung als Leitsalz elektrolysiert und wird dann mit einer stark verdünnten Lösung von Kaliumhexacyanoferrat(III) (maximal 1 bis 2%ig) angetüpfelt, erfolgt Entfärbung des schwach gelb gefärbten Papieres an jener Stelle, auf der die Legierung auflag. Aber bald erscheint dort infolge der Reduktion des Kaliumhexacyanoferrats(III) zum Kaliumhexacyanoferrat(II) durch die elektrochemisch gebildeten Zinn(II)-ionen die charakteristische Braunfärbung des Kupfer(II)-hexacyanoferrats(II), wodurch gleichzeitig die Anwesenheit des Zinns indirekt erwiesen ist. — Etwa gleichzeitig in geringen Mengen vorliegendes Eisen kann, da es anodisch stets zweiwertig in Lösung geht, nur so lange erfaßt werden, als das Kaliumhexacyanoferrat(III) noch nicht durch die gebildeten Zinn(II)-

ionen zu Kaliumhexacyanoferrat(II) reduziert ist. Bei sehr hohem Zinngehalt und geringen Eisenmengen wird der Nachweis im allgemeinen auf diese Weise nicht möglich sein; denn mit Kaliumhexacyanoferrat(II) gibt zweiwertiges Eisen keine Blaufärbung, wohl aber Kupfer Braunfärbung.

2. Nachweis in Mineralien. Um Zinn in Mineralien nachzuweisen, verwendet YUSHKO folgendes Verfahren: Photographisches Papier, das mit Thiosulfat zum Entfernen der Silbersalze und mit Formaldehyd zum Fixieren der Gelatineschicht behandelt und mit einem für das betreffende Mineral geeigneten Lösungsmittel angefeuchtet worden ist, wird fest gegen die polierte Oberfläche der Mineralprobe gepreßt. Die Probe wird dann mit der Anode und das photographische Papier mit der Kathode eines 3 bis 12 V-Trockenelements verbunden. Nach 20 bis 120 sec Einwirkung des Stromes taucht man das Papier in eine Lösung, die ein für Zinn spezifisches Farbreagens enthält. GRASSELLY beschreibt ein ähnliches Verfahren, wobei Kakothelin als Reagens für Zinn benutzt wird (s. Punkt 5, S. 101).

Siehe ferner GUTZEIT (c).

§ 8. Polarographischer Nachweis.

A. Allgemeines.

1. Zweiwertiges Zinn. Die Reduktion des zweiwertigen Zinns zum Metall ruft in 1 n Salzsäure, 1 n Salpetersäure und 1 n Schwefelsäure gut definierte Stufen hervor, wenn 0,005 bis 0,01% Gelatine zugesetzt wird [LINGANE (a)]. Die entsprechenden Halbstufenpotentiale gegen die gesättigte Kalomelelektrode sind $-0,47$ V bzw. $-0,44$ V bzw. $-0,46$ V. In 1 n Natriumhydroxydlösung mit 0,01% Gelatine ruft das Stannition kathodische und anodische Stufen hervor mit den Halbstufenpotentialen $-1,22$ V bzw. $-0,73$ V. Die Lösung muß frisch hergestellt sein und sorgfältig gegen Luftoxydation geschützt werden. In tartrathaltigen Zusatzelektrolyten liefert zweiwertiges Zinn ebenfalls sowohl eine kathodische als auch eine anodische Stufe [LINGANE (b)]. Beide Stufen zeigen scharfe Maxima, die leicht durch Zusatz von 0,005 bis 0,01% Gelatine unterdrückt werden. Für eine Lösung, die 0,5 molar an Tartrat ist und 0,01% Gelatine enthält, ergeben sich bei verschiedenen p_H-Werten die in Tab. 6 angegebenen Halbstufenpotentiale.

Tabelle 6. *Halbstufenpotentiale des zweiwertigen Zinns bei verschiedenen p_H-Werten (0,5 m Tartrat + 0,01% Gelatine).*

p_H	Anodisch	Kathodisch
2,3	$-0,14$	$-0,49$
3,4	$-0,20$	$-0,54$
4,3	$-0,28$	$-0,59$
9,0	$-0,33$	$-0,92$
9,8	$-0,34$	$-0,95$
13,0	$-0,71$	$-1,16$

In Weinsäurelösungen erscheint ein Minimum in der anodischen Stufe, wenn die Konzentration des zweiwertigen Zinns etwa 0,002 m übersteigt. Bei Konzentrationen $> \sim 0,01$ m verschwindet die anodische Stufe fast vollständig. Bei $p_H = 4,3$ und wahrscheinlich auch bei anderen p_H-Werten $< \sim 9$ ist das kathodische Halbstufenpotential unabhängig von der Konzentration des Zinn(II)-tartratkomplexes, während sich das anodische Halbstufenpotential mit wachsender Konzentration an zweiwertigem Zinn gegen positivere Werte verschiebt.

SHAKHOV findet, daß das Reduktionspotential von Zinn in alkalischer Citratlösung $-0,8$ V gegen die gesättigte Kalomelelektrode beträgt, und verwendet dies, um Zinn in Kaliumfluoroxyniobaten und in metallischem Niob zu bestimmen.

Über das Halbstufenpotential des zweiwertigen Zinns in 0,5 m Natriumfluoridlösungen, die 0,01% Gelatine enthalten, s. WEST, DEAN und BREDA, und in verschiedenen Lösungen in Anwesenheit von 1,2-Diaminocyclohexan-N,N,N′,N′-tetraessigsäure s. PŘIBIL, ROUBAL und SVÁTEK.

Über das polarographische Verhalten von Zinn in verschiedenen Gemischen von Äthylendiamintartrat und den Komplexonen Nitrilotriessigsäure, Äthylendiamintetraessigsäure und 1,2-Diaminocyclohexan-N,N,N',N'-tetraessigsäure s. BERAN, ČíHALÍK, DOLEŽAL, SIMON und ZÝKA.

PORTNOV und POVELKINA untersuchen die Bestimmung des Zinns in Salzsäure, Schwefelsäure, alkalisches Kaliumnatriumtartrat und Schwefelsäure + Äthylalkohol enthaltenden Lösungen. Die besten Ergebnisse wurden in salzsäurehaltigen Lösungen erzielt.

In einem Gemisch von 1 m Ammoniumacetat + 1 m Essigsäure mit 0,001% Gelatine bzw. 2 m Ammoniumacetat + 2 m Essigsäure mit 0,01% Gelatine (p_H = 4,8) finden DESESA, HUME, GLAMM und DE FORD für das zweiwertige Zinn ein Halbstufenpotential von $-0,599$ V bzw. $-0,624$ V für den Vorgang $+2 \to 0$ und $-0,2$ V bzw. $-0,156$ V für den Vorgang $+2 \to +4$.

Über die anodische Oxydation des zweiwertigen Zinns in einer Schmelze von äquimolekularen Mengen Aluminiumbromids + Natriumbromids gegen eine Silberelektrode s. CHOVNYK.

Über den Temperaturkoeffizienten des Halbstufenpotentials für den Vorgang $+2 \to +4$ s. KAMECKI und SUSKI.

Über den Einfluß von Kampfer auf die Polarisation des Zinnamalgams in 4 n Salzsäure s. STROMBERG und GUTERMAN.

2. Vierwertiges Zinn. Weder in Natriumhydroxydlösungen, noch in tartrathaltigen Lösungen von beliebigem p_H-Wert und in sauren Oxalatlösungen gibt vierwertiges Zinn eine Reduktionsstufe. In schwefelsaurer und salpetersaurer Lösung ist das vierwertige Zinnion zu stark hydrolysiert, um die Verwendung dieser Säuren zu ermöglichen. Auch Lösungen von vierwertigem Zinn in 1 bis 2 m Perchlorsäure zeigen keine Reduktionsstufe. Das Hexachlorostannation, das in Lösungen mit einer hohen Wasserstoff- und Chlorionenkonzentration anwesend ist, ruft dagegen eine gut entwickelte Doppelstufe hervor. Die optimale Zusammensetzung des Zusatzelektrolyten ist 4 m Ammoniumchlorid und 1 m Salzsäure mit 0,005% Gelatine. Die Halbstufenpotentiale gegen die gesättigte Kalomelelektrode sind $-0,25$ V bzw. $-0,52$ V. Das Messen der zweiten Stufe wird für praktische Analysen empfohlen. Eine gut definierte Doppelstufe tritt auch mit 4 n Ammoniumbromidlösung als Zusatzelektrolyt auf [LINGANE (c)].

Zugabe geringer Mengen Tetraphenylarsoniumchlorids (etwa $^1/_{40}$ der Zinnmenge) verbessert die Zinn(IV)-Zinn(II)-Stufe der Doppelstufe des Hexachlorostannat(IV)-ions und ermöglicht auch eine Bestimmung des Zinns in Anwesenheit von weniger als 0,01 m Blei (KOLTHOFF und JOHNSON).

Über das polarographische Verhalten von Zinn in konzentriert schwefelsauren Lösungen, die mit Stickstoff gesättigt sind, und seine Trennung von Kupfer und Antimon s. FORSS.

In 2 m Ammoniumacetat + 2 m Essigsäure mit 0,01% Gelatine (p_H = 4,8) finden DESESA, HUME, GLAMM und DE FORD ein Halbstufenpotential von $-1,1$ V für den Vorgang $+4 \to +2$. S. ferner Anhang, S. 195.

B. Spezielles.

1. Nachweis in Erzen. ALIMARIN, IVANOV-EMIN und PEVZNER schmelzen das Erz mit Natriumperoxyd, lösen die Schmelze in Wasser und fällen Zinn mit Schwefelwasserstoff in Anwesenheit von Schwefelsäure und Weinsäure. Zinn(IV)-sulfid und Arsen(V)-sulfid werden mit Natriumpolysulfidlösung gelöst und nach Filtrieren der Lösung mit Essigsäure wieder ausgefällt. Der Niederschlag wird dann in einem Salpetersäure-Schwefelsäure-Gemisch gelöst und die Lösung zwecks Vertreiben der Salpetersäure eingedampft. Der Rückstand wird in 6 n Salzsäure gelöst, die Lösung auf 100 ml verdünnt und in 20 ml die Chlorostannatwelle bestimmt (s. Punkt 2, S. 175).

FAĬNBERG und TAL bestimmen Blei und Zinn in Erzen nach Kochen des Erzes mit 6 n Salzsäure. Zinn wird im Rückstand bestimmt.

2. Nachweis in Metallen und Legierungen. *α) in Aluminium* s. MUKHINA.

β) in Blei und bleihaltigen Legierungen s. DROTSCHMANN (Lösen in Salpetersäure, Abrauchen mit Schwefelsäure, Trennung der Metalle der Kupfergruppe und Arsengruppe mit Natriumsulfid und Fällung der Arsengruppe mit Salzsäure, Lösen in konzentrierter Salzsäure und Kaliumchlorat und Polarographieren bei 2 V in Wasserstoffatmosphäre); KAPLANSKIĬ, GUREVICH und KORSHUNOV; COZZI (a) (Lösen in konzentrierter Schwefelsäure, Abrauchen, Lösen in Salzsäure unter Hinzufügen von Natriumhypophosphit und Polarographieren in alkalischer Lösung in Anwesenheit von Tartrat); KOVALENKO und LEKTORSKAYA (Fällen als Phosphat, Lösen in Salzsäure und Polarographieren); COZZI (b) (in Weißmetall); FORSS (in Weißmetall).

γ) in Eisen und Stahl s. ALLSOPP und DAMERELL [Lösen in Schwefelsäure, Hinzufügen von Salpetersäure und Kaliumpermanganat, Kaliumnitrit, Weinsäure und Ammoniak, Fällen mit Schwefelwasserstoff aus schwefelsaurer Lösung, Glühen und Schmelzen des Niederschlages mit Kaliumpyrosulfat, Lösen in Salzsäure und Fällen mit Ammoniak unter Zugabe von Eisen(III)-salz, Lösen in Salzsäure, Hinzufügen von salzsaurem Hydroxylamin, Ammoniumchlorid und Gelatinelösung und Bestimmung der Chlorostannatstufe (s. Punkt 2, S. 175)]; BURRIEL und CRUZ SERNA; KRAL und KYSIL (s. Punkt 2 ϑ, diese Seite).

δ) in Kupfer s. LINGANE (d) (Bestimmung der Chlorostannatstufe in 1 m Salzsäure und 4 m Ammoniumchlorid, s. Punkt 2, S. 175. Kupfer, Wismut, Antimon und Blei stören, die drei ersteren werden durch Elektrolyse in verdünnter Salzsäure entfernt, für Blei wird korrigiert durch Subtraktion von der Zinnstufe. Wenn mehr Blei als Zinn vorliegt, wird Blei zunächst aus einer 0,5 m Tartratlösung bei $p_H = 4$ bis 5 entfernt).

ε) in Niob s. SHAKHOV (s. Punkt 1, S. 174); KRAL und KYSIL (s. Punkt 2 ϑ, diese Seite).

ζ) in Tantal s. KRAL und KYSIL (s. Punkt 2 ϑ, diese Seite).

η) in Titan s. KOLIER und RIBAUDO (Bestimmung des auf chromatographischem Wege abgetrennten Zinns (s. S. 171) nach Zerstören des Papierstreifens durch Polarographieren einer 1 m salzsauren, ammoniumchloridhaltigen Lösung mit 0,05% Gelatine zwischen − 0,35 und − 0,75 V).

ϑ) in Wolfram s. KRAL und KYSIL (Lösen der Probe in Salpetersäure — falls nötig, wird Flußsäure und Schwefelsäure (1 : 1) zugesetzt — Fällung mit Schwefelwasserstoff, Schmelzen der gebildeten Metazinnsäure mit Natriumhydroxyd und Polarographieren).

ι) in Zink s. SEITH und VOR DEM ESCHE (Lösen der Probe in Salzsäure, Verdampfen der Lösung und Lösen des Rückstandes in destilliertem Wasser, Nachweisgrenze für Zinn 0,0015%); MILNER; SEMERANO und MENDINI (Lösen der Legierung in Salzsäure, Hinzufügen von Wasserstoffperoxyd, wenn nicht zuviel Eisen anwesend ist, Eindampfen und Ansäuern, bis die Lösung 0,15 n an Salzsäure ist, und Ausführung der Polarographie); HAWKINGS, SIMPSON und THODE (Lösen in Schwefelsäure, Oxydation mit 30%igem Wasserstoffperoxyd, Verdünnen auf 100 ml, Zusatz von 5 ml konzentrierter Salzsäure und Abkühlen auf mindestens 15°. Fällen des Zinns mit Kupferron (s. Punkt 26, S. 139), Filtrieren und Lösen in Salpetersäure. Nach zweimaligem Abrauchen mit Schwefelsäure Lösen des Rückstandes in ein wenig konzentrierter Salzsäure und Reduktion mit Aluminium in Gegenwart von Kohlendioxyd. Nach Abkühlen Hinzufügen von 1,25 ml frisch zubereiteter 0,1%iger Gelatinelösung, Verdünnen mit destilliertem Wasser und Polarographieren von − 0,3 bis − 0,7V); SHERMAN; SIETNIKS (Behandeln mit konzentrierter Salzsäure und Lösen des abfiltrierten Rückstandes in konzentrierter Salpetersäure. Fällung des Zinns als Metazinnsäure durch

Verdünnen mit Wasser, Filtrieren und Schmelzen der Metazinnsäure mit Natriumhydroxyd im Silbertiegel. Nach Lösen der Schmelze polarographische Bestimmung des Zinns als Sn^{4+}).

3. Nachweis in elektrolytischen Plattierungsbädern s. MOHLER und SEDUSKY.

4. Nachweis in Nahrungsmitteln s. GODAR und ALEXANDER (in Milch, Pampelmusensaft, Backpflaumen, Aprikosenkonserven, Fleischkonserven, Rüben und gemischten Gemüsesäften. Behandeln einer Probe von 5 bis 10 g mit 10 bis 15 ml konzentrierter Salpetersäure und 2 bis 3 ml konzentrierter Schwefelsäure. Nach Zerstören der organischen Substanz Überführen in ein 50 ml-Zentrifugenglas, Hinzufügen von etwas Aluminiumchloridlösung und Versetzen mit Ammoniak, bis eben ammoniakalisch. Nach Zentrifugieren und Entfernen der klaren Lösung Lösen des Rückstandes unter Schütteln in 2,5 ml 6n Salzsäure und Auffüllen auf 10 ml mit gesättigter Ammoniumchloridlösung. Versetzen von 4 bis 5 ml dieser Lösung mit einem Tropfen einer gesättigten Lösung von Kresolrot. Nach 10 Min. langem Hindurchleiten von Stickstoff Aufnahme des Polarogramms zwischen 0 und 0,8 V unter einer schützenden Schicht von Stickstoff); KHLOPIN (a) (Verwendung einer 30%igen Calciumchloridlösung, in der das Halbstufenpotential des Zinns bei $p_H = 4,5$ bis $6,0 - 0,42$ V beträgt); CIELESZKY und LINDNER (Versetzen von 5 bis 10 g Substanz mit 5 ml 65%iger Salpetersäure; nach Erhitzen unter Umschütteln bis zur Bildung eines einheitlichen Breies tropfenweises Hinzufügen von 1 ml konzentrierter Schwefelsäure; erneutes Erhitzen bis zum Entfärben der Lösung (falls Braunfärbung, Zusatz einiger Tropfen Salpetersäure); zweimaliges Eindampfen mit je 2 bis 5 ml Wasser bis zur Entwicklung von Schwefelsäuredämpfen. Nach Abkühlen, Überführen in einen 50 ml-Meßkolben und Auffüllen bis zur Marke mit einer 12%igen Salzsäurelösung mit 0,2% Gelatinegehalt kann die Lösung nach Hindurchleiten von Wasserstoff direkt mit einer Quecksilber-Tropfkathode polarographiert werden. Bei einem Gehalt von 30 bis 300 mg Zinn je kg Substanz ist eine Reduktion des Zinns nicht erforderlich. Bei streichbaren Erzeugnissen erübrigt sich eine Zerstörung des Versuchsmaterials, sofern nicht mehr als 1 g der Probe mit der Salzsäure-Gelatine-Lösung auf 50 ml aufgefüllt wird und ein Fehler von 10% zulässig ist).

5. Nachweis in Schmierölen s. VAL'DMAN (Extrahieren des Zinns ohne Bildung einer Emulsion, Fällung des Hydroxyds mit Ammoniak und Polarographieren); SINYAKOVA, BOROVAYA und GAVRIKOVA (einstündiges Extrahieren von 50 g Schmieröl mit 90 ml Salzsäure (1 : 1) auf dem Wasserbad; nach Abtrennen der salzsauren Lösung noch zweimaliges Extrahieren mit 50 ml Salzsäure (1 : 2) und Waschen mit 50 ml heißem Wasser, Polarographieren von 10 ml des auf 100 ml eingeengten Extraktes).

6. Nachweis in Phenol s. WILSON und HUTCHINSON (Lösen von 25 g des Phenols in 50 ml warmen Benzols, fünfmalige Extraktion mit je 5 ml 10%iger Salzsäure, zweimaliges Waschen der Extrakte unter kräftigem Schütteln mit je 20 ml Benzol, Verdünnen der vereinigten Extrakte mit 10%iger Salzsäure auf 25 ml, Polarographieren von 2 bis 5 ml des Salzsäureextraktes nach Hindurchleiten von Wasserstoff).

7. Nachweis in Wasser s. HODGSON und GLOVER [Polarographieren von vierwertigem Zinn nach GODAR und ALEXANDER (s. Punkt 4, diese Seite) mit Ammoniumchlorid als Zusatzelektrolyt nach Fällen auf Aluminiumhydroxyd. Versetzen von 25 ml Wasser, die höchstens 50 Teile Zinn je Million Teile Wasser enthalten sollen, mit 5 ml Aluminiumchloridlösung (1 g Al/l) und dann mit Ammoniak (D = 0,880) und Methylrot bis zur basischen Reaktion, Lösen des Niederschlages mit 5 ml 50%iger Salzsäure, Waschen des Filters mit 5 ml 30%iger Ammoniumchloridlösung; nach Zugabe von einem Tropfen Kresolrotindicator Auffüllen der vereinigten Filtrate mit Ammoniumchloridlösung auf 10 ml, 15 Min. langes Belüften mit Stickstoff und Polarographieren zwischen 0 und $-0,9$ V].

8. Nachweis in Rauch und Staub s. KHLOPIN (a) (s. Punkt 4, S. 177).

Über die Bestimmung kleiner Mengen Zinns in verschiedenen Stoffen s. FURMAN, BRICKER und McDUFFIE.

Über einen Analysengang für eine Lösung, die die Kupfer-, Arsen- und Eisengruppe enthält, s. PORTNOV und KOZLOVA.

Über die besten Bedingungen für die polarographische Trennung und Bestimmung des Zinns in einer Mischung mit Kupfer, Wismut und Blei in tartrathaltiger Lösung s. LINGANE und JONES.

Über die Verwendung polarographischer Methoden in der medizinischen Chemie s. KHLOPIN (b).

§ 9. Toxikologischer Nachweis.

Um Zinn in toxikologischen Fällen nachzuweisen, zerstört man meistens die organische Substanz durch Erhitzen mit Kaliumchlorat und Salzsäure und weist nach einer Reihe von Operationen, bezüglich deren auf die Spezialliteratur verwiesen wird, schließlich das Zinn mit Quecksilber(II)-chloridlösung oder einer der anderen Nachweisreaktionen nach. BERISSO verwendet z.B. die Reaktion mit Cäsiumchlorid, s. Punkt 3, S. 149. Wie DEUSSEN fand, fällt aber der Nachweis nach diesem Verfahren häufig recht schwach und undeutlich aus, was auf eine Adsorption des Zinns durch die nicht zerstörte organische Substanz oder auf die Bildung einer gegen Salzsäure beständigen Verbindung zurückgeführt wird. DEUSSEN empfiehlt deshalb, die organische Substanz entweder mit Soda und Salpeter zu schmelzen oder durch Erhitzen mit wenig konzentrierter Schwefelsäure in eine trockene Kohle zu verwandeln und diese dann mit Soda und Salpeter zu veraschen. MANICKE und LAUTH dagegen ziehen vor, die Mineralisierung mit Kaliumchlorat und Salzsäure durch Zusatz von Perhydrol zu vervollkommnen. Bei kleineren Mengen organischer Substanz ist die Verkohlung mit konzentrierter Schwefelsäure und eine darauffolgende Zerstörung mit Perhydrol zu empfehlen, während bei größeren Substanzmengen ein weiterer Zusatz von rauchender Salpetersäure erforderlich ist. Siehe ferner Abschnitt i, S. 191, BUCHANAN und SCHRYVER.

Verfahren von IVANOFF. 25 ml der Flüssigkeit mit der zerstörten organischen Substanz werden mit 3 ml 20%iger Aluminiumsulfatlösung und 10%igem Ammoniak im Überschuß versetzt. Man erwärmt das Ganze 20 Min., ohne aber zu kochen, filtriert ab, wäscht den Niederschlag mit warmem Wasser und löst in 5 ml 16%iger Salzsäure. Die Lösung versetzt man mit 1 bis 2 Tropfen 36%iger Salzsäure und einem Stückchen Eisen, kocht auf, läßt das Eisen 5 Min. reagieren, filtriert und gibt zu dem kalten Filtrat 2 Tropfen einer 0,25%igen Kakothelinlösung. Eine amethystene Farbe zeigt Zinn an (s. Punkt 5, S. 101).

Nach diesem Verfahren soll es möglich sein, 4 mg Zinn und mehr in 300 g Fleisch nachzuweisen.

Chromatographischer Nachweis von Zinn s. ROMANO (s. S. 168), dem es gelingt, 100 γ Zinn nachzuweisen.

Über den Nachweis von Zinn mit Dithizon in inneren Organen innerhalb eines Analysensystems für anorganische Giftstoffe s. KAMERMAN.

S. ferner Anhang, S. 195.

§ 10. Kriminologischer Nachweis.

BOTTEMA und MOOLENAAR weisen Spuren von Zinn in Form bleistiftähnlicher Striche in dem Papierfutter eines Koffers mikrochemisch durch Reduktion einer Gold(III)-chloridlösung (s. Punkt 6, S. 146) und als Rubidiumhexachlorostannat(IV) (s. Punkt 3, S. 149) nach. Der Nachweis als Zinn(II)-oxalat (s. Punkt 2, S. 145) erwies sich im vorliegenden Fall als ungeeignet.

Ausführung. Die grauen Striche werden mit der Papierbekleidung von dem Koffer vorsichtig losgelöst und in einem Mikroröhrchen mit 2 Tropfen starker Salzsäure übergossen. Nach etwa 5 Min. bringt man den Brei auf einem Objektträger mit einem Stückchen Filtrierpapier (etwas kleiner als 1 cm²) in Berührung, während gleichzeitig eine kleine Glaskapillare senkrecht gegen das Filtrierpapier gehalten wird. Hierdurch wird ein völlig klarer Tropfen der salzsauren Lösung in die Kapillare hochgesaugt. Der Tropfen wird auf ein Objektglas übertragen und mit einem Tröpfchen Goldchloridlösung versetzt. Unter dem Mikroskop ergibt sich die Bildung eines Niederschlages aus metallischem Gold. Um das Zinn als Rubidiumhexachlorostannat(IV) nachzuweisen, oxydiert man die in der oben beschriebenen Weise erhaltene salzsaure Lösung vor der Filtration mit einem Tropfen Salpetersäure (D = 1,4), fügt einen Tropfen Wasser hinzu, filtriert, wie schon beschrieben, und versetzt schließlich einen Tropfen der erhaltenen Lösung auf einem Objektträger mit einem Körnchen Rubidiumchlorid.

§ 11. Nachweis in besonderen Fällen.

a) Nachweis neben Molybdän.

Um Zinn und Molybdän zu unterscheiden, reduziert man die zu prüfende Lösung mit Zink und Salzsäure und teilt sie in 2 Teile. Die eine Hälfte versetzt man mit Quecksilber(II)-chlorid und Kakothelin, die andere nur mit Kakothelin (s. Punkt 5, S. 101). Eine Lilafärbung in dem letztgenannten Teil weist auf die Gegenwart eines der beiden Metalle hin. Tritt die Färbung in der erstgenannten Lösung nicht ein, so handelt es sich um Zinn, anderenfalls um Molybdän [ROSENTHALER (a)].

b) Nachweis in schwerlöslichen Substanzen.

1. Nachweis in Zinn(IV)-oxyd. CALEY findet, daß konzentrierte Jodwasserstoffsäure (D = 1,70), die zur Stabilisierung mit 1 bis 2% 50%iger unterphosphoriger Säure versetzt ist, das Zinn(IV)-oxyd, gleich welcher Herkunft (auch natürlichen Kassiterit), bei 90 bis 95° in rotes Zinn(IV)-jodid verwandelt [s. auch CALEY und BURFORD (a) sowie Punkt 6, S. 132].

Zur Ausführung der Reaktion erwärmt man die pulverisierte Probe mit 2 bis 3 ml des Reagenses bis zum schwachen Kochen. Schon 0,1 mg SnO_2 geben eine deutliche Reaktion. Mit 0,3 mg SnO_2 oder mehr erscheint nach fortgesetztem Erwärmen an den Wänden des Reagensglases ein gelbes bis orangefarbenes Sublimat. Erhitzt man bloß kurze Zeit, entsteht beim Abkühlen in der Lösung über dem Oxyd eine lachsrote bis rote Färbung, die als eine weitere charakteristische Reaktion betrachtet werden kann. 0,1 mg SnO_2 genügen, um diese Farbreaktion zu geben. Keines der anderen unlöslichen Oxyde gibt eine charakteristische Reaktion mit konzentrierter Jodwasserstoffsäure (s. Punkt 3, S. 180).

Mikrochemisch läßt sich Zinn in unlöslichen Rückständen von Zinn(IV)-oxyd dadurch nachweisen, daß man das Oxyd auf der Ecke eines Objektträgers mit konzentrierter Schwefelsäure abraucht und anschließend mit konzentrierter Salzsäure erwärmt, wodurch genügend Zinnoxyd in Lösung geht, um mit Rubidiumchlorid (s. Punkt 3, S. 149) nachgewiesen zu werden [SCHOORL (c)].

2. Nachweis in Metazinnsäure und Zinn(IV)-phosphat. DENIGÈS (a) weist Zinn in Metazinnsäure dadurch nach, daß ein kleiner Teil der Probe mit 1 ml Wasser und ¹/₂ ml Salzsäure in Anwesenheit eines Zinkstäbchens erhitzt wird. Bei Gegenwart von Zinn scheidet sich dieses als Schwamm an dem Zink ab. Man löst den Schwamm in wenig konzentrierter Salzsäure und prüft mit Molybdänreagens (s. Punkt 4, S. 99), Kakothelinlösung (s. Punkt 5, S. 101) oder Quecksilber(II)-chlorid (s. Punkt 7, S. 103).

Man kann aber auch wenige Milligramme des Rückstandes [Metazinnsäure oder Zinn(IV)-phosphat] mit Kaliumcyanid schmelzen, das gebildete Zinn in Salzsäure lösen und die Zinn(II)-ionen durch Tüpfeln mit Kakothelin (s. Punkt 3, S. 154) nachweisen [FEIGL (b)].

Nachweis durch die Leuchtprobe s. Punkt 12, S. 107.

3. Nachweis in Mischungen schwerlöslicher Stoffe. Die Reaktion des Zinn(IV)-oxyds mit konzentrierter Jodwasserstoffsäure (s. Punkt 1, S. 179) wird von CALEY und BURFORD (a) zum Nachweis von Zinn in Mischungen schwerlöslicher Stoffe verwendet. Man verfährt dabei folgendermaßen:

Die trockene, pulverisierte Probe wird mit etwa 5 ml des Reagenses (s. Punkt 1, S. 179) per Gramm Substanz versetzt. Nach etwa 5 Min. langem Digerieren unter gleichzeitigem Umrühren filtriert man am besten durch ein Filter aus Sinterglas und wäscht mehrmals mit je 1 ml der konzentrierten Jodwasserstoffsäure. Ungefähr die Hälfte des Rückstandes wird sodann in ein kleines Reagensglas gebracht und mit 2 ml des Reagenses fast bis zum Sieden erhitzt. Nach Abkühlen erscheint bei Anwesenheit von Zinn die charakteristische rosa Färbung oder das gelbe bis orangerote Sublimat. Ist die Lösung durch gelöstes Jod stark gefärbt, wird dekantiert und dann erst die Probe auf Zinn nach Zufügen von frischer Säure ausgeführt.

In Mischungen mit Siliciumdioxyd, Chrom(III)-oxyd, Bariumsulfat und Calciumfluorid soll es möglich sein, 0,1 mg SnO_2 in Anwesenheit von 100 mg Fremdsubstanz an der lachsroten bis roten Färbung zu erkennen. In Anwesenheit von 1000 mg Fremdsubstanz konnten 0,3 mg SnO_2 nachgewiesen werden. Das Sublimat von Zinn(IV)-jodid erscheint in den genannten Fällen erst bei Anwesenheit von 0,5 mg SnO_2.

Silberhalogenide stören die Reaktion nicht. Die Empfindlichkeit ist die gleiche wie bei den genannten Mischungen. Die Empfindlichkeit der Sublimatprobe ist allerdings geringer; etwa 0,7 mg SnO_2 sind erforderlich, um in Anwesenheit von Silberhalogeniden ein erkennbares Sublimat zu erhalten.

Bei Anwesenheit von Calciumsulfat und Strontiumsulfat ist es notwendig, das Sulfat zunächst mit der Jodwasserstoffsäure in der Hitze völlig zu zersetzen und die Prüfung auf Zinn erst nach Waschen mit Wasser und Hinzufügen von frischer Säure auszuführen. Mit Bleisulfat kann man ähnlich verfahren, jedoch ist es vorzuziehen, das Sulfat mit kalter konzentrierter Jodwasserstoffsäure zu beseitigen und den Rückstand mit Aceton und dann mit Wasser zu waschen. In dieser Weise ist es möglich, 0,2 mg SnO_2 in 100 mg Bleisulfat oder 0,4 mg SnO_2 in 1000 mg Sulfat nachzuweisen. Ähnlich verfährt man in Anwesenheit von wasserfreiem Chrom(III)-chlorid.

Eine vollständige Abtrennung des Zinns in Mischungen von Zinnoxyd mit unlöslichen Substanzen erreichen CALEY und BURFORD (b) nach einem Vorschlag von MOSER durch Erhitzen mit Ammoniumjodid. Die Substanz wird mit der 10- bis 15fachen Menge ihres Gewichtes an Ammoniumjodid gemischt und auf 400 bis 500° erhitzt. Das Zinn(IV)-jodid verflüchtigt sich dabei vollständig. Arsen- und Antimonoxyd verhalten sich ähnlich.

Für die Untersuchung des bei der Herstellung der Analysenlösung in siedender konzentrierter Salzsäure unlöslichen Rückstandes schlägt FOSCHINI (a) folgendes Verfahren vor: Nach Auswaschen des Rückstandes mit siedendem Wasser, konzentrierter Ammoniumcarbonatlösung, Natriumthiosulfatlösung und einer konzentrierten wäßrigen Lösung von basischem Ammoniumtartrat wird der ungelöste Rest mit der vierfachen Menge Natriumcarbonats geschmolzen. Der Rückstand der Schmelze wird mit Essigsäure behandelt und der dabei nicht gelöste Teil im Porzellantiegel mit einigen Stückchen Zinks und konzentrierter Salzsäure längere Zeit behandelt. Im Filtrat läßt sich Zinn mit Quecksilber(II)-chlorid nachweisen (s. Punkt 7, S. 103).

Um Zinn mikrochemisch in schwerlöslichem Material, z. B. in geglühten Niederschlägen und Aschen, nachzuweisen, geht JURÁNY folgendermaßen vor: Die Substanz wird auf einem Porzellanscherben mit der doppelten bis dreifachen Menge einer Mischung von gleichen Teilen Natriumthiosulfat und Kaliumcarbonat geschmolzen (s. Punkt 1, S. 63), bis das orangefarbene Fluorescieren der Schmelze nachläßt.

Beim Lösen in warmem Wasser scheiden sich die Sulfide und Hydroxyde der ersten bis dritten Gruppe ab, während die Zinngruppe, die Erdalkalien, Magnesium und die Alkalien in Lösung gehen. Das Filtrat wird angesäuert und der ausfallende Niederschlag, aus dessen Farbe sich schließen läßt, ob neben Zinn und Arsen noch andere Elemente (Antimon, Gold, Platin, Vanadin, Molybdän) vorhanden sind, abzentrifugiert. Er wird mit Salzsäure und Kaliumchlorat in Lösung gebracht, und, wie Punkt 4, S. 151 beschrieben, weiterbehandelt.

4. Nachweis in Niobpräparaten. Nach Chlorieren mit Tetrachlorkohlenstoff lassen sich größere Zinngehalte als Zinn(IV)-sulfid nachweisen, wenn man die Chloride in 2 n Salzsäure auflöst und Schwefelwasserstoff einleitet. In 50 ml Lösung gibt 0,2 mg Zinn bei Zimmertemperatur noch eine deutliche Trübung. Gegenwart von Niob stört diese Reaktion nicht merklich (SCHÄFER, BAYER und PIETRUCK).

c) Nachweis in Mineralien und Erzen.

1. Verfahren von JOHNSTONE. JOHNSTONE weist Zinn durch Erhitzen des Minerals und eines geeigneten Flußmittels auf der Kohle vor dem Lötrohr nach. Als Flußmittel dient ein Natrium-Kaliumcarbonat-Gemisch, das evtl. mit etwas Borax oder Kaliumcyanid versetzt ist (s. Punkt 5, S. 94). Nach dem Aufschluß zerkleinert man die geschmolzene Masse im Mörser, entfernt mit Wasser die nichtmetallischen Bestandteile und erhält dann das Metall als kleine, weiche Blättchen am Boden des Mörsers oder am Pistill haftend. Zur Prüfung der zurückgebliebenen Metallschüppchen behandelt man sie mit 2 bis 3 Tropfen heißer konzentrierter Salzsäure und versetzt mit einem Tropfen ziemlich starker Gold(III)-chloridlösung, wobei sich CASSIUSscher Purpur bildet (s. Punkt 10, S. 106). Läßt man schließlich auf die am stärksten gefärbte Stelle des Mörsers einen Strom von Schwefelwasserstoff kurze Zeit einwirken, so ergibt sich eine Bestätigung der ersten Reaktion durch das Auftreten einer Haut von braunem Zinn(II)-sulfid. CHARLTON findet, daß die Reaktion durch Kupfer, Eisen und Blei gestört wird, weshalb diese Metalle mit Hilfe von Salpetersäure zuvor entfernt werden sollen.

2. Verfahren von BRALY s. Punkt 11, S. 95.

3. Verfahren von ALIMARIN und WESHENKOWA. Die Probe wird mit Natriumhydroxyd und Natriumperoxyd aufgeschlossen (s. Punkt 2, S. 64, und Punkt 3, S. 65), die abgekühlte Schmelze ausgelaugt und das Ungelöste abfiltriert. In dem neutralisierten Filtrat fällt man das Zinn mit Schwefelwasserstoff und trennt es von Molybdän und Kupfer durch Fällung mit Ammoniak. Der Nachweis des Zinns erfolgt mit Kakothelin (s. Punkt 5, S. 101) in folgender Weise:

Die Lösung wird mit Salzsäure auf 50 ml verdünnt, mit 2 g reinen Natriumchlorids versetzt und das Zinn im Kohlendioxydstrom unter Erwärmen mit Blei reduziert. Nach 30 Min. energischen Kochens gibt man die Lösung in einen ausgedämpften und mit Kohlendioxyd gespülten 100 ml-Kolben, kühlt auf 40 bis 50° ab und versetzt tropfenweise mit frisch zubereiteter Kakothelinlösung bis zur maximalen violettroten Färbung. Je nach dem Zinngehalt bleibt die Färbung 5 bis 10 Min. bestehen. In 3 g Erz soll es nach diesem Verfahren möglich sein, 0,02 bis 0,03% Zinn nachzuweisen.

4. Verfahren von FEIGL. Nach diesem Verfahren schmilzt man wenige Milligramme der gepulverten und mit Natriumcarbonat und Kaliumcyanid gemischten Mineralprobe auf einer WEDEKINDschen Magnesiarinne oder auf einem Magnesiastäbchen, löst die Schmelze in wenig heißer, konzentrierter Salzsäure und prüft auf Zinn entweder in einem Probierröhrchen oder durch Antüpfeln eines mit dem betreffenden Reagens, z.B. mit Kakothelin (s. Punkt 5, S. 101) imprägnierten Papiers [FEIGL (a), S. 391].

Will man die Fluorescenzreaktion mit Morin (s. Punkt 1, S. 162) verwenden, so löst man eine kleine Menge des feinpulverisierten Minerals in 3 Tropfen konzentrierter Schwefelsäure, erwärmt eine Minute und fügt zu der Lösung nach Abkühlen und Verdünnen mit dem gleichen Volumen Wasser festes Kaliumjodid hinzu. Dann extrahiert man mit 10 Tropfen einer 5%igen Lösung von Jod in Benzol, wobei das gebildete Zinn(IV)-jodid in die Benzolschicht geht und etwa vorhandenes dreiwertiges Antimon, das im weiteren Verlauf der Reaktion ebenfalls ein fluorescierendes Produkt mit Morin bilden würde, durch das Jod in nicht störendes fünfwertiges Antimon umgewandelt wird. Ein Tropfen der benzolischen Lösung wird auf ein Filtrierpapier gebracht und der Einwirkung von Ammoniak ausgesetzt. Daraufhin wird zunächst zur Entfernung des überschüssigen Jods mit einem Tropfen einer 5%igen wäßrigen Lösung von Natriumsulfit und dann mit einem Tropfen einer 0,05%igen Lösung von Morin in Aceton getüpfelt und das Papier $^1/_2$ Min. in Essigsäure (1 : 1) gelegt. Bei Anwesenheit von Zinn entsteht im ultravioletten Licht ein bläulichgrün fluorescierender Fleck. Es war so möglich, 0,2% Sn in Columbit nachzuweisen (FEIGL, GENTIL und GOLDSTEIN).

5. Verfahren von VASSALLO. Die zerpulverte Probe wird wiederholt mit warmer Salpetersäure und, um bei Anwesenheit von Wismut die Bildung von unlöslichem Wismutarsenat zu verhindern, mit wenigen Natriumsulfatkristallen behandelt, bis sich keine nitrosen Dämpfe mehr entwickeln, ohne aber die Probe zur Trockne zu bringen. Man nimmt dann mit Wasser auf, wobei Zinn und Antimon als Oxydhydrate zurückbleiben. Nach sorgfältigem Waschen mit salpetersäurehaltigem Wasser kocht man das Gemisch der Oxydhydrate mit einer gesättigten Weinsäurelösung. Antimon geht dabei in Lösung, während Zinn ungelöst zurückbleibt. Man wäscht den Rückstand wiederholt mit einer siedenden Weinsäurelösung und kocht ihn schließlich einige Augenblicke mit einigen Stückchen Natrium- oder Kaliumhydroxyds und wenig Wasser. In der Lösung weist man das Zinn mit einem mit Blauholztinktur imprägnierten Papier (s. Punkt 3, S. 135) nach. Da aber das Reagenspapier infolge der Gegenwart des Alkalis schon durch die Lösung blau gefärbt wird, tritt die charakteristische Violettfärbung erst auf, nachdem die Alkalifärbung durch Einbringen des Papiers in salpetersaures Wasser zum Verschwinden gebracht worden ist.

6. Mikrochemischer Nachweis. Nach Behandeln des Minerals mit Salpetersäure (1 : 1) und Auswaschen des Residuums mit 3 Tropfen verdünnter Salpetersäure (1 : 7) und einem Tropfen Wasser löst man in verdünnter Salzsäure (1 : 5) und prüft mit Cäsiumchlorid (s. Punkt 3, S. 149), das für systematische Prüfungen an unbekannten Mineralien besser geeignet ist als Rubidiumchlorid. Soll aber allein auf Zinn geprüft werden, ist Rubidiumchlorid vorzuziehen, das ebenfalls herangezogen wird, falls die Form der mit Cäsiumchlorid erhaltenen Kristalle schwer zu erkennen ist (SHORT).

Bei Anwesenheit von Blei fügt man einen Kaliumjodidkristall zu der salzsauren Lösung, ehe man mit Cäsiumchlorid versetzt. Es bilden sich orangefarbene Nadeln von Cäsiumtrijodoplumbat(II), die die Bildung des Cäsiumhexachlorostannats nicht stören.

Canfieldit wird durch wiederholtes Behandeln mit Königswasser zersetzt, das Residuum mit verdünnter Salzsäure (1 : 5) aufgenommen und 1 Tropfen der Lösung mit festem Rubidiumchlorid versetzt.

Franckeit und Kylindrit werden mit Salpetersäure (1 : 1) zersetzt, das Residuum wird mit verdünnter Salzsäure (1 : 5) aufgenommen und 1 Tropfen der Lösung mit festem Kaliumjodid und Cäsiumchlorid versetzt. Neben den orangefarbenen hexagonalen Plättchen von Cäsium-Antimon-Jodid bilden sich die farblosen Oktaeder der Zinnverbindung.

Um Zinn in *Stannin* nach dem Zersetzen mit Salpetersäure (1 : 1) nachzuweisen, entfernt SHORT das Kupfer aus dem Residuum durch Waschen mit 2 Tropfen verdünnter Salpetersäure (1 : 7) und einem Tropfen Wasser, nimmt mit Salzsäure (1 : 5) auf und versetzt mit Rubidiumchlorid, während STAPLES Ammoniumchlorid als Reagens verwendet. Siehe ferner ERLIGMAN.

In *Teallit* wird Zinn direkt durch Versetzen der nach der üblichen Behandlung mit Salpetersäure und Salzsäure erhaltenen Lösung mit Rubidiumchlorid nachgewiesen (SHORT).

7. Nachweis in Dünnschliffen. Um mit Hilfe von Zink das Zinn in einem Erzschnitt oder einer polierten Fläche (Dünnschliff) nachzuweisen, bestreicht man die Fläche gleichmäßig mit einer Schicht Zinkamalgam von butterweicher Konsistenz oder mit einer rund 0,3 cm dicken Paste aus Zinkstaub und Wasser, bedeckt mit einem Stück dicken, weichen Filtrierpapieres und legt alles umgekehrt in einen flachen Behälter, in den verdünnte Salzsäure (1 : 1) eingegossen wird. Nach einiger Zeit (15 Min.) nimmt man den Dünnschliff heraus, wäscht das anhaftende Zink ab und trocknet. Unter dem Mikroskop oder sogar mit dem bloßen Auge zeigen die Zinnsteinpartikeln einen charakteristischen Überzug von Amalgam oder von metallischem Zinn. Die Empfindlichkeit der Reaktion wird durch kurze Einwirkung einer sehr verdünnten Lösung von Quecksilber(II)-chlorid erhöht. Wo sich metallisches Zinn befindet, entsteht weißes Quecksilber(I)-chlorid (s. Punkt 7, S. 103). Sollte dieses im auffallenden Licht schwierig zu erkennen sein, läßt man eine verdünnte Lösung von Jod in Jodwasserstoffsäure einwirken, wobei sich scharlachrotes Quecksilber(II)-jodid bildet. — Zum Nachweis des ausreduzierten Zinns in Dünnschliffen kann man sich auch der Reaktion mit Kaliumhexacyanoferrat(III) und Eisen(III)-chlorid (s. Punkt 2β, S. 98) bedienen (BEIJERINCK; STANLEY).

8. Nachweis in Kassiterit. Behandelt man Kassiterit in einem kleinen Porzellanschälchen mit verdünnter Salzsäure oder Schwefelsäure und einigen Körnchen granulierten Zinks unter schwachem Erhitzen, überzieht sich das Material mit einer grauen Haut von metallischem Zinn. Man kann auch das Mineral auf einer Zink*folie* mit einem Tropfen Salzsäure oder Schwefelsäure befeuchten. Durch Reiben mit einem weichen Tuche oder mit der Hand wird die Oberfläche des Minerals glänzend, gleichzeitig tritt der eigentümliche Geruch auf, der beim Reiben von Zinn mit den Fingern entsteht [BEIJERINCK; The Chemical Engineer 10, Nr. 6; Chem. News 101, 19; durch C. **1910 I**, 766; vgl. weiter ZÖLLER; BILTZ (b); STANLEY; ELLSWORTH]. Nach BILTZ geben nicht alle Zinnsteine diese Reaktion.

Über den Nachweis mit Jodwasserstoffsäure s. Punkt 1, S. 179.

Nachweis mit der Leuchtprobe s. Punkt 12, S. 107.

Mikrochemisch weist SHORT Zinn in Kassiterit nach Aufschluß mit Natriumcarbonat in der Öse eines Platindrahtes und Lösen in verdünnter Salzsäure mit Cäsiumchlorid oder Rubidiumchlorid nach (s. Punkt 3, S. 149). STAPLES legt den Kassiterit auf ein kleines Zinkblech, versetzt mit Salzsäure und prüft die nach Lösen des Zinks erhaltene Flüssigkeit nach Eindampfen und Oxydation mit Salpetersäure in salzsaurer Lösung mit Ammoniumchlorid.

Nachweis nach dem Verfahren von HEMPEL s. Punkt 10α, S. 66.

Zur Prüfung des Zinnsteins ist die kupferhaltige Boraxperle nicht brauchbar (s. Punkt 2β, S. 93).

9. Nachweis in Molybdänerzen. *Molybdänglanz*, MoS_2, kann entweder als möglichst feines Pulver im Porzellantiegel abgeröstet werden, was aber ziemlich lange Zeit in Anspruch nimmt; oder man schmilzt zunächst im Nickel- oder Tonerdetiegel ein Gemisch von Soda und Natriumperoxyd (2 : 1), trägt in dieses den Molybdänglanz ein, schmilzt noch einmal kurze Zeit, entfernt die Schmelze, die das Molybdän als Natriummolybdat enthält, mit Wasser aus dem Nickeltiegel, zersetzt das Gemisch durch Ansäuern mit Salpetersäure, macht mit Natriumhydroxyd wieder alkalisch und kocht unter reichlichem Zusatz von festem Natriumsulfid und etwa $^1/_5$ soviel Schwefelblume. Wurde ein Tonerdetiegel benutzt, so kann die Schmelze im Tiegel sogleich mit Säure behandelt werden.

Gelbbleierz (Wulfenit) $PbMoO_4$ kann mit Salpetersäure, evtl. unter Zusatz von Salzsäure, aufgeschlossen werden. Man dampft die Hauptmenge der Säure ab (es können Molybdänsäure, Blei(II)-chlorid u. a. ungelöst bleiben oder ausfallen), verdünnt etwas und macht, ohne zu filtrieren, sulfalkalisch wie oben.

Die sulfalkalische Lösung wird zunächst in der Siedehitze mit verdünnter Schwefelsäure angesäuert und filtriert. Ein Teil des Sulfidniederschlages wird getrocknet, vom Filter getrennt und in einen Rosetiegel gebracht, den man in einen zweiten, etwas größeren Tiegel setzt und unter langsamem Einleiten von Schwefelwasserstoffgas so hoch erhitzt, daß der Boden des äußeren Tiegels etwa dunkle Rotglut zeigt. Man läßt im Schwefelwasserstoffstrom erkalten und behandelt den Tiegelinhalt mit konzentrierter Salzsäure längere Zeit bei einer Temperatur, bei der die Salzsäure eben Blasen zu werfen beginnt, und filtriert. Es gehen nur Zinn und Antimon in Lösung; auf diese Elemente wird wie üblich geprüft (s. Abschnitt C, S. 76).

Vanadinerze, phosphorhaltige Wolframerze, Fahlerze u. dgl. können in ähnlicher Weise behandelt werden (BILTZ-FISCHER, S. 138).

10. Nachweis in Obsidian. Nach HARRISON und ALLEN läßt sich der Nachweis von Zinn in Obsidian am besten mit Kakothelin (s. Punkt 5, S. 101), Molybdänsäure (s. Punkt 4, S. 99), Quecksilber(II)-chlorid + Anilin (s. Punkt 5, S. 156) und Diazingrün (s. Punkt 9, S. 105) ausführen.

11. Elektrophoretischer Nachweis s. Punkt 2, S. 174.

12. Polarographischer Nachweis s. Punkt 1, S. 175.

d) Nachweis in Staub, Sand, Schlamm usw.

Um freies Zinn im Staub, Sand, Schlamm usw. nachzuweisen, bringt man eine kleine Probe auf einen Objektträger und befeuchtet, wenn notwendig, mit einem Tropfen Wasser. Fügt man jetzt zwei Tropfen einer etwa 1%igen Silbernitratlösung hinzu und rührt gut durch, kann man nach einigen Minuten bei Verwendung einer mäßigen Vergrößerung unter dem Mikroskop einen charakteristischen „Silberbaum" beobachten. Die Reaktion ist jedoch nicht sicher (WARD). Enthält das Material Fett, Harz oder Chloride, muß die Probe zunächst mit Äther und Alkohol gereinigt werden. In einigen Fällen kann man auch störende organische Stoffe durch Waschen der Probe mit kalter 1%iger Natriumhydroxydlösung und Wasser entfernen. Siehe ferner LOCKWOOD sowie ZEMEL (Nachweis in Sand) und Abschnitt g, S. 191.

e) Nachweis in Gläsern.

Über den Nachweis von Zinn in Gläsern ohne vorherigen Silicataufschluß mit Hilfe der Leuchtprobe (s. Punkt 12, S. 107) vgl. HOFFMANN, ferner FEIGL (a, S. 378).

f) Nachweis in Metallen und Legierungen.

1. Verfahren von DENIGÈS (a). Ein Körnchen der Legierung wird mit 10 Tropfen Salzsäure erhitzt, die Lösung bei mäßiger Temperatur zur Trockne eingedampft, mit Wasser aufgenommen und mit 1 ml heißer Kakothelinlösung versetzt (s. Punkt 5, S. 101).

2. Verfahren von TOUGARINOFF. 1 g der Probe wird so weit wie möglich in konzentrierter Salpetersäure gelöst und die Lösung zur Trockne eingedampft. Das Residuum kocht man kurze Zeit mit 4 bis 6 ml konzentrierter Salzsäure, fügt 25 ml Wasser hinzu und kühlt ab. Nach Abfiltrieren von evtl. abgeschiedenem Bleichlorid fügt man 20 ml Nitrophenolarsonsäure (s. Punkt 33a, S. 140) hinzu und erhitzt zum Kochen. Positive Ergebnisse erhielt TOUGARINOFF bei der Untersuchung von Blei, das mit 13% Antimon und 0,17% Zinn legiert war, und von Messing mit 0,11% Zinn.

3. Verfahren von R. E. D. CLARK. Um Zinn in Legierungen nachzuweisen, die kein Kupfer, Wismut oder Nickel enthalten, behandelt R. E. D. CLARK (a) sie mit einem Tropfen Salzsäure und einer Spur des 4-Methyl- oder 4-Chlor-1,2-dimercaptobenzolreagenses (s. Punkt 1, S. 96). In dieser Weise läßt sich Zinn z. B. sehr leicht in Handelsblei nachweisen.

4. Verfahren von VASSALLO. Über den Nachweis nach VASSALLO mit Blauholzpapier s. Punkt 5, S. 182.

5. Mikrochemischer Nachweis. KORENMAN (d) weist Zinn in Legierungen und Folien mikrochemisch als Rubidiumhexachlorostannat(IV) nach (s. Punkt 3, S. 149). Die Reaktion wird entweder mit 1 bis 2 Feilspänen von 0,1 bis 0,2 mm Durchmesser oder auf der Oberfläche der Metalle ausgeführt. Der Nachweis erfolgt mit einer 0,5%igen Lösung von Rubidiumchlorid in konzentrierter Salzsäure nach vorheriger Oxydation mit Bromdampf.

Über die mikrochemische Trennung und den Nachweis von Zinn in Legierungen s. ferner BEHRENS und KLEY (S. 335 ff.) sowie WHITMORE und SCHNEIDER (b).

WHITMORE und SCHNEIDER dampfen 0,25 bis 0,50 g der zu untersuchenden Probe mit konzentrierter Salpetersäure ein, nehmen mit warmem Wasser auf und filtrieren. Den Rückstand erhitzen sie in einem kleinen Becherglase mit Königswasser zum Sieden, bis keine nitrosen Dämpfe mehr auftreten. Bei hohem Zinngehalt bleibt etwas Zinnoxyd ungelöst zurück, es geht jedoch genügend Zinn in Lösung, um einen einwandfreien Nachweis zu gestatten. Zu diesem Zweck verdünnt man einen Teil der Lösung mit Wasser, taucht einen eisernen Nagel hinein, erwärmt etwas und läßt etwa eine halbe Stunde stehen. Die klare Lösung wird abgegossen und mit Gold(III)-chlorid- (s. Punkt 6, S. 146) oder Oxalsäurelösung (s. Punkt 2, S. 145) auf Zinn geprüft.

6. Nachweis durch Tüpfelreaktionen. *α) mit Kaktohelin.* Nach FEIGL (a, S. 392) bringt man einen Tropfen konzentrierter Salzsäure auf den zu untersuchenden Metallgegenstand und rührt, um das Lösen des Zinns zu beschleunigen, mit einem Platindraht um. Der Tropfen wird sodann mit Filtrierpapier aufgenommen und der Fleck mit Kakothelinlösung angetüpfelt. Bei Anwesenheit von Zinn entsteht eine rotviolette Färbung (s. Punkt 3, S. 154).

β) mit Natriumrhodizonat. Für zinnreiche Legierungen, Zinnüberzüge und metallisches Zinn läßt sich auch die Reaktion mit Natriumrhodizonat verwenden (s. Punkt 13, S. 159). Zu ihrer Ausführung bringt man einen Tropfen einer Pufferlösung aus 1,5 g Weinsäure und 1,9 g Natriumhydrogentartrat in 100 ml Wasser ($p_H = 2,79$) und einen Tropfen einer 0,2%igen Natriumrhodizonatlösung auf eine ebene Fläche der Probe. Nach 3 bis 4 Min. wird die getüpfelte Stelle schwachgrau, färbt sich stärker und ist nach etwa 6 Min. dunkelviolett. Wird die Fläche des Metalls mit einer Stahlnadel geritzt und danach mit den beiden Lösungen getüpfelt, werden die Schrammen innerhalb von 3 Min. dunkelviolett. Die Reaktion läßt sich auch durch Behandlung von Metallbohrspänen (1 bis 3 mg) mit den Lösungen ausführen. Die Oberflächen der Späne werden nach wenigen Minuten dunkelviolett. Die Probe läßt sich nicht zum Nachweis von Zinn in Anwesenheit von viel Blei verwenden (FEIGL und BRAILE).

γ) mit Morin. Die Punkt 4, S. 181, beschriebene Reaktion mit Morin läßt sich ebenfalls für den Nachweis von Zinn in Legierungen verwenden. In Übereinstimmung mit spektrographischen Befunden war die Morinreaktion auch in solchen Fällen positiv, wo auf Grund chemischer Analysen angenommen wurde, daß die Legierungen kein Zinn enthielten.

Statt die Probe in konzentrierter Schwefelsäure zu lösen, kann man auch wenige Milligramm der zerkleinerten Legierung oder feine Feilspäne davon in einem Mikroreagensglas direkt mit etwa $^1/_2$ g Jod 1 bis 3 Min. lang über einer kleinen Flamme bei der Schmelztemperatur des Jods erhitzen. Nach dem Abkühlen extrahiert man mit

0,5 ml Benzol, wobei sich von den gebildeten Jodiden SnJ_4, $SbJ_5(SbJ_3)$, AlJ_3, etwas CuJ_2 sowie überschüssiges Jod lösen. Einen Tropfen dieser Lösung bringt man auf Filtrierpapier und tüpfelt nach Verdampfen des Benzols mit 1 bis 2 Tropfen 0,5n Alkalihydroxyd. Dann legt man das Papier in 0,5n Alkalihydroxyd, wodurch Aluminium als Aluminat und das in wasserlösliches Alkalihypojodit verwandelte elementare Jod kapillar abwandern. Das feuchte Papier wird auf ein trockenes Filtrierpapier gelegt, mit einer 0,05%igen Lösung von Morin in Aceton getüpfelt und danach $^{1}/_{2}$ Min. in verdünnte Essigsäure (1 : 1) gelegt. Eine in ultraviolettem Licht bläulichgrüne Fluorescenz zeigt Zinn an. Dieses Verfahren ist etwas weniger empfindlich als das oben beschriebene, genügt aber für die meisten technischen Zwecke. Handelt es sich um metallisches Zinn oder Legierungen mit einem Zinngehalt von 40 bis 60%, so genügt es, das zu prüfende Material mit einer Lösung von Jod in Benzol eine Minute lang zu schütteln und dann einen Tropfen der Lösung auf Filtrierpapier zu bringen (FEIGL, GENTIL und GOLDSTEIN).

Nachweis von Zinn und/oder Antimon. Bisweilen kann es wünschenswert sein, eine Reaktion zu verwenden, die sowohl Zinn wie Antimon anzeigt. Man geht dann so vor, daß man mit der Legierungsprobe einen Strich auf einer unglasierten Porzellanplatte oder an dem unglasierten Rand des Bodens einer Abdampfschale macht und die Stelle mit dem Strich 2 bis 3 Min. lang über eine Schale mit gesättigtem Bromwasser hält. Dabei bilden sich Zinn(IV)-bromid und Antimon(III)-bromid. Ein mit 0,5n Natronlauge angefeuchtetes Papier wird auf die mit Brom behandelte Stelle gepreßt, wobei die beiden Bromide in die Hydroxyde umgewandelt werden. Das Papier wird abgenommen, mit verdünnter Natronlauge gewaschen und mit Morin, wie üblich, getüpfelt. Bei Anwesenheit von Antimon oder Zinn oder beiden zeigt sich Fluorescenz [FEIGL und GENTIL (b)].

δ) mit Ammoniumphosphormolybdat. HELLER und FLEISCHHANS lösen 0,01 g der Probe in Salpetersäure und verdampfen mit einigen Tropfen konzentrierter Salpetersäure auf dem Wasserbade zur Trockne, nehmen den Rückstand mit etwa 2n Salpetersäure auf, filtrieren und waschen. Der Rückstand wird auf dem Filter mit einigen Tropfen konzentrierter Salzsäure behandelt und Zinn im Filtrat nach Reduktion mit Zink durch Tüpfeln auf Ammoniumphosphormolybdatpapier nachgewiesen (s. Punkt 1, S. 153).

BROWN und SMITH behandeln das zu untersuchende Metall in einem Zentrifugenglas mit Königswasser. 3 Tropfen der Lösung werden auf einer Tüpfelplatte mit einigen Körnchen fester Weinsäure und mit Ammoniak bis zur basischen Reaktion versetzt. Zu einem Tropfen dieser Lösung fügt man ebenfalls auf einer Tüpfelplatte einen Tropfen frisch hergestellter konzentrierter Ammoniumsulfidlösung. Nach Absorption der überschüssigen Flüssigkeit fügt man einen Tropfen Salzsäure und einige Körnchen gepulverten Magnesiums hinzu. In einem Tropfen der Lösung wird sodann Zinn mit Phosphormolybdänsäure nachgewiesen.

Über den Nachweis von Zinn in einer Legierung mit Blei und Wismut s. ROSSI und SERANTES.

7. Elektrophoretischer Nachweis s. Punkt 1, S. 173.

8. Polarographischer Nachweis s. Punkt 2, S. 176.

9. Nachweis in Aluminiumlegierungen. α) mit Kakothelin. Für den Nachweis von Zinn in Aluminiumlegierungen, die bis zu 3% Silicium enthalten, versetzt man 5 g der Legierung mit 70 ml 20%iger Natronlauge, verdünnt auf 150 ml, fügt 25 ml 50%ige Kaliumcyanidlösung hinzu, kocht einige Minuten und filtriert. Der Niederschlag wird auf dem Filter mit heißem Wasser gewaschen und dann in 20 ml heißer, konzentrierter Salzsäure gelöst. Die salzsaure Lösung wird leicht erwärmt, und falls sie die Farbe des Eisen(III)-chlorids zeigt, wird etwas Zink hinzugefügt. Dann wird mit 20 ml Wasser verdünnt und mit 1 g Hydroxylaminchlorhydrat versetzt, wodurch die vollständige Reduktion zu Zinn(II)-chlorid gewährleistet ist. Auf Zusatz von 5 Tropfen einer gesättigten, wäßrigen Kakothelinlösung tritt bei Anwesenheit von Zinn Violettfärbung auf (s. Punkt 5, S. 101).

Bei einem Siliciumgehalt von mehr als 3% gibt man zu 5 g der Legierung in einem mit Deckel versehenen Silbertiegel (300 ml) 20 g Ätznatron in Plätzchenform. Dann wird nach und nach Wasser hinzugefügt bis zur lebhaften Reaktion. Nach Beendigung der Reaktion versetzt man mit 25 ml der 50%igen Kaliumcyanidlösung, kocht einige Minuten schwach und filtriert, wobei darauf zu achten ist, daß die Lösung beim Waschen möglichst wenig verdünnt wird. Der Nachweis erfolgt wie oben unter Aufrechterhaltung eines möglichst kleinen Volumens. — Chrom, das den Kakothelinnachweis stört, wird in Lösung gehalten durch Oxydation mit Natriumperoxyd während des Auflösens der Legierung. Die Methode ermöglicht es, noch 0,04% in allen handelsüblichen Legierungen neben den darin vorkommenden Elementen nachzuweisen (BOURSON).

β) mit Jod-Stärke-Lösung. CLARK und STROSS verwenden die von BÉZIER angegebene Reaktion (s. Punkt 4, S. 155) mit Jod-Stärke-Lösung, um Zinn in Aluminiumlegierungen nachzuweisen. Zum Nachweis kleiner Zinnmengen verwendet man ein Reagens aus 1 ml 5%iger Stärkelösung, 18,8 ml Wasser und 0,2 ml 0,1 n Jodlösung. Zum Nachweis größerer Zinnmengen verwendet man ein Reagens aus 5 ml 5%iger Stärkelösung, 14,2 ml Wasser und 0,8 ml 0,1 n Jodlösung. Das in Form von Dreh-, Feil- oder Bohrspänen vorliegende Material wird in 3 ml Salzsäure (2 : 1) bei 60° gelöst. Nach Aufbringen eines Tropfens der Jod-Stärke-Lösung auf eine Tüpfelplatte setzt man tropfenweise die klare Lösung der Legierung hinzu und wartet 5 sec. Vollkommene Entfärbung nach dem ersten Tropfen deutet auf einen Zinngehalt $\geqq$ 0,5% hin, bei weiterem Zusatz entspricht der Verbrauch von 2 Tropfen jeweils einem Mehrgehalt von 1% Zinn. Eichlösungen werden aus Legierungen mit bekanntem Zinngehalt hergestellt.

γ) mit Kaliumhexacyanokobaltat(III). Auf die sorgfältig mit Schmirgelpapier gereinigte Oberfläche der Legierung läßt man einen Tropfen des folgenden Reagenses einwirken: 1 Vol. syrupöser Phosphorsäure gemischt mit 2 Vol. verdünnter Schwefelsäure (1 : 3), 2 Vol. mit Schwefeldioxyd gesättigten Wassers und 2 Vol. 10%iger Kaliumhexacyanokobaltat(III)-lösung. In Anwesenheit von Zinn entsteht nach wenigen Minuten eine gelbe Fällung. Nach dem Trocknen des Tropfens färbt sich der Fleck meistens schwarz [EVANS und HIGGS (b)].

Über den Nachweis von Zinn in Aluminiumlegierungen s. ferner HIRSCHMANN.

10. Nachweis in Bleilegierungen. Auf die mit Schmirgelpapier sorgfältig gereinigte Oberfläche der Legierung bringt man 2 Tropfen einer Lösung, die 25% Weinsäure in 3 n HNO_3 enthält (Mischung von 1 Vol. verdünnter HNO_3 [D = 1,20] und 1 Vol. 50%iger Weinsäure). Nach 5 bis 10 Min. fügt man 4 bis 5 Tropfen einer 1,8 n Salzsäure hinzu und danach 3 bis 4 Tropfen eines frisch zubereiteten Reagenses, das aus gleichen Volumina einer 0,5%igen Lösung von Dithiol in wasserfreiem Aceton und einer 0,5%igen Lösung von Thioglykolsäure in demselben Lösungsmittel besteht (s. Punkt 2, S. 154). Bei großen Mengen Zinn entsteht sofort ein roter Niederschlag. Bei einem Gehalt von etwa 5% Zinn ist die Bildung des Niederschlags etwas verzögert, bei 0,5% Zinn entsteht frühestens nach 5 bis 10 Min. eine Färbung. Wismut stört unter den angegebenen Bedingungen nicht. Ist Zinn nicht anwesend, entstehen entweder überhaupt keine oder gelbe Fällungen in verschiedener Tönung [EVANS und HIGGS (d)].

11. Nachweis in Cadmium durch mikroskopische Rückstandsanalyse. TAMMANN, HEINZEL und LAASS lösen das Metall, evtl. erst nach vorherigem Erhitzen auf 250°, in 50%iger Ammoniumnitratlösung und weisen das Zinn durch Untersuchung des Rückstandes unter dem Mikroskop bei 30facher Vergrößerung nach. 0,01 bis 0,02% Zinn lassen sich in dieser Weise noch nachweisen.

12. Nachweis in Eisen und Stahl. α) *mit Schwefelwasserstoff.* Um Zinn in Eisen und Stahl zu identifizieren, löst man nach SCHERRER eine Probe in verdünnter Schwefelsäure, fällt mit Schwefelwasserstoff (s. Punkt 8, S. 104) und löst den Niederschlag mit dem Filter durch Behandlung mit einem Salpetersäure-Schwefelsäure-Gemisch. Sodann wird Arsen durch Destillation entfernt, und Antimon, Kupfer und Molybdän werden nach dem CLARKEschen Verfahren (s. Punkt 2 β, S. 71, und Abschnitt e, Punkt 1, S. 75) aus einer Lösung ausgefällt, die Oxalsäure, Ammoniumoxalat und Ammoniumtartrat enthält. Nach Zerstörung der Oxalsäure und Weinsäure wird mit Schwefelwasserstoff gefällt und der Niederschlag auf Zinn geprüft. FROMMES bemerkt zu diesem Verfahren, daß das Abdestillieren des Arsens überflüssig sein dürfte, weil Arsen ähnlich dem Antimon, Kupfer und Molybdän durch das CLARKEsche Verfahren gefällt wird. Ferner dürfte zur Isolierung des Zinns das Destillationsverfahren nach PLATO-HARTMANN zu empfehlen sein.

β) *durch mikroskopische Rückstandsanalyse.* TAMMANN und SALGE weisen Zinn in gewalzten Eisenblechen durch mikroskopische Rückstandsanalyse nach. Dazu wird die Probe in einer schwach schwefelsauren 15%igen Ammoniumperoxysulfatlösung gelöst, wobei das Zinn in Form von grauschwarzen Streifen zurückbleibt, die unter dem Mikroskop betrachtet werden können. In dieser Weise soll es möglich sein, 0,02% Zinn nachzuweisen.

PIGOTT gibt genaue Vorschriften für den Nachweis von Zinn in Eisen, Stahl und Gußmaterialien mit Hilfe organischer Reagenzien. Siehe ferner REBOUL.

13. Nachweis in Goldlegierungen. Nach STREBINGER und HOLZER streicht man die zu untersuchende Legierung an einem Objektträger, der in der Mitte eine eingeschliffene, mit einem Sandstrahlgebläse angerauhte, schüsselartige Vertiefung hat. Der Strich wird unter Erwärmen in konzentrierter Salzsäure gelöst, auf einen gewöhnlichen Objektträger übertragen, mit einem Körnchen Magnesiummetall reduziert und mit Gold(III)-chlorid getüpfelt (s. Punkt 6, S. 156).

Nachweis in zahnärztlichen Goldlegierungen. Die Probe wird in 15 bis 20 ml verdünntem Königswasser gelöst und das abgeschiedene Silberchlorid und metallische Iridium abfiltriert. Das Filtrat versetzt man mit 45 ml einer Natriumacetatlösung, die man durch Lösen von 30 g Natriumhydrogencarbonat in etwa 205 ml Eisessig und Verdünnen auf 900 ml hergestellt hat, und erwärmt eine Stunde auf dem Dampfbad. Falls vorhanden, fällt Zinn dabei als hydratisiertes Zinn(IV)-oxyd aus, evtl. mit Eisen(III)-hydroxyd zusammen. Man filtriert den Niederschlag ab und wäscht ihn zunächst mit einer warmen 1%igen Lösung von Natriumchlorid und dann mit einer warmen 1%igen Lösung von Ammoniumchlorid. Ein kleiner Teil des Niederschlags wird auf Eisen geprüft, der Rest wird in einem Porzellantiegel verglüht, wobei in Abwesenheit von Eisen weißes Zinn(IV)-oxyd erhalten wird. Zur Identifizierung schmilzt man den Glührückstand mit Kaliumcyanid (s. Punkt 4, S. 65) und prüft den ausreduzierten Metallregulus mit den üblichen Reagenzien auf Zinn (SWANGER).

14. Nachweis in Kupfer und Kupferlegierungen. α) *mit Kaliumhexacyanokobaltat(III) und Dithiol.* Auf die mit Schmirgelpapier sorgfältig gereinigte Oberfläche der Legierung bringt man einen Tropfen eines Gemisches aus gleichen Volumina konzentrierter Salpetersäure und 50%iger Weinsäurelösung. Nach 5 Min. fügt man zwei Tropfen einer 20%igen Kaliumjodidlösung hinzu, rührt gut um, verteilt den Tropfen und wartet, bis die Farbe des Jods verschwunden ist. Daraufhin fügt man 6 Tropfen einer Mischung aus 1 Vol. konzentrierter Salzsäure (D = 1,16) und 5 Vol. 10%iger Kaliumhexacyanokobaltat(III)-lösung hinzu. Nach Umrühren bringt man etwa die Hälfte der Flüssigkeit auf Filtrierpapier und gibt, wenn sie sich verteilt hat, 4 Tropfen einer Mischung von 2 Vol. 0,5%iger acetonischer Lösung von Dithiol und 1 Vol. 0,5%iger acetonischer Lösung von Thioglykolsäure (s. Punkt 10, S. 187) auf die Mitte des Kobaltcyanidniederschlages, welcher eine helle gelbbraune oder grünlichblaue Färbung haben soll. Bei Anwesenheit von Zinn entsteht ein gelber Ring, dessen

Farbe vom äußeren Rande her in Rot umschlägt. Bei mehr als 1% Zinn erscheint die ganze, vom Ring begrenzte Fläche rot. Bei mehr als 0,3% Zinn entsteht die Farbe fast sofort, bei 0,3 bis 0,1% dauert es 1 Min., ehe sie entsteht, und bei weniger als 0,1% kann es 3 bis 4 Min. dauern. Bei weniger als 0,06% ist die Reaktion negativ [Evans und Higgs (e)].

β) *mit konzentrierter Salpetersäure.* Konzentrierte Salpetersäure bildet auf der Oberfläche aller zinnreichen Bronzen und Messinglegierungen eine dunkle Stelle mit einem weißen Niederschlag von Zinn(IV)-oxydhydrat, der nach 1 bis 2 Min. erscheint. Zinnfreie Legierungen geben einen hellen Fleck ohne Niederschlag (Mayants).

γ) *durch mikroskopische Betrachtung des Schliffbildes.* Ein Zusatz geringer Mengen Zinns zu β-reichen Messingen bringt die α-Kristalle zum Verschwinden, und es treten an ihrer Stelle δ-Kristalle in Form feinkörnigen Segregates innerhalb der β-Kristalle auf. Die δ-Kristalle erscheinen als feine blaßbläuliche Körnchen, die mit Eiseneinschlüssen zunächst verwechselt werden können. Eine einwandfreie Unterscheidung gelingt jedoch sofort durch Ätzen mit Eisen(III)-chlorid. Die Körnchen behalten dann ihre blaßbläuliche Färbung, während die Eiseneinschlüsse tiefschwarz werden (Drogseth, Engelmann und Guertler).

Chromatographischer Nachweis s. S. 169, Nakano.

15. Nachweis in Magnesiumlegierungen. Clark und Stross verwenden die Reaktion mit Jod-Stärke-Lösung zum Nachweis von Zinn in Magnesiumlegierungen. Betreffend das Reagens s. Punkt 9β, S. 187. In das zu untersuchende Legierungsstück wird ein Loch (1 bis 2 mm tief, Durchmesser 9 mm) gebohrt, in das einige Tropfen HCl (1 : 1) gegeben werden. Nach Beendigung der Reaktion bringt man mittels einer Pipette einen Tropfen der Metallösung auf eine Tüpfelplatte, setzt einen Tropfen Jod-Stärke-Lösung zu und rührt mit einem dünnen Glasstab. Da die Gefahr einer Reoxydation besteht, muß rasch gearbeitet werden. Schwindet die Farbe nach wenigen Sekunden, so ist die Reaktion positiv.

16. Nachweis in Silberlegierungen. Auf die Oberfläche des zu prüfenden Gegenstandes bringt man 1 bis 2 Tropfen Salpetersäure (D = 1,2), läßt 1 bis 2 Min. einwirken und überträgt die Flüssigkeit auf eine Tüpfelplatte. Der zur Prüfung auf Zinn entnommene Anteil wird zwecks Lösung der gebildeten Metazinnsäure mit Salzsäure behandelt und das Zinn nach Reduzieren mit Eisen oder Magnesium mit Phosphormolybdänsäure als Molybdänblaufleck (s. Punkt 1, S. 153) identifiziert (Silhanová).

17. Nachweis in Wolfram und Wolframlegierungen. Die Legierung wird mit Salpetersäure zersetzt und das geglühte Gemisch aus Zinn(IV)-oxyd und Wolframsäure mit dem doppelten Volumen metallischen Zinks eine Viertelstunde lang im bedeckten Porzellantiegel stark geglüht. Der Rückstand, der aus metallischem Zinn und blauem Wolframoxyd besteht, wird mit mäßig verdünnter Salzsäure (1 : 2) behandelt, bis alles Zinn sich gelöst hat. Dann wird nach und nach Kaliumchlorat eingetragen, wodurch das blaue Wolframoxyd als Wolframsäure abgeschieden wird. Man verdünnt mit Wasser, filtriert nach 24 Std. die Wolframsäure ab und weist das Zinn im Filtrat nach (Donath und Müllner).

Agte, Becker-Rose und Heyne weisen das Zinn nach vorhergehender elektrolytischer Abscheidung aus einer alkalisulfidhaltigen Wolframlösung nach. Die nicht zu stark alkalische Wolframsäurelösung wird unter Zusatz von 5 g Natriumsulfid und 1 g Natriumhydrogensulfit mit etwa 4 V und 1,2 A 4 Std. bei 60° elektrolysiert.

18. Nachweis in Zinklegierungen. Man vermischt auf der mit Schmirgelpapier sorgfältig gereinigten Oberfläche der Legierung eine kleine Menge Aluminiumspäne oder -pulver mit 4 Tropfen eines Reagenses aus 4 Vol. 50%iger Weinsäurelösung, 2 Vol. verdünnter Salpetersäure (D = 1,20) und 1 Vol. 10%iger Kaliumhexacyanokobaltat(III)-lösung und läßt 5 Min. einwirken. Daraufhin fügt man 6 Tropfen einer Mischung von 4 Vol. verdünnter Salzsäure (15%) und 1 Vol. 10%iger Kaliumhexacyanokobaltat(III)-lösung hinzu und rührt um. Nach 1 bis 2 Min. wird die Lösung auf ein Uhrglas übergeführt und mit 4 Tropfen eines Reagenses aus gleichen Volumina 0,5%iger Dithiollösung in wasserfreiem Aceton und 0,5%iger Lösung von Thioglykolsäure in demselben Lösungsmittel versetzt (s. Punkt 10, S. 187). In Anwesenheit von Zinn färbt sich der zunächst gebildete weiße Niederschlag allmählich rot, in Abwesenheit von Zinn ist die Farbe hellgelb bis grau [EVANS und HIGGS (c)].

Über den Nachweis von Zinn in Zinklegierungen s. auch STARKBAUM.

Chromatographischer Nachweis s. S. 169, NAKANO.

19. Nachweis in metallischen Überzügen. Nach KUTZELNIGG (a) läßt man einen Tropfen konzentrierter Salzsäure auf die zu untersuchende Metalloberfläche einwirken. Nach kurzer Zeit bringt man den Tropfen an die Außenseite eines mit Wasser gefüllten Spitzröhrchens und weist Zinn mit Hilfe der Leuchtprobe (s. Punkt 12, S. 107) nach.

LOVITON (b) bedient sich der Anlauffarben, die entstehen, wenn ein mit Zinn überzogener Gegenstand in die Oxydationsflamme eines Bunsenbrenners gehalten wird. Zinn gibt sich dann durch einen matten gelbgrauen, vorübergehend violetten Schimmer oder durch eine graue Färbung mit getüpfelter Oberfläche bzw. durch eine rauhe Oberfläche mit deutlichen gelben Flecken zu erkennen. — Man kann auch den zu untersuchenden Gegenstand 10 Min. lang in eine kochende konzentrierte Kochsalzlösung tauchen, wobei Zinn sich durch eine ganz schwache graue Färbung zu erkennen gibt.

Ähnliche Ergebnisse erhält man beim Eintauchen der Gegenstände in Wasserstoffperoxyd und Zufügen von Mangandioxyd. Bei vorsichtigem Erhitzen mit einer verdünnten Ammoniumsulfidlösung löst sich der Zinnüberzug ab und auf.

Zum schnellen und sicheren Nachweis von Zinn in Verzinnungen und Zinngegenständen empfiehlt GROSSMANN die Tüpfelreaktion mit Kakothelin (s. Punkt 3, S.154).

NECHAMKIN und SANDERS prüfen zunächst, ob der farblose Überzug durch Salpetersäure angegriffen wird. Zu dem Zwecke wird ein Tropfen Salpetersäure (37%ige Salpetersäure, die mit dem gleichen Volumen Wasser verdünnt ist) auf die gereinigte Oberfläche des Metalls gebracht und, falls die Reaktion langsam ist, 2 Min. gewartet. Ist die sich bildende Lösung farblos, prüft man auf Zinn mit Kakothelin (s. Punkt 3, S. 154). Etwas festes Kakothelin wird auf einem Stück Filtrierpapier mit einem Tropfen Wasser versetzt. Auf die Oberfläche des Metalls bringt man einen Tropfen Salzsäure und legt das Filtrierpapier mit der Rückseite auf die behandelte Stelle. Eine rotviolette Färbung zeigt Zinn an. Siehe auch BLACK und SINNER.

LEWIS und EVANS identifizieren Zinn mit Hilfe des hellgelben Fleckes, der mit Kaliumjodid entsteht (s. Punkt 6, S. 132).

20. Nachweis in metallischem Verpackungsmaterial. Um zwischen Aluminium und Zinn in Verpackungsmaterial zu unterscheiden, verwendet DENIGÈS (b) drei Reagenzien. *Reagens A* ist eine 5%ige wäßrige Lösung von Quecksilber(II)-cyanid. *Reagens B* ist eine wäßrige Lösung von Kaliumtetrajodomercurat(II) $K_2[HgJ_4]$ und wird folgendermaßen dargestellt: 4 g Kaliumjodid werden in etwa 25 ml Wasser gelöst, und die Lösung wird in einem Mörser mit 6 g pulverförmigem Quecksilber(II)-jodid verrieben. Wenn das Salz, das im Überschuß vorhanden sein muß, sich nicht mehr löst, bringt man den Inhalt des Mörsers in einen 100 ml-Meßkolben mit weiteren 25 ml Wasser und schüttelt längere Zeit kräftig. Danach wird mit Wasser auf 100 ml aufgefüllt und filtriert. *Reagens C* erhält man aus Reagens B durch Hinzufügen eines gleichgroßen Volumens einer 15%igen Natriumchloridlösung.

Das Reagens A gibt mit Aluminium weiße Filamente von Aluminiumoxyd und läßt Zinn unverändert. Fügt man jedoch 0,2 bis 0,3 g Natriumchlorid hinzu und schüttelt, färbt sich das Zinn zuerst braun und dann schwarz, während die überstehende Flüssigkeit durch das ausgeschiedene Quecksilber eine graubraune Farbe annimmt. Das Reagens B allein ist ebenfalls ohne Einwirkung auf Zinn. Behandelt man jedoch einige Hundertstel Gramm Zinn in einem Reagensglas mit Reagens C, wovon 1 ml genügt, entsteht nach kurzer Wartezeit eine gelbe kolloidale Lösung, die schließlich ausflockt. Der Niederschlag besteht aus Quecksilber(I)-jodid, welches durch partielle Reduktion des Quecksilber(II)-jodids durch Zinn in Gegenwart von Natriumchlorid entstanden ist. Die Reaktion ist noch positiv mit einigen Milligramm Zinn. Um die weitere Reduktion des Quecksilber(I)-jodids zum metallischen Quecksilber zu vermeiden, empfiehlt es sich, nicht zu große Mengen Zinn zu verwenden. Das Reagens B oder C reagiert nur langsam mit Aluminium. Bei der Ausführung der Reaktion geht man entweder so vor, daß man etwa 0,01 g des Metalls in einem Reagensglas mit dem Reagens mehrmals schüttelt oder einen Tropfen des Reagenses direkt auf die metallische Oberfläche bringt. Eine etwa vorhandene Lackschicht wird durch kurzes Erhitzen in einer Flamme entfernt.

g) Nachweis in technischen Produkten.

Das zu prüfende zerkleinerte Material, das vor der Prüfung sorgfältig zu entfetten und von feinverteiltem Material durch Sedimentation mit Äthyläther zu befreien ist, wird auf einem Objektträger mit einem Reagens behandelt, das in 100 ml wäßriger Lösung 2,5 g $AuCl_3 \cdot 2H_2O$, 1,5 ml konzentrierter Salpetersäure und 1,25 ml konzentrierter Salzsäure enthält. Zinn ist durch die Bildung des charakteristischen CASSIUSschen Purpurs (s. Punkt 10, S. 106) zu erkennen, der von jedem Zinnteilchen in konzentrischen Ringen meist zuerst rötlich, wechselnd zu Blau, ausstrahlt. An den Ecken der Zinnteilchen dehnen sich die Ringe als Auswüchse, ohne aber baumartig zu werden, aus (LOCKWOOD). Prüfung mit 0,1 n Silbernitratlösung nach WARD (s. Abschnitt d, S. 184) führt in Gegenwart von Zinn, Kupfer, Lot und Messing zur Bildung baumartiger Gewächse, die jedoch, wenn es sich um Zinn handelt, eine mehr fächerartige Gestalt annehmen.

h) Nachweis in Wasser.

Zum Nachweis von Zinn in Trinkwasser dampft man 1 l Wasser unter Zusatz von Salpetersäure ein, löst den Rückstand in Salzsäure, reduziert mit Zinkpulver, löst das Metall in Salzsäure und prüft mit Quecksilber(II)-chlorid nach Punkt 7, S. 103 [(KOLTHOFF (b)].

COHEN prüft destilliertes Wasser auf Zinn mit Hilfe der Leuchtprobe (s. Punkt 12, S. 107). Die Probe wird auf die Hälfte des Volumens eingedampft, stark mit Salzsäure angesäuert und metallisches Zink hinzugefügt. Die Nachweisgrenze beträgt 1 Teil Zinn in 3 Millionen Teilen Wassers. — Siehe ferner Punkt 11, S. 193.

Über den Nachweis in Vitriolquellen s. ASHIZAWA.

i) Nachweis in organischen Stoffen und Nahrungsmitteln.

Die organische Substanz, z. B. Konserven, wird durch Kochen mit Schwefelsäure und Kaliumhydrogensulfat zerstört und das Zinn nach Verdünnen mit Wasser durch Schwefelwasserstoff gefällt. Nach Filtrieren kocht man Niederschlag und Filter mit 5 ml konzentrierter Salzsäure, filtriert in ein weites Reagensglas, taucht ein Stück reinen Zinks in die Lösung und leitet einen Strom von Kohlendioxyd hindurch. Sobald der letzte Rest des Metalls in Lösung gegangen ist, fügt man 2 ml einer Lösung von 0,2 g 2,7-Dinitro-diphenylaminsulfoxyd in 100 ml 0,1 n Natriumhydroxydlösung hinzu und setzt das Erhitzen noch 2 Min. unter Einleiten von Kohlendioxyd fort. Die Lösung wird sodann mit Wasser verdünnt, mit 1 oder 2 Tropfen Eisen(III)-chloridlösung versetzt und filtriert. Bei Anwesenheit von Zinn entsteht eine violette Färbung (s. Punkt 2, S. 116) (BUCHANAN und SCHRYVER).

KUHLBERG und SOIFER veraschen die Nahrungsmittelprobe, extrahieren mit Wasser und weisen Zinn nach vorheriger Reduktion einer angesäuerten Probe mit

Magnesium mit Ammoniumphosphormolybdat nach (s. Punkt 1, S. 153). Siehe ferner BACK.

Über die Extraktion von Arsen, Antimon und Zinn in schwefelsaurer Lösung mit einer Lösung von Diäthylammoniumdiäthyldithiocarbaminat s. WYATT.

Über Vorsichtsmaßregeln beim Aufschluß organischer Substanzen mit Schwefelsäure, Salpetersäure und Perchlorsäure zwecks Nachweis von Zinn s. LECOQ.

Chromatographischer Nachweis in biologischem Material s. S.170, VAN ERKELENS.

1. Nachweis in Harn. Der Harn wird mit 2 ml 10%iger Essigsäure, 5 ml 5%iger Calciumchloridlösung und 25 ml gesättigter Ammoniumoxalatlösung per Liter versetzt. Den abgeschiedenen Niederschlag löst man in wenig heißer konzentrierter Salzsäure, verdünnt die Lösung auf 1 ml und weist Zinn durch Tüpfeln auf Ammoniumphosphormolybdatpapier (s. Punkt 1, S. 153) nach (SHIELS). 0,02 mg zweiwertiges Zinn per Liter sind nach diesem Verfahren leicht in 20 ml Harn nachzuweisen.

Nach *Chemikerzeitung* 1929, S. 53, kann der Nachweis von Zinn in Harn nach Zerstörung der organischen Substanz mikrochemisch als Cäsiumhexachlorostannat(IV) oder als Zinn(II)-oxalat (s. Punkt 3, S. 149, bzw. Punkt 2, S. 145) erfolgen.

2. Histologischer Nachweis in der Niere von Kaninchen durch intravenöse Injektion einer 1%igen wäßrigen Lösung von Natriumalizarinsulfonat-(3) (s. Punkt 34, S. 123) s. ONO und YOKOYAMA.

3. Nachweis in Lungen von Grubenarbeitern s. OROSCO.

4. Nachweis in Pflanzengeweben. Dünne Schnitte der Pflanzenstämme werden auf einem Objektträger mit 20%iger Salzsäure angesäuert, mit einem Tropfen verdünnter Eisen(III)-chloridlösung und nach einigen Minuten mit einem Weinsäurekristall versetzt. Nach Lösen des Kristalls fügt man einen Tropfen Dimethylglyoximlösung und Ammoniak hinzu. Rotfärbung zeigt Zinn an (s. Punkt 2α, S. 97) (COHEN).

5. Nachweis in Algen s. LELIÈVRE und MÉNAGER.

6. Nachweis in Drogen bzw. Drogenaschen mit Kakothelin (s. Punkt 5, S. 101) s. ROSENTHALER und BECK sowie ROSENTHALER (b).

7. Nachweis in Milch. Zinn macht sich in der Milch durch das Auftreten graublauer Stellen kenntlich. Zum Nachweis des Zinns schöpft man diese Stellen ab, entfettet und entwässert die Substanz auf einem kleinen Filter mit Alkohol und Äther, bringt das Ganze in ein Reagensglas, löst in warmer 25%iger Salzsäure und weist das Zinn mit Gold(III)-chlorid als CASSIUSschen Goldpurpur (s. Punkt 10, S. 106) nach (REISS).

8. Nachweis in Käse. Ein Stück der dunklen, verdächtigen Teile des Käses wird mit Wasser auf einem Uhrglas befeuchtet und mit einem Tropfen einer 0,5%igen Lösung von Ammoniummolybdat in 1 n Salzsäure und einem Tropfen einer 5%igen Natriumphosphatlösung versetzt. Die Bildung von Molybdänblau (s. Punkt 1, S.153) zeigt die Anwesenheit von Zinn an (DAVIES).

9. Nachweis in Konserven. WILLIAMS findet, daß in Fischkonserven etwa 0,3 mg Zinn per Gramm und mehr durch die gelbe Farbe der warmen Asche nachgewiesen werden können. — DICKINSON weist Zinn in Konserven dadurch nach, daß er nach dem Veraschen das gebildete Zinnoxyd durch Schmelzen mit Kaliumcyanid (s. Punkt 4, S. 65) zu Zinn reduziert und das Zinn nach Lösen der Schmelze in Säure durch Dithiol nachweist (s. Punkt 1, S. 96).

10. Nachweis in Zuckerwaren. Zum Nachweis von Zinn in Zuckerwaren zerstört man mit Salpetersäure, dampft mit etwas Salzsäure zur Trockne ein, nimmt mit 100 ml Wasser und Salzsäure auf, leitet bei 60 bis 70° eine halbe Stunde Schwefelwasserstoff ein, filtriert, verascht das Filter in der Platinspirale, reduziert die Asche durch Erhitzen im Wasserstoffstrom im Porzellanschiffchen, löst das Reduktionsprodukt in Salzsäure und prüft mit Quecksilber(II)-chloridlösung (s. Punkt 7, S. 103) (MAYRHOFER, s. ferner PHIPSON).

11. Nachweis in Malzgetränken. Nach Veraschen des Biers wird die Asche mit Natriumcarbonat und Natriumcyanid geschmolzen und nach Lösen in Salzsäure das Zinn mit Dithiol (s. Punkt 1, S. 96) nachgewiesen. Die Methode eignet sich auch für andere Lebensmittel, Wasser und biologische Stoffe [STONE (b)].

Mit Hilfe eines Ionenaustauschers läßt sich Zinn auch ohne Veraschen nachweisen. Das zu untersuchende Bier wird teilweise von Kohlensäure befreit, mit Perchlorsäure bis zu einem p_H-Wert von ~ 1 angesäuert, nach einstündigem Stehen filtriert und schließlich mit Ammoniak auf einen p_H-Wert von 5 gebracht. Mindestens 200 ml des so behandelten Bieres läßt man durch einen Ionenaustauscher aus Amberlit 1R—100 in der H^+-form fließen und wäscht anschließend mit destilliertem Wasser. Das Zinn wird mit 40 ml 5%iger Oxalsäure ($p_H = 1,0$) herausgelöst und die Kolonne mit Wasser gespült. Nach Einengen der Flüssigkeit kann man Zinn durch gewöhnliche chemische Methoden nachweisen oder auch chromatographisch an einer Aluminiumoxydkolonne (s. S. 163) mit Wasser oder verdünnter Säure als Waschflüssigkeit und Phosphormolybdänsäure (s. Punkt 1, S. 153) als Reagens. In dieser Weise läßt sich Zinn von Kupfer und Eisen trennen. Die drei Metalle können jedoch auch nebeneinander nachgewiesen werden. Dabei löst man die Metalle aus dem Ionenaustauscher mit Salzsäure heraus, bringt die Lösung auf die Aluminiumoxydkolonne und fügt 5%ige Weinsäure hinzu. Nach Zugabe von Schwefelwasserstoffwasser, etwas Wasser und 0,2 ml Phosphormolybdänsäure entsteht eine hellblaue Zinnzone, eine braune Kupferzone und eine schwarze Eisenzone (WEST, EVANS und BECKER).

12. Nachweis in Extrakten. Der Extrakt wird in der fünffachen Menge Wassers oder in stark verdünntem Alkohol gelöst und mit wenigen Tropfen Salzsäure schwach angesäuert. In die Lösung stellt man einen blanken Zinkstab. Nach Verlauf einer halben Stunde ist der eingetauchte Teil des Zinkstabes bei Gegenwart von Zinn mit einer grauweißen Schicht (s. Punkt 11α, S. 106) bedeckt (HAGER).

13. Nachweis in ätherischen Ölen, konkreten Ölen und Enfleurageprodukten nach vorhergehender Extraktion mit Salzsäure oder besser mit Salpetersäure durch Tüpfeln eines Kakothelinpapiers (s. Punkt 3, S. 154) s. NAVES.

　　j) Nachweis in Textilien, Fibermaterialien, organischen Farbstoffen und Beizmitteln.

Über den Nachweis in *Textilmaterialien* s. TROTMAN, in *Fibermaterialien* sowie in *organischen Farbstoffen* s. CLAYTON.

Um gefärbte Textilien auf das verwendete Beizmittel hin zu prüfen, geht man so vor, daß man eine Probe von 5 g in kleine Stücke schneidet und nach Waschen mit Alkali durch Erhitzen in einem Gebläse verascht. Eine weiße Asche deutet auf Anwesenheit von Aluminium oder Zinn hin. Die Asche wird mit der fünffachen Menge eines Gemisches aus Soda und Pottasche sowie einer kleinen Menge Kaliumnitrats geschmolzen. Die Schmelze wird in Königswasser gelöst, die Lösung zur Trockne eingedampft und der Rückstand in Salzsäure gelöst. Zinn wird nach Einleiten von Schwefelwasserstoff nachgewiesen [C. A. 41, 6049^h (1947)].

BAFFROY untersucht tierische Fibern auf das verwendete Beizmittel hin durch Verbrennen der Fibern und anschließendes Erhitzen mit Salpetersäure oder Kaliumnitrat. Ein weißer Rückstand deutet auf die Anwesenheit von Zinn, Aluminium, Calcium, Antimon, Silicium, Barium, Wolfram, Titan oder Ton hin.

Über den Nachweis von Zinn durch Tüpfelreaktionen in der Asche natürlicher Cellulosefibern s. MATLIN.

　　k) Nachweis in Getreidebeizmitteln.

5 g Getreide werden in einem Reagensglas mit 4 bis 5 ml einer 25%igen Natriumthiosulfatlösung, die 5% Kalilauge enthält, übergossen, so daß die Körner gerade von der Lösung bedeckt sind, und über kleiner Flamme zum Sieden erhitzt. Dann wird das Reagensglas aus der Flamme genommen und sofort eine 0,2 bis 0,3 mm

starke, 5 bis 6 mm breite und etwa 10 cm lange Aluminiumfolie eingetaucht, die
etwa 1 bis 2 Min. der Einwirkung der Lösung ausgesetzt wird. Es tritt sofort
Schwefelwasserstoffentwicklung ein und Fällung von dunkelbraunem Zinn(II)-sul-
fid (Tornow).

l) Nachweis in beschwerter Seide.

Ein 10 bis 25 cm langes Stück wird sorgfältig mit einer Lösung von 90 g calcinierten Natriumcarbonats und 90 g calcinierten Kaliumcarbonats in 400 g
Wasser befeuchtet und über einem Becherglas, das 30 ml etwa 10%iger Salzsäure enthält, aufgehängt. Man trocknet das Stück beim vorsichtigen Erhitzen
und verbrennt es dann anschließend, indem man die Flamme gegen das untere
Ende richtet. Die geschmolzenen Teile läßt man in das Becherglas mit der Säure
fallen. Die Lösung wird gekocht, dekantiert und filtriert. Das Residuum behandelt man 15 Min. lang auf dem Filter mit etwa 10 ml warmer, konzentrierter
Salzsäure, fügt die Säure zu dem Filtrat hinzu, kocht das Filtrat mit 5 ml konzentrierter Salpetersäure, läßt abkühlen, neutralisiert mit einer 25%igen Natriumhydroxydlösung und setzt so viel Salzsäure hinzu, daß eine klare Lösung erhalten
wird. Etwa 2 ml der so vorbereiteten Lösung werden mit der 25%igen Natriumhydroxydlösung neutralisiert und mit etwa 5 Tropfen im Überschuß versetzt. Nach
Filtrieren und Ansäuern des Filtrats mit Salzsäure fügt man einige Tropfen einer
1%igen wäßrigen Kupferronlösung hinzu. Eine weiße Fällung (s. Punkt 26, S. 139)
zeigt die Anwesenheit von Zinn an (Mease).

Um Zinn in beschwerter Seide mit Morin nachzuweisen, genügt es, eine kleine
Probe der Seide zu veraschen und die Asche nach der Punkt 4, S. 181, angegebenen
Arbeitsweise zu prüfen (Feigl, Gentil und Goldstein).

m) Nachweis in Thionylchlorid.

Um Zinn(IV)-chlorid in Thionylchlorid nachzuweisen, übergießt man ein paar
Körnchen von Triphenylmethylchlorid $(C_6H_5)_3C \cdot Cl$ mit dem Thionylchlorid. Bei Anwesenheit von Zinn(IV)-chlorid erhält man eine gelbe Lösung, die besonders beim
Schütteln die Wandungen des Reagensglases tiefgelb färbt. Noch viel eklatanter
ist die Reaktion mit p-Trijod-triphenyl-methylchlorid (s. Punkt 50, S. 143), das mit
zinn(IV)-chloridhaltigem Thionylchlorid eine fuchsinrote Färbung entstehen läßt
(Besthorn). Mehrere andere Stoffe geben die gleiche Reaktion (Meyer und Turnau).

Anhang.

Zu § 1, Nachweis auf spektralanalytischem Wege, Abschnitt d, S. 91: Nachweis von Zinn in
Pankreas-, Nieren- und Gallensteinen s. I. N. Ohta [J. chem. Soc. Japan, pure Chem. Sect.
(Nippon Kagaku Zassi) 74, 55 (1953); durch C. A. 48, 2896 (1954)]; in Hundeleber mittels Bogen-
spektrum nach Veraschen bei höchstens 450° mit einer Spur Salpetersäure s. A. O. Voïnar
[Ukrain. biochem. J. (russ.) 21, 87 (1949); durch C. A. 48, 4043 (1954)]; in Seidenraupen s.
T. Fukuda und M. Matsuda [J. Sericult. Sci. Japan 22, 243 (1953); durch C. A. 48, 10942
(1954)]; in Teeblättern s. M. Nagata [J. chem. Soc. Japan, pure Chem. Sect. (Nippon Kagaku
Zassi) 74, 462 u. 534 (1953); durch C.A. 48, 2284 und 2839 (1954)]; in Pflanzen s. C. Minguzzi
und O. Vergnano [Nuovo giorn. botan. ital. 60, 287 (1953); durch C. A. 48, 13837 (1954)]; in
Reiskeimlingen s. A. Y. Almarza und A. S. Ruiz [An. Real. Soc. españ. Física Quím. 50 B, 95
(1954)].

**Zu § 3, Nachweis auf nassem Wege, S. 119: 15. Reaktion mit Azofarbstoffen der Chro-
motropsäure und der Naphthothionsäure.** Zweiwertiges Zinn gibt mit einer 0,05%igen Lösung
des roten Farbstoffes *2-(4-Sulfonaphthylazo)-1,8-dioxynaphthalin-3-6-disulfonsäure* eine schwachrosa Färbung, die langsam verblaßt, während der orange Farbstoff *2'-(4-Sulfonaphthylazo)-
1,8-dioxy-2-nitroso-naphthalin-3,6-disulfonsäure* entfärbt wird. Viele andere Kationen reagieren
ebenfalls mit den Farbstoffen [Datta, S. K., Fr. 149, 270 (1956)].

16. Reaktion mit 1-(2-Pyridylazo)-2-naphthol. Zweiwertiges Zinn gibt mit 1-(2-Pyridylazo)-
2-naphthol in wäßriger Lösung eine rosa Färbung. Nach einiger Zeit entsteht ein Niederschlag,

der sich in Amylalkohol und Tetrachlorkohlenstoff mit gelber Farbe löst [CHENG, K. L., und
R. H. BRAY, Anal. Chem. **27**, 782 (1955)]. **Erfassungsgrenze** 24 γ Zinn.
Mehrere Kationen geben ebenfalls Farbreaktionen mit dem Reagens.

**Zu Punkt 21, S. 121, und Punkt 16, S. 159: Fällung mit disubstituierten Dithiocarba-
maten.** Die Fällung des zweiwertigen Zinns erfolgt auch in essigsaurer Lösung, und zwar am
besten mit dem mit Pyrrolidin erhaltenen Dithiocarbamat (Na-t-Carbat) [GLEU,
K. u. R. SCHWAB, Angew. Ch. **62**, 320 (1950)].

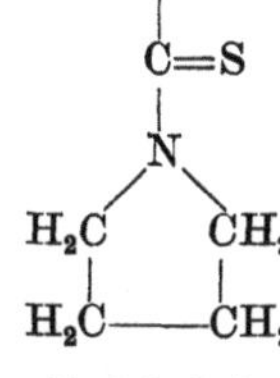

Na-t-Carbat.

Über die Fällungen mit Na-Acetaniliddithiocarbamat (I), Na-Phthalimid-
dithiocarbamat (II) und Na-Succinimiddithiocarbamat (III) s. H. MALISSA und
E. SCHÖFFMANN [Mikrochim. A. **1955**, 187]. Die **Grenzkonzentration** beträgt:
Für (I) bei Ausführung im Mikroreagensglas und auf der Glastüpfelplatte
1 : 200 000, auf der Porzellantüpfelplatte und auf Filtrierpapier 1 : 2000; für
(II) bei Ausführung im Mikroreagensglas und auf der Glastüpfelplatte 1 : 20 000,
auf der Porzellantüpfelplatte und auf Filtrierpapier 1 : 2000; für (III) bei Aus-
führung im Mikroreagensglas und auf der Glastüpfelplatte 1 : 20 000, auf der
Porzellantüpfelplatte und auf Filtrierpapier 1 : 1.
Über die Reaktionen des zwei- und vierwertigen Zinns mit den Ammonium-
salzen der *monosubstituierten* Dithiocarbamate, *o-, m- und p-Aminophenyldithiocarbamat*, s.
E. GAGLIARDI und W. HAAS [Mikrochim. A. **1955**, 864].

Zu Punkt 12, S. 138, und Punkt 33 b, S. 141: Über die Fällungen des zwei- und vierwertigen Zinns mit *o-, m- und p-Anilinarsonsäure* sowie mit *o-, m- und p-Nitrobenzolarsonsäure*
s. R. PIETSCH [Mikrochim. A. **1955**, 954 und 1019].

Zu § 6, Chromatographischer Nachweis, S. 164: Über die chromatographische Trennung
von Arsen, Antimon und Zinn an entfaserten Jutepflanzenstengeln s. B. N. SEN [Z. anorg.
Chem. **279**, 328 (1955)].

Zu S. 171: J. G. SURAK und R. J. MARTINOWICH [J. chem. Educat. **32**, 95 (1955)] trennen
Arsen, Antimon und Zinn in dem qualitativen Analysengang chromatographisch mit einem
Gemisch aus tertiärem Butylalkohol, Chloroform, 8n Salzsäure und Acetylaceton (45 : 45 : 8 : 2)
als Lösungsmittel. Die R_f-Werte betragen dabei für As^{3+} 0,64; Sb^{3+} 0,85; Sn^{2+} 1,00. Zum Nachweis wird Dithizon verwendet.

Zu § 8, Polarographischer Nachweis, S. 175: Über die Beseitigung der Störung durch Arsen
mittels Oxydation mit Kaliumchlorat bei der polarographischen Bestimmung von Zinn s. G. PACK-
MAN und G. F. REYNOLDS [Analyst **81**, 49 (1956)].

Zu § 9, Toxikologischer Nachweis, S. 178: H. PFEIFFER und H. DILLER [Fr. **149**, 264 (1956)]
empfehlen, die organische Substanz nach dem Verfahren von M. FELDSTEIN und N. C. KLEND-
SHOY [Analyst **78**, 43 (1953)] mit einem Gemisch von 1 Teil 70%iger Perchlorsäure und 3 Teilen
konzentrierter Salpetersäure zu zerstören. Das Zinn läßt sich papierchromatographisch nachweisen. Am einfachsten wählt man das aufsteigende Verfahren mit n-Butanol, das mit 3n Salzsäure
gesättigt ist, als Lösungsmittel und Dithizon als Nachweisreagens. Unter den angegebenen Versuchsbedingungen beträgt der R_f-Wert des Zinns 0,90.

Literatur.

Die Literatur ist möglichst vollständig bis einschließlich 1954
und z.T. auch von 1955 und 1956 berücksichtigt.

ADAN, R.: Bl. Ind. chim. Belg. **5**, 447 (1927); durch G. SCHEIBE, Chemische Spektralanalyse bei W. BÖTTGER: Physikalische Methoden der analytischen Chemie I, S. 180, Leipzig 1933. — ADDINK, N. W. H.: (a) Recueil Trav. chim. Pays-Bas **70**, 155 (1951); (b) Recueil Trav. chim. Pays-Bas **70**, 168 (1951). — AGOSTINI, P.: Ann. Chim. appl(ic). **19**, 164 (1929); durch C. A. **23**, 5431 (1929). — AGTE, K., H. BECKER-ROSE u. G. HEYNE: Angew. Ch. **38**, 1123 (1925). — AHLFELD, F., u. H. MORITZ: (a) Neues Jahrb. Mineral. Geol., Beil.-Bd. (Abh.) Abt. A, **66**, 179 (1933); (b) Neues Jahrb. Mineral. Geol., Beil.-Bd. (Abh.) Abt. A, **66**, 199 (1933). — AHRENS, L. H.: (a) South African J. Sci. **41**, 152 (1945); durch C. A. **39**, 4821 (1945); (b) Spectrochim. Acta (London) **4**, 302 (1951); Quantitative Spectrochemical Analysis of Silicates, London 1954. — AHRENS, L. H., u. W. R. LIEBENBERG: Am. Mineralogist **35**, 571 (1950). — ALEKSEEVA, A. I.: Betriebs-Lab. (russ.) **15**, 700 (1949); durch C. A. **44**, 478 (1950). — ALEKSEEVA, A. I., u. L. E. NAÏMARK: Izvest. Akad. Nauk Kazakh. S.S.R. Nr. 104, Ser. Astron. i fiz. Nr. 5, 91 (1951); durch C. A. **48**, 2515 (1954). — ALEKSEEVA, V. G., u. S. L. MANDEL'SHTAM: J. techn. Physics (russ.) **17**, 765 (1947); durch C. A. **46**, 1911 (1952). — ALEXANDER, O. R., u. V. M. BISKE: Am. Soc. Brewing Chemists Pr. **1948**, 69. — ALIMARIN, I. P., B. N. IVANOV-EMIN u. S. M. PEVZNER: Trudy Vsesoyuz. Konferents. Anal. Khim. **2**, 471 (1943); durch C. A. **39**, 3755 (1945). — ALIMARIN, I. P., u. M. S. WESHENKOWA: Betriebs-Lab. (russ.) **5**, 152 (1936); durch C. **1936 II**, 1979. — ALLPORT, N. L.: Ind. Chemist **17**, 3 (1941); durch C. **1941 II**, 1999. — ALLSOPP, W. E., u. V. R. DAMERELL: Anal. Chem. **21**, 677 (1949). — ALMKVIST, G.: Z. anorg. Ch. **103**, 221 (1918). — ALVAREZ QUEROL, M. C., u. C. L. WILSON: Mikrochemie (Mikrochem.) **36/37**, 224 (1951). — ANDERSON, J. R. A., u. J. L. GARNETT: Anal. chim. Acta **8**, 393 (1953). — ANDERSON, J. R. A., u. A. WHITLEY: Anal. chim. Acta **6**, 517 (1952). — ANSELL, G. F.: J. chem. Soc. (London) **5**, 210 (1852); durch J. B. **1852**, 734. — ANTHEUNISSENS, F. F.: Metallwirtsch., Metallwiss., Metalltechn. **23**, 329 (1944); durch C. A. **42**, 4094 (1948). — ANTHON, E. F.: J. pr. **9**, 341 (1836). — APPLING, J. W., u. J. H. REEDY: J. chem. Educat. **4**, 527 (1927); durch C. **1927 II**, 36. — ARNAL, T. G. y: Chim. et Ind. **20**, 631 (1928); An. Soc. españ. Física Quím. **26**, 181 (1928); durch C. A. **23**, 579 (1929). — ARNDT, F., u. J. PUSCH: B. **58**, 1648 (1925). — ARNOLD, A. E.: Chem. N. **36**, 238 (1877); durch J. B. **1877**, 1070. — ARNOLD, E.: Chem. Listy **27**, 73 (1933); durch C. **1933 I**, 2846. — ARREGHINI, E., u. T. SONGA: Spectrochim. Acta (London) **5**, 114 (1952). — ASHIZAWA, T.: Repts. Balneol. Lab. Okayama Univ. **1951**, No. 5, 51; durch C. A. **46**, 8296 (1952). — ASHKINAZI, M. S., u. R. S. TRIPOL'SKAYA: Bl. Acad. Sci. URSS, Sér. physique **1941**, 289; durch C. A. **37**, 2301 (1943). — A. S. T. M.: Methods of Chemical Analysis of Metals. Am. Soc. Test. Mater., Philadelphia 1946. — ATACK, F. W.: J. Soc. Dyers Colourists **29**, 9 (1913); durch Fr. **53**, 710 (1914). — AUGER, V.: C. R. hebd. Séances Acad. Sci. **170**, 995 (1920). — AUGER, V., L. LAFONTAINE u. C. CASPAR: C. R. hebd. Séances Acad. Sci. **180**, 376 (1925). — AUSTEN, P. T.: Am. Chem. J. **4**, 285 (1882/83); Chem. N. **46**, 286 (1882).

BACA MENDOZA, O.: Publs. inst. invest. microquím., Univ. nacl. litoral **15**, 45 (1951); durch C. A. **47**, 3752 (1953). — BACK, S.: Food Manufact. **8**, 381 (1933); durch C. **1934 I**, 144. — BAEYER, A.: B. **38**, 590 (1905). — BAFFROY, P.: Teintex **5**, 9 (1940); durch C. A. **34**, 2606 (1940). — BAISTROCCHI, R.: Spectrochim. Acta (London) **5**, 24 (1952). — BAKER, I., M. MILLER u. R. S. GIBBS: Ind. eng. Chem. Anal. Edit. **16**, 269 (1944). — BALANDIN, A.: Z. anorg. Ch. **187**, 398 (1930). — BALZ, G.: (a) Spectrochim. Acta (Berlin) **1**, 227 (1939); (b) Z. Metallkunde **33**, 260 (1941); (c) Metallwirtsch., Metallwiss., Metalltechn. **17**, 1226 (1938). — BANCROFT, W. D., u. H. B. WEISER: J. physic. Chem. **18**, 309 (1914). — BANNISTER, F. A., M. H. HEY u. H. P. STADLER: Mineralog. Mag. J. mineralog. Soc. **28**, 129 (1947/49). — BARBER, H. H., u. E. GRZESKOWIAK: Anal. Chem. **21**, 192 (1949). — BARBER, H. H., u. T. I. TAYLOR: Semimicro Qualitative Analysis, Revised Edition, New York 1953, S. 175. — BARDET, J., A. TCHAKIRIAN u. R. LAGRANGE: C. R. hebd. Séances Acad. Sci. **206**, 450 (1938). — BARFOED, C. F.: J. pr. **101**, 368 (1867). — BARLOT, J.: Ann. Chimie (10) **6**, 135 (1926). — BARRETT, W. F.: Philos. Mag. (4) **30**, 321 (1865). — BARSANOV, G. P.: C. R. (Doklady) Acad. Sci. URSS **31**, 594 (1941); durch C. A. **37**, 585 (1943). — BAUDOUIN, M.: C. R. hebd. Séances Acad. Sci. **173**, 862 (1921). — BAYLEY, T.: J. chem. Soc. (London) **49**, 735 (1886). — B. D. H. Reagents for „Spot" Tests, 4. Edit. London 1935. — BECK, G.: (a) Mikrochim. A. **2**, 287 (1937); (b) Mikrochemie **20**, 194 (1936); (c) Mikrochemie (Mikrochem.) **33**, 188 (1948). — BEERS, A. D.: Pr. Conf. Natl. Open Hearth Comm. Iron Steel Div. Am. Inst. Mining Met. Eng. **26**, 154 (1943); durch C. A. **38**, 6229 (1944). — BEHRENS, H.: Fr. **30**, 155 (1891); Anleitung zur mikrochemischen Analyse, Hamburg und Leipzig 1895. — BEHRENS, H., u. P. D. C. KLEY: Mikrochemische Analyse, 4. Aufl. Leipzig 1921. — BEIJERINCK, F.: Neues Jahrb.

Mineral. Geol., Beil.-Bd. **11**, 443 (1897/98). — Belcher, R., u. F. Burton: Metallurgia (Manchester) **31**, 317 (1945); Metallurgia (Manchester) **32**, 37 (1945). — Bellucci, J., u. N. Parravano: Z. anorg. Ch. **45**, 142 (1905). — Benedetti-Pichler, A. A.: (a) Fr. **70**, 282 (1927); (b) Microtechnique of Inorganic Analysis, New York 1942. — Benedetti-Pichler, A. A., u. M. Cefola: Ind. eng. Chem. Anal. Edit. **14**, 813 (1942). — Beran, P., J. Čihalík, J. Doležal, V. Simon u. J. Zýka: Chem. Listy **47**, 1315 (1953); durch C. A. **48**, 3813 (1954). — Berg, R., u. W. Roebling: Angew. Ch. **48**, 430 (1935); B. **68**, 403 (1935). — Berglund, E.: B. **17**, 95 (1884); Fr. **24**, 221 (1885). — Bergström Lourenço, O.: Inst. Pesquisas tecnol. São Paulo, Bol. **26**, 41 (1940); durch C. A. **35**, 6705 (1941). — Bergstrom, N. C., u. E. H. Lucas: Appl. Spectroscopy **7**, Nr. 1, 13 (1953). — Beringer, H. R., u. A. F. H. Stephens: Mineralog. Mag. J. mineralog. Soc. **39**, 360 (1928). — Berisso, B.: Rev. farm. **89**, 197 (1947); durch C. A. **42**, 1526 (1948). — Berta, R., u. A. Palisca: Metallurgia ital. **41**, 128 (1949); durch C. A. **43**, 8944 (1949). — Bertha, H., H. Malissa u. F. Pohl: Mikrochemie (Mikrochem.) **36/37**, 988 (1951). — Berthier, T.: Ann. Chim. Phys. (3) **7**, 81 (1843). — Bertiaux, L.: Bl. Soc. chim. France, Mém. **1946**, 101. — Bertrand, G., u. V. Ciurea: C. R. hebd. Séances Acad. Sci. **192**, 780 (1931). — Berzelius, J. J.: Ann. Chim. Phys. **94**, 187 (1815); durch J. W. Mellor: A Comprehensive Treatise on Inorganic and Theoretical Chemistry, Bd. **7** (1927). — Besthorn, E.: B. **41**, 2003 (1908). — Bettendorff, A.: Z. Chem. **12**, 492 (1869). — Bey, L.: Bl. Soc. chim. France (4) **47**, 1192 (1930). — Bey, L., u. M. Faillebin: C. R. hebd. Séances Acad. Sci. **188**, 1679 (1929). — Bézier, D.: Anal. chim. Acta **1**, 113 (1947). — Biltz, W.: (a) Ausführung qualitativer Analysen, 10. Aufl. von W. Fischer, Leipzig 1949; (b) Ch. Z. **45**, 325 (1921). — Biltz, W., u. W. Fischer: Ausführung qualitativer Analysen, 11. Aufl., Leipzig 1952. — Bishop, J. A.: J. chem. Educat. **22**, 524 (1945). — Bishop, J. R., u. H. Liebmann: Nature **167**, 524 (1951). — Black, G., u. J. Sinner: Metal Finishing **44**, 529 (1946); durch C. A. **41**, 649 (1947). — Black, W. A. P., u. R. L. Mitchell: J. Marine biol. Assoc. United Kingdom **30**, 575 (1952); durch C. A. **46**, 6708 (1952). — Blanc, P., u. J. Racine: (a) Chim. analytique **36**, 272 (1954); (b) Chim. analytique **36**, 158 (1954). — Bloemendal, H., u. T. A. Veerkamp: Chem. Weekbl. **1953**, 147; durch Fr. **140**, 60 (1953). — Bloxam, C. L.: (a) J. chem. Soc. (London) **3**, 97; durch R. Fresenius: Fr. **4**, 115 (1865); (b) A. **83**, 180 (1852). — Blum, L.: Fr. **44**, 11 (1905). — Blumenthal, H.: Metall u. Erz **37**, 268 (1940). — Böseken, J.: Kon. Akad. Wetensch. Amsterdam, Proc. **39**, 717 (1936). — Boer, F. de: Fr. **122**, 56 (1941). — Böse, R.: Neues Jahrb. Mineral. Geol., Beil.-Bd. (Abh.) Abt. A **70**, 535 (1936). — Böttger,W.: Qualitative Analyse, 4.–7. Aufl., Leipzig 1925. — Bonz u. Sohn: Schweiz. Wochenschr. Pharm. **5**, 870 (1905); durch C. **1905 I**, 1546 u. Fr. **48**, 654 (1909). — Book, D.: J. chem. Educat. **15**, 221 (1938). — Bornemann, G.: Angew. Ch. **12**, 635 (1899). — Borneman-Starinkevitch, I. D.: C. R. (Doklady) Acad. Sci. URSS **24**, 353 (1939); durch C. A. **34**, 963 (1940) u. C. **1940 I**, 2926. — Borovik, S. A.: (a) C. R. (Doklady) Acad. Sci. URSS **14**, 349 (1937); C. R. (Doklady) Acad. Sci. URSS **31** (N. S. 9), 25 (1941); durch C. **1942 I**, 2858; (b) C. R. (Doklady) Acad. Sci. URSS **25**, 210 (1939); durch C. A. **34**, 3217 (1940); (c) Trudy Vsesoyuz. Konferents. Anal. Khim. **2**, 219 (1943); durch C. A. **39**, 3496 (1945). — Borovik, S. A., G. G. Bergman u. T. F. Borovik-Romanova: C. R. (Doklady) Acad. Sci. URSS **40**, 329 (1943). — Borovik, S. A., u. T. F. Borovik-Romanova: Trudy Biogeokhim. Lab., Akad. Nauk. SSSR, No. 9, 149 (1949); durch C. A. **47**, 7682 (1953). — Borovik, S. A., u. L. N. Indichenko: J. anal. Chem. (russ.) **2**, 229 (1947); durch C. A. **43**, 6933 (1949). — Borovik, S. A., u. S. K. Kalinin: Trav. Lab. Biogéochim. acad. sci. URSS **7**, 114 (1944); durch C. A. **40**, 5128 (1946). — Borovik, S. A., u. V. M. Ratinskiĭ: C. R. Acad. Sci. URSS **45**, 128 (1944); C. R. (Doklady) Acad. Sci. URSS **45**, 120 (1944); durch C. A. **39**, 5069 (1945). — Borovik, S. A., u. A. O. Voĭner: Bl. exp. Biol. Med. (russ.) **21**, No. 5, 67 (1946); durch C. A. **41**, 5162 (1947). — Borsbach, E.: B. **23**, 437 (1890). — Bottema, J. A., u. S. W. Moolenaar: Arch. Kriminol. **101**, 57 (1937). — Boullay, P.: Ann. Chim. Phys. (2) **34**, 372 (1827); durch J. W. Mellor: A Comprehensive Treatise on Inorganic and Theoretical Chemistry, Bd. **7** (1927). — Bouman, N.: Recueil Trav. chim. Pays-Bas **39**, 537 u. 711 (1920). — Bourson, M.: Chim. analytique **33**, 134 (1951). — Boyd, T. C., u. N. K. De: Indian J. med. Res. **20**, 789 (1933). — Braidech, M. M., u. F. H. Emery: J. Am. Water Works Assoc. **27**, 557 (1935); durch C. **1935 II**, 3275. — Braly, A.: (a) Bl. Soc. franç. Minéralog. **44**, 8 (1921); (b) Bl. Soc. franç. Minéralog. **48**, 94 (1925). — Braun, C. D.: Fr. **6**, 76 (1867). — Breckpot, R.: (a) Natuurwetensch. Tijdschr. **16**, 139 (1934); durch C. **1935 I**, 598; (b) Ann. Soc. sci. Bruxelles, Sér. B **55**, 173 (1935); durch C. **1935 II**, 2412; (c) Agricultura (Louvain) 1935; Publ. Inst. belge Améliorat. Betterave **4**, 217; durch C. **1938 I**, 3848; (d) 4ᵉ Congr. Techn. Chim. Ind. Agricoles Brux. **1935**; durch A. Henrici u. G. Scheibe, Chemische Spektralanalyse bei W. Böttger, Physikalische Methoden der analytischen Chemie III, S. 248, Leipzig 1939. — Breckpot, R., J. Creffier u. O. Perlinghi: Ann. Soc. sci. Bruxelles, Sér. I **57**, 295 (1937); durch C. **1938 II**, 564. — Breckpot, R., u. J. Eeckhout: Natuurwetensch. Tijdschr. **20**, 92 (1938); durch C. A. **32**, 6576 (1938). — Breckpot, R., u. W. Körber: Ann. Soc. sci. Bruxelles, Sér. B **56**, 384 (1936); durch C. **1937 I**, 3838. — Breckpot, R., u. A. Mewis: (a) Ann. Soc. sci. Bruxelles, Sér. B **54**, 290 (1934); durch C. **1935 II**, 2706; (b) Ann. Soc. sci. Bruxelles, Sér. B. **54**, 99 (1934); durch C. **1935 I**, 754. — Breckpot, R., u. G. Sempels: Bl. Soc. chim. Belg. **46**, 619 (1937); durch C. **1938 I**, 4508. — Bremanis, E., L. Schaible u. K. G. Bergner: Fr. **145**, 18 (1955). — Bresky, L.: Hutnické Listy **3**, 212 (1948);

durch C. A. **43**, 3314 (1949). — BRESSANIN, G.: G. **42 II**, 97 (1912); durch C. **1912 II**, 1397; vgl. ebenfalls Ann. Chim. anal. (2) **3**, 155 (1921); durch C. **1921 IV**, 318. — BRITISH STANDARD **1225** (1945) der British Standards Institution London. — BRITSKE, M. E., L. M. Ivantsov u. V. V. POLYAKOVA: Bl. Acad. Sci. URSS, Sér. physique **11**, 283 (1947); durch C. A. **42**, 1845 (1948). — BRITSKE, M. E., L. N. VARŠAVSKAJA u. L. M. IVANCOV: Betriebs-Lab. (russ.) **16**, 1207 (1950); durch Fr. **140**, 122 (1953). — BRITTON, H. T. S.: J. chem. Soc. (London) **1925**, 2120. — BROCKMAN, C. J.: J. chem. Educat. **16**, 133 (1939). — BRODE, W. R.: Pr. Am. Soc. Test. Mater. **35 II**, 47 (1935). — BRODY, J. K., u. D. T. EWING: Ind. eng. Chem. Anal. Edit. **17**, 627 (1945). — BRÖGGER, W. C.: Z. Krist. **16**, 61 (1890). — BROWN, G. W., u. L. SMITH: Pr. Iowa Acad. Sci. **49**, 323 (1942). — BROWN, J. Ch.: Neues Jahrb. Mineral. Geol., Beil.-Bd. (Abh.) Abt. A **68**, 330 (1934). — BROWNSDON, H. W., u. E. H. S. VAN SOMEREN: J. Inst. Metals **46**, 97 (1931); durch C. **1932 I**, 1293 u. C. A. **25**, 5871 (1931). — BRUK, L. E.: Bl. Acad. Sci. URSS, Sér. physique **1941**, 331; durch C. A. **37**, 2295 (1943). — BRUNCK, O.: A. **336**, 281 (1904). — BRUNCK, O., u. R. HÖLTJE: Angew. Ch. **45**, 331 (1932). — BUCHANAN, G. S., u. S. B. SCHRYVER: Analyst **34**, 121 (1909). — BULLARD, R. H.: J. chem. Educat. **14**, 312 (1937). — BUNSEN, R.: A. **138**, 257 (1866); durch R. FRESENIUS: Fr. **5**, 351 (1866). — BURGHARDT, C. A.: Chem. N. **61**, 260 (1890); durch J. B. **1890**, 2374. — BURRIEL, F., u. M. CRUZ SERNA: Inst. hiero y acero **6**, 29 (1953); durch C. A. **47**, 6819 (1953). — BURSTALL, F. H., G. R. DAVIES, R. P. LINSTEAD u. R. A. WELLS: J. chem. Soc. (London) **1950**, 516; Nature **163**, 64 (1949).

CALAMARI, J. A.: U.S. Pat. Appl. 737061, Official Gaz. **625**, 1111 (1949). — CALEY, E. R.: J. Am. chem. Soc. **54**, 3240 (1932). — CALEY, E. R., u. M. G. BURFORD: (a) Ind. eng. Chem. Anal. Edit. **8**, 63 (1936); (b) Ind. eng. Chem. Anal. Edit. **8**, 114 (1936). — CALLAN, T., u. J. A. R. HENDERSON: Analyst **54**, 650 (1929). — CAMPBELL, F. H.: Chem. eng. min. Rev. **32**, 73 (1939); durch C. A. **34**, 5773 (1940). — CAMPBELL, K. N., R. C. MORRIS u. R. ADAMS: J. Am. chem. Soc. **59**, 1723 (1937). — CANDEA, C., u. L. J. SAUCIUC: Bl. Soc. chim. România **14**, 179 (1932); durch C. **1933 II**, 1724; Bl. sci. École polytechn. Timişara **5**, 104 (1934); durch C. **1935 II**, 2554. — CARLSSON, C. G.: Jernkont. Ann. **129**, 193 (1945). — CARNOT, A.: Bl. Soc. chim. Paris (2) **47**, 51 u. 54 (1887); C. R. hebd. Séances Acad. Sci. **103**, 258 (1886). — CARPENTER, R. O'B., E. DU BOIS u. J. STERNER: J. opt. Soc. Am. **37**, 707 (1947). — CHABORSKI, G. L., u. E. PETRESCU: Bl. Chim. pură apl. Soc. romăne Chim. **35**, 33 (1932); durch C. **1934 II**, 641 u. C. A. **28**, 3682 (1934). — CHABORSKI, G. L., u. D. PIRTEA: Bl. Chim. pură apl. Soc. romăne Chim. **37**, 129 (1934); durch C. **1935 II**, 3802. — CHADWICK, L. C.: Colonial Geol. Mineral. Resourc. **2**, 308 (1951); durch C. A. **47**, 3190 (1953). — CHAMOT, E. M., u. H. I. COLE: J. ind. eng. Chem. **10**, 48 (1918). — CHAMOT, E. M., u. C. W. MASON: Handbook of Chemical Microscopy, Bd. 2, 2. Aufl., New York 1940. — CHARLOT, G.: Théorie et méthode nouvelle d'analyse qualitative, 2. Aufl., Paris 1946. — CHARLOT, G., u. D. BÉZIER: Ann. Chim. anal. (4) **25**, 90 (1943); durch C. **1943 II**, 1653. — CHARLOT, G., D. BÉZIER u. R. GAUGUIN: Analyse Qualitative Rapide des Cations, Paris 1950. — CHARLTON, T.: Chem. N. **62**, 201 (1890); durch J. B. **1890**, 2463. — CHAVES-LAVIN, L. R.: Inform. Quím. analit. **88**, 98 (1951); durch Fr. **137**, 127 (1952). — CHILDS, E. B., u. J. A. KANEHANN: Anal. Chem. **27**, 222 (1955). — CHIRNOAGĂ, E.: Fr. **104**, 356 (1936). — CHOLAK, J., u. R. V. STORY: Ind. eng. Chem. Anal. Edit. **10**, 619 (1938). — CHOTULEW, Y. P.: Betriebs-Lab. (russ.) **7**, 358 (1938); durch C. **1940 I**, 1396 u. C. A. **32**, 8978 (1938). — CHOVNYK, N. G.: Ber. Akad. Wiss. UdSSR **87**, 1033 (1952); durch C. A. **47**, 6793 (1953). — CHURCHILL, H. V., u. J. R. CHURCHILL: J. opt. Soc. Am. **31**, 611 (1941). — CJELESZKY, V., u. K. LINDNER: Acta chim. Acad. Sci. hung. **1**, 343 (1951); durch Fr. **136**, 131 (1952); Magyar Kémiai Folyóirat (Ung. Z. Chem.) **57**, 102 (1951); durch C. A. **45**, 10413 (1951). — CLAFFY, E. W.: Am. J. Sci. **245**, 35 (1947). — CLARK, A. R.: J. chem. Educat. **12**, 242 (1935); J. chem. Educat. **13**, 383 (1936). — CLARK, J., u. W. STROSS: Metallurgia (Manchester) **46**, 212, 215 (1952). — CLARK, R. E. D.: (a) Analyst **61**, 242 (1936); Analyst **62**, 661 (1937); (b) Int. Tin Res. Development Council, techn. Publ., Ser. A **41**, 3 (1936); durch C. **1937 II**, 2159. — CLARKE, F. W.: (a) Am. J. Sci. (2) **45**, 173 (1868); (b) Am. J. Sci. (2) **49**, 48 (1870); (c) Chem. N. **21**, 124 (1870); Fr. **9**, 487 (1870). — CLASEN, W. L.: J. pr. **92**, 477 (1864); durch R. FRESENIUS: Fr. **4**, 440 (1865). — CLASSEN, A.: Handb. qualit. chem. Analyse, 7. Aufl., Stuttgart 1919. — CLAYTON, E.: J. Soc. Dyers Colourists **53**, 380 (1937); durch C. A. **32**, 360 (1938). — CLERMONT, P. DE, u. J. FROMMEL: C. R. hebd. Séances Acad. Sci. **86**, 828 (1878). — COHEN, B. B.: Plant. Physiol. **15**, 755 (1940). — COHN, G.: Pharm. Zentralhalle Deutschland **54**, 47 (1913). — COHEUR, P., u. A. HANS: Congr. groupe. avance. méthod. anal. spectrogr. produits mét. **9**, 43 (1948); durch C. A. **43**, 2546 (1949). — COLE, H. I.: Philippine J. Sci. **22**, 631 (1923). — COOK, C. G.: Am. chem. J. **22**, 435 (1899). — CORBELLINI, A., u. L. ALBENGA: G. **61**, 111 (1931); durch C. A. **25**, 3340 (1931). — CORNOG, J.: J. chem. Educat. **15**, 420 (1938). — COTTON, S.: J. Pharm. Chim. (4) **10**, 18 (1869). — COZZI, D.: (a) Anal. chim. Acta **4**, 204 (1950); (b) Ann. Chim. appl(ic). **31**, 65 (1941); durch C. A. **35**, 4702 (1941); Ann. Chim. appl(ic). **29**, 442 (1939); durch C. A. **34**, 1588 (1940). — CRAIG, A.: Chemist-Analyst **21**, 6 (1932); durch C. **1932 I**, 2978. — CROCCO, G.: Rend. Seminario Fac. Sci. Univ. Cagliari **20**, 298 (1950); durch C. A. **47**, 1549 (1953). — CROISSANT, P.: Congr. groupe. avance. méthod. anal. spectrogr. produits mét. **5**, 65 (1946); durch C. A. **40**, 7070 (1946). — CURTIUS, TH., u. J. RISSOM: J. pr. (2) **58**, 299 (1898). — CURTMAN, L. J., u. L. LEHR-

MAN: J. chem. Educat. **6**, 2203 (1929). — CURTMAN, L. J., u. J. K. MARCUS: J. Am. chem. Soc. **36**, 1093 (1914). — CZERWEK, A.: Fr. **45**, 505 (1906).

DALIÉTOS, J.: (a) Z. anorg. Ch. **217**, 381 (1934); (b) Praktika **6**, 92 (1931); durch C. **1931 II**, 1687. — DANCER, W.: J. Soc. chem. Ind. **16**, 403 (1897). — DANKO, A. W., u. G. W. WIENER: Anal. Chem. **20**, 1178 (1948). — DARROCH, J., u. C. A. MEIKLEJOHN: Eng. Min. Journ. **81**, 1177 (1906). — DAVID, D. J., u. A. C. OERTEL: Austral. J. appl. Sci. **4**, 235 (1953). — DAVIES, W. L.: Analyst **57**, 95 (1932). — DEÁN GUELBENZU, M.: An. Real. Acad. Farmac. **17**, 237 (1951); durch C. A. **46**, 3896 (1952). — DEDE, L., u. T. BECKER: Z. anorg. Ch. **152**, 191 (1926). — DEDE, L., u. P. BONIN: B. **55**, 2327 (1922). — DELABY, R., u. J. LOZÉ: Bl. Soc. chim. France, Mém. (5) **12**, 146 (1945). — DELACHANAL, B., u. A. MERMET: C. R. hebd. Séances Acad. Sci. **81**, 370 (1875); Bl. Soc. chim. Paris (2) **24**, 435 (1875). — DENIGÈS, G.: (a) J. Pharm. Chim. (5) **30**, 207 (1894); (b) C. R. hebd. Séances Acad. Sci. **224**, 1799 (1947). — DESESA, M. A., D. N. HUME, A. C. GLAMM JR. u. D. D. DE FORD: Anal. Chem. **25**, 983 (1953). — DEUSSEN, E.: Arch. Pharm. Ber. dtsch. pharm. Ges. **264**, 360 (1926). — DEY, A. K., u. A. K. BHATTACHARYA: Current Sci. **14**, 70 (1945); durch C. A. **40**, 6422 (1946). — DICKINSON, D.: Univ. Bristol, Fruit Vegetable Preservation Research Sta., Campden, Ann. Rept. **1944**, 46; durch C. A. **39**, 4985 (1945). — DIETERT, H. W., u. J. A. SCHUH: Trans. Am. Foundrymen's Assoc. **52**, 889 (1945); durch C. A. **39**, 1115 (1945). — DILANYAN, A. M., u. S. K. TER-MARKOSYAN: Doklady Akad. Nauk Armyan. S.S.R. **12** Nr. 2, 57 (1950); durch C. A. **46**, 10530 (1952). — DILTHEY, W., u. C. BERRES: J. pr. **112**, 299 (1926). — DINGLE, H., u. J. H. SHELDON: Biochem. J. **32**, 1078 (1938). — DIRVELL, P. J.: Bl. Soc. chim. Paris (2) **46**, 806 (1886). — DITTE, A.: (a) Ann. Chim. Phys. (5) **27**, 145 (1882); C. R. hebd. Séances Acad. Sci. **94**, 864 (1882); (b) Ann. Chim. Phys. (5) **27**, 171 (1882); C. R. hebd. Séances Acad. Sci. **94**, 1114 (1882); (c) C. R. hebd. Séances Acad. Sci. **96**, 701 (1883); (d) Ann. Chim. Phys. (6) **30**, 282 (1893); (e) Ann. Chim. Phys. (8) **12**, 236 (1907); C. R. hebd. Séances Acad. Sci. **94**, 1419 (1882); C. R. hebd. Séances Acad. Sci. **97**, 42 (1883). — DJATSCHKOWSKI, S. J., u. A. F. ORLENKO: J. allg. Chem. (russ.) **10**, 82 (1940); durch C. **1940 II**, 1331. — DOBBINS, J. T., u. E. S. GILREATH: J. chem. Educat. **22**, 119 (1945). — DOBBINS, J. T., E. C. MARKHAM u. A. L. EDWARDS: J. chem. Educat. **16**, 94 (1939). — DONATH, E.: Fr. **36**, 663 (1897). — DONATH, E., u. F. MÜLLNER: Mh. Chem. **8**, 647 (1887). — DOORSELAER, M. VAN: Mikrochemie (Mikrochem.) **36/37**, 513 (1951). — DOORSELAER, M. VAN, J. KRUSE u. J. GILLIS: Spectrochim. Acta (London) **5**, 388 (1953). — DORTA-SCHAEPPI, Y., H. HÜRZELER u. W. D. TREADWELL: Helv. **34**, 797 (1951). — DREA, W. F.: (a) J. Nutrit. **8**, 229 (1934); J. Nutrit. **16**, 325 (1938); (b) J. Nutrit. **10**, 351 (1935). — DREBLOW, E. S., u. A. HARVEY: Ind. eng. Chem. **25**, 823 (1933). — DROGSETH, A., H. ENGELMANN u. W. GUERTLER: Z. Metallkunde **13**, 238 (1921). — DROTSCHMANN, C.: Metallwirtsch., Metallwiss., Metalltechn. **23**, 343 (1944); durch C. A. **42**, 4088 (1948). — DRYER, C. R.: Chem. N. **48**, 257 (1883); durch J. B. **1883**, 1578. — DUBSKÝ, J, V.: Chem. Listy **34**, 1 (1940); durch C. A. **34**, 5370 (1940). — DUBSKÝ, J. V., FR. BRYCHTA u. M. KURAŠ: Spisy vydávané Přírodovědeckou Fak. Masarykovo Univ. (Publ. Fac. Sci. Univ. Masaryk) **1930**, Nr. 129; durch C. **1931 II**, 414. — DUBSKÝ, J. V., u. L. CHODAK: (a) Collection Czech. Commun. **11**, 523 (1939); durch C. A. **35**, 2445 (1941); (b) Chem. Listy **34**, 137 (1940); durch C. A. **34**, 7315 (1940) u. C. **1941 II**, 235. — DUBSKÝ, J. V., A. LANGER u. E. WAGNER: Mikrochemie **22**, 108 (1937). — DUBSKÝ, J. V., u. A. OKÁč: Fr. **96**, 267 (1934). — DUBSKÝ, J. V., u. J. TRTILEK: (a) Chem. Obzor **10**, 203 (1934); durch C. **1935 II**, 1924; (b) Chem. Listy **29**, 76 (1935); durch C. A. **29**, 7212 (1935). — DUCLOUX, E. H.: Mikrochemie **2**, 108 (1924). — DUCOMMUN, J.: Schweiz. Wochenschr. Pharm. **43**, 635 (1905); durch C. **1906 I**, 86; Schweiz. Wochenschr. Pharm. **36**, 433 (1898); durch C. **1898 II**, 1218. — DULL, B. B., u. L. J. HIBBERT: J. opt. Soc. Am. **36**, 53 (1946). — DUMAS, J.: Chim. analytique **30**, 251 (1948). — DUTOIT, P., u. C. ZBINDEN: C. R. hebd. Séances Acad. Sci. **188**, 1628 (1929); C. R. hebd. Séances Acad. Sci. **190**, 172 (1930). — DUSSOURD, E.: Congr. groupe. avance. méthod. anal. spectrogr. produits mét. 7th Congr., Paris **1947**, 71; durch C. A. **42**, 826 (1948).

ECK, P. N. VAN: Pharm. Weekbl. **55**, 1037 (1918). — EDDY, C. E.: Chem. eng. min. Rev. **24**, 239 (1932); durch C. A. **26**, 3745 (1932). — EDDY, C. E., u. T. H. LABY: Pr. Roy. Soc. (London), Ser. A **135**, 637 (1932). — EDDY, C. E., T. H. LABY u. A. H. TURNER: Pr. Roy. Soc. (London), Ser. A **124**, 249 (1929). — EDWARDS, F. H.: Collected Papers on Metallurgical Analysis by the Spectrograph, Brit. Non-Ferrous Metals Research Assoc. **1945**, 82; durch C. A. **40**, 5664 (1946). — EFENDIEV, F. M.: Bl. Acad. Sci. URSS, Sér. physique **11**, 313 (1947); durch C. A. **42**, 1843 (1948). — EEGRIWE, E.: (a) Fr. **74**, 223 (1928); (b) Fr. **120**, 88 (1940). — EHRENBERG, H., u. P. RAMDOHR: Neues Jahrb. Mineral. Geol., Beil.-Bd. (Abh.) Abt. A **69**, 1 (1935). — EL-BADRY, H., F. R. M. McDONNELL u. C. L. WILSON: Anal. chim. Acta **4**, 440 (1950). — ELBEIH, I. I. M., J. F. W. McOMIE u. F. H. POLLARD: Discuss. Faraday Soc. **7**, 183 (1949). — ELLSWORTH, H. V.: Canad. Mining Journ. **50**, 354 (1929); durch C. A. **23**, 3418 (1929). — EMICH, F.: Lehrbuch der Mikrochemie, Wiesbaden 1911. — EMICH, F., u. J. Donau: A. **351**, 432 (1907). — ENGELDER, C. J., T. H. DUNKELBERGER u. W. J. SCHILLER: Semi-micro qualitative Analysis, New York 1936. — EPIK, P. A.: Fr. **89**, 17 (1932). — ERÄMETSÄ, O.: Suomen Kemistilehti **16** B, 13 (1944). — ERKELENS, P. C. VAN: Nature **172**, 357 (1953). — ERLIGMAN, L. H.: An. Asoc. quím. Argent. **30**, 41 (1942); durch C. A. **36**, 6111 (1942). — ESSER, A.: Dtsch. Z. ges. gerichtl. Med. **26**, 430 (1936); Dtsch. Z. ges. gerichtl. Med. **27**, 253 (1937). — EULER, H. V., u. H. HELLSTRÖM:

Svensk kem. Tidskr. **41**, 11 (1929). — Evans, B. S., u. D. G. Higgs: (a) Analyst **69**, 291 (1944); (b) Analyst **71**, 464 (1946); (c) Analyst **72**, 101 (1947); (d) Analyst **72**, 105 (1947); (e) Analyst **75**, 191 (1950).

Fagès, J.: Ann. Chim. anal. **7**, 442 (1902); durch C. **1903** I, 252. — Faïnberg, S. Yu., u. E. M. Tal: Betriebs-Lab. (russ.) **11**, 631 (1945); durch C. A. **40**, 2762 (1946). — Fedorowa, O. S.: Trans. Inst. chem. Technol. Ivanova (USSR) **1939**, 40; durch C. **1940** I, 2511. — Feigl, F.: (a) Spot Tests, Vol. I, Inorganic Applications, 4. englische Aufl., Amsterdam 1954; (b) Mikrochemie **20**, 198 (1936); (c) Ch. Z. **43**, 861 (1919); (d) Ch. Z. **47**, 561 (1923); (e) J. chem. Educat. **21**, 294 (1944). — Feigl, F., u. N. Braile: Chemist-Analyst **32**, 56 (1943); durch Feigl (a), S. 392. — Feigl, F., u. V. Gentil: (a) Mikrochim. A. **1954**, 90; vgl. ferner Feigl (a) S. 106; (b) unveröffentlicht; durch Feigl (a), S. 394. — Feigl, F., V. Gentil u. D. Goldstein: Mikrochim. A. **1954**, 93; vgl. ferner Feigl (a) S. 393 u. 394. — Feigl, F., P. Krumholz u. E. Rajmann: Mikrochemie **9**, 395 (1931). — Feigl, F., u. L. I. Miranda: Brazil. Ministerio agr., Dep. nac. produçao mineral, Lab. produçao mineral, Bol. Nr. 5, 101 (1942); durch C. A. **38**, 2581 (1944). — Feigl, F., u. F. Neuber: Fr. **62**, 382 (1923). — Feigl, F., C. Torok u. H. Zocher: Anais assoc. quím. Brasil **9**, 21 (1950); durch C. A. **46**, 5438 (1952). — Feldman, C.: Anal. Chem. **21**, 1041 (1949). — Fessenko, I.G.: Betriebs-Lab. (russ.) **8**, 1323 (1939); durch C. **1941** II, 3222. — Fields,L.B., u.G.W.Charles: Pr. Oklahoma Acad. Sci. **31**, 47 (1950). — Findeisen, O.: Z. Metallkunde **25**, 12 (1933). — Fink, C. G., u. C. L. Mantell: Eng. Min. Journ. **124**, 967 (1927). — Fischer, F., u. K. Thiele: Z. anorg. Ch. **67**, 302 (1910). — Fischer, H.: (a)Angew.Ch.**42**, 1025 (1929); Angew.Ch.**50**, 919 (1937); (b) Mikrochemie **30**, 46 (1942). — Fischer, H., u. G. Leopoldi: Ch. Z. **64**, 231 (1940). — Fischer, H., u. W. Weyl: Wiss. Veröff. Siemens-Werken **14**, 41 (1935). — Fischer, N. W.: (a) Schw. J. **51**, 199 (1827); Pogg. Ann. **71**, 444 (1847); (b) Pogg. Ann. **13**, 260 (1828); (c) Pogg. Ann. **9**, 263 (1827); (d) Pogg. Ann.**10**, 603 (1827). — Fitz, E.J., u.W.M.Murray: Ind. eng.Chem.Anal. Edit. **17**, 145 (1945). — Flaschka, H.: Fr. **137**, 107 (1952). — Flaschka, H., u. H. Jakobljewich: Anal. chim. Acta **5**, 60 (1951). — Flood, H.: Fr. **120**, 327 (1940); Tidsskr. Kjemi, Bergves. **20**, 111 (1940); Discuss. Faraday Soc. **7**, 190 (1949). — Flood, H., u. A. Smedsaas: Tidsskr. Kjemi, Bergves. Metallurgi **1**, 150 (1941). — Fordos, J., u. A. Gélic: C. R. hebd. Séances Acad. Sci. **15**, 920 (1842). — Forjaz, A. P.: C. R. hebd. Séances Acad. Sci. **164**, 102 (1917). — Forss, B.: Acta Acad. Aboensis, Math. Physica **17**, Nr. 3, 1 (1951). — Fortescue, J. A. C.: Am. Mineralogist **39**, 510 (1954). — Foschini, A.: (a) Ann.Chim. appl(ic). **23**, 522 (1933); durch C. **1934** I, 1843; (b) Chimica (Milano) **4**, 195 (1949); durch C. A. **43**, 8970 (1949). — Fox, F. A., u. J. Nelson: J. Soc. chem. Ind., Trans. and Commun. **60**, 278 (1941). — Franzen, H., u. O. v. Mayer: Z. anorg. Ch. **60**, 247 (1908). — Fremy, E.: Ann. Chim. Phys. (3) **12**, 460 (1844). — Frenzel, A.: Neues Jahrb. Mineral, Geol. **1893** II, 125. — Fresenius, R.: (a) Anleitung zur qualitativen chemischen Analyse, 15.Aufl., Braunschweig 1886; (b) Fr. **25**, 200 (1886). — Fresenius, R., u. A. Gehring: Einführung in die qualitative chemische Analyse, 3.Aufl., Braunschweig 1948. — Freundler, P., u. Y. Laurent: C. R. hebd. Séances Acad. Sci. **179**, 1049 (1924). — Freytag,H.: (a) B. **67**, 1477 (1934); (b) Fr. **109**, 93 (1937). — Frick, G.: Pogg. Ann. **12**, 285 (1828). — Frierson, W. J., u. M. J. Ammons: J. chem. Educat. **27**, 37 (1950). — Fritz, H.: (a) Mikrochemie **24**, 171 (1938); (b) Mikrochemie **19**, 13 (1935/36). — Fröhde, A.: Arch. Pharm. (2) **127**, 83 (1866); durch R. Fresenius: Fr. **5**, 405 (1866). — Frommes, M.: Fr. **96**, 282 (1934). — Furman, N. H.: (a) J. Am. chem. Soc. **40**, 902 (1918); (b) Ind. eng. Chem. **15**, 1071 (1923). — Furman, N. H., C. E. Bricker u. B. McDuffie: J. Washington Acad. Sci. **38**, 159 (1948); durch C. A. **42**, 5373 (1948).

Gaddis, S.: J. chem. Educat. **19**, 327 (1942). — Gaddum, L. W., u. L. H. Rogers: Univ. Florida Agric. Experim. Stat. Bl. **290** (1936). — Gaptschenko, M. W., u. O. G. Scheinziss: Betriebs-Lab. (russ.) **6**, 1220 (1937); durch C. **1938** I, 3502. — Garner, W.: Ind. Chemist **4**, 357 (1928); durch C. A. **23**, 1836 (1929). — Gattermann, L., u. H. Schindhelm: B. **49**, 2416 (1916). — Gautier, J. A.: (a) J. Pharm. Chim. [8] **23**, 283 (1936); (b) Bl. Soc. chim. France, Mém. **1948**, 836; Ann. pharm. franç. **6**, 171 (1948). — Gavelin, S., u. O. Gabrielson: Sveriges Geol. Undersøkn., Årsbok **41**, Ser. C Avhandl. och Uppsat. Nr. 491 (1947); durch C. A. **42**, 8114 (1948). — Geilmann, W.: Bilder zur qualitativen Mikroanalyse anorganischer Stoffe, (a) Leipzig 1934, Tafel 22; (b) 2. Aufl. Weinheim/Bergstraße 1954. — Geilmann, W., u. H. Bode: Fr. **133**, 177 (1951). — Geilmann, W., u. H. Isermeyer: Fr. **131**, 249 (1950). — Gent, L. L., C. P. Miller u. R. C. Pomatti: Anal. Chem. **27**, 15 (1955). — Gentry, C. H. R., u. G. P. Mitchell: Metallurgia (Manchester) **46**, 47 (1952). — Gentry, C. H. R., u. L. G. Sherrington: Analyst **75**, 17 (1950). — Gerlach, W., u. W. Gerlach: (a) Die chemische Emissionsspektralanalyse II, Leipzig 1933; (b) Angew. Ch. **47**, 826 (1934). — Gerlach, W., u. E. Riedl: Die chemische Emissionsspektralanalyse III, 2. Aufl., Leipzig 1942. — Germuth, F. G., u. C. Mitchell: Am. J. Pharm. **101**, 46 (1929); durch C. **1929** I, 1578. — Gerschbacher, H.: Öst. Ch. Z. **43**, 61 (1940); durch C. A. **34**, 3614 (1940). — Geuer, G.: Angew. Ch. **61**, 99 (1949). — Ghosh, M. K., u. K. C. Mazumder: Indian J. Physics Pr. Indian Assoc. Cultivat. Sci. **22**, 409 (1948); durch C. A. **44**, 4371 (1950). — Gibbs, W.: Am. J. Sci. (2) **37**, 358 (1864). — Gilbert, A.: Z. öffentl. Ch. **16**, 441 (1910); durch C. **1911** I, 262. — Gilbert, P. T. jr., R. C. Hawes u. A. O. Beckman: Anal. Chem. **22**, 772 (1950). — Gillis, J.: Anal. chim. Acta **8**, 97 (1953). — Gillis, J., M. van Doorselaer u. J. Ramírez-Munoz: An. Real. Soc. españ. Física Quím. Ser.B. **47**, 609 (1951); durch C. A. **46**, 2959 (1952). —

GILMOUR, R.: Chem. N. 111, 206 (1915). — GLASS, J. J.: Trans. Am. geophysic. Union, 15th Ann. Meeting 1934, 234; durch C. A. 28, 7215 (1934). — GLEU, K., u. R. SCHWAB: Angew. Ch. 62, 320 (1950). — GODAR, E. M., u. O. R. ALEXANDER: Ind. eng. Chem. Anal. Edit. 18, 681 (1946). — GODEFFROY, R.: B. 7, 375 (1874). — GOLDSCHMIDT, H., u. M. ECKARDT: Z. physik. Chem. 56, 389 (1906). — GOLDSCHMIDT, V. M.: (a) Geochem. Verteil.gesetze IX, Skr. norske Vidensk.-Akad. Oslo, I, Mat.-naturv. Kl. 1937, Nr. 4, S. 92; (b) Z. physik. Chem. Abt. A 146, 404 (1930). — GOLDSCHMIDT, V. M., K. KREJCI-GRAF u. H. WITTE: Nachr. Akad. Wiss. Göttingen, math.-physik. Kl. 1948, math.-physik.-chem. Abt. 35. — GOLDSCHMIDT, V. M., u. CL. PETERS: Nachr. Ges. Wiss. Göttingen, math.-physik. Kl. 1933, 278. — GORBACH, G., u. F. Pohl: Mikrochemie (Mikrochem.) 38, 258, 328, 335 (1951). — GORDON, N. E., u. R. M. JACOBS: Anal. Chem. 25, 1605 (1953). — GOTÔ, H.: Sci. Rep. Tôhoku Imp. Univ., Ser. I 29, 204, 297, 461 (1940). — GRAHAM, E. R., u. W. A. ALBRECHT: Missouri Agr. Expt. Sta. Research Bl. Nr. 510, 3 (1952); durch C. A. 47, 12719 (1953). — GRAMONT, A. DE: Bl. Soc. franç. Minéralog. 18, 171 (1895); C. R. hebd. Séances Acad. Sci. 176, 1104 (1923). — GRANGER, A.: Céramique 37, 9 (1934); durch C. A. 28, 7200 (1934). — GRASSELLY, G.: Acta geol. Acad. Sci. hung. 1, 79 (1953); Acta Univ. Szegediensis, Sect. Sci. natur., Acta mineralog., petrogr. 5, 58 (1951); durch C. A. 48, 9859 (1954). — GRASSINI, R.: L'Orosi 22, 369 (1899); durch C. 1900 I, 922. — GRATON, L. C., u. G. A. HARCOURT: Econ. Geol. 30, 800 (1935). — GRAY, E.: C.R. hebd. Séances Acad. Sci. 212, 904 (1941). — GREEN, J. R.: J. Soc. chem. Ind. (Chem. and Ind.) Rev. 5, 745 (1927). — GROSS, R., u. N. GROSS: Neues Jahrb. Mineral. Geol., Beil.-Bd. 48, 113 (1923). — GROSSET, T.: Ann. Soc. sci. Bruxelles, Sér. B 53, 16 (1933); durch C. 1933 II, 94. — GROSSMANN, H.: Z. Metallkunde 23, 96 (1931). — GUTBIER, A., C. KUNZE u. E. GÜHRING: Z. anorg. Ch. 128, 169 (1933). — GUTBIER, A., u. B. OTTENSTEIN: Z. anorg. Ch. 160, 27 (1927). — GUTBIER, A., B. OTTENSTEIN u. E. KESSLER: Z. anorg. Ch. 160, 48 (1927). — GUTMANN, A.: B. 38, 1733, 3280 (1905). — GUTZEIT, G.: (a) Helv. 12, 720, 731 u. 829 (1929); (b) C. R. Séances Soc. Physique Hist. natur. Genève 45, 64 (1928); (c) Am. Inst. Mining metallurg. Engr., techn. Publ. Nr. 1457, 13 (1942).

HACKSPILL, L., u. R. GRANDADAM: C. R. hebd. Séances Acad. Sci. 180, 930 (1925). — HAEFELY, E.: Philos. Mag. (4) 10, 290 (1855); J. pr. 67, 209 (1856). — HAGEN, S. K.: Systematisk kvalitativ Analyse, København 1940. — HAGER, H.: Pharm. Zentralhalle Deutschland; Neues Jahrb. Pharm. 39, 216 (1873); durch C. 1873, 374. — HAHN, F. L.: (a) Z. anorg. Ch. 92, 168 (1915); (b) Fr. 82, 113 (1930). — HAMMERSCHMID, H., C. F. LINSTRÖM u. G. SCHEIBE: Mitt. Forsch.-Anst. Gutehoffnungshütte-Konzerns 3, 223 (1935). — HAMPE, W.: Ch. Z. 11, 19 (1887); Fr. 26, 634 (1887). — HANCE, F. E.: Hawaiian Sugars Planters Assoc. Pr. 53rd. Ann. Meeting (Rept. Committee in Charge Experim. Stat.) 1933, 46; durch C. A. 28, 6503 (1934). — HANKE, A. R., u. J. H. REEDY: Trans. Illinois State Acad. Sci. 32, 114 (1939); durch C. 1941 I, 1447. — HANS, A.: Congr. groupe. avance. méthod. anal. spectrogr. produits mét. 11, 51 (1949); durch C. A. 44, 6764 (1950). — HARASAWA, S.: J. chem. Soc. Japan, pure Chem. Sect. (Nippon Kagaku Zassi) 72, 423 (1951); durch C. A. 46, 1917 (1952). — HARBAUGH, J. W.: Econ. Geol. 45, 548 (1950). — HARDING, M. C.: Z. anorg. Ch. 20, 239 (1899). — HARPER, D. A., u. N. STRAFFORD: J. Soc. chem. Ind., Trans. and Commun. 61, 74 (1942). — HARRISON, H. C., u. J. E. ALLEN: Oregon, Dept. Geol. Mineral Industries, Bl. Nr. 23 (1942); durch C. A. 37, 585 (1943). — HART, P.: Chem. N. 27, 183 (1873); durch J. B. 1873, 942. — HASLER, M. F.: J. opt. Soc. Am. 31, 140 (1941). — HASLER, M. F., u. B. R. BOYD: Precision Metal Molding 10, Nr. 10, 47, 87 (1952). — HASLER, M. F., u. H.W. DIETERT: J. opt. Soc. Am. 33, 218 (1943). — HASLER, M. F., u. C. E. HARVEY: Ind. eng. Chem. Anal. Edit. 13, 540 (1941). — HASLER, M. F., u. J. W. KEMP: J. opt. Soc. Am. 34, 21 (1944). — HASLER, M. F., J. W. KEMP u. H. W. DIETERT: Am. Soc. Test. Mater., Bl. Nr. 139, 22 (1946); durch C. A. 40, 3697 (1946). — HAUSMANN, S., u. J. LÖWENTHAL: A. 89, 104 (1854). — HAWKINGS, R. C., D. SIMPSON u. H. G. THODE: Canad. J. Res., Sect. B 25, 322 (1947); durch C. A. 41, 7301 (1947). — HAWLEY, J. E.: Econ. Geol. 47, 260 (1952). — HAWLEY, J. E., u. Y. RIMSAITE: Anal. Chem. 26, 1663 (1954). — HAYES, J. A.: J. Am. chem. Soc. 24, 360 (1902). — HAZARD, R.: Rev. gén. Matières plast. 2, 357 (1926); durch C. 1926 II, 1522. — HEADDEN, W. P.: Am. J. Sci. (3) 45, 105 (1893). — HEADLEE, A. J. W., u. R. G. HUNTER: Ind. eng. Chem. 45, 548 (1953). — HEATH, P.: Analyst 79, 781 (1954). — HEGGEN, G. E., u. L. W. STROCK: Anal. Chem. 25, 859 (1953). — HEIDE, F.: Naturwiss. 25, 651 (1935). — HEINRICH, C. F. J.: An. Soc. ci. argent. 148, 173 (1949); durch C. A. 44, 4820 (1950). — HELLER, H.: Fr. 61, 180 (1922). — HELLER, K., u. Z. FLEISCHHANS: Mikrochemie 8, 35 (1930). — HEMPEL, W.: Pharm. Zentralhalle Deutschland 38, 847 (1897). — HERING, E.: A. 29, 90 (1839). — HERMANN, F.: Metallwirtsch., Metallwiss., Metalltechn. 15, 1124 (1936). — HERRMANN-GURFINKEL, M.: Bl. Soc. chim. Belg. 48, 94 (1939); durch C. 1939 II, 2449. — HESS, T. M., J. S. OWENS u. L. G. REINHARDT: Ind. eng. Chem. Anal. Edit. 11, 646 (1939). — HESS, T. M., u. L. G. REINHARDT: J. opt. Soc. Am. 34, 104 (1944). — HEYNE, G., u. F. SCHAEFER: Angew. Ch. 55, 78 (1942). — HILLER, J. E.: Zbl. Min. Geol. Paläont. Abt. A 1940, 138. — HILPERT, S., u. M. DITMAR: B. 46, 3738 (1913). — HINDS, J. I. D.: J. Am. chem. Soc. 34, 811 (1912). — HIRSCH, B.: Fr. 115, 184 (1938). — HIRSCHMANN, F. A. F.: Ind. y Quím. 9, 305 (1947); durch C. A. 42, 5794 (1948). — HÖLTJE, R.: Z. anorg. Ch. 214, 70 (1933). — HODGE, E. S.: J. opt. Soc. Am. 33, 656 (1943). — HODGSON, H. W., u. G. H. GLOVER: Analyst 76, 706 (1951); durch Fr. 136, 429 (1952) u. C. A. 46, 2720 (1952). — HOFFMANN, J.: Sprechsaal 65, 82 (1932). — HOFMANN, U.: Fortschr.

Mineralog., Kristallogr. Petrogr. 19, 30 (1935); Z. Krist. A 92, 161 (1935). — Hogness, T. R., u. W. C. Johnson: Qualitative Analysis and Chemical Equilibrium, Revised Edition, New York 1940, S. 343. — Holdt, G., u. H. Schäfer: Fr. 146, 4 (1955). — Holness, H.: (a) Analyst 74, 457 (1949); (b) Anal. chim. Acta 3, 290 (1949); (c) School Sci. Rev. 32, 157 (1951); durch C. A. 45, 7463 (1951). — Holness, H., u. W. R. Schoeller: Analyst 71, 70 (1946). — Holness, H., u. R. F. G. Trewick: Analyst 75, 276 (1950). — Holzmüller, W.: Fr. 115, 81 (1938). — Hüttig, G. F.: Ch. Z. 47, 341 (1923). — Huey, C. S., u. H. V. Tartar: J. Am. chem. Soc. 56, 2585 (1934). — Hufferd, R. W.: (a) Pr. Indiana Acad. Sci. 1922, 137; durch C. A. 18, 951 (1924); (b) Ind. eng. Chem. Anal. Edit. 5, 422 (1933). — Hughes, R. C.: Spectrochim. Acta (London) 5, 210 (1952). — Humphrey, G. L., u. C. J. O'Brien: J. Am. chem. Soc. 75, 2805 (1953). — Hustler, I. M., u. E. M. Hammaker: Anal. Chem. 21, 919 (1949). — Hutchinson, A.: Z. Krist. 34, 345 (1901).

Irish, P. R.: (a) Pr. Conf. Natl. Open Hearth Comm. Iron Steel Div. Am. Inst. Mining Met. Eng. 27, 264 (1944); durch C. A. 39, 38 (1945); (b) J. opt. Soc. Am. 35, 226 (1945). — Ivanoff, E.: J. Pharm. Belg. 18, 59, 79 (1936). — Iwanow, F. W.: Sowjet-Pharmaz. 5, Nr. 12, 16 (1934); durch C. 1935 II, 883. — Iwanow, W. N.: J. russ. physik.-chem. Ges. (chem.) 49, 601 (1917); durch Gm. 8. Aufl., Platin, Teil A, Syst. Nr. 68, 437.

Jablczyński, K., u. W. Więckowski: Z. anorg. Ch. 152, 207 (1926). — Jackson, F.: J. Am. chem. Soc. 25, 992 (1903). — Jacobson, R., u. J. S. Webb: Mineralog. Mag. J. mineralog. Soc. 28, 118 (1947/49). — Jaffe, E.: Ann. Chim. appl(ic). 22, 737 (1932); durch C. 1933 I, 3221. — James, C. F., u. P. Woodward: Analyst 80, 825 (1955). — Jaycox, E. K.: (a) J. opt. Soc. Am. 35, 175 (1945); (b) Anal. Chem. 27, 347 (1955). — Jaycox, E. K., u. A. E. Ruehle: Ind. eng. Chem. Anal. Edit. 12, 195 (1940). — Jean, M.: (a) Bl. Trav. Soc. Pharm. Bordeaux 67, 239 (1929); durch C. A. 25, 5504 (1931); (b) Ann. Chimie (12) 3, 476 (1948). — Jedwab, J.: Ann. Soc. géol. Belg., Bl. et Mém. 76, Nos. 4–7, B 101 (1953); durch C. A. 47, 10415 (1953). — Jentzsch, D., u. I. Pawlik: Fr. 146, 88 (1955). — Jewsbury, A., u. G. H. Osborn: Anal. chim. Acta 3, 642 (1949). — Jilek, A.: Chem. Listy 17, 7 (1923); durch C. A. 17, 2844 (1923). — Jimeno-Martín, L.: An. Real. Soc. españ. Física Quím. Ser. B 47, 709 (1951); durch Fr. 142, 205 (1954). — Joensuu, O. I.; durch G. Kullerud: Norsk geol. Tidsskr. 32, 123 (1953). — Jørgensen, G.: Z. anorg. Ch. 28, 140 (1901). — Johnstone, A.: Chem. N. 60, 271 (1889); durch C. 1890 I, 297; J. B. 1889, 2423, vgl. ferner Weber, H.: Fr. 38, 307 (1899). — Jost, L.: Dtsch. Zahn-, Mund- u. Kieferheilk. 1, 117 (1934). — Jung, W.: Arch. farm. y bioquím. Tucumán 1, 221 (1944); durch C. A. 38, 6227 (1944). — Jurány, H.: Mikrochemie (Mikrochem.) 34, 412 (1949).

Kaiser, H.: Z. techn. Physik 17, 227 (1936). — Kaisin, A.: Rev. univ. Mines, Métallurg., Trav. publ., Sci. Arts appl. Ind. (8) 13, 337 (1937); durch C. 1938 II, 2308. — Kakihana, H.: J. chem. Soc. Japan, pure Chem. Sect. (Nippon Kagaku Zassi) 71, 145 (1950); durch C. A. 45, 4183 (1951). — Kallmann, S.: Ind. eng. Chem. Anal. Edit. 15, 166 (1943). — Kamecki, J., u. L. Suski: Bl. acad. polon. sci., Kl. III, 2, 143 (1954); durch C. A. 48, 11216 (1954). — Kamerman, P. A. E.: South African J. Sci. 41, 165 (1945); durch C. A. 39, 4563 (1945). — Kane, R. J.: Dublin J. med. Chem. Sci. 5, 2 (1834); A. 20, 187 (1836). — Kaplanskiĭ, S. I., A. B. Gurevich u. I. A. Korshunov: Betriebs-Lab. (russ.) 11, 916 (1945); durch C. A. 40, 7070 (1946). — Karabasch, A. G.: Betriebs-Lab. (russ.) 6, 366 (1937); Betriebs-Lab. (russ.) 7, 158 (1938); durch C. 1939 I, 742 u. 2042. — Karschulin, M., u. Z. Svarc: Kemijski Vjestnik (Chem. Nachr.) 17, 99 (1943); durch C. A. 40, 5352 (1946). — Karsten, P., u. H. L. Kies: Recueil Trav. chim. Pays-Bas 67, 753 (1948). — Karsten, P., H. L. Kies u. J. J. Walraven: Anal. chim. Acta 7, 355 (1952). — Kassner, O.: Arch. Pharm. 232, 226 (1894); durch J. B. 1894 II, 2383. — Katchenkov, S. M.: Ber. Akad. Wiss. UdSSR 62, 361 (1948); durch C. A. 43, 2139 (1949); Ber. Akad. Wiss. UdSSR 76, 563 (1951); durch C. A. 45, 7339 (1951). — Keenan, R. G., u. D. H. Byers: A. M. A. Arch. ind. Hyg. occupat. Med. 6, 226 (1952); durch C. A. 46, 11527 (1952). — Kehoe, R. A., J. Cholak u. R. V. Story: J. Nutrit. 19, 579 (1940); J. Nutrit. 20, 85 (1940). — Kellermann, K., u. O. Schliessmann: Metallbörse 17, 1069, 1125 (1927); durch C. 1927 II, 630. — Kember, N. F., u. R. A. Wells: Analyst 76, 579 (1951). — Kent, N. L.: J. Soc. chem. Ind., Trans. and Commun. 61, 183 (1942). — Khlopin, N. Ya.: (a) J. anal. Chem. (russ.) 2, 55 (1947); durch C. A. 43, 5327 (1949); (b) Trudy Komissii Anal. Khim., Akad. Nauk S.S.S.R., Otdel. Khim. Nauk 4 (7), 75 (1952); durch C. A. 48, 1875 (1954). — Kibisov, G. J.: Nachr. Akad. Wiss. UdSSR, physik. Ser. 14, 623 (1950); durch C. A. 45, 7467 (1951). — Kinoshita, K., u. K. Takimoto: J. Japan. Assoc. Mineral., Petrol. Econ. Geol. 31, 1 (1944); durch C. A. 42, 64 (1948). — Kisser, J., u. K. Lettmayr: Mikrochemie 12, 247 (1933). — Klimecki, W., u. J. Kurylowicz: Prace Głównego Inst. Met. 3, 97 (1951); durch C. A. 46, 3903 (1952). — Kling, A., u. A. Lassieur: C. R. hebd. Séances Acad. Sci. 170, 1112 (1920); Chim. et Ind. 4, 324 (1920). — Knapper, J. S., K. A. Craig u. G. C. Chandlee: J. Am. chem. Soc. 55, 3945 (1933). — Kodera, K., u. Y. Onishi: J. chem. Soc. Japan, pure Chem. Sect. (Nippon Kagaku Zassi) 74, 1013 (1953); durch C. A. 48, 5711 (1954). — Koehler, W.: Spectrochim. Acta (London) 4, 229 (1950). — Kolb, A.: Angew. Ch. 16, 1034 (1903). — Kolier, I., u. Ch. Ribaudo: Anal. Chem. 26, 1547 (1954). — Kolthoff, I. M.: (a) Recueil Trav. chim. Pays-Bas 39, 606 (1920); (b) Pharm. Weekbl. 53, 1739 (1916). — Kolthoff, I. M., u. R. A. Johnson: Anal. Chem. 23, 574 (1951). — Komaretzkyj, S.: Fr. 69, 258 (1926). — Komlev, A.-I., u. L. I. Tsimbalista: J. anal. Chem. (russ.) 8, 217 (1953);

durch C. A. **47**, 11068 (1953). — KONINCK, L. L. DE, u. A. LECREMIER: Fr. **27**, 462 (1888); Rev. univ. Mines, Metallurg., Trav. publ., Sci. Arts appl. Ind. (3) **2**, 98 (1888). — KONISHI, K., u. T. TSUGE: Bl. agric. chem. Soc. Japan **12**, 36 u. 216 (1936). — KORENMAN, I. M.: (a) Pharm. Zentralhalle Deutschland **70**, 1 u. 709 (1929); (b) Pharm. Zentralhalle Deutschland **71**, 769 (1930); Mikrochemie **9**, 223 (1931); (c) Fr. **99**, 402 (1934); (b) Betriebs-Lab. (russ.) **6**, 308 (1937); durch C. **1938** I, 3364 u. C. A. **31**, 7785 (1937); (e) Mikrochemie **21**, 17 (1936); (f) Fr. **97**, 420 (1934); (g) Pharm. Zentralhalle Deutschland **70**, 693 (1929). — KOSTETSKIĬ, V. A.: Bl. Acad. Sci. URSS. Sér. physique **1941**, 303; durch C. A. **37**, 2301 (1943). — KOVALENKO, F. N., u. N. A. LEKTORSKAYA: Betriebs-Lab. (russ.) **16**, 924 (1950); durch C. A. **45**, 977 (1951). — KRAL, S., u. B. KYSIL: Chem. Listy **46**, 768 (1952); durch C. A. **47**, 4244 (1953). — KRÁLIK, F.: Chem. Zvesti 1, 277 (1947); durch C. A. **43**, 8307 (1949). — KRAMER, G.: Mikroanalyt. Nachweis anorganischer Ionen, Leipzig 1937; Techn. Bl., Wschr. dtsch. Bergwerks-Ztg. **27**, 32 (1937); durch C. **1937** I, 4132. — KROKOWSKI, T.: Fr. **117**, 105 (1939). — KRÜGER, A.: Fr. **82**, 62 (1930). — KRUMHOLZ, P.; durch F. FEIGL: Spot Tests, Vol. I, Inorganic Applications, S. 355, 4. engl. Auflage, Amsterdam 1954. — KRUMHOLZ, P., u. E. KRUMHOLZ: Mikrochemie **19**, 47 (1935). — KUHLBERG, L. M.: Betriebs-Lab. (russ.) **8**, 421 (1939); durch C. **1940** II, 2187. — KUHLBERG, L. M., u. P. A. SOIFER: Hygiene u. Sanitätswesen (russ.) **1951**, Nr. 4, 34; durch C. A. **45**, 7711 (1951). — KUNZ, J.: Helv. **16**, 1044 (1933). — KURAŠ, M.: Chem. Obzor **16**, 124 (1941); durch C. **1942** I, 2040. — KUSMINA, W. P.: Betriebs-Lab. (russ.) **6**, 589 (1937); durch C. **1939** I, 742. — KUSNETZOW, W. I.: (a) J. Chim. appl. (russ.) **13**, 769 (1940); durch C. **1941** I, 410 u. C. A. **35**, 3190 (1941); (b) J. Chim. appl. (russ.) **13**, 1512 (1940); durch C. **1941** II, 783; (c) J. Chim. appl. (russ.) **13**, 1257 (1940); durch C. **1941** I, 3266; (d) C. R. (Doklady) Acad. Sci. URSS **33**, 45 (1941); durch C. A. **37**, 1948 (1943); (e) C. R. (Doklady) Acad. Sci. URSS **31**, 898 (1941); durch C. A. **37**, 845 (1943). — KUSNETZOW, W. I., u. I. M. BENDER: J. Chim. appl. (russ.) **13**, 1724 (1940); durch C. **1942** I, 519. — KUSNETZOW, W. I., u. N. A. WASSJUNINA: J. allg. Chem. (russ.) **10**, 1203 (1940); durch C. A. **35**, 2868 (1941) u. C. **1941** II, 333. — KUTZELNIGG, A: (a) Mikrochemie **9**, 360 (1931); (b) Metalloberfläche **5** B, 113 (1951); durch C. A. **46**, 56 (1952). — KWASCHNEWA, W. J.: Sowjet-Geol. (russ.) **8**, 103 (1938); durch C. **1939** I, 615.

LAMB, F. W.: Pr. Am. Soc. Test. Mater. **35** II, 71 (1935). — LAMBIE, D. A., u. W. R. SCHOELLER: Analyst **65**, 281 (1940). — LARRIEU, L.: Ind. eng. Chem. Anal. Edit. **18**, 403 (1946). — LARSSON, A.: Jernkont. Ann. **137**, 194 (1953). — LAUENSTEIN, A.: Metallwirtsch., Metallwiss., Metalltechn. **22**, 318 (1943); durch C. **1943** II, 1391. — LAZOWSKY, M.: J. Chim. med. (3) **3**, 629 (1847); Chem. Gaz. **6**, 43 (1848); durch J. W. MELLOR: A Comprehensive Treatise on Inorganic and Theoretical Chemistry, Bd. **7**, 339 (1927). — LEA, M. C.: (a) Am. J. Sci. (2) **33**, 80 (1862); (b) Am. J. Sci. (2), **34**, 66 (1863). — LECOQ, H.: Bl. Soc. roy. Sci. Liège **11**, 318 (1942); durch C. **1942** II, 1723. — LEDERER, E., durch E. LEDERER u. M. LEDERER: Chromatography, Amsterdam 1953, S. 327. — LEDERER, M.: (a) Anal. chim. Acta **3**, 476 (1949); Anal. chim. Acta **4**, 629 (1950); (b) Nature **167**, 864 (1951); Research **4**, 371 (1951); (c) Anal. chim. Acta **5**, 185 (1951). — LEDERER, M., u. F. L. WARD: (a) Austral. J. Sci. **13**, 114 (1951); durch C. A. **45**, 4603 (1951); (b) Anal. chim. Acta **6**, 355 (1952). — LEGRAYE, M., u. P. COHEUR: Ann. Soc. géol. Belg., Bl. **68**, 63 (1944/45); durch C. A. **39**, 5067 (1945). — LEHRMAN, L.: (a) J. chem. Educat. **8**, 946 (1931); (b) J. chem. Educat. **10**, 50 (1933). — LEICHTLE, P. A.: J. opt. Soc. Am. **34**, 454 (1944). — LELIÈVRE, J., u. Y. MÉNAGER: C. R. hebd. Séances Acad. Sci. **180**, 536 (1925). — LEMMEL, L.: C. R. hebd. Séances Acad. Sci. **198**, 496 (1934). — LENSSEN, E.: (a) A. **114**, 113 (1860); (b) J. pr. **79**, 90 (1860). — LEONARD, A. G. G., u. P. F. WHELAN: Sci. Pr. Roy. Dublin Soc. (N. S.) **19**, 55 (1928). — LESSER, E.: Fr. **27**, 218 (1888); Dissert. Berlin 1886; durch C. **1886**, 738. — LEUCHS, H.: B. **55**, 724 (1922). — LEUCHS, H., u. F. LEUCHS: B. **43**, 1042 (1910). — LEUCHS, H., F. Osterburg u. H. KAEHRN: B. **55**, 564 (1922). — LEUTWEIN, F.: Fr. **120**, 233 (1940). — LEVOL, A.: J. pr. **38**, 174 (1846). — LÉVY, L.: C. R. hebd. Séances Acad. Sci. **103**, 1074 (1886). — LEWIN, A. B.: Fr. **105**, 328 (1936). — LEWIS, A., u. D. R. EVANS: Am. Soc. Test. Mater., Symposium on Rapid Methods for the Identification of Metals, Spec. Tech. Pub. Nr. 98, 58 (1949); durch C. A. **45**, 6969 (1951). — LEWIS, C. L., W. L. OTT u. J. E. HAWLEY: Anal. Chem. **26**, 1664 (1954). — LEWIS, S. J.: Analyst **60**, 10 (1935). — LEYKAUF, TH.: J. pr. **19**, 127 (1840). — LIEBIG, J.: A. **41**, 285 (1845). — LINCOLN, A.T., u. E. OLSON: J. chem. Educat. **12**, 264 (1935). — LINGANE, J. J.: (a) Ind. eng. Chem. Anal. Edit. **15**, 583 (1943); (b) J. Am. chem. Soc. **65**, 866 (1943); (c) J. Am. chem. Soc. **67**, 919 (1945); (d) Ind. eng. Chem. Anal. Edit. **18**, 429 (1946). — LINGANE, J. J., u. S. L. JONES: Anal. Chem. **23**, 1798 (1951). — LOCKWOOD, H. C.: Analyst **59**, 812 (1934). — LÖVGREN, N.: Svensk kem. Tidskr. **51**, 2 (1939). — LÖWE, F.: Atlas der Analysen-Linien der wichtigsten Elemente, 2. Aufl., Dresden u. Leipzig 1936. — LÖWENTHAL, J.: (a) J. pr. **60**, 267 (1853); (b) J. pr. **77**, 321 (1859); (c) J. pr. **56**, 366 (1852). — LONGINESCU, G. G.: Bl. Chim. pură apl. Soc. române Stiinte **34** (1931); durch Fr. **104**, 40 (1936). — LONGINESCU, G. G., u. G. P. THEODORESCU: Bl. Sect. sci. Acad. roum. **6**, 159 (1920). — LONGSTAFF, J. P.: Chem. N. **80**, 282 (1899); J. Am. chem. Soc. **22**, 450 (1900); durch C. **1900** I, 226. — LOPEZ DE AZCONA, J. M.: Ion (Madrid) **2**, 446 (1942); durch C. A. **37**, 1670 (1943). — LOPEZ DE AZCONA, J. M., u. L. J. MARTIN: Spectrochim. Acta (London) **4**, 265 (1951). — LOUNAMAA, N.: Spectrochim. Acta (London) **4**, 400 (1951). — LOVITON, L.: (a) J. Pharm. Chim. (5) **17**, 361 (1888); (b) J. Pharm. Chim. (5) **14**, 227 (1886); Génie Civil **10**, 198 (1887). — LOWATER, F., u. M. M. MURRAY: Biochem. J. **31**, 837 (1937). — LUCKOW, C.: Fr. **26**, 9

(1887). — Lueg, G., u. F. Wolbank: Metallwirtsch., Metallwiss., Metalltechn. **18**, 1027 (1939). — Lugg, J. W. H.: Biochem. J. **26**, 2144 (1932). — Lundegårdh, H.: (a) Lantbrukshögskolans Ann. **3**, 49 (1936); (b) Die quantitative Spektralanalyse der Elemente II, Jena 1934; (c) Metallwirtsch., Metallwiss., Metalltechn. **17**, 1222 (1938). — Lundegårdh, H., u. T. Philipson: Lantbrukshögskolans Ann. **5**, 249 (1938). — Lur'e, Yu. Yu., u. N. A. Filippova: Betriebs-Lab. (russ.) **14**, 159 (1948); durch C. A. **42**, 8696 (1948). — Lurje, J. J., u. M. I. Troitzkaja: Betriebs-Lab. (russ.) **6**, 153 (1937); durch C. **1938** II, 1283. — Lutz, O.: Fr. **47**, 17 (1908).

McClelland, J. A. C.: Analyst **71**, 129 (1946). — McDonnell, F. R. M., u. C. L. Wilson: Metallurgia (Manchester) **38**, 116 (1948); Metallurgia (Manchester) **39**, 280 (1949); Metallurgia (Manchester) **40**, 61 u. 339 (1950). — McDuffie, B.: J. chem. Educat. **30**, 454 (1953). — McGay, L. W.: J. Am. chem. Soc. **31**, 373 (1909); J. Am. chem. Soc. **45**, 1190 (1923). — MacIvor, R.W.E.: Chem. N. **87**, 163 (1903). — Mack, M. v., u. F. Hecht: Mikrochim. A. **2**, 227 (1937). — Malissa, H.: Mikrochemie (Mikrochem.) **38**, 120 (1951). — Malissa, H., u. F. F. Miller: Mikrochemie (Mikrochem.) **40**, 63 (1953). — Manicke, P., u. H. Lauth: Pharm. Zentralhalle Deutschland **68**, 161 (1927). — Marks, G. W., u. H.T. Hall: U. S. Dep. Interior, Bur. Mines. Rep. Invest. **3965** (1946); durch C. A. **41**, 4401 (1947). — Martini, A.: (a) Mikrochemie **16**, 233 (1935); (b) Mikrochemie (Mikrochem.) **30**, 195 (1942); Publs. inst. invest. microquím., Univ. nacl. litoral (Rosario, Arg.) **4**, 63 (1940); durch C. A. **36**, 1264 (1942); (c) Publs. inst. invest. microquím., Univ. nacl. litoral (Rosario, Arg.) **6**, 87 (1942); durch C. A. **40**, 6016 (1946). — Marvin, G. G., u. W. C. Schumb: J. Am. chem. Soc. **52**, 574 (1930). — Masalsky, V. L.: Ukrain. chem. J. (russ.) **5**, 129 (1930); durch C. A. **25**, 3270 (1931). — Maslenitskiǐ, I. N., P. V. Faleev u. E. V. Iskyul: Ber. Akad. Wiss. UdSSR **58**, 1137 (1947); durch C. A. **46**, 4429 (1952). — Massler, M., u. T. K. Barber: J. Am. Dental Assoc. **47**, 415 (1953). — Materne, O.: Bl. Soc. chim. Belg. **20**, 46 (1906); durch C. **1906** II, 557. — Matlin, N. A.: Am. Dyestuff Reporter **40**, 44 (1951); durch C. A. **45**, 3601 (1951). — Matwejew, N. I.: Betriebs-Lab. (russ.) **5**, 736 (1936); durch C. **1937** I, 1742. — Mayants, A. D.: Betriebs-Lab. (russ.) **12**, 666 (1936); durch C. A. **41**, 4081 (1947). — Mayer, F. X.: Spectrochim. Acta (London) **5**, 63 (1952). — Maynard, J. L., H. H. Barber u. M. C. Sneed: J. chem. Educat. **16**, 77 (1939). — Mayrhofer, J.: Pharm. Z. **34**, 246; durch C. **1889** I, 706. — Mazuir, A.: Ann. Chim. anal. (2) **2**, 9 (1920); durch C. **1920** I, 699. — Mease, R. T.: Bur. Stand. J. Res. **9**, 676 (1932). — Mee, A. J.: A New Scheme of Elementary Qualitative Analysis, Dent 1942; durch Metallurgia (Manchester) **31**, 317 (1945). — Meeker, R. F., u. R. C. Pomatti: Anal. Chem. **25**, 151 (1953). — Meggers, W. F.: J. Res. Nat. Bureau of Standards **24**, 153 (1940), Research Paper Nr. 1275. — Mehrotra, R. C.: Pr. nat. Acad. Sci., India **18A**, 103 (1949); durch C.A. **45**, 8938 (1951). — Meissner, H.: Fr. **80**, 247 (1930). — Mellan, J.: Organic Reagents in Inorganic Analysis, Philadelphia 1941. — Mellor, J. W.: A Comprehensive Treatise on Inorganic and Theoretical Chemistry, Bd. 7, 1927. — Mennicke, H.: Z. öffentl. Ch. **6**, 190, 204, 266 (1900); durch C. **1900** II, 287, 594. — Meyer, E. G., u. M. Kahn: J. Am. chem. Soc. **73**, 4950 (1951). — Meyer, H., u. R. Turnau: B. **42**, 1163 (1909). — Middleton, A. R., u. G. T. Wernimont: J. chem. Educat. **14**, 184 (1937). — Migliacci, D., u. C. Crapetta: Ann. Chim. appl(ic). **17**, 66 (1927); durch C. **1927** II, 719 u. C. A. **21**, 2233 (1927). — Milbourn, M.: (a) J. Inst. Metals **55**, 275 u. 403 (1934); durch C. A. **28**, 7196 (1934) u. C. **1935** I, 2416; (b) J. Inst. Metals **69**, 441 (1943); durch C. A. **38**, 37 (1944). — Milbourn, M., u. H. E. R. Hartley: Spectrochim. Acta (Roma) **3**, 320 (1948). — Miller, C. C., u. A. J. Lowe: J. chem. Soc. (London) **1940**, 1258. — Miller, E. H., u. J. A. Mathews: J. Am. chem. Soc. **22**, 62 (1900); durch C. **1900** I, 754. — Milner, G. W. C.: Metallurgia (Manchester) **33**, 321 (1946); durch C. A. **40**, 4615 (1946). — Minguzzi, C.: Atti Soc. toscana Sci. natur. (Pisa), Mem., Ser. A **57**, 119 (1950); durch C. A. **46**, 2965 (1952); Atti Soc. toscana Sci. natur. (Pisa), Mem., Ser. A **59**, 1 (1952); durch C. A. **48**, 12 639 (1954). — Minguzzi, C., u. A. Talluri: Atti Soc. toscana Sci. natur. (Pisa), Mem., Ser. A **58**, 89 (1951); durch C. A. **47**, 4251 (1953). — Miropol'skiǐ, L. M., u. G. L. Miropol'skaya: Ber. Akad. Wiss. UdSSR **80**, 425 (1951); durch C. A. **46**, 4957 (1952). — Mitchell, R. L.: (a) Analyst **71**, 361 (1946); (b) J. Soc. chem. Ind., Trans. and Commun. **59**, 210 (1940). — Mitchell, R. L., u. R. O. Scott: Spectrochim. Acta (Roma) **3**, 367 (1948). — Moberg, A.: A. **44**, 261 (1842). — Moffatt, M. R., u. H. S. Spiro: Ch. Z. **31**, 639 (1907). — Mohler, I. B., u. H. J. Sedusky: Metal Finishing **46**, Nr. 11, 68 (1948); durch C. A. **43**, 961 (1949). — Moritz, H.: Arch. Metallkunde **1** (3), 122 (1947). — Moritz, H., u. P. Schneiderhöhn: Metallwirtsch., Metallwiss., Metalltechn. **15**, 466 (1936). — Morris, J.: Canad. Chem. Process Ind. **31**, 665 (1947). — Mortara, G.: Química (Rio de Janeiro) **1**, 128 (1945); durch C. A. **40**, 2408 (1946). — Moser, L.: Mh. Chem. **53**, 39 (1929). — Moser, L., u. K. Atynski: Mh. Chem. **45**, 247 (1924). — Moser, L., u. F. List: Mh. Chem. **51**, 187 (1929). — Motock, G. T.: Proc. Conf. Natl. Open Hearth Comm. Iron Steel Div. Am. Inst. Mining Met. Eng. **26**, 148 (1943); durch C. A. **38**, 6229 (1944). — Mouraour, H.: C. R. hebd. Séances Acad. Sci. **130**, 141 (1900). — Mouret u. J. Barlot: Bl. Soc. chim. France (4) **29**, 743 (1921). — Mrgudich, J. N.: Iron Age **146**, Nr. 9, 21 u. Nr. 10, 40 (1940). — Müller, M.: J. pr. **138**, 252 (1884). — Muir, M. P.: Chem. N. **44**, 237 (1881); Chem. N. **45**, 69 (1881); durch C. **1882**, 58 u. J. B. **1882**, 1301. — Mukherjee, B., u. R. Dutta: Fuel **29**, 190 (1950); durch C. A. **44**, 8620 (1950). — Mukhina, Z. S.: Betriebs-Lab. (russ.) **16**, 546 (1950); durch C. A. **44**, 9301 (1950). — Munro, L. A.: Pr. Trans. Nova Scotian Inst. Sci. **16**, 9 (1922—26). — Musil, A., E. Gagliardi u. K. Reischl: (a) Fr. **137**, 252 (1952); (b) Fr. **140**, 342 (1953).

NAITO, T.: J. pharm. Soc. Japan (Yakugakuzasshi) **63**, 637 (1943); durch C. A. **45**, 2918 (1951). — NAITO, T., u. N. TAKAHASHI: Japan Analyst **3**, 125 (1954); durch C. A. **48**, 9859 (1954). — NAKANO, S.: J. chem. Soc. Japan, pure Chem. Sect. (Nippon Kagaku Zassi) **72**, 962 (1951); durch C. A. **46**, 6996 (1952). — NARUI, Y.: J. chem. Soc. Japan (Nippon Kwagaku Kwaishi) **63**, 605 (1942); durch C. A. **41**, 3015 (1947). — NASARENKO, W. A.: J. Chim. appl. (russ.) **14**, 419 (1941); durch C. **1942 I**, 1785. — NAVES, Y. R.: Parfums de France **12**, 89 u. 116 (1934); durch C. **1934 II**, 1696 u. C. A. **28**, 5928 (1934). — NECHAMKIN, H., u. A. SANDERS: Ind. eng. Chem. Anal. Edit. **14**, 913 (1942). — NEDLER, W. W.: Betriebs-Lab. (russ.) **5**, 1469 (1936); durch C. **1937 II**, 1054; Betriebs-Lab. (russ.) **7**, 57 (1938); durch C. **1938 II**, 2978. — NELISSEN, F.: Bl. Acad. roy. Belg. (3) **13**, 258 (1887). — NEWELL, I. L., J. B. FICKLEN u. L. S. MAXFIELD: Ind. eng. Chem. Anal. Edit. **7**, 26 (1935). — NEWELL, J. M., u. E. V. McCOLLUM: U. S. Dep. Commerce, Bur. Fisheries, invest. Rep. **5**, 1 (1931). — NIELSCH, W.: Metall **7**, 513 (1953). — NIELSCH, W., u. G. BÖLTZ: Fr. **143**, 161 (1954). — NIEUWENBURG, C. J. VAN: (a) Mikrochemie **9**, 204 (1931); (b) Reagents for Qualitative Inorganic Analysis (Second Report of the International Committee on New Analytical Reactions and Reagents of the International Union of Chemistry) 1948, Tin S. 41–45. — NILSON, L. F.: Bl. Soc. chim. Paris (2) **23**, 499 (1875); durch Gm.-Kr. 7.Aufl. (1911), Bd. IV, 1, S. 300. — NITCHIE, C. C.: Ind. eng. Chem. Anal. Edit. **1**, 1 (1929). — NOAILLON: Ch. Z. **23**, 909 (1899). — NOVÁK, V., u. J. PELÍŠEK: Věstník české Akad. Zemědělské **16**, 252 (1940); durch C. **1942 I**, 1178. — NOYES, A. A., u. W. C. BRAY: (a) J. Am. chem. Soc. **29**, 137 (1907); (b) A System of Qualitative Analysis for the Rare Elements, New York 1943.

OCCHIALINI, A., u. L. GALLINO: Atti Reale Accad. naz. Lincei, Rend. (6) **15**, 559 (1932); durch C. **1932 II**, 2687. — O'CONNOR, R. T., u. D. C. HEINZELMAN: Anal. Chem. **24**, 1667 (1952). — O'CONNOR, R. T., D. C. HEINZELMAN u. M. E. JEFFERSON: J. Am. Oil Chemists' Soc. **24**, 185 (1947); durch C. A. **41**, 4935 (1947); J. Am. Oil Chemists' Soc. **25**, 408 (1948); durch C. A. **43**, 878 (1949). — ODEKERKEN, J.: Ind. chim. belge **15**, 80 (1950); durch C. A. **44**, 10598 (1950). — OESPER, R. E., u. R. E. FULMER: Anal. Chem. **25**, 908 (1953). — OESTERHELD, G., u. A. PORTMANN: Helv. **24**, Engi-Festband, S. 389 (1941). — OETTEL, F.: Ch. Z. **20**, 19 (1896). — OFTEDAL, I.: Norsk geol. Tidsskr. **19**, 314 (1940); Skr. norske Vidensk.-Akad. Oslo, I, Mat.-naturv. Kl. **1940**, Nr. 8, S. 20 u. 82. — OHARA, E., u. H. NAGAI: J. chem. Soc. Japan, pure Chem. Sect. (Nippon Kagaku Zassi) **73**, 924 (1952); durch C. A. **47**, 6308 (1953). — OKÁČ, A.: Spisy vydávané přírodovědeckou Fak. Masarykovy Univ. (Publ. Fac. Sci. Univ. Masaryk) Nr. 311 (1948); durch C. A. **43**, 7860 (1949). — OKÁČ, A., u. P. ČERNÝ: Chem. Listy **46**, 14 (1952); durch C. A. **46**, 3896 (1952) u. Fr. **137**, 448 (1952). — ONO, K., u. M. YOKOYAMA: Trans. Japan pathol. Soc. **14**, 147 (1924); Ber. ges. Physiol. exp. Pharmakol. **37**, 845 (1926). — ORLOWSKI, A.: Fr. **22**, 357 (1883). — OROSCO, G.: Semana méd. **38**, 601 (1931); Bl. of Hyg. **6**, 467 (1931); durch C. A. **25**, 5201 (1931). — ORTODOCSU, A. P., u. M. RESSY: Bl. Soc. chim. France (4) **33**, 991 (1923). — OSSTROUMOW, E. A., u. G. S. MASSLENNIKOWA: Betriebs-Lab. (russ.) **9**, 540 (1940); durch C. **1941 I**, 2835. — OTTE, M. U.: Chem. d. Erde **16**, 237 (1953); durch C. A. **48**, 4387 (1954). — OTTEMANN, J.: Z. angew. Mineralog. **3**, 142 (1940). — OWENS, J. S.: Ind. eng. Chem. Anal. Edit. **11**, 59 (1939).

PAMFIL, G.: Monit. scient. (4) **24** II, 641 (1912); durch Fr. **51**, 492 (1912). — PANTSCHENKO, G. E.: Bl. Acad. Sci. URSS, Sér. physique **4**, 222 (1940); durch C. **1942 II**, 2621. — PARGAPONDAL, Z., u. J. PEREZ-MATEOS: Notas y Comuns. inst. geol. y minero España **1952**, Nr. 27, 129; durch C. A. **47**, 4806 (1953). — PARK, B.: Ind. eng. Chem. Anal. Edit. **6**, 189 (1934). — PARRI, W.: Giorn. Farmac. Chim. Sci. affini **73**, 177 (1924); durch C. **1924 II**, 2190. — PASSERINI, L., u. L. MICHELOTTI: G. **65**, 824 (1935); durch C. **1936 I**, 2595 u. C. A. **30**, 3359 (1936). — PASTORE, P.: Alluminio **9**, 41 (1940); durch C. **1940 II**, 2061. — PATROVSKÝ, V.: Chem. Listy **47**, 676 (1953); durch Fr. **142**, 66 (1954). — PATTERSON, E. M.: Geochim. cosmochim. Acta (London) **2**, 283 (1952); durch C. A. **47**, 1012 (1953). — PAULY, H.: J. pr. **118**, 48 (1928). — PELÍŠEK, J.: Sborník české Akad. Zemědělské **17**, 46 (1942); durch C. **1942 II**, 1621. — PENFIELD, S. L.: Am. J. Sci. (3) **47**, 451 (1894); Z. Krist. **23**, 247 (1894). — PÉREZ MATEOS, J., u. M. T. GÁRATE COPPA: Inst. invest. geol. „Lucas Mallada", Estud. geol. Nr. 9, 159 (1948); durch C. A. **43**, 6543 (1949). — PERKIN, F. M.: J. Soc. chem. Ind. **20**, 425 (1901). — PÉRONNET, M., u. R. H. REMY: J. Pharm. Chim. **30**, 170 (1939). — PETERSEN, J.: Fr. **45**, 342 (1906). — PETRASCHENJ, W. I.: Fr. **106**, 330 (1936). — PFAFF, C. H.: (a) durch Gm.-Kr., 7.Aufl. (1911), Bd. IV, 1, S. 269; (b) Handb. analyt. Ch., Altona **2**, 337 (1922); durch J. W. MELLOR: A Comprehensive Treatise on Inorganic and Theoretical Chemistry, Bd. 7 (1927). — PFEIL, E., G. PLOSS u. H. SARAN: Fr. **146**, 241 (1955). — PHIPSON, T. L.: Chem. N. **59**, 255 (1889); durch C. **1889 II**, 152. — PIERCE, W. C., O. RAMIREZ TORRES u. W. W. MARSHALL: Ind. eng. Chem. Anal. Edit. **12**, 41 (1940). — PIESZCZEK, E.: Arch. Pharm. **229**, 667 (1892); durch C. **1892 I**, 412. — PIGOTT, E. C.: Iron and Steel **15**, 196, 202 (1942); durch C. A. **38**, 1702 (1944). — PINKUS, A., u. J. CLAESSENS: Bl. Soc. chim. Belg. **36**, 413 (1927); durch C. **1927 II**, 1872. — PINKUS, A., u. F. MARTIN: Chim. et Ind. **17**, Sonder-Nr. Mai **1927**, S. 182; J. Chim. phys. **24**, 137 (1927). — PINTEROVIC, Z.: Bl. Soc. chim. Belg. **58**, 522 (1949). — PIONTELLI, R.: Chim. e Ind. (Milano) **27**, 160 (1945); durch C. A. **40**, 7058 (1946). — PIRLOT, A.: Bl. Fédérat. Ind. chim. Belg. **5**, 281 (1926); durch C. **1926 II**, 1890. — PLEISCHL, A.: Ber. Wien. Akad. Math.-naturwissensch. Kl. **43**, 555 (1861). — PODGORBUNSKY, V. A.: Chem. J. Ser. B., J. appl. Chem. (russ.) **9**, 2138 (1936); durch C. A. **31**, 4240 (1937). — POHL, F. A.: (a) Fr. **139**, 241

(1953); (b) Fr. **139**, 423 (1953); (c) Fr. **141**, 81 (1954); (d) Fr. **142**, 19 (1954); (e) Mikrochim. A. **1954**, 258. — POLLARD, F. H., u. J. F. W. McOMIE: Chromatographic Methods of Inorganic Analysis, London 1953. — POLLARD, F. H., J. F. W. McOMIE u. I. I. M. ELBEIH: J. chem. Soc. (London) **1951**, 466 u. 470; Nature **163**, 292 (1949). — POLLARD, F. H., J. F. W. McOMIE u. H. M. STEVENS: J. chem. Soc. (London) **1951**, 771 u. 1863. — POLUEKTOW, N. S., u. W. A. NASARENKO: Chem. J. Ser. B, J. appl. Chem. (russ.) **10**, 2105 (1937); durch C. **1938** II, 897 u. C. A. **32**, 5333 (1938). — POPESCO, A.: Bl. Chim. **18**, 3 (1916); durch C. **1916** II, 427. — PORTNOV, A. I.: (a) J. allg. Chem. (russ.) **18**, 594 (1948); durch C. A. **43**, 57 (1949); (b) J. anal. Chem. (russ.) **9**, 175 (1954); durch Fr. **147**, 119 (1955). — PORTNOV, M. A., u. A. A. KOZLOVA: J. anal. Chem. (russ.) **4**, 89 (1949); durch C. A. **44**, 2408 (1950). — PORTNOV, M. A., u. V. P. POVELKINA: J. anal. Chem. (russ.) **3**, 85 (1948); durch C. A. **43**, 7377 (1949). — POZZI-ESCOT, M. E.: Bl. Soc. chim. Belg. **23**, 299 (1909); durch C. **1909** II, 753. — POZNA, F., u. E. MIGRAY: Ann. Chim. appl(ic). **26**, 78 (1936); durch C. **1936** II, 138. — PRANDTL, W.: B. **40**, 2125 (1907). — PREUSS, E.: (a) Z. angew. Mineralog. **1**, 191 (1938); (b) Z. angew. Mineralog. **3**, 8 (1940). — PŘIBIL, R., Z. ROUBAL u. E. SVÁTEK: Chem. Listy **46**, 396 (1952); durch C. A. **46**, 10 960 (1952). — PRIOR, G. T.: Mineralog. Mag. J. mineralog. Soc. **14**, 21 (1904); Z. Krist. **42**, 310 (1907); Neues Jahrb. Mineral. Geol. **1906** I, 14. — PRÖSCHOLD, O.: Z. physik. chem. Unterricht **41**, 40 (1928). — PROKOFJEW, V. K.: Bl. Acad. Sci. URSS, Sér. physique **1937**, 113; durch C. **1939** I, 4227. — PRYTZ, M.: Z. anorg. Ch. **219**, 89 (1934).

RADICE, M. M.: Univ. nacl. La Plata, Notas museu La Plata, Geol. **14**, Nr. 55, 221 (1949); durch C. A. **45**, 9428 (1951). — RAÏKHBAUM, YA. D.: Betriebs-Lab. (russ.) **8**, 1101 (1939); durch C. A. **37**, 5332 (1943). — RAIMONDI, A.; durch C. HINTZE: Z. Krist. **6**, 632 (1882). — RAMDOHR, P.: (a) Neues Jahrb. Mineral. Geol., Beil.-Bd. (Abh.) Abt. A, **68**, 288 (1934); (b) Z. Krist. A **92**, 186 (1935). — RAMMELSBERG, C.: Pogg. Ann. **44**, 567 (1838). — RANE, M. B., u. K. KONDAIAH: J. Indian chem. Soc. **14**, 46 (1937). — RAPER, A. R., u. D. F. WITHERS: Collected Papers on Metallurgical Analysis by the Spectrograph, Brit. Non-Ferrous Metals Research Assoc. **1945**, 144. — RATZBAUM, J. A.: (a) Lagerstättenforschung (russ.) **8**, 50 (1938); durch C. **1939** I, 3425; (b) Betriebs-Lab. (russ.) **6**, 191 (1937); durch C. **1938** I, 2412. — RAWSON, S. G.: J. Soc. chem. Ind. **16**, 113 (1897). — RÂY, P., u. J. GUPTA: J. Indian chem. Soc. **12**, 308 (1935). — RÂY, P., u. S. N. RÂY: Quart. J. Indian chem. Soc. **3**, 110 (1926). — RÂY, P., u. V. P. SARKAR: J. chem. Soc. (London) **119**, 390 (1921). — RAYMOND: C. R. hebd. Séances Acad. Sci. **198**, 1609 (1934). — REBOUL, P.: Kimya ve Sanayi (Türkei) **25**, 285 (1952); durch C. A. **46**, 9015 (1952). — REEDY, J. H.: Ind. eng. Chem. Anal. Edit. **2**, 117 (1930). — REICHARD, C.: (a) B. **30**, 1913 (1897); (b) B. **27**, 1019 (1894); (c) Pharm. Zentralhalle Deutschland **47**, 391 (1906). — REIHLEN, H., u. A. HAKE: A. **452**, 47 (1927). — REIMSCH, H.: J. pr. **13**, 129 (1838). — REINHEIMER, S.: Neues Jahrb. Mineral. Geol., Beil.-Bd. (Abh.) Abt. A, **49**, 159 (1923). — REINSCH, H.: J. pr. **24**, 248 (1841). — REISS, F.: Z. Unters. Nahrgs.-Genußmittel. **14**, 580 (1907). — REYNOLDS, F. M.: J. Soc. chem. Ind. **67**, 341 (1948). — REYNOSO, A.: J. pr. **54**, 261 (1851); Fr. **2**, 364 (1863); C. R. hebd. Séances Acad. Sci. **33**, 385 (1851); C. R. hebd. Séances Acad. Sci. **56**, 873 (1863). — RHEINBOLDT, R., u. R. BOY: J. pr. **129**, 269 (1931). — RICCOBONI, L., M. ZOTTA u. A. FOFFANI: G. **77**, 153 (1947); durch C. A. **41**, 7302 (1947). — RICHARDSON, G. M., u. M. ADAMS: Am. chem. J. **22**, 446 (1899). — RICO, J.T.: C. R. Séances Soc. Biol. Filiales Associées **92** , 1244 (1925). — RIDEAL, S.: Chem. N. **51**, 292 (1885); durch J. B. **1885**, 1919. — RILEY, R. V.: Spectrochim. Acta (Roma) **4**, 93 (1950). — ROACH, F.E.: Metal Progr. **23**, 27 (1933); durch C. **1934** I, 252. — RÖHRE, R.: B. **1878**, 741. — RÖHRIG, A.: J. pr. **37**, 217 (1888). — RÖSSING, A.: Fr. **41**, 1 (1902). — ROHNER, F.: Helv. **21**, 23 (1938). — ROMANO, C.: Boll. Soc. ital. Biol. sperim. **26**, 604 (1950); durch C. A. **45**, 9585 (1951) u. Fr. **136**, 282 (1952). — ROSE, H.: (a) Pogg. Ann. **91**, 112 (1854); (b) J. pr. **45**, 76 (1848); Pogg. Ann. **75**, 1 (1848); (c) Pogg. Ann. **9**, 45 (1827). — ROSE, HERMANN: Fortschr. Mineral. **26**, 108 (1947); durch C. A. **44**, 9312 (1950). — ROSENTHALER, L.: (a) Mikrochim. A. **3**, 190 (1938); (b) Mikrochemie (Mikrochem.) **25**, 5 (1938); (c) Mikrochemie **14**, 367 (1933/34). — ROSENTHALER, L., u. G. BECK: Pharm. Acta Helvetiae **11**, 186 (1936); Pharm. Acta Helvetiae **12**, 94 (1937); durch C. A. **30**, 8528 (1936) u. C. A. **31**, 8830 (1937); Mikrochemie, Festschr. H. MOLISCH, **1936**, 366. — ROSS, W. A.: Berg- u. hüttenmänn. Ztg. **40**, 459 (1881). — ROSSI, L.: Publs. inst. invest. microquím., Univ. nacl. litoral (Rosario, Arg.) **9**, 5 (1945); durch C. A. **44**, 1357 (1950). — ROSSI, L., u. A. T. SERANTES: Rev. Asoc. bioquím. argent. **11**, 323 (1944); durch C. A. **39**, 3757 (1945). — ROSSINI, F. D. ET AL.: Selected values of chemical thermodynamic properties. Circular of the National Bureau of Standards 500, Washington D. C. 1952. — ROUIR, E.V., u. A. M. VANBOKESTAL: Spectrochim. Acta (London) **4**, 330 (1951). — ROWE, E. A.: Univ. Microfilms Pub. Nr. 6857; Dissertation Abstracts **14**, 228 (1954); durch C.A. **48**, 5718 (1954). — ROZSA, J. T.: (a) Iron Age **151**, Nr. 10, 58 (1943); (b) Iron Age **157**, Nr. 13, 42 (1946). — RUBIES, S. P. DE: An. soc. españ. Física Quím. **29**, 699 (1931); durch C. **1932** I, 1357. — RUBIES, S. P. DE, u. C. S. d'ARGENT: An. soc. españ. Física Quím. **29**, 235 (1931); durch C. A. **25**, 3104 (1931). — RUBIES, S. P. DE, u. J. DOETSCH: Z. anorg. Ch. **222**, 107 (1935). — RUBIES, S. P. DE, u. L. LEMMEL: Bl. Soc. chim. France (5) **2**, 1368 (1935); An. soc. españ. Física Quím. **33**, 492 (1935). — RUBIES, S. P. DE, u. J. M. LOPEZ DE AZCONA: An. soc. españ. Física Quím. **34**, 307 (1936); durch C. **1936** II, 1585. — RUPP, E.: Ber. dtsch. pharm. Ges. **32**, 334 (1922). — RUSOFF, L. L., u. L. W. GADDUM: J. Nutrit. **15**, 169 (1938). — RUSSANOW,

A. K., u. W. M. Alexejewa: Betriebs-Lab. (russ.) 10, 51 (1941); durch C. 1943 I, 1195. — Russanow, A. K., u. O. U. Mowtschan: Betriebs-Lab. (russ.) 10, 610 (1941); durch C. 1943 I, 1195. — Russell, R. S.: Pr. Australasian Inst. Mining & Met. 87, 167 (1932); durch R. C. Hughes: Spectrochim. Acta (London) 5, 210 (1952). — Růžička, E.: (a) Chem. Listy 47, 1014 (1953); durch Fr. 142, 385 (1954); (b) Chem. Listy 48, 45 (1954); durch Fr. 145, 211 (1955). — Ryan, D. E., u. G. D. Lutwick: Canad. J. Chem. 31, 9 (1953).

Saccardi, P.: Ann. Chim. appl(ic). 14, 303 (1924); durch C. A. 19, 1112 (1925). — Sachs, G.: J. Am. chem. Soc. 62, 3514 (1940). — Sachs, G., u. L. Ryffel-Neumann: J. Am. chem. Soc. 62, 993 (1940). — Saito, T.: J. Japan. Assoc. Mineral., Petrol. Econ. Geol. 36, 1 (1952); durch C. A. 47, 10418 (1953). — Salaria, G. B. S.: Anal. chim. Acta 14, 97 (1956). — Salet, G.: C. R. hebd. Séances Acad. Sci. 73, 862 (1871); Ann. Chim. Phys. (4) 28, 68 (1873); Bl. Soc. chim. Paris 16, 195 (1871); durch J. B. 1871, 165. — Salmi, M.: Geol. tutkimuslaitos, Geotek. julkaisuja 51 (1950); durch C. A. 45, 6976 (1951). — Saltman, W. M., u. N. H. Nachtrieb: Anal. Chem. 23, 1503 (1951). — Sarudi, I: Fr. 148, 21 (1955). — Sawyer, R. A., u. H. B. Vincent: J. appl. Physics 11, 452 (1940); durch W. Seith: Z. Elektrochem. angew. physik. Chem. 48, 39 (1942). — Scacciati, G., u. A. D'Este: Metallurgia ital. 46, 189 (1954); durch C. A. 48, 11241 (1954). — Scalise, M.: (a) Metallurgia ital. 44, 153 (1952); durch C. A. 46, 6991 (1952); (b) Metallurgia ital. 44, 568 (1952); durch C. A. 47, 3177 (1953). — Schäfer, H., L. Bayer u. Ch. Pietruck: Z. anorg, Ch. 266, 140 (1951). — Schairer, E.: Virchow's Arch. pathol. Anatom. Physiol. klin. Med. 312, 534 (1944). — Schantl, E.: Mikrochemie 2, 174 (1924). — Scharrer, A.: Dissert. München 1911, S. 74. — Schatz, F. V.: Spectrochim. Acta (London) 6, 198 (1954). — Scheibe, G.: Chemische Spektralanalyse bei W. Böttger: Physikalische Methoden der analytischen Chemie, Leipzig 1933. — Scheinkmann, A.: (a) Fr. 83, 176 (1931); (b) Fr. 85, 344 (1931). — Scherrer, J. A.: Bur. Stand. J. Res. 8, 309 (1932). — Schiff, H.: (a) A. 125, 146 (1863); (b) A. 120, 60 (1861). — Schiff, R., u. N. Tarugi: B. 27, 3437 (1894). — Schleicher, A.: Z. Elektrochem. angew. physik. Chem. 39, 2 (1933); Fr. 101, 241 (1935). — Schleicher, A., u. N. Brecht-Bergen: Fr. 101, 321 (1935). — Schleicher, A., u. J. Clermont: Fr. 86, 191 (1931). — Schleicher, A., u. N. Kaiser: Fr. 105, 393 (1936). — Schliessmann, O.: Angew. Ch. 55, 104 (1942). — Schmatolla, O.: Ch. Z. 25, 468 (1901); Ch. Z. 54, 831 (1930). — Schmidt, F. W.: B. 27, 2739 (1894). — Schneider, E. A.: Z. anorg. Ch. 5, 80 (1894). — Schneider, R.: (a) Pogg. Ann. 88, 45 (1853); J. pr. 58, 562 (1898); (b) Pogg. Ann. 136, 105 (1869). — Scholder, R.: Z. anorg. Ch. 220, 209 (1934). — Scholder, R., u. R. Pätsch: Z. anorg. Ch. 216, 179 (1933). — Schoorl, N.: (a) Pharm. Weekbl. 56, 325 (1919); (b) Fr. 47, 367 (1908); (c) Fr. 48, 671 (1909). — Schrenk, W. G., u. H. E. Clements: Anal. Chem. 23, 1467 (1951). — Schröer, E., u. A. Balandin: Z. anorg. Ch. 189, 258 (1930). — Schroll, E.: Anz. österr. Akad. Wiss., math.-naturwiss. Kl. 1951, 6. — Schultze, B.: B. 23, 974 (1890). — Schwab, G.-M., u. A. N. Ghosh: Angew. Ch. 52, 666 (1939). — Scott, G. H., u. J. H. McMillen: Pr. Soc. exp. Biol. Med. 35, 287 (1936). — Scott, R. O.: (a) Spectrochim. Acta (Roma) 4, 73 (1950); (b) J. Soc. chem. Ind. 64, 189 (1945). — Scott, W. W., u. C. L. Koelsche: J. chem. Educat. 7, 367 (1930). — Scribner, B. F., u. J. C. Ballinger: J. Res. Nat. Bureau of Standards 47, 221 (1951). — Scribner, B. F., u. H. R. Mullin: J. Res. Nat. Bureau of Standards 37, 379 (1946). — Seidel, W., u. W. Fischer: Z. anorg. Ch. 247, 367 (1941). — Seith, W.: (a) Metall 1948, 117; durch C. A. 43, 3743 (1949); (b) Dtsch. Techn. 9, 254 (1941); durch C. 1941 II, 928. — Seith, W., u. W. vor dem Esche: Z. Metallkunde 33, 81 (1941). — Seith, W., u. J. Herrmann: Spectrochim. Acta (Berlin) 1, 548 (1941). — Seith, W., u. R. Ruthardt: Chemische Spektralanalyse, 4. Aufl., Berlin-Göttingen-Heidelberg 1949. — Semenov, N. N.: Betriebs-Lab. (russ.) 11, 215 (1945); durch C. A. 40, 1112 (1946). — Semerano, G., u. L. Mendini: Atti Ist. Veneto Sci., Lettere Arti, Parte II (1944); durch C. A. 44, 8821 (1950). — Sen, B. N.: (a) Z. anorg. Ch. 268, 99 (1952); Z. anorg. Ch. 273, 183 (1953); Anal. Chim. Acta 12, 154 (1955); (b) Austral. J. Sci. 13, 49 (1950); durch C. A. 45, 1901 (1951). — Sensi, G., u. S. Seghezzo: Ann. Chim. appl(ic). 19, 392 (1929); durch Mikrochemie 8, 210 (1930). — Sergeev, E. A.: Betriebs-Lab. (russ.) 13, 231 (1947); durch C. A. 42, 2873 (1948). — Sergueeff, A.: Ann. Chim. ánal. 11, 161 (1929); durch C. 1929 II, 1716 u. C. A. 23, 4641 (1929). — Shakhov, A. S.: J. Chim. appl. (russ.) 12, 1555 (1939); durch J. M. Kolthoff u. J. J. Lingane: Polarography, 2. Aufl., New York 1952, Bd. II, S. 525. — Sheppard, S. E., u. H. R. Brigham: J. Am. chem. Soc. 58, 1046 (1936). — Sherman, M.: Die Casting 6, Nr. 1, 32, 34, 36, 37 (1948); durch C. A. 42, 1528 (1948). — Shibata, Y., u. T. Uemura: Jap. J. Chem. 2, 8 (1923). — Shiels, D. O.: J. ind. Hyg. Toxicol. 20, 581 (1938). — Shinohara, K.: J. biol. Chem. 110, 263 (1935). — Shipitsin, S. A.: Nachr. Akad. Wiss. UdSSR, physik. Ser. 14, 677 (1950); durch C. A. 45, 7185 (1951). — Shome, S. C.: Current Sci. 13, 257 (1944); durch C. A. 40, 7047 (1946). — Short, M. N.: U. S. Dep. Interior, geol. Surv., Bl. 825 (1931). — Sietniks, A. J.: Acta chem. scand. 6, 1217 (1952). — Šilhanová, V.: Chem. Listy 47, 742 (1953); durch Fr. 141, 66 (1954). — Simon: Repert. Pharm. 65, 207; durch Gm.-Kr. 7. Aufl. (1911); Bd. IV, 1, S. 329. — Sinyakova, S. I., M. S. Borovaya u. K. A. Gavrikova: J. anal. Chem. (russ.) 5, 330 (1950); durch C. A. 45, 1333 (1951). — Sklyarow, A. A.: Bl. Acad. Sci. URSS, Sér. physique 1941, 318; durch C. A. 37, 2295 (1943). — Slagle, R. L.: Am. chem. J. 20, 633 (1898). — Smith, D. M.: (a) J. Inst. Metals 46, 114 (1931); durch C. 1932 I, 1293 u. C. A. 25, 5871 (1931); (b) Metallurgical Analysis by the Spectrograph, British Non-Ferrous Metals Research Assoc. London 1933; (c) Collected Papers on Metallurgical Analysis by the Spectrograph, British Non-Ferrous Metals Research Assoc. **1945**, 110; durch C. A. **40**, 5665 (1946); (d) Spectrochim. Acta (London) **5**, 1 (1952). — SMITH, G. W., u. S. A. REYNOLDS: Anal. chim. Acta **12**, 151 (1955). — SMITH, J. W., u. H. E. ROGERS: J. chem. Educat. **16**, 143 (1939). — SMITH, L., u. P. W. WEST: Ind. eng. Chem. Anal. Edit. **13**, 271 (1941). — SMITH, O. C.: Inorganic Chromatography, New York 1953, S. 108. — SMITH, R. W., u. J. E. HOAGBIN: (a) Anal. Chem. **19**, 86 (1947); (b) J. Am. ceram. Soc. **29**, 222 (1946); durch C. A. **40**, 6231 (1946). — SNEED, M. C.: J. Am. chem. Soc. **40**, 187 (1918). — SOARES, M.: Rev. quim. pura e apl. **12**, 1 (1937); durch C. A. **32**, 3722 (1938). — SOMEREN, E. H. S. VAN: J. Inst. Metals **55**, 265, 409 (1934); durch C. **1935 I**, 2414 u. C. A. **28**, 7200 (1934). — SOMMER, G.: Fr. **147**, 241 (1955). — SPACU, G., u. C. G. MACAROVICI: Bl. Sect. sci. Acad. roum. **21**, 173 (1939); durch C. **1939 II**, 4453. — SPENCER, L. J.: Z. Krist. **35**, 468 (1902). — SPORCQ: Bl. Soc. chim. Belg. **38**, 21 (1929); durch C. **1929 I**, 2906. — SSYROKOMSKI, W., u. R. S. PILNIK: Betriebs-Lab. (russ.) **5**, 816 (1936); durch C. **1937 II**, 2719. — STANLEY, G. H.: J. South African chem. Inst. **28**, 249 (1928); durch C. **1928 II**, 1130. — STAPLES, L. W.: Am. Mineralogist **21**, 613 (1936). — STARKBAUM, O. J. K.: Techn. u. Handwerk **4**, 132 (1949); durch C. A. **46**, 9462 (1952). — STAUD, A. H.: Glass Packer **15**, 731 (1936); durch C. A. **31**, 1106 (1937). — STEINBERG, R. C., u. H. J. BELIC: Appl. Spectroscopy **6**, Nr. 4, 14 (1952). — STELLING, E.: Ind. eng. Chem. **16**, 346 (1924). — STELZNER, A. W.: Neues Jahrb. Mineral. Geol. **1893 II**, 114. — STOIBER, R. E.: Econ. Geol. **35**, 501 (1940). — STOLL, W. C.: Econ. Geol. **40**, 136 (1945). — STONE, I.: (a) Chemist-Analyst **20**, 6 (1931); (b) Ind. eng. Chem. Anal. Edit. **13**, 791 (1941). — STRAIN, H. H., u. J. C. SULLIVAN: Anal. Chem. **23**, 816 (1951). — STRASHEIM, A., u. T. I. HUGO: J. South African chem. Inst. (N. S.) **4**, 103 (1951). — STREBINGER, R., u. H. HOLZER: Mikrochemie **8**, 264 (1930). — STRENG, A.: Neues Jahrb. Mineral. Geol. **1888 II**, 142. — STROCK, L. W.: (a) Am. Inst. Mining metallurg. Engr., techn. Publ. Nr. 1866 (1945); durch C. A. **39**, 4562 (1945); (b) Am. J. Sci. **239**, 857 (1941). — STROCK, L. W., u. S. DREXLER: J. opt. Soc. Am. **31**, 167 (1941). — STROHECKER, R., W. HEIMANN u. F. MATT: Fr. **145**, 401 (1955). — STROMBERG, A. G., u. M. S. GUTERMAN: J. physik. Chem. (russ.) **27**, 993 (1953); durch C. A. **48**, 53 (1954). — SURAK, J. C., u. D. P. SCHLUETER: J. chem. Educat. **30**, 457 (1953). — SUZUKI, S., u. CH. YOSHIMURA: J. chem. Soc. Japan, pure Chem. Sect. (Nippon Kagaku Zassi) **72**, 428 (1951); durch C. A. **46**, 1847 (1952). — SWANGER, W. H.: Sci. Papers. Bur. Standards **21**, 209 (1926). — SWENTITZKI, N. S.: Betriebs-Lab. (russ.) **7**, 1371 (1938); durch C. **1939 II**, 4289; Bl. Acad. Sci. URSS, Sér. physique **4**, 16 (1940); durch C. **1942 II**, 2621. — SZELENYI, T., u. M. VOGL: Magyar Királyi Földtani Intézet Evkönyve **35**, 61 (1941); Neues Jahrb. Mineral. Geol., Ref. Teil I, 106 (1942); durch C. A. **37**, 6597 (1943).

TABOURY, M.-F., u. E. GRAY: C. R. hebd. Séances Acad. Sci. **213**, 481 (1941). — TAGANOV. K. J.: Betriebs-Lab. (russ.) **12**, 449 (1946); durch C. A. **41**, 7112 (1947). — TAKIMOTO, K.: J. geol. Soc. Japan **50**, 82 (1943); durch C. A. **41**, 7318 (1947). — TAIMNI, I. K., u. R. P. AGARWAL: Anal. chim. Acta **9**, 208, 216 (1953). — TAIMNI, I. K., u. G. B. S. SALARIA: Anal. chim. Acta **14**, 4 (1956). — TAMARU, S., u. N. ANDÔ: Fr. **84**, 89 (1931); vgl. ebenfalls Z. anorg. Ch. **184**, 385 (1929); Z. anorg. Ch. **195**, 309 (1931); sowie J. chem. Soc. Japan (Nippon Kwagaku Kwaishi) **52**, 36 (1931); durch C. A. **25**, 2908 (1931). — TAMMANN, G., A. HEINZEL u. F. LAASS: Z. anorg. Ch. **176**, 143 (1928). — TAMMANN, G., u. W. SALGE: Z. anorg. Ch. **176**, 153 (1928). — TAMURA, Z.: Japan Analyst **1**, 117 (1952); durch C. A. **47**, 4792 (1953). — TANANAEFF, N. A.: (a) Fr. **106**, 167 (1936); (b) Fr. **88**, 343 (1932); (c) Z. anorg. Ch. **133**, 372 (1924). — TANANAEFF, N. A., u. A. N. ROMANJUK: Chem. J. Ser. B, J. appl. Chem. (russ.) **10**, 1624 (1937); durch C. **1938 II**, 1643. — TANATAR, S.: B. **38**, 1184 (1905). — TCHAKIRIAN, A., u. P. BÉVILLARD: C. R. hebd. Séances Acad. Sci. **233**, 256 (1951). — TENNEY, H. M., u. H. J. LONG: J. chem. Educat. **13**, 82 (1936). — TERNI, A., u. C. PADOVANI: Atti Reale Accad. naz. Lincei, Rend. (6) **2**, 501 (1925); durch C. **1926 I**, 1957. — TERREIL, A.: Bl. Soc. chim. Paris (1) **3**, 64 (1862); durch C. **1863**, 190. — TEWARI, S. N.: Kolloid-Z. **133**, 132 (1953). — THIEL, A., u. K. KELLER: Z. anorg. Ch. **68**, 220 (1910). — THIÉLE, J.: A. **263**, 367 (1891). — THOROLD, C. A.: Ann. appl. Biol. **33**, 177 (1946); durch C. A. **40**, 7314 (1946). — TLAPA, CH. J., u. R. RAISIG: Appl. Spectroscopy **6**, Nr. 4, 32 (1952). — TODD, F.: J. chem. Educat. **15**, 241 (1938). — TOMULA, E. S.: Z. anorg. Ch. **118**, 81 (1921). — TONGEREN, W. VAN: Chem. Weekbl. **37**, 654 (1940); durch C. A. **35**, 6895 (1941). — TOOKEY, C.: J. chem. Soc. (London) **15**, 462 (1862); J. pr. **88**, 435 (1863). — TORNOW, E.: Z. ges. Getreidewes. **29**, 28 (1942). — TOUGARINOFF, B.: Bl. Soc. chim. Belg. **45**, 542 (1936). — TREADWELL, F. P.: Kurzes Lehrbuch der analytischen Chemie I, Qualitative Analyse, 17. Aufl., Wien 1940. — TREADWELL, W. D, u. R. F. EDELMANN: Helv. **5**, 817 (1922). — TRONEV, V. G., u. A. L. KHRENOVA: C. R. (Doklady) Acad. Sci. URSS **54**, 611 (1946); durch C. A. **41**, 5003 (1947). — TROTMAN, S. R.: Dyer Calico Printer, Bleacher, Finisher Textile Rev. **67**, 459 (1932); durch C. **1932 II**, 946. — TSCHERWIAKOW, N. J., u. E. A. OSTROUMOW: Ann. Chim. anal. (3) **18**, 201 (1936); durch C. **1937 I**, 670; s. auch Fr. **115**, 354 (1938/39). — TSAMADOS, D.: Praktika Akad. Athenon **5**, 61 (1930); durch C. **1932 I**, 1353. — TURNWALD, H., u. F. HAUROWITZ: H. **181**, 176 (1929).

UELSMANN, H.: A. **116**, 122 (1860). — ULKE, J.: Trans. Am. Inst. Mining Eng. **1892**; Z. Krist. **23**, 509 (1894). — UZUMASA, Y.: Chem. Researches (Japan) **5**, Inorg. and Anal. Chem. 1 (1949); durch C. A. **43**, 8639 (1949).

VAL'DMAN, V. L.: Betriebs-Lab. (russ.) **11**, 651 (1945); durch C. A. **40**, 2765 (1946). — VALLEE, B. L., u. R. W. PEATTIE: Anal. Chem. **24**, 434 (1952). — VANCE, E. R.: Ohio J. Sci. **52**, 114 (1952); durch C. A. **46**, 7932 (1952). — VANINO, L., u. O. GUYOT: Arch. Pharm. Ber. dtsch. pharm. Ges. **264**, 113 (1926); durch C. A. **20**, 1685 (1926). — VANINO, L., u. F. TREUBERT: (a) B. **31**, 1113, 2267 (1898); B. **32**, 1072 (1899); (b) B. **31**, 1118 (1898). — VANOSSI, R.: An. Soc. ci. argent. **146**, 3 (1948); durch C. A. **43**, 1683 (1949); An. Asoc. quím. argent. **36**, 155 (1948); durch C. A. **43**, 2119 (1949). — VARENNE, L.: C. R. hebd. Séances Acad. Sci. **89**, 360 (1879). — VASSALLO, E.: G. **41 II**, 204 (1911); — VENTURELLO, G.: Ann. Chim. appl(ic). **33**, 263 (1943); durch O. C. SMITH: Inorganic Chromatography, New York 1953, S. 39. — VENTURELLO, G., u. N. AGLIARDI: Ann. Chim. appl(ic). **30**, 220 (1940); durch C. **1940 II**, 1757. — VERMANDE, J.: Pharm. Weekbl. **55**, 1131 (1918). — VIARD, G.: C. R. hebd. Séances Acad. Sci. **135**, 242 (1902); Bl. Soc. chim. Paris (3) **27**, 1026 (1902). — VINCENT, C.: (a) Bl. Soc. chim. Paris **33**, 156 (1880); durch C. **1880**, 278; (b) Bl. Soc. chim. Paris **27**, 194 (1877); durch C. **1877**, 263. — VIOQUE PIZARRO, A.: (a) Anal. chim. Acta **5**, 529 (1951); (b) Anal. chim. Acta **6**, 105 (1952). — VIVARIO, R., u. M. WAGENAAR: Pharm. Weekbl. **54**, 157 (1917.) — VOGTHERR, M.: Ber. dtsch. pharm. Ges. **8**, 228 (1898). — VOHL, H.: A. **96**, 240 (1855). — VOÏNAR, A. O.: Biochemie (russ.) **18**, 29 (1953); durch C. A. **47**, 7625 (1953). — VOÏNAR, A. O., u. A. K. RUSANOV: Biochemie (russ.) **14**, 102 (1949); durch C. A. **43**, 6719 (1949). — VOŘIŠEK, J., u. Z. VEJDĚLEK: Chem. Listy **37**, 189 (1943); durch C. **1944 I**, 173. — VORTMANN, G.: B. **22**, 2307 (1889). — VORTMANN, G., u. A. METZL: Fr. **44**, 525 (1905). — VVEDENSKIǏ, L. E., u. A. K. ANDON'EVA: Bl. Acad. Sci. URSS, Sér. physique **9**, 633 (1945); durch C. A. **40**, 4978 (1946).

WAGENAAR, M.: Pharm. Weekbl. **50**, 273 (1913); durch C. **1913 I**, 1362. — WAKSMUNDZKI, A., u. S. PEKSA: Ann. Univ. Mariae Curie-Sklodowska, Lublin, Polonia, Sect. A.A. **7**, 157 (1952); durch C. A. **48**, 13522 (1954). — WALKER, J.: J. chem. Soc. (London) **83**, 184 (1903); Pr. chem. Soc. (London) **18**, 246 (1903). — WALKER, W. R., u. M. LEDERER: Anal. chim. Acta **5**, 191 (1951). — WARD, T. J.: Analyst **58**, 28 (1933). — WARGA, M. E.: Bl. Univ. Pittsburgh **34**, 335 (1937); durch C. A. **32**, 5329 (1938). — WARING, C. L., u. C. S. ANNELL: Anal. Chem. **25**, 1174 (1953). — WARNER, T. W.: Am. Mineralogist **20**, 531 (1935). — WARREN, H. N.: (a) Chem. N. **57**, 124 (1888); durch C. **1888**, 645 u. J. B. **1888**, 2540; (b) Chem. N. **61**, 63 (1890); durch J. B. **1890**, 2373. — WARREN, H. V., u. R. M. THOMPSON: (a) Econ. Geol. **39**, 457 (1944); (b) Econ. Geol. **40**, 309 (1945). — WARYNSKI u. MDIVANI: Bl. Soc. chim. France (4) **3**, 626 (1908). — WASHBURN, T. S.: Pr. Conf. Natl. Open Hearth Comm. Iron Steel Div. Am. Inst. Mining Met. Eng. **26**, 153 (1943); durch C. A. **38**, 6229 (1944). — WAWILOW, N. W.: Chem. J. Ser. B, J. appl. Chem. (russ.) **11**, 356 (1938); durch C. **1938 II**, 1093. — WEBB, D. A.: Sci. Pr. Roy. Dublin Soc. (N. S.) **21**, 505 (1937). — WEBER, R.: Pogg. Ann. **122**, 358 (1864). — WEINLAND, R., u. E. BAMES: Z. anorg. Ch. **62**, 250 (1909). — WEINLAND, R. F., u. A. GUTMANN: Z. anorg. Ch. **17**, 409 (1898). — WEISS, A., u. S. FALLAB: Helv. **37**, 1253 (1954). — WEISZ, H.: Mikrochim. A. **1954**, 376. — WELCH, J. M., u. H. C. P. WEBER: J. Am. chem. Soc. **38**, 1011 (1916). — WELCHER, F. J.: Organic Analytical Reagents, IV, S. 365, New York 1948. — WELLS, J. S.C.: Chem. N. **64**, 294 (1891); durch C. **1892 I**, 182. — WENGER, P., u. E. ROGOVINE: Helv. **10**, 244 (1927). — WENGER, P., R. DUCKERT u. E. ANKADJI: (a) Helv. **28**, 1316 (1945); (b) Helv. **28**, 1592 (1945). — WENGER, P., R. DUCKERT u. CL. P. BLANCPAIN: Helv. **20**, 1427 (1937). — WENGER, P., R. DUCKERT u. J. RENARD: Helv. **28**, 1479 (1945). — WEST, D. B., R. F. Evans u. K. BECKER: Am. Soc. Brewing Chemists Pr. **1950**, 107. — WEST, P. W., J. DEAN u. E. J. BREDA: Collect. Trav. chim. Tchécosl. **13**, 1 (1948); durch C. A. **42**, 8094 (1948). — WEST, P. W., u. L. SMITH: J. chem. Educat. **17**, 139 (1940). — WHEELER, A. S., u. H. M. TAYLOR: J. Am. chem. Soc. **47**, 183 (1925). — WHEELER, W. C. G.: Analyst **66**, 61 (1941); durch C. **1942 I**, 782. — WHEELER u. LUEDEKING: Fr. **26**, 602 (1887). — WHITE, W. E.: J. chem. Educat. **8**, 2247 (1931). — WHITMORE, W. F., u. F. SCHNEIDER: (a) Mikrochemie **8**, 293 (1930); (b) Ind. eng. Chem. Anal. Edit. **2**, 173 (1930); Fr. **88**, 441 (1932). — WIBERG, E., u. R. BAUER: Angew. Ch. **64**, 270 (1952). — WILD, G. O.: Zbl. Min. Geol. Paläont. Abt. A **1931**, 327, 430. — WILD, G. O., u. R. KLEMM: Zbl. Min. Geol. Paläont. Abt. A **1925**, 295, 324; Zbl. Min. Geol. Paläont. Abt. A **1926**, 21, 29, 30. — WILDENSTEIN, R.: Fr. **2**, 9 (1863). — WILLARD, H. H., u. L. R. PERKINS: Anal. Chem. **25**, 1634 (1953). — WILLARD, H. H., u. G. M. SMITH: Ind. eng. Chem. Anal. Edit. **11**, 186, 269 (1939). — WILLIAMS, H. A.: Analyst **60**, 683 (1935). — WILSKA, S.: Acta chem. scand. **5**, 890 (1951). — WILSON, H. N., u. W. HUTCHINSON: Analyst **72**, 149 (1947); durch C. A. **41**, 4402 (1947). — WINKLER, CL.: Fr. **14**, 156 (1875). — WINKLER, G.: Chimia (Zürich) **1**, 248 (1947); durch C. A. **42**, 4087 (1948). — WINKLER, J. E. R.: Z. anorg. Ch. **218**, 45 (1934); Veröffentl. Landesanst. Volkheitsk. Halle **1935**, H. 7; durch C. **1935 II**, 1222. — WINKLEY, J. H., K. YANOWSKI u. W. A. HYNES: Mikrochemie **21**, 102 (1936/37). — WITT, J. C.: J. Am. chem. Soc. **40**, 1026 (1918). — WITTSTEIN, G.: Repert. Pharm. (2) **13**, 313 (1838). — WÖHLER, L., u. A. SPENGEL: Z. Chem. Ind. Kolloide **7**, 243 (1910). — WÖLBLING, H.: B. **67**, 774 (1934). — WOHLMANN, E.: Fr. **122**, 161 (1941). — WOLBANK, F.: Z. Metallkunde **33**, 272 (1941). — WOLBANK, F., u. G. LUEG: Z. Metallkunde **32**, 430 (1940). — WOLFE, R. A., u. R. G. FOWLER: J. opt. Soc. Am. **35**, 86 (1945). — WOLLASTON, W. H.: Phil. Trans. Roy. Soc. **1804**, 427. — WOODRUFF, J. F.: J. opt. Soc. Am. **40**, 192 (1950). — WRIGHT T. A.: Metals and Alloys **6**, 229, 289 (1935). — WYATT. P. F.: Analyst **80**, 368 (1955).

Yagoda, H.: Chemist.Analyst **23**, 4 (1934); durch C. **1934** I, 2949. — Yoe, J. H., u. L. A. Sarver: Organic Analytical Reagents, New York 1941, S. 225. — Young, S. W.: J. Am. chem. Soc. **19**, 845 (1897); durch C. **1898** I, 89. — Yushko, S. A.: Bl. Acad. Sci. URSS, Sér. géol. **1939**, Nr. 3, 137; Chem. Referaten-J. (russ.) **1940**, Nr. 2, 64; durch C. A. **36**, 1267 (1942).

Zachariassen, W. H.: J. Am. chem. Soc. **53**, 2124 (1931). — Zak, A. E.: Bl. Acad. Sci. URSS, Sér. physique **12**, 463 (1948); durch C. A. **44**, 3402 (1950). — Zakhariya, N. F.: Betriebs-Lab. (russ.) **13**, 226 (1947); durch C. A. **42**, 2889 (1948). — Zbinden, C.: Lait **11**, 113 (1931); durch C. **1931** I, 2407. — Zemel, V.: Soviet Gold Mining Ind. (russ.) **1936**, Nr. 3, 50; durch C. A. **30**, 8063 (1936). — Zenghelis, C.: B. **34**, 2046 (1901); Fr. **49**, 729 (1910); Z. physik. chem. Unterricht **24**, 137 (1911); durch C. **1911** II, 587. — Zies, E.G.: Nat. geogr. Soc., techn. Papers **1**, 159 (1924); durch C. A. **19**, 1241 (1925). — Zocher, H.: Z. anorg. Ch. **112**, 1 (1920). — Zöller, A.: Ch. Z. **44**, 797 (1920).

MIX
Papier aus verantwortungsvollen Quellen
Paper from responsible sources
FSC® C105338

If you have any concerns about our products,
you can contact us on
ProductSafety@springernature.com

In case Publisher is established outside the EU,
the EU authorized representative is:
Springer Nature Customer Service Center GmbH
Europaplatz 3, 69115 Heidelberg, Germany

Printed by Libri Plureos GmbH
in Hamburg, Germany